FAUNE

DES

INVERTÉBRÉS DE MAINE-ET-LOIRE

COMPRENANT

LES 2e, 3e ET 4e EMBRANCHEMENTS DU REGNE ANIMAL

OU

SECONDE PARTIE DE LA FAUNE DE MAINE-ET-LOIRE

Par M. P.-A. MILLET DE LA TURTAUDIÈRE

Chevalier de la Légion-d'Honneur
Officier d'Académie,

Membre de l'Institut des provinces, des Sociétés géologique et entomologique de France, centrale d'agriculture de France, française de statistique universelle linnéenne de Paris, d'Agriculture, Sciences et Arts d'Angers, de la Commission royale de Pomologie belge, de la Société protectrice des animaux;

Membre honoraire du Comice horticole de Maine-et-Loire, et de la Société d'horticulture du même département;

Correspondant du Ministre de l'Instruction publique pour les travaux historiques, à Angers (Maine-et-Loire), des Sociétés philomatique de Paris, philomathique de Normandie, Académique de Nantes, d'Émulation d'Agriculture, Lettres, Sciences et Arts de l'Ain, des Sociétés d'horticulture de la Gironde, du département de Seine-et-Oise, du Maine, d'Ille-et-Vilaine, etc.

Membre honoraire des Sociétés Linnéenne de Bordeaux, centrale d'horticulture de France, d'horticulture de l'Aube, etc.

TOME SECOND

ANGERS

E. BARASSÉ, IMPRIMEUR-LIBRAIRE, RUE SAINT-LAUD, 83.

1872

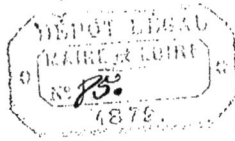

FAUNE

DES INVERTÉBRÉS DE MAINE-ET-LOIRE.

FAUNE

DES

INVERTÉBRÉS DE MAINE-ET-LOIRE

COMPRENANT

LES 2e, 3e ET 4e EMBRANCHEMENTS DU RÈGNE ANIMAL

OU

SECONDE PARTIE DE LA FAUNE DE MAINE-ET-LOIRE

Par M. P.-A. MILLET DE LA TURTAUDIÈRE

Chevalier de la Légion-d'Honneur ;

Officier d'Académie ;

Membre de l'Institut des provinces; des Sociétés géologique et entomologique de France, centrale d'agriculture de France, française de Statistique universelle, linnéenne de Paris, d'Agriculture, Sciences et Arts d'Angers ; de la Commission royale de Pomologie belge ; de la Société protectrice des animaux;

Président honoraire du Comice horticole de Maine-et-Loire et de la Société d'horticulture du même département ;

Correspondant du Ministre de l'Instruction publique pour les travaux historiques, à Angers (Maine-et-Loire) ; des Sociétés philomatique de Paris, philomatique de Normandie, Académique de Nantes, d'Emulation, d'Agriculture, Lettres, Sciences et Arts de l'Ain ; des Sociétés d'horticulture de la Gironde, du département de Seine-et-Oise, du Mans, d'Ille-et-Vilaine, etc.

Membre honoraire des Sociétés linnéenne de Bordeaux, centrale d'horticulture de France, d'horticulture de l'Aube, etc.

—◦❧❀❧◦—

TOME SECOND.

—◦❧❀❧◦—

ANGERS

E. BARASSÉ, IMPRIMEUR-LIBRAIRE, RUE SAINT-LAUD, 83.

—

1872

FAUNE

DES

INVERTÉBRÉS DE MAINE-ET-LOIRE

COMPRENANT

LES 2e, 3e, ET 4e EMBRANCHEMENTS DU RÈGNE ANIMAL

OU

SECONDE PARTIE DE LA FAUNE DE MAINE-ET-LOIRE.

ORDRE DES HYMÉNOPTÈRES.

L'ordre des Hyménoptères se compose d'insectes faciles à distinguer de ceux des autres ordres par les caractères suivants :

Les insectes qui le composent sont munis de quatre ailes membraneuses, nues, transparentes, et façonnées par des nervures formant des cellules inégales. Les supérieures, plus grandes que les inférieures, et les unes comme les autres, dans le repos, sont croisées horizontalement sur le dos.

La tête, qui est assez grosse, indépendamment des yeux à réseau, porte sur le front trois petits yeux lisses. Les antennes sont filiformes ou sétacées, rarement pectinées et quelquefois en massue. La bouche est composée de deux mandibules cornées, de deux mâchoires et d'une lèvre inférieure tubulaire à la base et terminée par une espèce de trompe ou suçoir propre à puiser les aliments mous ou plus ou moins liquides, dont ces insectes, pour la plupart, font leur nourriture, lorsque, toutefois, ils sont parvenus à leur état parfait. Car, il en est autrement, lorsqu'ils ne sont encore qu'à celui de larve : les uns dans cet état vivent à découvert sur les plantes, les autres se trouvent enfermés dans des excroissances végétales produites par suite d'une piqûre, ou bien d'une entaille pratiquée par la femelle au moyen d'une tarière, soit sur les tiges, les feuilles et même les racines d'arbres ou de plantes herbacées; tandis qu'il en est d'autres, et le nombre en est grand, qui vivent dans le corps d'autres insectes, mais également à l'état de larve et même dans leurs œufs; ou bien sont approvisionnés par leur mère ou les ouvrières de certaines espèces sociales.

L'extrémité postérieure de l'abdomen est munie d'une tarière ou oviscapte, ou bien d'un aiguillon faisant l'office et d'oviscapte et d'arme offensive ou défensive: caractères suffisants pour faire répartir ces insectes en deux grandes sections; voyez le tableau.

Pour le plus grand nombre, l'espèce se compose du mâle et de la femelle, tandis qu'il en est d'autres dont l'espèce est représentée par trois individus différents : le mâle ou les mâles, la femelle et les neutres ou ouvrières.

Tous subissent des métamorphoses complètes ; et parvenus à leur état parfait, on les rencontre ordinairement sur les fleurs, où ils puisent leur nourriture, ainsi que sur celles que doivent recevoir les larves.

Si les mieux organisés des insectes appartiennent à cet ordre, ils sont aussi les plus remarquables par l'intelligence et l'instinct qui les conduit et leur fait entreprendre des travaux que l'observateur ne peut s'empêcher d'admirer.

Les insectes de cet ordre sont divisés par sections: familles, tribus, genres et espèces. Pour leur classification, nous suivrons l'ouvrage de M. Lepeltier de Saint-Fargeau, continué par M. A. Brullé (Suites à Buffon), et auxquels nous avons souvent emprunté les descriptions.

CLASSIFICATION DES HYMÉNOPTÈRES

SECTIONS.	FAMILLES.	TRIBUS.

HYMÉNOPTÈRES

S. DES TÉRÉBRANTS OU PORTE-TARIÈRE.

Insectes sans aiguillon, mais ayant une tarière chez les femelles seulement.

F. DES PORTE-SCIE.

Abdomen sessile; tarière ordinairement en forme de scie.

des TENTHREDINES.
des SIRICIDES
ou
EUROCÉRIDES.

F. DES GALLICOLES.

Abdomen faiblement pédiculé, muni d'une tarière non dentée, plus ou moins longue, déliée, contournée pendant le repos et logée ordinairement dans l'abdomen. — Petits insectes non parasites; larves vivant dans des galles.

des CYNIPSIDES
ou
producteurs
de galles.

F. DES PUPIVORES, OU ZOOPHAGES PARASITES.

Abdomen rétréci ou pédiculé près de sa base, muni d'une tarière variable en longueur, ordinairement droite, mince, aiguë à son extrémité. Pattes longues, grêles, simples. — Insectes parasites: la femelle déposant un ou plusieurs œufs dans le corps des chenilles ou dans celui d'autres larves de n'importe quel ordre d'insectes (2).

des EVANIALES.
des ICHNEUMONIDES.
des BRACONIDES.
d. PROCTOTRUPIDES.
des CHALCIDIDES.
des LEUCOSPIDIDES.
des CHRYSIDIDES.

S. DES PORTE-AIGUILLON.

Un aiguillon rétractyle chez la femelle et les neutres; point d'aiguillon chez les mâles (1).

F. DES HÉTÉROGYNES.

Des mâles et des femelles ailés, des neutres ou des femelles aptères.

des FORMICIDES.
de MUTILLIDES.

F. DES FOUISSEURS, OU ZOOPHAGES PARASITES.

Mâles et femelles ailés; pas de neutres; pieds de derrière impropres à ramasser le pollen des fleurs. Leurs larves seulement sont carnassières.

des SCOLIÉTES.
des SAPYGIDES.
des SPÉGIDES.
des POMPILIDES.
des CRABRONIDES.

F. DES NON FOUISSEURS, OU PHYTOPHAGES PARASITES.

M. et F. comme dans la famille précédente; mais leurs larves, non carnassières, vivent de la pâtée qui ne leur est destinée que par usurpation.

des PSITHYRIDES.
des MÉLECTIDES.
des PROSOPITES.

F. DES DIPLOPTÈRES.

Ailes supérieures doublées dans le repos. — Constructeurs de nids: les uns en terre ramollie et gâchées, les autres en matière papiracée.

des ODINÉRITES.
des GUÉPIAIRES
(Vespides et Polistides.)

F. DES MELLIFÈRES.

1er art. du tarse des pattes postérieures très-grand, en forme de palette, propre à ramasser le pollen des fleurs. Mâchoires et lèvres très-longues, constituant une espèce de trompe avec laquelle ces insectes aspirent le miel des fleurs.

des ANTHOPHORITES
des XYLOCOPITES.
des PANURGITES.
des ANDRENITES.
des OSMIINES.
des BOMBIDES.
des APIARIDES.

(1) Les G. Formica et Polyergus sont sans aiguillon.
(2) La tribu des Chrysidides, dont la tarière tubuliforme, munie d'un petit aiguillon, sert à déposer les œufs dans les nids des Hyménoptères fouisseurs et non dans leurs larves.

1º SECTION : TÈRÉBRANTS OU PORTE-SCIE.

Cette section se compose d'hyménoptères dont l'abdomen des femelles est muni d'une tarière, composée de trois filets et avec laquelle ces insectes déposent leurs œufs, soit en les plaçant dans les entailles qu'ils font aux végétaux, soit en les introduisant dans le corps des larves des insectes des différents ordres.

FAMILLE DES PORTE-SCIE.

Cette famille comprend les hyménoptères dont l'abdomen, formé de neuf segments, est sessile : étant appliqué au thorax dans toute sa largeur, et muni, chez les femelles, d'une tarière dentée, plus ou moins apparente dans le repos. Cet instrument, formé de deux lames cornées, dentées en scie et logée dans une espèce de gaine, caractérise fort bien cette famille.

La famille des Porte-Scie est formée de la tribu des Tenthrédines et de celle de Siricides.

Tribu des Tenthrédines.

Cette tribu, formée du genre *Tenthredo* de Linné, si nombreux en espèces, est connue aussi sous la dénomination de *Mouches-à-Scie*, à raison de la tarière dentée en scie dont sont pourvues les femelles, et qui leur sert, comme nous l'avons déjà dit, à faire des entailles sur les rameaux herbacés ou les pétioles des feuilles de divers arbrisseaux : entailles dans lesquelles elles déposent leurs œufs, et dont les larves qui en proviennent, munies de pattes nombreuses (18 à 22), se répandent sur les mêmes plantes pour en ronger les feuilles dont elles se nourrissent.

Les insectes de cette tribu sont les seuls dont les larves vivent à découvert comme le font les chenilles de certains lépidoptères, ce qui leur a valu l'épithète de *Fausses-Chenilles*, bien que celles de quelques espèces se couvrent d'un léger tissu soyeux.

Parvenues au moment où ces larves vont se métamorphoser, certaines espèces descendent au pied de la plante qui les a nourries, s'enfoncent en terre, s'y construisent un cocon ou simplement une cellule ; tandis qu'il en est d'autres, qui, construisant également des cocons, attachent ceux-ci aux arbres qui les ont nourris.

A leur état parfait, les tenthrédines se laissent facilement approcher. On les rencontre ordinairement sur les fleurs dont elles font leur nourriture. Elles ont un goût prononcé pour celles des ombellifères, ainsi que pour les fleurs de diverses espèces d'Euphorbes ; et celles de l'Euphorbia sylvatica, Fl. Fr., plante commune dans les bois, ainsi qu'au bord des champs, des chemins, en nourrissent un grand nombre.

Cette tribu, qui se divise en quatre groupes : les Cimbicites, les Hylotomites, les Tenthredites et les Lydites, comprend un grand nombre de genres.

❋ *Cimbicites.*

G. Cimbex (Fab.; Oliv.; Latr.). — *Cimbex.*

Corps plus ou moins épais ; antennes de sept articles, terminées en bouton ou bien en massue épaisse et comme ovoïde. — Insectes lourds, bourdonnant dans leur vol. — Les larves, pourvues de neuf paires de pattes, vivent sur diverses plantes dont elles rongent les feuilles, et plus particulièrement sur les saules, le bouleau et les peupliers. Elles sont d'un beau vert, avec, ordinairement, une ligne dorsale noire.

1. C. Femorata, Fab.; Lat.; *Tentredo femorata,* Panz.; V^t *Cimbex à grosses cuisses.*—L. 21 à 22 mill.— Noir ou noirâtre ; abdomen avec une tache semi-circulaire jaune à la base ; antennes jaunes, lavées de fauve à la base ; cuisses postérieures renflées ; tarses jaunâtres ; ailes avec la côte rembrunie. — Sur les saules des bords de la Loire.

2. C. Amerinæ, Fab.; Latr.; *Tenthredo amerinæ,* Panz. — L. 20 mill. — Noir ou noirâtre ; plus ou moins couvert de poils cendrés sur la tête et le prothorax ; lèvre et écusson blanchâtres ; abdomen noir en dessus, roussâtre en dessous et à son extrémité ; ailes légèrement teintées d'obscur. — Commun sur les saules et luisettes des bords de la Loire.

3. C. Nitens, Oliv. ; *C. Sericea,* Fab. ; Tenthr. Sericea , Panz. — L. 12 à 13 mill. — Antennes des femelles , noires ; celles des mâles, jaunâtres ; jambes et tarses de cette dernière couleur ; tête et thorax d'un noir-bronzé et plus ou moins poilus ; dessus de l'abdomen d'un vert-bronzé ; dessous d'un noir-bronzé et nuancé de vert-bronzé sur les côtés ; ailes diaphanes, teintées de roussâtre. — Sur les chèvrefeuilles, les bouleaux de la forêt de Lourzaie, canton de Pouancé.

4. C. Lutea. Lin. (Tenthr.) ; *C. lutea,* Fab. ; Lat. ; *C. pallens,* F. Fr. — L. 18 à 20 mill. — Antennes jaunes ; corps brun, mais les anneaux de l'abdomen en grande partie jaunes. — Sur les saules en mai.

5. C. Læta, Fab.; *Amasis læta,* Leach : suites à Buf., pl. 48, F. 5; vulgt. *Cimbex lateral.* — L. 15 à 16 mill. — Noir ; avec les anneaux de l'abdomen jaunes sur leur bord latéral et un peu antérieur ; antennes noires, pattes jaunes. — Ordinairement sur les renoncules. — Bords du Layon ; les environs d'Angers, etc.

6. C. Marginata, Fab. ; Oliv. ; *Tenthredo marginata,* Panz. — L. 18 à 20 mill. — Noir, avec le bord postérieur des anneaux de l'abdomen d'un jaune pâle ; jambes, tarses et massue des antennes jaunâtres.

7. C. Axillaris, Latr.; *Tenthr. axillaris,* Panz.; *Tenthr. humeralis,* Klug. — L. 21 à 22 mill. — Pubescent ; antennes et tarses jaunes ;

prothorax noir, avec une tache triangulaire jaune de chaque côté de son angle antérieur; abdomen ayant la moitié postérieure jaune, et l'autre moitié noire, avec une bande jaune, interrompue; pattes brunes, cuisses renflées. — Sur l'aulne et autres arbres.

** *Hylotomites.*

G. **Hylotoma** (Latr.; Fab.). — *Hylotôme.*

Antennes de trois articles, le dernier, plus allongé, est velu et quelquefois fourchu chez les mâles. La longueur de ces insectes varie de 7 à 10 mill. Ils ont deux générations chaque année : la première paraît au printemps, et la deuxième vers la fin de juillet ou le commencement d'août. A l'état de larve, les Hylotômes vivent des feuilles de diverses espèces d'arbustes ; mais parvenues à l'état parfait, on les rencontre sur des fleurs, et plus particulièrement sur celles des ombellifères. Si, à l'état de larve, les Hylotômes causent certains dommages aux arbustes qui les nourrissent, et particulièrement aux rosiers dont ils rongent les feuilles, ces dommages seraient bien plus considérables encore sans le secours qui leur vient d'un insecte d'un autre genre, le *Pteromalus hylotomæ* qui, en attaquant ses larves et vivant de leur substance, en détruit ainsi un grand nombre chaque année.

† *Antennes des mâles et des femelles, simples.*

1. H. Rosæ, Fab.; *Tenthredo rosæ,* Lin., Panz. — L. 7 à 8 mill. — D'un jaune ferrugineux; antennes, tête et dessus du prothorax, la poitrine et la côte des ailes supérieures, noirs. — Les larves, qui par leurs formes ressemblent beaucoup à celles de certains papillons diurnes, atteignent jusqu'à 20 mill. de longueur; elles ont 18 pattes, la tête jaune ou jaunâtre avec les yeux noirs ; le corps est jaunâtre sur le dos, d'un vert jaunâtre sur les côtés et parsemé de petits points noirs tuberculeux. Elles vivent des feuilles des rosiers sur lesquels on les rencontre. Très-commun au printemps ; la seconde génération paraît en juillet.

2. H. Cœrulescens, Fab.; *Tenthredo cœrulescens,* Panz. — L. 7 à 8 mill. — Antennes, tête et prothorax d'un noir violacé; abdomen jaune, avec l'anus violet ; les quatre pieds antérieurs noirs ; les postérieurs jaunes, avec les tarses et les articulations noirs ; ailes d'un jaune-hyalin, avec une tache partant de la côte des ailes supérieures d'un brun-noirâtre.

3. H. Enodis, Fab.; *Tenthredo enodis,* Lin.; Panz. — L. 8 mill. — D'un bleu foncé dans toutes ses parties, moins les ailes qui sont d'un bleu noirâtre, mais moins colorées vers leur extrémité. — Sur les saules des bords de la Loire.

4. H. Ustulata, Fabr.; *Tenthredo ustulata,* Panz. — L. 7 à 8 mill.

— Noir ; abdomen d'un bleu foncé, luisant; pattes d'un jaune pâle. — Sur l'églantier.

5. H. Pagana, Panz. (Tenthr.); *H. pagana,* Latr. — L. 7 à 8 mill. — D'un noir-violet, avec l'abdomen jaune ; ailes brunâtres, avec le bord antérieur des ailes supérieures d'un noir violacé; tarses bruns. — La treille l'indique dans les bois. Nous ne l'avons pas rencontré.

6. H. Thoracica, Ins. Lig. 2, tab. 4, f. 14; St-Farg. — L. 7 à 8 mill. — Noir en dessous, moins le prothorax, qui est d'un beau rouge; pieds noirs ; ailes teintées de brunâtre, avec les nervures, ainsi que le bord costal des ailes supérieures noirs. — Pris à Aubigné sur les fleurs de Persil.

† † *Antennes fourchues chez les mâles seulement* (G. Ayptus, *Leach.*).

7. Furcata, Fab. ; Latr. ; *Cryptus furcatus,* Jur. — L. 7 à 8 mill. — Tête et antennes noires, ces dernières ciliées et fourchues chez les mâles; palpes, pattes et abdomen jaunes, ce dernier avec le premier segment noir ; ailes hyalines. — Les larves sur les feuilles du *Rubus idœus,* L.

8. H. Angelicæ, Fab.; Latr.; *Cryptus angelicæ,* Jur.; *Tenthr. angelicæ,* Panz. — L. 7 à 8 mill. — Tête, antennes et la côte des ailes supérieures noires ; pattes et palpes jaunâtres. — Sur l'angelica sylvestris, Lin.

✳✳✳ *Tenthrédinites.*

G. Athalia (Leach. ; *Hylotomæ spéciales,* Fab.). — *Athalie.*

Antennes de 9 à 10 articles, quasi moniliformes, finement pectinées chez les mâles. Toutes les espèces de ce genre sont de petite taille. Mœurs et habitudes des Hylotômes.

1. A. Centifoliæ, Panz. (Tenthredo) ; *Tenthr. spinarum,* Fab. — L. 8 mill. — D'un jaune-orangé, avec les antennes, la tête, les côtés et la partie antérieure du prothorax noirs; pattes jaunes, leur extrémité noire. La larve, munie de 20 pattes, est d'un vert grisâtre, avec une raie dorsale d'un vert plus foncé. Elle vit sur les choux et autres crucifères.

2. A. Abdominalis, F. Fr. ; *Tenth. abdominalis,*Panz. — L. 7 à 8 mill. — Noire ; pattes fauves ; abdomen de cette couleur, le premier anneau excepté qui est noir.

3. A. Rosæ, Lin. (Tenthr.); Schranck. — L. 7 mill. — De couleur ferrugineuse, avec la tête, les antennes, le prothorax et l'extrémité des jambes, noirs. — Les femelles déposent leurs œufs dans une légère entaille qu'elles pratiquent à la nervure médiane des feuilles de rosiers, et non pas sur la tige herbacée de ces arbrisseaux comme fait la femelle de l'*Hylotoma rosæ,* qu'il ne faut pas confondre avec celle dont il est ici question; les larves, d'ailleurs, munies de 22 pattes au lieu de 20, propres aux larves de l'hylotôme, servent encore à les séparer, ainsi que leurs couleurs qui sont ici d'un vert obscur, moins foncé sur les côtés et le dessous du corps, et dont la tête est rousse. — Cette espèce, comme celle de l'Hylotoma rosæ, vit aux dépens des rosiers, mais avec cette différence, qu'elle ne s'approprie que le parenchyme des feuilles de cet arbrisseau, tout en laissant intacts toutes les nervures ainsi que l'épiderme d'un côté.

4. A. Vernalis, Jourc. ; *Tenthredo, nᵒ 34,* Geoffr. — L. 5 mill. — Noire ; moins le prothorax qui est d'un rouge ferrugineux, et les genoux qui sont pâles. — Paraît dès le printemps.

5. A. Viridescens, Jourc. ; Tenthredo , nᵒ 35. — L. 7 mill. — Antennes jaunâtres ; tête noire ; prothorax et abdomen noirs, bordés, l'un et l'autre, d'un vert-jaunâtre ; les pattes sont aussi de cette dernière couleur ; ailes brunâtres. — Ne pas confondre cette espèce avec le *Tenthredo viridis*, Fab.

G. Tenthredo (Linné). — *Tenthrède.*

Antennes filiformes ou sétacées, de 9 articles, dont les 3ᵉ et 4ᵉ sont égaux. Les insectes de ce genre, des plus nombreux en espèce, ont le chaperon à peine échancré et le corps étroit et plus ou moins allongé. A leur état parfait, on les rencontre sur les fleurs ; mais les larves, d'un certain nombre d'espèces, ont seulement été observées

1. T. Alternans, Sᵗ-Farg. ; *T. multifasciata*, Fourc. ; *T. nᵒ 14*, Geoff. — L. 10 mill. — Noire ; antennes de cette couleur, mais pâles à la base ; prothorax et abdomen noirs, avec tous les anneaux, moins le premier, bordés inférieurement de jaunâtre ; pattes pâles.

2. T. Ornata, F. Fr.; Sᵗ-Farg. — L. 10 à 12 mill. — Noire ; mais les 3ᵉ, 4ᵉ, 5ᵉ, 6ᵉ et 7ᵉ anneaux de l'abdomen testacés avec des points noirs disposés par lignes. Antennes noires en dessus, couleur de poix en dessous ; pieds testacés.

3. T. Vespiformis, Latr. Dict. d'Hist. nat. ; *T. rustica*, Fourc. ; *T.*, *nᵒ 11,* Geoff.; T. tricincta, Fab. — L. 12 à 13 mill. — Noire ; quelques taches jaunes sur le prothorax ; le bord postérieur des 1ᵉʳ, 4ᵉ et 5ᵉ anneaux de l'abdomen, ainsi que l'anus, jaune ; pattes d'un brun fauve, avec un peu de noir aux cuisses. — Sur les saules des bords de la Loire, etc.

4. T. Abietis, Fab.; *T. annulata*, Fourc.; *T.*, *nᵒ 29*, Geoff. — L. 12 mill. — Corps noir, avec les 2ᵉ, 3ᵉ, 4ᵉ et 5ᵉ segments de l'abdomen, ferrugineux. — Sur les pins et les sapins. Rare.

5. T. Gracilis, Ziegl.; F. Fr. — L. 11 à 12 mill. — Noire ; avec les 3ᵉ, 4ᵉ et 5ᵉ anneaux de l'abdomen d'un testacé pâle ; pieds testacés ; tarses des postérieurs bruns.

6. T. Rufiventris, Fab.; Panz.; F. Fr. — L. 12 mill. — Antennes noires, blanches au sommet ; tête jaune, avec le vertex en partie noir ; prothorax noir sur le dos, d'un testacé pâle sur les côtés ; abdomen testacé.

7. T. Citreipes, F. Fr.; *T. dumetorum,* Fourc. — L. 10 mill. — Les quatre pattes antérieures d'un jaune citron; les 3ᵉ, 4ᵉ et 5ᵉ anneaux de l'abdomen, d'un fauve-rougeâtre.

8. T. Fraxini, Saint-Fargeau.—L. 9 à 10 mill. — Prothorax et abdomen noirs, à peine allongés; pieds noirs, avec les 4 tibias antérieurs blancs. — Sur le frêne, dont les larves dévorent les feuilles.

9. T. Multicolor, Fourcr.; T., nᵒ 19, Geoffr.; T. multicolor, Saint-Fargeau. — L. 10 mill. — Noir; le 7ᵉ et 8ᵉ anneau de l'abdomen maculés de jaune; le 3ᵉ et le 4ᵉ sont fauves; pattes ferrugineuses, jaunes à la base; tarses postérieurs noirs.

G. Allantus (Panzer). — *Allante.*

Ce genre fait aux dépens de celui des Tenthrèdes, avec lequel les espèces qui le composent ont certains rapports de ressemblance, comme par exemple d'avoir le corps allongé et des ailes semblables; mais les antennes un peu en massue, avec le 3ᵉ article plus long que le 4ᵉ, et le chaperon profondément échancré, sont des caractères qui les en distinguent. Leurs mœurs et leurs habitudes sont celles du genre précédent.

1. A Zonatus, Jur.; *Tenthredo zonata,* Panz.; *T. unifasciata,* Fourc. — L. 13 à 14 mill. — Noir; avec deux raies humérales jaunes sur le prothorax, et les 4ᵉ et 5ᵉ anneaux de l'abdomen d'un jaune pâle; cuisses noires. — Pris sur les fleurs de l'Euphorbia sylvatica.

2. A. Scutellaris, Jur.; *Tenthr. scutellaris,* Panz. — L. 10 à 11 mill. — Antennes fauves, rarement noires; tête et prothorax noirs; écusson jaune; abdomen noir, moins les 3ᵉ, 4ᵉ, 5ᵉ et 6ᵉ qui sont d'un testacé ferrugineux; pieds de cette dernière couleur, mais le femur des postérieures noir. — Commun.

3. A. Pavidus, Jur.; *Tenthr. pavida,* Fab. — L. 12 mill. — Noir; trois segments de l'abdomen et pattes ferrugineux; cuisses postérieures noires.

4. A. Coryli, Jur.; *Tenth. coryli,* Fab. — L. 11 à 12 mill. — Noir; 1ᵉʳ segment de l'abdomen jaune; les 4ᵉ, 5ᵉ et 6ᵉ d'un testacé-ferrugineux. — Les larves sur le coudrier dont elles dévorent les feuilles.

5. A. Lateralis, Jur.; *Tenthr. lateralis,* Fab. — L. 12 mill. — Noir; mais le prothorax blanchâtre vers l'humérus; les 3ᵉ, 4ᵉ et 5ᵉ anneaux de l'abdomen sont bordés de blanchâtre; le 6ᵉ est de couleur testacée et maculée de blanc; pattes testacées; tarses postérieurs, fauves.

6. A. Ater. Jur.; *Tenthr. atra,* Lesk.; Fourc. — L. 12 mill. — Noir; pieds ferrugineux; tarses postérieurs noirs.

7. A. Blandus, Jur.; *Tenthr. blanda,* Fab.; Panz.—L. 11 mill.— Noir; une large bande fauve à la partie moyenne de l'abdomen; une tache blanche sur les cuisses postérieures. — A l'état de larve, cette espèce vit sur le troène dont elle ronge les feuilles.

8. A. Lividus, Jur.; *Tenthr. livida,* Fab.; *Tenthr. carpini,* Panz. — L. 10 à 11 mill. — Noir : antennes de cette couleur, mais blanches à leur extrémité ; partie postérieure de l'abdomen et pattes ferrugineuses. — Sur le charme, etc.

9. A. Dimidiatus, Jur. ; *Tent. dimidiata,* Fab. ; *Tent. cordata,* Fourc. — L. 12 mill. — Noir ; prothorax avec cinq taches blanches vers sa pointe ; abdomen avec ses trois premiers anneaux noirs, les suivants de couleur fauve ; les quatre pattes antérieures de couleur fauve mélangée de noir ; les deux postérieures noires.

10. A. Nassatus, Jur.; *Tenthr. nassata,* Fab.; Panz. — L. 12 mill. — Tête et antennes testacées ; prothorax de cette couleur et varié de fauve ; abdomen et pieds testacés.

11. A. Maurus, Jur ; *Tenthr. maura,* Fab.; F. Fr. — Noir ; 1er segment de l'abdomen de la F. maculé de blanc ; les 3e, 4e et 5e segments de l'abdomen du mâle, pâles. — Sur le hêtre, etc., forêt d'Ombrée.

12. A. Nigritus, Jur.; *Tenthr. nigrita,* Fab.; *Tenthr. cœrulescens,* Fourc. — L. 8 à 9 mill. — D'un noir-bleuâtre dans toutes ses parties. — Les champs.

13. A. Ferus, Jur. ; *Tenthr. fera,* Fab. — L. 9 à 10 mill. — Noir ; jambes jaunes en dessus ; anus de cette couleur ; prothorax taché de jaune ; 4e, 5e et 6e anneaux de l'abdomen avec une tache jaune de chaque côté.

14. A. Viridis, Jur. ; *Tenth. viridis,* Fab. ; *Tenthr. hebraica,* Fourc. — L. 12 mill. — Verte, avec une tache longitudinale noire sur le prothorax, une bande longitudinale noire sur l'abdomen ; pattes lignées de noir ; tarses légèrement tachés de cette couleur ; ailes diaphanes, veinées de noir, mais vertes sur la côte. — Sur le bouleau, ainsi que sur d'autres végétaux, l'ayant rencontrée, aux environs d'Angers, sur des plantes herbacées, au bord des eaux, dans le voisinage de quelques peupliers seulement.

15. A. Scrophulariæ, Jur.; *Tenthr. scrophulariæ,* Fab. — L. 12 mill. — Noir ; tous les anneaux de l'abdomen, le 2e et le 3e exceptés, bordés de jaune ; les pieds fauves. — La larve, qui est blanchâtre, avec la tête noire, vit sur les scrophulaires, dont elle ronge les feuilles.

16. A. Marginellus, Jur. ; *Tenthr. marginella,* Fab. ; Panz. — L. 10 à 11 mill. — Tête et prothorax noirs, ce dernier maculé de jaune sur les côtés ; abdomen noir, avec les 4e, 5e, 6e et 8e anneaux jaunes inférieurement ; les 2e, 3e et 7e maculés de jaune sur les côtés.

17. A. Cinctus, Jur.; *Tenthr. cincta,* Fab.; *Tenth. semicincta,* Schr. — L. 9 à 10 mill. — Noir ; 3e segment de l'abdomen maculé de jaune, le 4e jaune ; le 5e maculé de jaune, et le 8e jaune ; les 4 pieds antérieurs jaunes.

Le mâle diffère ainsi de la femelle : Abdomen jaune en dessous, noir en dessus ; mais le 3e segment jaune à la base, le 4e jaune sur les côtés et le 8e jaune sur le dos ; pieds jaunes, lignés de noir en dessus.

18. A. Rusticus, Jur.; *Tenthr. rustica*, Fab.; *Tenthr. notata*, Panz. — Longueur : 10 mill. — Noir; front et écusson jaunes, ainsi qu'une tache de cette couleur de chaque côté antérieur du prothorax ; abdomen avec trois bandes jaunes, les deux postérieures interrompues; pattes jaunes avec la cuisse et l'articulation noires.

19. A. Ribis, Jur. — *Tenthr. ribis*, Fab.; Schrank ; *Emphytus grossulariæ*, Klug. — Longueur : 12 mill. — Noir ; jambes et extrémité des cuisses postérieures, blanches au côté externe. — La larve, que Réaumur désigne sous le nom de *Fausse-chenille du groseillier*, vit en société nombreuse sur le groseillier épineux dont elle dévore les feuilles. Cette larve est d'un vert-grisâtre, avec les trois premiers et les trois derniers anneaux de l'abdomen d'un jaune testacé ; sa tête est noire, et son corps porte, en-dessous, six rangées de petits points noirs tuberculeux, surmontés chacun d'un point court de même couleur. Elle se métamorphose dans la terre, et présente deux générations chaque année.

20. A. Viennensis, Jur.; *Tenthr. viennensis*, Panz. — Longueur: 10 à 12 mill. — Noir ; cinq bandes jaunes sur l'abdomen ; bouclier émarginé, jaune ; antennes et pieds fauves.

21. A. Tricinctus, Jur.; *Tentr. tricincta*, Fab. — Longueur : 12 mill. — Noir ; abdomen avec trois bandes jaunes séparées ; base des antennes et pattes fauves ; la base des ailes supérieures est couverte de petites écailles jaunâtres.

Cette espèce, qui a beaucoup d'analogie avec le *Tenthredo vespiformis*, Latreille, si même elle n'est confondue avec cette dernière, vit, à l'état de larve, sur les diverses espèces de chèvrefeuilles, dont elle ronge les feuilles. Cette larve, qui d'abord est de couleur grisâtre avec la tête noire, présente, après sa 1re mue, une teinte obscure sur le dos, qui, à sa 2e mue, se transforme en une série de taches triangulaires noires, que l'on retrouve après la 3e et dernière mue. — Très-répandue dans ce département.

22. A. Ovatus, Jur.; *Tenthr. ovata*, Panz.; *Hylotoma ovata*, Fab. — Longueur : 6 à 8 mill. — Corps noir ; prothorax rouge. — La larve, qui est verte et recouverte d'une matière blanchâtre, se tient sous le revers des feuilles de l'aulne dont elle fait sa nourriture.

G. Selandria (Leach.) — Selandrie.

Antennes de neuf articles courts, ayant le troisième aussi long que les deux suivants. — Leurs larves ont les pattes extrêmement courtes, et le corps, pour certaines espèces, est enduit d'une matière visqueuse qui les couvre et les garantit de toute action atmosphérique ; tandis que d'autres larves, du même genre, mais nues et sans aucune espèce d'abri, n'ont d'autres similitudes dans leurs habitudes que celles de se repaître du parenchyme des feuilles, dont elles se nourrissent, en n'absorbant toutefois que la partie supérieure, sans nuire en rien soit aux nervures, soit à leur parenchyme inférieur. D'autres larves, enfin, et toujours du même genre, ne vivant que dans l'intérieur de certains fruits, se trouvent ainsi préservées, non-seulement de toute espèce d'intempérie, mais encore des animaux qui voudraient s'en repaître.

1. S. Piri, *Tenthredo adumbrata*, Klug.; *Ver-limace*, *Réaum.* — Longueur : 6 à 7 mill. — D'un noir luisant, avec les antennes presque aussi longues que l'abdomen ; pattes noires, avec genoux et les pattes antérieures d'un brun roux ; ailes obscures (Hartig.).

La larve, longue de 9 à 10 mill. et connue par la dénomination de *Ver-limace* imposée par Réaumur, est noire, étant recouverte d'un enduit visqueux de cette couleur, ressemble par sa forme, quoique grossièrement, à une petite sangsue. Elle est munie de 20 pattes très-courtes, avec lesquelles elle se cramponne ou s'attache à la surface supérieure des feuilles des poiriers ou des cerisiers, sur lesquelles elle passe ainsi la journée et sans changer de place, et ce n'est que pendant la nuit qu'elle se procure sa nourriture en rongeant seulement le parenchyme supérieur des feuilles, sans nuire en rien au parenchyme inférieur, pas plus qu'aux nervures qui se trouvent entre ces deux parties. On remarque cette larve, souvent en grand nombre, sur les feuilles des poiriers à l'époque où les fruits de ceux-ci sont déjà parvenus à la moitié de leur grosseur ; mais parvenus à la taille qu'ils doivent avoir, les larves de cette espèce descendent de l'arbre, s'enfoncent peu profondément en terre, s'y font une légère coque de soie et de terre.

Obs. — Si, d'après les recherches, l'examen attentif de divers auteurs et particulièrement par Weswood et M. Delacour, la *Selandrie du cerisier* (*Tenthredo cerasi*, Fab.) appartient à une espèce étrangère à celle-ci, il est donc essentiel de ne pas confondre cette dernière avec celle, à l'état de larve, que l'on voit en si grand nombre sur les feuilles des poiriers, et qui, dans cet état, se métamorphosent en terre ; tandis que celles qui appartiennent au *Tenthredo cerasi*, Fab., pour parvenir au même résultat, se font une coque entre les feuilles de cerisier ; il convient donc, par rapport à l'espèce qui fait le sujet de cet article, d'exclure de la synonymie le *Tenthredo cerasi*, Fab., en le remplaçant, comme nous venons de le faire, par le nom de *Selandria piri*, et de *Tenthredo adumbrata*, Klug., tout en reportant à la larve de cette espèce le nom de *Ver-limace*, donné par Réaumur.

2. Æthiops, Fab. (*Tenthredo*). — Longueur : 6 à 7 mill. — D'un noir luisant ; pattes fauves, avec les cuisses noires ; ailes enfumées. — La larve, munie de 22 pattes très-courtes, est d'un vert-jaunâtre et porte sur le dos une ligne ou bande plus foncée ; la tête est d'un jaune-orangé, est marquée de deux petites taches noires de chaque côté. Elle est au rang de celles, qui, sans se couvrir d'un enduit visqueux, se nourrissent du parenchyme supérieur des feuilles. On l'a rencontrée sur les feuilles des rosiers.

3. S. Punctigera, Leach.; *Tenthredo punctigera*, F. Fr. pl. 7, fig. 5; *Pristis punctigera*, Lepelt. — Longueur : 7 à 8 mill. — Corps un peu allongé ; tête, antennes et prothorax noirs ; ce dernier avec une ligne humérale d'un ferrugineux pâle ; abdomen noir en dessus, d'un ferrugineux pâle en dessous; pieds de cette dernière couleur; ailes hyalines, à nervures fauves avec la *côte ponctuée*.

4. S. Alni,   *Tenthredo alni,* Lin.; Fab.; Reaumur, t. V, t. II, f. 1 et 2; *Hemicroa alni,* Stephens. — Longueur : 6 à 7 mill. — Antennes noires; tête et prothorax ferrugineux; abdomen d'un noir violacé, brillant; pattes antérieures fauves. — Sur l'aulne, dont la larve dévore les feuilles. — Cette espèce se rapproche beaucoup des Hylotomes.

5. S. Fulvicornis, Leach.; *Tenthredo fulvicornis,* Fab.; *Allanthus flavicornis,* Jur. — Longueur : 6 à 7 mill. — D'un noir brillant, mais les antennes d'un fauve vif, brunâtres au sommet; jambes testacées; ailes hyalines avec la côte fauve.

La larve, d'un blanc sale, avec la tête rousse, les yeux et les mandibules bruns, vit dans l'intérieur des prunes et pénètre jusque dans le noyau; et c'est au moment de la floraison des pruniers que la femelle introduit un œuf dans l'ovaire de la fleur.

Il ne faut confondre cette espèce avec le *Lyda drupacearum,* Nord., dont la larve vit sur les pruniers.

G. Dolerus (Jurine). — *Dolerus.*

Antennes longues, de 9 articles; mandibules subbidentées; partie moyenne des quatre tibias postérieurs inerme. Ailes antérieures pourvues de deux marginales et de trois sous-marginales.

Les espèces de ce genre sont un démembrement du grand genre *Tenthredo,* de Linné et de Fabricius, dont elles ont d'ailleurs les mœurs et les habitudes.

1. D. Dimidiatus, F. Fr., pl. 9, f. 2.; Lep.—L. : 15 mill. — Antennes, tête, prothorax et pieds noirs; abdomen testacé, avec le 1er segment noir. La fem. a le thorax et l'abdomen testacés.

2. D. Laticinctus, F. Fr., pl. 8, f. 1; Lep. — Antennes, tête et prothorax noirs, abdomen de cette couleur, moins les 3e, 4e, 5e et 6e segments qui sont testacés.

3. D. Tibialis, Jur.; *Tenthredo tibialis,* Panz., f. 11.; Lep. — Antennes noires, mais les 6e, 7e et 8e articles blancs; tête, prothorax et abdomen noirs; pieds testacés, genoux blancs, tarses noirs.

4. D. Pallipes, F. Fr., pl. 8, f. 6; Lep. — Antennes, tête, prothorax et abdomen noirs; pieds de cette couleur, mais les tibias pâles; ailes hyalines, avec les nervures testacées.

5. D. Varipes, F. Fr., pl. 8, f. 4.; Lep. — Antennes, tête, prothorax et abdomen noirs; pieds testacés, avec les fémurs noirs et les genoux blancs; ailes hyalines, les nervures noires.

6. D. Eglanteriæ, Jur.; *Hylotoma eglanteriæ,* Fab. — Antennes et tête noires; prothorax roux, écusson noir; abdomen roux; les 1er, 2e et 8e ann. ainsi que l'anus maculés de noir; pieds antérieurs d'un roux-fauve, les postérieurs noirâtres; ailes fauves à nervures grises.

2

7. D. Germanicus, Jur.; *Tenthredo germanica*, Fab. — Antennes et tête noires; partie antérieure du prothorax, fauve; le reste noir ainsi que l'écusson; abdomen fauve, avec le 1er segment noir; pieds noirs, avec les genoux des quatre pieds antérieurs ferrugineux.

8. D. Cothurnatus, F. Fr., pl. 9, f. 3; Lep. — Antennes, tête, prothorax et abdomen noirs; de ce dernier les segments 2e, 3e, 4e et 5e sont testacés, le 1er en outre est maculé de noir; pieds testacés, base des cuisses noire; ailes hyalines, nervures obscures.

9. D. Rufipes, F. Fr., pl. 9, f. 5; Lep. — Antennes, tête, prothorax et abdomen noirs; pieds testacés, bruns au sommet; ailes hyalines, nervures noires.

10. D. Opacus, Jur.; F. Fr., pl. 9, f. 7. — *Tenthredo opaca*, Fab. — Noir dans toutes ses parties, moins toutefois le prothorax qui porte de chaque côté, vers l'humerus, une tache rougeâtre; ailes hyalines, nervures noires.

11. D. Gonager, Jur.; F. Fr., pl. 9, f. 6; *Tenthredo gonagra*, Fab. — Noir dans toutes ses parties, moins les cuisses qui sont d'un jaune testacé, ainsi que les articulations des jambes.

12. D. Niger, Jur.; *Tenthredo nigra*, Fab.; Lep. — Noir dans toutes ses parties; mais les ailes sont hyalines, avec les nervures noires.

G. Nematus (Jurine). — *Nemate*.

Antennes longues et sétacées, de 9 articles. Les ailes antérieures ont une seule marginale et quatre sous-marginales. Mœurs et habitudes des espèces des genres précédents.

1. N. Clitellatus, F. Fr., pl. 10, f. 3; Lep. — Antennes noires; tête d'un testacé pâle, noire sur le vertex; prothorax noir, avec deux lignes humérales et deux points à la base de l'écusson, d'un testacé pâle; pieds testacés, avec la base des quatre cuisses antérieures noire; ailes hyalines, mais les nervures testacées, et marquées de points de couleur pâle, sur la côte.

2. N. Septentrionalis, Jur.; *Tenthredo septentrionalis*, Fab. — Antennes, tête et prothorax noirs; abdomen de cette couleur, avec les 3e, 4e, 5e et 6e segments testacés.

3. N. Capreæ, Jur.; *Tenthredo Capreæ*, Fab. — Jaune; mais la tête, le prothorax et l'abdomen noirs; ailes avec un point jaune: celles-ci hyalines et à nervures jaunes. — Sur le saule marceau (*Salix caprea*, Lin.) et autres du même genre.

4. N. Interruptus, F. Fr., pl. 11, F. 1; Lep. — Tête noire, avec le vertex et la bouche testacés; prothorax noir, testacé vers les humerus; bouclier de cette dernière couleur; abdomen testacé, mais les segments lignés de noir à la base; pieds testacés.

5. N. Cinctus, F. Fr., pl. 11, f. 2; Lep. — Tête noire, les mandibules et les palpes testacés ; thorax noir, testacé vers les humerus ; abdomen noir, avec les 2e, 3e et 4e segments testacés ; pieds testacés, tarses de la dernière paire, noirs. — Le mâle diffère par les 2e, 3e et 4e segments de l'abdomen qui sont en outre maculés de noir.

6. N. Intercus, Panz. Jur. ; *Tenthredo intercus*, Latr. — Noir ; lèvres et mandibules jaunes ; des points pâles à la base des ailes sur le prothorax ; pieds d'un testacé pâle, avec la base des cuisses noire. — La larve vit dans une petite galle sphérique, ordinairement rouge d'un côté et verte de l'autre, que l'on trouve adhérente à la surface inférieure des feuilles du *Salix pentendra*, Lin. — Commun aux bords de la Loire.

7. N. Salicis, Jur. ; F. Fr., pl. 11, F. 3 ; *Tenthredo salicis*, Fab. — Antennes noires en dessus, testacées en dessous ; tête d'un testacé pâle, le vertex noir ; prothorax noir ; abdomen et pieds d'un testacé pâle, tarses ponctués de fauve ; ailes hyalines, nervures sombres. — Les larves, qui sont aplaties, velues, jaunes, avec deux lignes latérales formées par des points noirs, vivent en sociétés nombreuses sur diverses espèces de saules.

8. N. Saliceti, Dahel ; *N. Vesicator*, Bremi ; Vulg. *Némate des oseraies*. — L. : 5 mill. — Petit insecte, dont l'aspect est celui d'un Cynips, mais ayant les antennes composées de 9 articles seulement. — Les larves vivent dans des galles vésiculeuses, de forme ovalaire, longues de 8 à 10 mill., et que l'on rencontre communément dès le mois de mai sur les feuilles des osiers et autres saules.

G. Pristiphora (Latreille. *Nouv. dict. d'h. nat.*). — *Pristiphore*.

Antennes de 9 articles ; ailes antérieures pourvues d'une seule cellule marginale et de trois sous-marginales.

1. P. Myosotidis, Fab. (*Tenthredo*) ; *Pteronus myosotidis*, Jur. — Antennes, tête et prothorax noirs ; ce dernier, pâle vers les humerus ; abdomen testacé, avec tous les segments lignés de noir ; les quatre pieds antérieurs testacés.

2. P. Duplex, F. Fr., pl. 12, f. 3. — Antennes, tête et prothorax noirs ; ce dernier, pâle vers les humerus ; abdomen noir en dessus ; dessous, côtés et anus pâles ; les quatre pieds antérieurs pâles, bruns au sommet, les postérieurs bruns, avec le sommet des femurs et des tibias pâles.

G. Cladius (Klug, Latr.). — *Cladius*.

Ce genre, comme le précédent, est peu nombreux en espèces ; mais ce qui le distingue plus particulièrement des précédentes sont les antennes, finement velues, de 9 articles, dont les intermédiaires prolongés en dedans et en dessus, surtout chez les mâles chez lesquels ils sont branchus.

1. C. Geoffroyi, Lep.; *Tenthredo pectinicornis*, Fourc. — Longueur : 5 mill. —Antennes noires, velues ; tête, prothorax et abdomen noirs ; pieds jaunes, avec les cuisses noires.

2. C. Morio, Lep. — Antennes, tête, prothorax et abdomen noirs.

3. C. Pallipes, F. Fr., pl. 12, fig. 6. — Antennes, tête, prothorax et abdomen noirs ; pieds pâles, tarses des postérieurs noirs. Les antennes des femelles sont simples.

4. C. Difformis, Latr.; F. Fr., pl. 12, fig. 4; *Tenthredo difformis*, Panz. — Longueur : 4 1/2 mill. — Noire ; jambes, tarses et cuisses antérieures, blancs; antennes du mâle pectinées d'un seul côté; ailes à côte jaune et marquées d'une tâche brune. — La larve, pourvue de 20 pattes et qui parvient à 14 ou 15 mill. de longueur, est d'un vert tendre avec la tête rousse, montre sur les côtés une série de points élevés surmontés, chacun, d'un petit faisceau de poils courts grisâtres. Elle se tient sous les feuilles des rosiers dont elle fait sa nourriture. — Rare.

❊❊❊❊ *Lydites.*

G. Lophyrus (Latreille, Leach). — *Lophyre.*

Antennes des mâles largement pectinées, celles des femelles dentées en scie. Les ailes antérieures ont une seule cellule marginale et quatre sous-marginales, dont la première incomplétement fermée.

Dans ce genre le mâle et la femelle diffèrent beaucoup entre eux. Les larves des espèces peu nombreuses qui la composent, vivent sur les arbres résineux dont elles mangent les feuilles.

1. L. Pini, Latr.; *Hylotoma pini*, Fab.; *Tenthredo pini*, Lin. — Longueur : 9 à 10 mill. — Noir ; jambes et tarses d'un jaune rembruni ; antennes pectinées et très-barbues chez le mâle. La femelle a les antennes et la tête noires ; le prothorax d'un testacé pâle et maculé de noir ; l'abdomen d'un testacé pâle et fascié de noir en dessus ; pattes testacées.—Les larves de cette espèce vivent en troupes plus ou moins nombreuses. Sur les branches feuillues des pins, auxquelles leurs cocons sont faciles à reconnaître au couvercle que chaque insecte soulève pour sortir de sa retraite. — Rare dans ce département.

2. L. Pallidus, Klug.; *Tenthredo pallida*, Lep. — Longueur : 8 à 9 mill. — La femelle est d'un jaune pâle, tachée de ferrugineux sur la poitrine, et l'abdomen est couvert de bandes transversales d'un brun rougeâtre. Le mâle est noir, avec les palpes, le bord antérieur de l'écusson, le collier et les jambes jaunes. Le ventre est ferrugineux.

Les larves pourvues de 22 pattes vivent en sociétés peu nombreuses, à l'extrémité des pousses de diverses espèces d'épiceas.

G. Lyda (Fab., Leach,, Klug.; *Pamphilius*, Latreille). — *Lyda.*

Antennes grêles et sétacées, de 19 à 36 articles ; la tête, le thorax et l'abdomen sont grands et aplatis ; les quatre jambes postérieures portent chacune trois éperons. Les ailes supérieures ont trois cellules marginales et quatre sous-marginales.

Les larves des *Lyda* diffèrent de celles des autres genres de la tribu des Tenthrédines en ce qu'elles n'ont pas de pattes membraneuses et que leur corps est terminé par deux pointes courtes situées au-dessus de deux longs appendices.

Les espèces de ce genre, dont la taille rappelle celle des Hylotômes, vivent, comme celles de ces derniers, des feuilles des divers arbres ou arbrisseaux sur lesquels on les rencontre.

1. L. Cynobasti, Fab. ; *Pamphilius cynobasti*, Latr. ; Lep. — Longueur : 5 mill. — Noir ; les quatre pattes antérieures, fauves ; les postérieures, noires et annelées de blanc. — Sur l'églantier.

2. L. Histrio (*Pamph.*, Latr.). — Antennes d'un testacé pâle, 1er article jaune à la base et brun au sommet ; tête et prothorax noirs, variés de jaune ; abdomen d'un testacé pâle, le 1er segment noir maculé de jaunâtre ; pieds jaunes.

3. L. Flaviventris, de G. ; *Tenthr. depressa*, Panz. ; *Pamphilius dimidiatus*, Latr. Enc. n° 22. — Antennes fauves, jaunes à la base ; tête et prothorax noirs, variés de jaune ; abdomen jaune, 1er et 2e segments plus ou moins noirs ; pieds jaunes, avec les cuisses des quatre antérieurs maculées de noir.

4. L. Clypeata, Klug. — Longueur : 6 1/2 à 7 mill. — Noire, avec l'abdomen marqué de chaque côté de trois à six petites taches blanches ; une tache jaune sur l'écusson ; base des antennes et jambes d'un jaune pâle. — Les larves de 16 à 18 mill. de longueur, d'un jaune quelquefois terreux, avec la tête d'un noir luisant, ont les anneaux ridés en travers. Ces larves vivent en société, sous une toile légère, d'un tissu soyeux, qu'elles se filent à l'extrémité des rameaux feuillus des épines blanches (*Cratægus monogina* et *C. oxyacantha*), formant les clôtures de nos champs, etc. — Très-commune dans certaines années.

5. L. Drupacearum ; *Tenthredo drupacearum*, Nordlinger. — Longueur : 8 à 10 mill. — Noire ; prothorax et abdomen marqués de lignes transversales blanchâtres, enfoncées ; pattes jaunes avec les cuisses noires. — Les larves de cette espèce, vertes, avec la tête noire, vivent en société sous des toiles soyeuses qu'elles se filent à l'extrémité des rameaux feuillus des pruniers, abricotiers et pêchers.

Nota. — Nous n'avons pas rencontré cette espèce dans nos contrées, qui appartient plus particulièrement à quelques parties de l'Allemagne, et si nous en donnons ici la description, c'est afin de donner aussi la facilité d'en faire la recherche surtout sur les pruniers cultivés en si grande quantité dans les vallées de la Loire, entre Saumur et Montsoreau.

Nota. — Quant au *Lyda piri*, que nous n'avons pas rencontré et qui dévaste les poiriers, il faut en faire la recherche sur ces arbres.

G. Cephus (Fab.; Latr.; *Astatus.* Klug.; *Trachelus,* Jur.). — *Cephus.*

Antennes allant en grossissant vers le bout, de 21 à 28 articles; les ailes supérieures ont deux cellules marginales et quatre sous-marginales; les jambes antérieures n'ont qu'un éperon, les quatre tibias postérieurs sont munis de deux épines.

Ce genre est peu nombreux en espèces, et celles qui en font partie vivent, pour la plupart, dans le canal médullaire des rameaux herbacés de différents arbres, ou bien dans le chaume des céréales, etc.

1. C. Compressus, Fab.; F. Fr., pl. 15, f. 1; *Trachelus compressus,* Jur. — Longueur : 8 à 9 mill. — Le mâle a la tête et les antennes noires; les mandibules sont jaunâtres; le prothorax noir, traversé par une raie ferrugineuse et marqué de quelques points de cette couleur; l'abdomen est d'un jaune rougeâtre et les pattes d'un jaune testacé. — La femelle diffère du mâle en ce que le prothorax, qui est noir, présente une tache triangulaire ferrugineuse; l'abdomen est ferrugineux, avec son extrémité ainsi que son premier anneau, d'un brun noir; les pattes sont noires, avec les jambes ferrugineuses et les cuisses marquées d'une tache blanche. — La larve, qui vit dans le bois, le canal médullaire des rameaux herbacés des poiriers, cause à ces arbres de véritables dommages, que l'on reconnaît d'abord à la flétrissure de ses feuilles qui, ensuite, finissent par se dessécher complétement. — Voy. à ce sujet les observations faites par M. le colonel Goureau.

2. C. Pygmæus, Fab.; *Banchus spinipes,* Panz.; *Sirex pygmæus,* Coqueb.; *Trachelus pygmæus,* Jur. — Noir; 3e et 5e anneaux de l'abdomen, les côtés du bord postérieur du 2e et une partie du 6e, jaunes; jambes et tarses antérieurs, jambes intermédiaires et palpes, de cette dernière couleur; ailes supérieures avec la côte noirâtre.

VAR. A. *pallipes* (*Astatus pallipes,* Klug.). — Abdomen sans bandes jaunes.

VAR. B. *punctatus* (*Astatus punctatus,* Klug.). — Abdomen avec des points jaunes.

VAR. C. *floralis* (*Astatus floralis,* Klug.). — 2e et 3e anneaux de l'abdomen sans taches, les suivants bordés plus ou moins de jaune postérieurement.

Les larves de cette espèce vivent dans l'intérieur du chaume des blés, dont chacun récèle plusieurs individus. — Dans un champ de blé, à l'époque où ceux-ci approchent de leur maturité, l'on reconnaît les chaumes qui récèlent les larves en question à la rectitude des épis, ainsi qu'à la couleur blanche ou blanchâtre — faute de grains — qu'ils montrent dans cette circonstance, les épis non altérés se courbant plus ou moins par la charge de leurs grains.

3. C. Tabidus, Fab.; *Sirex tabidus,* Coqueb.; *Astatus tabidus,* Panz.; *Trachelus tabidus,* Jur. — Noir; un rang de taches d'un jaune-roussâtre sur les côtés de l'abdomen ; bout des cuisses, face antérieure et 1er article des premières pattes, jaunes. — Vit dans l'intérieur des chaumes, comme l'espèce précédente.

G. Tarpa (Fab. ; Leach ; *Megalodontes*, Latr.). — *Tarpa*.

Antennes de 15 à 18 articles, dont ceux du milieu, pour la plupart, sont prolongés obliquement en dedans. Les ailes supérieures ont deux cellules marginales et quatre sous-marginales.

1. T. Panzeri, Leach ; *Tenthredo cephalotes,* Panz. ; *Tarpa cephalotes,* Klug. — Nous n'avons pas rencontré cet insecte en Anjou.

Tribu des Siricides ou Urocérides.

La tribu des Siricides se compose de quelques genres seulement, dont deux : le G. Sirex et le G. Xyphidria, ont chacun un représentant dans ce département. Les espèces qui s'y rapportent, ont les antennes longues, sétacées et composées d'un grand nombre d'articles. Les jambes antérieures sont armées d'un seul éperon. Le prothorax, très-développé, élevé, est prolongé en forme de cou ; le corps quasi cylindrique est terminé, chez la femelle, par une tarière droite, longue, forte et dentée en scie. Les œufs sont déposés dans des arbres résineux et vivants ; et les larves, qui en proviennent, longues, cylindriques et ridées en travers, se font remarquer par de petites antennes.

G. Sirex (Linné, Urocerus, Geoffroy). — *Sirex*.

Mandibules dentelées au côté interne ; antennes insérées près du front, entre les yeux, de la moitié de la longueur du corps, variables de 17 à 25 articles, dont le premier, plus grand que les autres, est tronqué à l'extrémité ; ailes antérieures ayant deux cellules marginales et trois cellules sous-marginales ; tarière droite, longue, dure et aménuisée en pointe.

1 Sirex gigas, Lin., Fab. ; *Urocerus gigas,* Geoffr. ; Latr. — Longueur : 28 mill. — La femelle, noire, avec une tache jaune derrière chaque œil, a les deux premiers segments de l'abdomen de cette dernière couleur et les autres noirs ; sa tarière qui est longue de 9 à 10 millim. est également noire ; les jambes et les tarses sont jaunâtres. — Le mâle diffère de la femelle par l'abdomen qui est d'un jaunâtre un peu rougeâtre, avec une tache à son extrémité, terminée en pointe avancée, noire ; partie des jambes et des tarses noirâtres.

Cette espèce, qui est rare dans nos contrées, a été observée sur le tronc d'un pin, dans l'arrondissement de Baugé, par M. F. Turpot.

G. Xyphidria (Latr., *Dict. d'h. nat.*; Fab.; *Hybonotus*, Klug). — Xyphydrie.

Mandibules courtes, larges et quadridentées ; antennes sétacées : le premier article un peu arqué, les suivants sont de plus en plus courts ;

les ailes antérieures ont deux cellules marginales et quatre sous-marginales ; tarière plus ou moins comprimée et arquée dans ses valves. — Les insectes de ce genre se rapprochent beaucoup du genre précédent par la forme effilée du cou et longuement séparé de la tête, ainsi que par les mœurs et les habitudes ; mais leur taille est de beaucoup moins grande.

1. X. Camelus, Fab. (*Sirex*) ; *Sirex camelus*, Pan.. ; *Urocerus camelus*, Jur. — Longueur : 8 à 10 mill. — D'un noir mat ; une rangée de taches blanches de chaque côté de l'abdomen ; pattes fauves, avec l'extrémité des tarses noire ; ailes hyalines.

2. X. Fasciata, F. Fr., pl. 15, f. 5. ; *Xyph. camelus*, Femina, Fab. — Longueur : 10 mill. — Tête noire, avec quelques traits ou taches blanchâtres ; prothorax et abdomen étroits, allongés, noirs ; ce dernier ayant les 3e, 4e et 5e segments d'un rouge ferrugineux ; pattes fauves, avec l'extrémité des tarses noire ; ailes hyalines.

FAMILLE DES GALLICOLES.

Cette famille comprend un certain nombre de petits hyménoptères, dont l'abdomen est terminé par une tarière sans aiguillon, plus ou moins longue, déliée, contournée pendant le repos, logée à l'extrémité de l'abdomen. Les larves des insectes qui la composent ne sont pas parasites, vivant dans des galles que les femelles font naître, en perçant de leur tarière la partie des végétaux qu'elles savent reconnaître ; et c'est plus particulièrement le chêne qui fournit ces galles si variées dans leurs formes, et dans lesquelles les larves trouvent leur nourriture, se transforment en insectes parfaits, et d'où ceux-ci sortent, vers le printemps, en y pratiquant un trou parfaitement rond. A ces caractères propres à distinguer les insectes de cette famille, il faut y réunir celui que présente les ailes, dont les supérieures n'ont que quelques nervures et les inférieures une seule, mais très-épaisse : caractère unique dans l'ordre des hyménoptères.

Pour bien distinguer ces espèces et se les procurer, le moyen le plus convenable est de recueillir les galles qui leur servent de berceau, soit à la fin de l'automne ou bien pendant l'hiver, en prenant la précaution de les placer par espèces — moyen d'ailleurs indiqué par la forme de la galle particulière à chacune d'elles — dans des bocaux ou bien dans des boîtes bien closes.

Tribu des Cynipsides ou producteurs de galles.

Les insectes compris dans cette tribu des Cynipsides, et connus aussi sous les noms de *Gallinsectes* et de *Diplolepiens*, se rapportent tous au genre nombreux créé par Linné, sous le nom de *Cynips*. Les caractères qui les distinguent étant les mêmes que ceux indiqués pour là famille des Gallicoles, nous rappelerons seulement ici le caractère le plus important, et qui, chez les femelles, est d'être munie d'une tarière mince et déliée, pliée et reçue dans une rainure placée sous l'abdomen, dans le repos.

G. Cynips (Linné). — *Cynips.*

Antennes de 14 articles cylindriques chez les femelles, de 15 articles chez les mâles. Ailes grandes, dépassant de beaucoup l'abdomen, et présentant une petite sous-marginale; les supérieures montrant quelques nervures seulement; les inférieures avec une seule nervure, mais très-épaisse. — Insectes de petite taille, pour la plupart, et dont les larves vivent dans des galles variées dans leurs formes, selon les espèces; abstractions faites de quelques chalcidites qui ont vécu aux dépens des larves des Cynips.

✳ *Galles du chêne.*

1. C. Quercus folii, Fab. (*Diplolepis*), Panz. — D'un brun foncé et soyeux; avec quelques taches rougeâtres aux pattes, ainsi qu'au prothorax et autour des yeux; abdomen d'un brun foncé, luisant, avec une petite touffe de poil à sa partie inférieure; antennes et pattes poilues. — La larve vit dans des galles sphériques et lisses des feuilles du chêne, atteignant ordinairement de 12 à 16 mill. de diamètre. — Ces galles sont connues sous le nom vulgaire de *Cannettes de chêne.* — Dans les bois, ainsi que sur les chênes champêtres.

2. C. Quercus inferus, Lin., Fab. — Très-noir; antennes et pattes d'un jaune pâle, galles globuleuses, rouges ou rougeâtres, de la grosseur d'un grain de groseille rouge, placées plusieurs ensemble au revers des feuilles du chêne. — Les bois, etc.

3. C. Lenticularis, Oliv. (*Diplol.*); *Cynips longipennis*, Fab. — D'un noir luisant; ailes supérieures transparentes, avec un point marginal obscur; pattes brunes ou jaunâtres. — Galles lenticulaires, placées au revers des feuilles du chêne où elles sont fixées par un court pédicule. (*Galles en champignon du chêne*, Réamur.) Ces galles, comprimées et légèrement hémisphériques, sont granuleuses en dessus et ornées de deux ou trois liserés rougeâtres circulaires et irréguliers dans leur contour. — Commun sur les feuilles du chêne.

4. C. Pedunculi, Fab. — Gris; ailes marquées d'une croix noire. — Petites galles globuleuses, fixées au pédoncule des fleurs mâles, en chaton, du chêne.

5. C. Petioli, Fab. — Noir; pattes blanchâtres, cuisses brunes. — Petites galles orbiculaires, concaves en-dessus et en-dessous, de 5 millim. de diamètre, sur le pétiole des feuilles du chêne. — Commun.

6. C. Racemosæ, Fab. — Noirâtre. — Galles petites, globuleuses, en grappes. — Sur les fleurs, en grappe, du chêne.

7. C. Gemmæ, Geoff. — Jaune, légèrement soyeux ; antennes, jambes et tarses noirâtres, une tache de cette couleur sur l'abdomen. — Grosses galles foliacées, imbriquées en rosace et formées aux dépens des bourgeons terminaux du chêne tauzin. (*Quercus thosa*, Bosc.) — Les buttes de Rivet, paroisse de Sorges ; Beaucouzé, etc.

Nota. — Le Cinips de la galle en rose du chêne nous paraît appartenir à cette espèce.

8. C. Tubulosa, Boy. de F. — Noirâtre ? Galle formée aux dépens de la cupule du gland de chêne ordinaire, qui, entourée d'excroissances tubuleuses, se trouve ainsi transformée en une galle cornue. — Espèce rare en Anjou et que nous avons rencontrée dans les bois d'Avrillé, dans ceux de Serrant, ainsi que sur des taillis de chênes situés près du Layon.

9. C. Baccarum, Lin. — Insecte d'un brun clair, vivant à l'état de larve dans une galle variable en grosseur, et dont la plus considérable égale, à peine, le fruit mûr de l'arbousier (*Arbutus unedo*, L.), et dont elle a d'ailleurs l'aspect charnu, les couleurs rouges ou rougeâtres de ce fruit, ainsi que les aspérités qui couvrent sa périphérie. Plusieurs de ces galles sont ordinairement réunies sur la surface inférieure d'une feuille de chêne. — Réaumur distingue les galles de cette espèce, par l'épithète de : *Gallæ tuberculatæ quercus.* — Commun dans les bois d'Avrillé, près d'Angers, ainsi que dans ceux de la Haie qui les touchent, etc.

10. C. Terminalis, Fab. — Longueur : 7 à 8 mill. — Le mâle, d'un fauve clair et muni de grandes ailes diaphanes, et dont la longueur dépasse de beaucoup l'extrémité de l'abdomen. La femelle, qui est aptère, est brune, avec la partie postérieure de l'abdomen d'un noir luisant. Les galles de cette espèce, connues sous le nom de *Pommes de chêne*, sont grandes et arrondies, de nature tendre, fongueuses et placées sur les branches terminales du chêne, en réunion de deux à cinq ou d'un plus grand nombre sur la même tige. Elles sont, en outre, de forme et de grosseur variable et fort souvent de la taille d'une pomme d'Apis, dont elles ont la finesse de la peau ainsi que la couleur ; mais présentant fort souvent, vers leur partie supérieure, de fortes nodosités ou protubérances qui les rendent difformes. Enfin, contrairement aux galles que nous venons de passer en revue, qui ne renferment chacune dans leur sein qu'une seule larve, celle-ci en contient un nombre plus ou moins grand, mais chacune d'elles isolée dans autant de cellules. — Cette espèce, qui répand une odeur de champignon, est commune dans les bois ainsi que sur les chênes champêtres.

11. C. Aptera, Fab. (*C. Radicis*), Fab. — Longueur : 8 à 9 mill. — Cet insecte, l'un des plus grands cynips connus et dont le mâle et la femelle sont aptères, est d'un roux marron luisant, mais la tête et le prothorax sont légèrement soyeux ; une petite tache transversale noire se montre en outre sur l'abdomen. Les larves de cette espèce vivent dans de grosses galles ligneuses, informes et à plusieurs loges, dont l'aspect est celui d'une truffe, et qu'on rencontre sur les racines des vieux chênes, affleurant le sol.

✻✻ *Galles autres que celles du chêne.*

12. C. Rosæ, Lin., Fab. (*C. de l'Eglantier ; C. du Bédéguar*). — Longueur : 3 à 4 mill. — Noir ; pattes et abdomen d'un jaune-roussâtre ; ce dernier, noir à son extrémité.

Les larves de cette espèce vivent en société, plus ou moins nombreuse, dans l'intérieur d'une galle chevelue connue sous le nom de Bédéguar et que nourrit l'églantier. Cette galle, qui comporte autant de cellules que de larves, est plus ou moins grosse, plus ou moins arrondie, tendre d'abord, et qui devient dure ensuite, est couverte de gros filaments branchus, qui lui donnent l'apect d'un corps arrondi, mousseux, prend en viellissant une teinte verte mélangée de rougeâtre ou de jaunâtre. — Commun partout où croit l'églantier.

13. C. Acerinæ, Bremi. — C'est à cette espèce qu'il faut rapporter les galles qu'on remarque sur les feuilles de l'Érable champêtre (*Acer campestris,* Lin.).

14. C. Glechomæ, Lin., Fab. — Très noir, luisant, glabre ; pattes et antennes rougeâtres ; ailes grandes, transparentes. — Galle grosse, sphérique, sur les feuilles du lierre terrestre. (*Glechoma hederacea,* Lin.) — Commun dans les bois, etc.

15. C. Serratulæ, Fab. — D'un noir brillant ; antennes velues. Galle arrondie, allongée et retrécie aux deux bouts, produite aux dépens de la tige de la sarrète des teinturiers. (*Serratula tinctoria,* Lin.)

NOTA. — L'on a remarqué qu'il sort de certaines galles de cynips, des espèces d'insectes appartenant à la tribu des *Chalcidites,* et comme cela se voit fréquemment par rapport à l'Eulophus bedeguaris, dont la larve vit en parasite aux dépens de celle du Cynips en question ; ce que l'on reconnait, d'ailleurs, lorsque l'insecte parvenu à son état parfait, se montre, en sortant de la galle, avec sa brillante couleur dont il est paré.

G. Ibalia (Latreille). — *Ibalie.*

Antennes moins longues que l'abdomen, amenuisées vers la pointe, de 13 à 15 articles ; corps allongé ; abdomen courtement pédiculé , comprimé en lame de couteau, mais guère plus épais sur le dos qu'au bord inférieur ; tarière de la femelle retournée sur l'abdomen, comme chez les Leucospis, de la famille des Pupivores.

1. J. Cultellator, Latr.; *Ophion cultellator,* Fab., Panz. — Longueur : 16 à 17 mill. — Noire ; prothorax chagriné ; l'abdomen est d'un brun ferrugineux, mais les pattes sont noires, ainsi que deux taches de cette couleur sur les ailes.

FAMILLE DES PUPIVORES.

La famille des Pupivores et qui c mprend tous les Hyménoptères parasites, se compose de diverses tribus, formées d'un certain nombre de genres, renfermant, pour certains d'entre eux, une grande quantité d'espèces ; celles qui s'y rapportent ont l'abdomen rétréci ou pédiculé près de sa base, et muni, chez la femelle, d'une tarière droite, mince, aigüe à son extrémité et variable en longueur. Leurs pattes sont longues et grêles.

Ces insectes sont parasites en ce sens : que les femelles, au moyen de leur tarière, introduisent un ou plusieurs œufs dans le corps ou sous la peau d'une chenille ou toute autre larve d'insectes, car aucun ordre de ces animaux n'est épargné ; ces œufs éclosent bientôt en présentant des larves vermiformes et apodes, qui ne vivent que des téguments graisseux qu'elles y rencontrent, et dont la vie de leurs victimes peut se passer ; puis, arrivée à l'époque où elles doivent se métamorphoser, elles leur perforent le ventre, pour en sortir et se filer des cocons. Tandis qu'il en est d'autres qui ne quittent leur retraite qu'après avoir subi leur dernière métamorphose ; mais parées alors, pour certaines espèces, des couleurs brillantes que leur procure cette transformation ; et comme on le remarque d'ailleurs par rapport à certaines *Chalcidides*, qui s'échappent en grand nombre des chrysalides de papillons du genre Vanesse.

Enfin, les parasites qui nous occupent ici, et dont le rôle important qu'ils jouent dans la nature est, on ne peut le méconnaître, bien remarquable, étant appelés à maintenir, à limiter dans de justes proportions la diffusion des insectes dans cet ordre comme dans tous les autres ; car il n'en est aucun dont les larves se trouvent épargnées ou dispensées de subir leur atteinte.

Ces parasites étant des insectes utiles à l'agriculture comme à l'horticulture, car, sans eux, toutes les plantes que l'on cultive seraient à la merci de leur consommation ; ils doivent donc être compris et rangés aux nombre des animaux utiles, et par cela même protégés par les cultivateurs.

A leur état parfait on les rencontre souvent sur les fleurs, préférant celles des ombellifères, ou bien sur les plantes que dévorent les larves qui doivent servir de berceau et de nourriture à leurs descendants.

Les insectes de cette famille, comme nous l'avons déjà dit, sont divisés en un certain nombre de tribus, savoir : 1o celles des *Evaniales* ; 2o des *Hychneumonides* ; 3o des *Proctotrupides* ; 4o des *Chalcidides* ; 5o des *Leucospidides* ; et 6o des *Chrysidides*.

Tribu des Evaniales.

Abdomen inséré sur la base de métathorax ; antennés de 13 à 14 articles ; pattes postérieures plus longües et plus fortes que les quatre antérieures.

G. Evania (Fabricius). — *Evanie.*

Abdomen très-court, comprimé, triangulaire, brusquement pédiculé, inséré à l'extrémité postérieure du prothorax.

1. E. Appendigaster, Fab.; *Sphex appendigaster*, Lin.; Panz. — Longueur : 9 à 10 mill. — Noir, ponctué ; abdomen triangulaire, uni, à pédicule un peu rugueux. — La femelle dépose ses œufs dans la bourse ovitifère des Blattes. — Les bois. — Rare.

2. E. Minuta, Fab. — Longueur : 4 à 5 mill. — Cette espèce ressemble beaucoup à la précédente, bien que plus petite, dont elle diffère surtout par les pattes qui sont toutes d'égale longueur. — Les bois. — Rare.

G. Fœnus (Fabricius). — *Fœne.*

Corps long et étroit ; abdomen comprimé, plus épais à son extrémité et inséré sur la base du métathorax ; prothorax rétréci en forme de cou ; antennes courtes (de la longueur de la tête et du prothorax), de 13 articles chez les mâles et de 14 chez les femelles ; tarière droite de la longueur ou plus courte que le corps. — Parasites des apiaires.

1. F. Jaculator, Fab.; *Ichnemon Jaculator*, Lin. — Longueur : 25 à 26 mill. — Noir ; abdomen fauve vers sa partie moyenne ; base et extrémité des jambes postérieures, blanchâtres.

2. F. Assectator, Fab. — Longueur : 24 à 25 mill. — Noir, avec trois taches rousses sur les côtés de l'abdomen ; jambes postérieures ferrugineuses ; tarière de beaucoup plus courte que le corps.

Tribu des Ichneumonides.

Les insectes de cette tribu ont l'abdomen ordinairement mince et allongé, mais variable de forme et de longueur, composé de 8 segments, prenant naissance entre les deux pattes postérieures, et est terminé, chez la femelle, par une tarière variable en longueur, droite et non repliée sur le dos. Les ailes sont grandes, très-veinées, et leurs nervures forment des cellules complètes. Les antennes filiformes, non coudées, le plus ordinairement de la longueur du corps et rapprochées à leur point d'insertion, sont vibratiles, c'est-à-dire dans un état continuel d'agitation, mais qu'on ne remarque pas chez les Ophionites. Elles sont, en outre, composées d'un grand nombre d'articles variables de 18 à 60, et ornées pour un certain nombre d'espèces, d'un anneau blanc ou blanc jaunâtre, mais quelquefois incomplet dans l'un ou l'autre sexe. Le premier des articles des antennes, le plus grand ou le plus gros de tous, est suivi de deux autres, mais petits.

Parmi la quantité considérable d'insectes appartenant à tous les ordres, et dont les larves destinées à servir de nourriture à celles de cette tribu, les chenilles ou larves des lépidoptères fournissent le plus grand nombre de victimes ; car chaque espèce d'Ichneumonides est réputée de s'attacher de préférence plutôt à une espèce qu'à toute autre de cet ordre.

La tribu des Ichneumonides étant très-nombreuse en espèces, comprenant la presque totalité de celles que renferme le grand genre Ichneumon de Linné, a été divisée en plusieurs groupes pour en faciliter l'étude, savoir : 1° Gr. des *Pimplites ;* 2° Gr. des *Ophionites ;* 3° Gr. des *Cryptites ;* 4° Gr. des *Ichneumonites ;* 5° Gr. des *Braconites.*

✿ GROUPE DES PIMPLITES.

Les insectes qui composent ce groupe sont les plus grands des Ichneumonides, et ont pour caractère : d'avoir 1° le dos du métathorax ordinairement ridé en travers ; 2° les segments moyens de l'abdomen plus longs que larges ; 3° les antennes longues et sétacées, plus courtes que le corps et le premier article largement échancré ; 4° le 8° et dernier segment de l'abdomen terminé chez le mâle par une espèce de languette longue et étroite, et chez la femelle par une très-longue tarière ; ce qui indique assez que ces insectes sont appelés à se reproduire dans les larves de gros insectes placés plus ou moins profondément dans le tronc des gros arbres.

G. Rhyssa (Gravenhorst). — *Rhyssa.*

Les insectes de ce genre sont les plus grands de tous les Ichneumonides ; leurs antennes sont longues et sétacées, mais plus courtes que le corps, qui cependant est très-allongé, comprimé à l'extrémité chez les femelles, cylindroïde ou filiforme chez les mâles. L'abdomen n'est ni tuberculeux ni sillonné en travers, comme cela se fait remarquer dans le genre Pimpla ; et la tarière est de beaucoup plus longue que le corps.

1. R. Persuasoria, Fab. (Ichn.). — Longueur de la F. : 30 mill. ; de sa tarière, 39 à 40 mill. — Noir ; écusson blanc ; prothorax maculé de jaune ; tous les segments de l'abdomen avec deux points blancs de chaque côté. — Ce rare, grand et bel insecte, se montre, et plus particulièrement la femelle, sur le tronc plus ou moins carié des chênes champêtres de l'arrondissement de Segré, en quête sans doute de quelques larves de capricornes ou de lucanes, pour y déposer leurs œufs.

G. Ephialtes (Gravenhorst). — *Ephialtés.*

Grands insectes au corps long et étroit ; et dont les segments de l'abdomen présentent un aspect tuberculeux. Les antennes sont plus courtes que dans le genre *Rhyssa* ; et la tarière est quelquefois plus longue que le corps.

1. E. Manifestator, Fab. (*Ichn.*). — Longueur du corps : 24 mill. ; de la tarière, 21 ; des antennes, 15. — Noir, mais les pattes fauves. — Commun.

G. Pimpla (Fabricius, Gravenhorst). — *Pimpla.*

Dos du métathorax non ridé en travers ; segments moyens de l'abdomen ordinairement plus larges que longs, et marqués de sillons en travers ; la tarière est plus courte que le corps ou arrive à cette proportion ; les antennes sont aussi longues ou plus longues que le corps ; les cuisses sont courtes et épaisses.

1. P. Oculatoria, Fab. — Longueur : 11 à 12 mill. — Noir ; antennes de cette couleur ; prothorax varié de fauve et de jaune ; écusson blanc ; 2e, 3e et 4e segments de l'abdomen, d'un fauve rougeâtre ; les pieds sont aussi de cette couleur. — La femelle dépose ses œufs dans un cocon soyeux renfermant les œufs de certaines araignées.

NOTA. — Il faut rapporter à ce genre les espèces ci-après : P. Fasciatoria, Flavicans, Alternans, Flavipes, Varicornis, Ornata, etc., dont nous avons perdu les sujets.

G. Odontomerus (Gravenhorst). — *Odontomère.*

Insectes de moyenne taille. Abdomen allongé, pyriforme chez les mâles, large et en ovale allongé chez la femelle ; pattes courtes, cuisses renflées, les deux postérieures munies chacune d'une forte dent en dessous.

1. O. Dentipes, Grav. — Tarière plus longue que le corps.

G. Banchus (Fabricius, Gravenhorst). — *Banchus.*

Ce genre, qui comprend un certain nombre d'espèces, est ainsi caractérisé : Abdomen comprimé dans sa dernière moitié, déprimé à la base et terminé, chez la femelle, par une tarière très-courte, ne dépassant pas l'extrémité du dernier segment ; sur la région ventrale, une carène très-saillante ; antennes sétacées, plus courtes que le corps, qui est de longueur moyenne, s'enroulant à l'extrémité chez les mâles.

1. B. Venator, Fab. — Noir ; abdomen arqué, rouge en dessous, à sa base ; pattes fauves.

2. B. Hastator, Fab. — Noir ; bords des segments de l'abdomen rouges ; écusson élevé muni d'une épine.

3. B. Falcator, Fab. — Abdomen ferrugineux, noir à son extrémité, arqué à sa base ; prothorax varié de jaunâtre ; écusson de cette couleur.

4. B. Histrio, Fab. — Semblable au précédent, mais l'abdomen roux dans toute son étendue.

5. B. Varius, Fab. — Jaune ; poitrine variée de noir.

6. B. Pictus, Fab. — Noir, mélangé de jaune ; écusson avancé en poirte.

G. Acœnites (Gravenhorst). — *Acœnites.*

Abdomen ovoïde, large, et de la même longueur du thorax et de la tête , avec le dernier segment, chez la femelle, en fer de lance ; antennes un tiers plus longues que la tête et le thorax réunis. La tarière est ordinairement aussi longue que le corps, qui est court et trapu.

1. A. Dubitator, Panzer, Latreille. — Noir ; 2ᵉ et 3ᵉ segments de l'abdomen, et extrémité du 1ᵉʳ, fauves ; les autres bordés de blanc postérieurement ; sa base ou pédicule arqués ; pattes fauves.

G. Xorides (Gravenhorst). — *Xorides.*

Corps long et étroit, avec le bord postérieur de chaque segment de l'abdomen échancré au milieu ; antennes grêles, cylindriques et aussi longues que la moitié du corps ; tarière de la femelle de la longueur du corps.

1. X. Collaris, Grav. — Caractères du genre.

G. Cryptus (Fab.). — *Cryptus.*

Abdomen pédiculé, étroit chez le mâle, large chez la femelle, dont la tarière est plus ou moins longue que le corps ; antennes longues, épaisses et sétacées chez le mâle et plus ou moins filiforme chez la femelle. Aréole de l'aile de forme pentagonale ou quadrilatère.

Ce genre pourrait se diviser en deux sections selon que le prothorax des femelles est épineux (*Hoplismenus,* Grav.) ou non épineux. Il est nombreux en espèces, ordinairement de moyenne taille, et chacune d'elles a une préférence marquée par rapport au genre de larve et même d'insecte parfait qui doit recevoir ses œufs.

1. C. Emigrator, Fab. — Longueur : 8 mill. — Noir. Abdomen ferrugineux, noir à son extrémité ; un anneau blanc aux antennes, ainsi qu'aux jambes moyennes et postérieures.

2. C. Peregrinator, Fab. — Longueur : 8 mill. — Noir. Abdomen ferrugineux, noir dans ses deux premiers segments ; antennes avec un anneau blanc.

3. C. Incubitor, Fab. — Longueur : 10 mill. — Noir. Abdomen ferrugineux, noir à son extrémité ; pattes fauves ; un anneau blanc aux antennes.

4. C. Titillator, Fab., — Longueur : 8 mill. — Noir ; abdomen ferrugineux à sa base, noir à son extrémité ; dessous des tarses blanc.

5. C. Mutilator, Fab., Oliv. — Noir ; dessous des antennes, abdomen et pattes antérieures rougeâtres.

NOTA. — Cette espèce paraît se rattacher au genre Tryphon.

6 C. Generator, Fab. -- Longueur : 7 à 8 mill. — Noir ; front jaune ; pattes rougeâtres ; antennes noires en dessus, pâles en dessous.

7. C. Delusor, Fab. — Longueur : 12 mill. — Noir ; abdomen ferrugineux, noir à sa base et à son extrémité ; tarses des pattes postérieures noires.

8. C. Extensor, Fab. — Longueur : 5 mill. — De forme linéaire et cylindrique ; brunâtre ; pattes rougeâtres, tarière plus longue que le corps.

9. C. Inculcator, Fab. — Longueur : 4 mill. — Noir ; abdomen falciforme, ferrugineux ; pattes fauves.

10. C. Ruspator, Fab. — Longueur : 8 mill. — Noir ; pattes ferrugineuses ; cuisses renflées, les postérieures munies intérieurement d'une petite pointe ou dent aiguë.

11. C. Excursor, Fab. — Longueur : 6 mill. — Prothorax et abdomen rougeâtres ; ailes noirâtres, avec un point marginal noir.

G. Mesostenus (Gravenhorst). — *Mesostenus.*

Corps long et étroit ; tarière variable en longueur, plus courte, aussi longue ou plus longue que le corps ; antennes aussi longues ou plus longues que ce dernier.

1. M. Gladiator, Mes. — Mesothorax partagé en trois lobes ; tête armée d'une épine.

G. Hemiteles (Gravenhorst). — *Hémitélès.*

L'abdomen des femelles est un ovoïde élargi ; celui des mâles est allongé ; la tarière est ou plus courte ou aussi longue ou plus longue que l'abdomen ; les antennes minces à la base, vont en grossissant progressivement jusqu'au sommet ; les ailes sont rayées de bandes brunes.

Les espèces de ce genre, ordinairement de petite taille, se reproduisent, non-seulement dans les corps ou les larves d'insectes de divers ordres, mais encore en d'autre manière, comme par ex. l'*Hemiteles palpator*, dont la femelle dépose ses œufs dans les cocons soyeux renfermant ceux de certaines araignées.

❋ ❋ GROUPE DES OPHIONITES.

Les insectes de ce groupe ont l'abdomen arqué, comprimé latéralement et terminé par une petite tarière, avec laquelle la femelle dépose

3

ses œufs dans le corps de différents genres de larves, mais vivant à découvert : les œufs sont oblongs et pédiculés. Les Ophionites sont d'assez grande taille.

G. Ophion (Fabricius). — *Ophion.*

Abdomen falciforme, comprimé et tranchant, à partir du 3ᵉ segment, ayant le bout tronqué obliquement de haut en bas et d'arrière en avant chez les mâles ; les antennes, sétacées, sont de la longueur du corps ; et la tarière de la femelle est des plus courtes.

† *Antennes jaunes.*

1. O. Luteus, Fab. — Longueur : 24 mill. — Jaune dans toutes ses parties ; prothorax strié ; antennes de la longueur du corps.

†† *Antennes noires.*

2. O. Falcator, Fab. — Longueur : 18 à 20 mill. — Noir ; prothorax presque sans taches ; 2ᵉ, 3ᵉ et 4ᵉ segments de l'abdomen rougeâtres.

3. O. Erigator, Fab. — Noir ; prothorax sans taches ; abdomen court, 3ᵉ segment et pattes rougeâtres.

4. O. Mercator, Fab. — Noir ; prothorax sans taches ; abdomen court, extrémité du 2ᵉ segment, base du 3ᵉ et du 4ᵉ jaunes.

5. O. Cultellator, Fab. — Noir ; abdomen comprimé, très-aigu, ferrugineux ; écusson pointu.

G. Paniscus (Gravenhorst). — *Paniscus.*

Premier segment de l'abdomen s'élargissant progressivement d'avant en arrière ; abdomen ne se trouvant comprimé latéralement que dans sa moitié postérieure ; son extrémité, munie d'une tarière courte, est tronquée obliquement ; les antennes sont de la longueur du corps.

1. P. Glaucopterus, Fab. — Longueur : 18 mill. — Antennes de la longueur du corps, d'un jaune fauve ; corps de cette couleur, mais le dessous du thorax, des trois derniers segments de l'abdomen et les yeux sont noirs ; ailes d'un jaune glauque.

G. Campoplex (Gravenhorst). — *Campoplex.*

Abdomen médiocrement comprimé, si ce n'est quelquefois en arrière ; son premier segment, grêle à son origine, est renflé à son extrémité ; les antennes sont aussi longues ou plus courtes que le corps ; et la tarière, variable en longueur, est légèrement recourbée en haut ; les femelles des grandes espèces ont l'abdomen tronqué obliquement.

1. C. Pugillator, Fab. (*Ophion*). — Longueur : 14 à 16 mill. —
Antennes noires, de la longueur du corps ; tout l'insecte est noir,
moins toutefois le 2ᵉ, le 3ᵉ et le 4ᵉ segments de l'abdomen et les pattes
qui sont de couleur jaune ou jaunâtre. — La femelle dépose ses œufs
dans la larve ou chenille du *Bombyx zig-zag*.

G. Anomalon (Gravenhorst). — *Anomalon.*

Abdomen très-long, comprimé, tranchant en dessus et en dessous,
à partir du 2ᵉ segment ; tarière courte ; antennes longues et sétacées ; tarse des pieds postérieurs plus gros que ceux des quatre pattes
antérieures.

1. A. Circonflexus, Fab. (*Ophion.*). — Longueur : 38 à 40 mill.
— Mince, noir ; prothorax taché de jaune ; abdomen arqué, jaune à sa
partie antérieure, noir au reste ; écusson et antennes jaunes, ces dernières longues de 20 mill. ; pattes postérieures à genoux noirs. —
Commun dans les jardins.

✸✸✸ GROUPE DES ICHNEUMONITES.

Abdomen plus ou moins allongé, arrondi sur les côtés, terminé par
une tarière courte, et à peine visible dans le repos chez certaines
espèces ; palpes de la lèvre inférieure longs et de 4 articles.
Ce groupe, dont le G. *Ichneumon*, de Lin., comprend la majeure
partie, est des plus nombreux en espèces.

G. Ichneumon (Linné). — *Ichneumon.*

Antennes sétacées, vibratiles, s'enroulant, en général, chez les
femelles ; elles sont plus ou moins noueuses chez les mâles, et un peu
plus épaisses chez les femelles ; le 1ᵉʳ article, plus gros et plus long
que les autres, est échancré en dehors et plutôt à son extrémité qu'à
sa base, mais moins profondément que dans le genre Pimpla. Le corps
est allongé, arrondi sur les côtés et plus étroit chez les mâles que chez
les femelles ; l'écusson est à peine saillant ; l'abdomen, fixé au thorax
par un pédicule court, renferme, chez la femelle, une tarière courte,
invisible dans le repos.
Ce genre comprend un grand nombre d'espèces, de grande et de
moyenne taille, qui se font remarquer, pour la plupart, par des bandes
et des taches jaunes ou rougeâtres sur un fond noir.

† *Ecusson blanc ou jaune ; antennes avec un anneau blanc ou jaune.*

1. I. Sigillatorius, Fab. — Longueur : 14 à 15 mill. — Antennes noires, avec un anneau blanc, de longueur égale aux deux tiers
du corps ; écusson jaune ; prothorax sans taches ; abdomen noir, avec

ordinairement deux taches blanches sur le 2e et 3e segments : une de chaque côté (quelquefois deux ou six taches blanches); pattes rougeâtres, avec l'origine des cuisses noire et un point blanc.

Cette belle espèce est rare dans nos contrées.

2. I. Saturatorius, Lin., Fab. — Longueur moyenne. — Ecusson blanc; prothorax sans taches; abdomen noir, blanc à son extrémité; antennes avec un anneau blanc.

3. I. Moliterius, Lin., Fab. — Noir; prothorax sans taches; écusson blanc; extrémité de l'abdomen et base des jambes blanches; un anneau blanc aux antennes.

4. I. Culpatorius, Fab.　　　　Prothorax noir, sans taches; écusson jaune; 2e et 3e segments de l'abdomen ferrugineux; les autres noirs; antennes avec un anneau jaune.

5. I. Raptorius, Fab. — Longueur : 12 mill. — Ecusson blanc; prothorax et antennes noirs; ces dernières avec un anneau blanc; les 2e, 3e et 4e segments de l'abdomen, roux, les autres sont noirs, avec un point blanc sur les trois derniers; pattes fauves. — Assez fréquemment dans les bois.

6. I. Crispatorius, Fab. — Prothorax noir, sans taches; écusson blanc; abdomen jaune, noir à son extrémité; antennes avec un anneau blanc. — Les champs, les jardins.

7. I. Saturatorius, Fab. — Prothorax noir, sans taches; écusson blanc; abdomen noir, blanc à son extrémité; antennes avec un anneau blanc. La femelle dépose ses œufs dans la chenille du *Bombyx vinula*.

8. I. Extensorius, Fab. — Prothorax noir, sans taches; écusson jaune; 2e et 3e segments de l'abdomen ferrugineux; les derniers blancs à leur extrémité.

9. I. Seductorius, Fab. — Prothorax noir, taché de jaune; écusson jaune; abdomen avec deux bandes et l'extrémité jaunes.

10. I. Pisorius, Lin., Fab. — Prothorax noir, taché de jaune pâle; abdomen testacé, à pédoncule noir; écusson blanc; pattes testacées; cuisses noires.

11. I. Motatorius, Fab. — Longueur : petite. — Noir; prothorax sans taches; écusson blanc; abdomen rouge ou rougeâtre, les trois derniers segments noirs; un point blanc à l'anus; antennes avec un anneau blanc.

12. I. Crocatorius, Geoff.　　　　Noir; prothorax avec un point jaune de chaque côté; 2e et 3e segments de l'abdomen d'un jaune-citron; écusson blanc, antennes avec un anneau blanc.

13. I. Falsatorius, Geoff. — Longueur : 10 mill. — Noir; prothorax taché de jaunâtre; écusson jaune; antennes avec un anneau blanc; pattes rougeâtres, genoux blancs.

14. I. Funerarius, Geoff. — Longueur : 12 mill. — Noir; écusson jaune; antennes avec un anneau blanc; base des cuisses avec une tache blanche.

†† *Ecusson blanc ou jaune ; antennes entièrement noires.*

15. I. Osculatorius, Fab. — Longueur : 12 mill. — Noir ; prothorax de cette couleur, avec une petite raie jaune près de l'attache de chacune des ailes ; écusson jaune ; abdomen noir ; mais les 2e, 3e et 4e segments d'un fauve rougeâtre ; pattes fauves.

16. I. Lætatorius, Fab., Panz. — Noir ; prothorax maculé de blanchâtre ; écusson blanc ; abdomen fauve, noir à sa base et à son extrémité ; un anneau blanc aux jambes postérieures. — Rare.

17. I. Delitatorius, Fab. — Longueur : 15 à 16 mill. — Noir ; prothorax ordinairement taché de blanchâtre ; écusson jaunâtre ; abdomen complétement noir ; les cuisses des pattes antérieures et les jambes blanches ; les cuisses postérieures noires ; mais leurs jambes et leurs tarses sont moitié blancs et moitié noirs.

18. I. Fasciatorius, Fab. — Noir ; prothorax taché de jaune ; écusson blanc ; 2e et 3e segments de l'abdomen jaunes à leur base.

19. I. Notatorius, Geoff. — Longueur : 14 à 15 mill. — Noir. Prothorax taché de jaune ; écusson jaune ; abdomen noir, avec une grande tache jaune qui s'étend sur presque tous les anneaux ; les antennes, de la longueur du corps, sont noires en dessus et pâles en dessous.

20. I. Volutatorius, Fab. — Noir ; antennes de cette couleur en dessus, jaunâtres en dessous ; prothorax avec de petites taches angulaires jaunes sur les côtés, dont trois près de l'insertion des ailes, ainsi que deux points écartés, de la même couleur, sous l'écusson qui est également jaune ; tous les segments de l'abdomen, très-finement chagrinés, sont marqués d'une bande transversale, étroite et terminale jaune ; mais le premier présente cette bande de beaucoup plus large, et échancrée vers son milieu ; les ailes sont jaunâtres, brillantes ; les pattes sont roussâtres avec les cuisses postérieures presqu'entièrement noires. — Ce grand et bel insecte habite les environs d'Angers.

21. I. Limbarius, Geoff. — Longueur : 8 mill. — Prothorax fauve antérieurement, noir postérieurement ; écusson jaune ; abdomen noir, présentant un petit trait blanchâtre au bord de chaque segment ; ailes avec un point marginal brun.

22. I. Similatorius, Fab. — Ecusson blanc; prothorax jaunâtre; abdomen pétiolé, noir.

23. I. Delicatorius, Fab. — Longueur : 16 mill. — Noir ; prothorax de cette couleur avec trois points blanchâtres ou jaunâtres de chaque côté ; abdomen noir ; jambes blanches.

24. I. Fossorius, Fab. — Longueur : 19 à 20 mill. — Noir; écusson jaune ; pattes rougeâtres.

25. I. Cinctorius, Fab. — Longueur : 9 mill. — Noir ; écusson blanc; abdomen noir avec une raie blanche à l'anus.

26. I. Citratus, Geoff. — Longueur : 15 mill. — Noir ; écusson jaune ; tous les segments de l'abdomen ont de chaque côté une tache d'un jaune-citron, excepté le dernier qui est sans tache.

††† *Ecusson de la couleur du prothorax ; antennes avec un anneau blanc.*

27. I. Comitator, Fab. — Longueur : 14 à 15 mill. — Entièrement noir ; antennes avec un anneau blanc. — La femelle dépose ses œufs dans le nid des abeilles-maçonnes, dont les larves sont dévorées par celles de cette espèce.

28. I. Truncator, Fab. — Noir ; pattes et prothorax ferrugineux ; écusson de cette couleur.

29. I. Profligator, Fab. — Longueur : 8 mill. — Noir ; abdomen ferrugineux, son pétiole noir ; pattes d'un rouge ferrugineux ; les cuisses exceptées qui sont grosses et noires.

30 I. Semi-Annulator, Geoff. — Longueur : 15 mill. — Noir ; mais les deux tiers de l'abdomen, vers son extrémité, sont fauves.

31. I. Viator, Geoff. — Longueur : 12 mill. — Noir ; pattes rougeâtres, avec un anneau blanchâtre aux jambes postérieures.

†††† *Ecusson de la couleur du prothorax ; antennes entièrement noires.*

32. I. Desertor, Fab. — Jaune ; ailes brunes, avec une bande blanche.

33. I. Nominator, Fab. — Jaune, maculé de noir ; ailes brunes, avec une tache blanche en croissant.

34. I. Purgator, Fab. — Jaune ; ailes de cette couleur avec deux raies brunes.

35. I. Denigrator, Fab. — Longueur : 10 mill. — Noir ; abdomen d'un rouge cerise ; ailes noires, avec une tache en croissant, jaunâtre.

36. I. Inculpator, Oliv. — Noir ; abdomen fauve ; ailes noires, sans taches.

37. I. Initiator, Fab. — Noir ; tête et abdomen jaunes ; ailes noires.

38. I. Coruscator, Fab. — D'un noir luisant ; jambes blanches à leur base ; ailes d'un brun jaunâtre.

39. I. Rutilator, Fab. — Noir ; abdomen et pattes antérieures, rouges ; dessous des antennes de cette couleur.

40. I. Generator, Geoff. — Longueur : 6 mill. — Noir ; front jaune, antennes pâles en dessous ; pattes fauves ; pieds postérieurs, noirs.

41. I. Delusor. Fab. — Longueur : 12 mill. — Noir; 2° et 3° anneaux de l'abdomen fauves, les autres sont noirs ; les quatre pattes antérieures fauves ; mais les jambes et les tarses des pattes postérieures sont noires ; — une particularité qui distingue encore cette espèce de ses congénères, c'est l'odeur agréable qu'elle répand. — Les bois, plus particulièrement.

42. I. Extensor, Fab. — Longueur : 5 mill. — Petit insecte, comme cylindrique et renflé vers le bout, très-mince, ayant à peine un demi-millimètre de diamètre ; d'un brun noirâtre, avec les pieds roux ; ses antennes sont de la longueur du corps, et la tarière de la femelle atteint cette mesure. — Commun.

43. I. Turionellæ, Fab. — Petit insecte noir, à pattes rougeâtres et jambes postérieures noires, annelées de blanc. — La femelle dépose ses œufs dans le corps des chenilles de phalène.

44. I. Prærogator, Fab. — Petit insecte noir, mais dont la bouche et les pattes sont pâles, l'abdomen oblong et obtus. — La femelle dépose ses œufs dans le corps de la chenille du *Bombyx du Saule.*

45. I. Gravidator, Fab. — Noir; 1er segment de l'abdomen ferrugineux, dont cette couleur couvre la moitié. — Commun.

46. I. Inculcator, Fab. — Longueur : 4 1/2 à 5 mill. — Noir avec l'abdomen et les pattes fauves. — Les champs, les jardins, etc.

47. I. Ruspator, Fab. — Longueur :   mill. — Noir; pattes ferru gineuses ; cuisses renflées, les postérieures dentées.

48. I. Excursor, Geoff. — Longueur : 5 mill. — Noir; prothorax d'un rouge vif ; l'abdomen d'un rouge moins foncé ; ailes noirâtres, avec un point marginal noir.

††††† *Antennes jaunes.*

49. I. Abdominalis, Fab. — Petit insecte jaune, mais dont l'abdomen est noir.

50. I. Cinctus, Fab. — Longueur : 3 mill. — Noir; antennes et pattes ferrugineuses ; ailes pâles avec deux bandes noires.

51. I. Scutellatus, Geoff. — Longueur : 12 mill. — Écusson jaune; prothorax varié de jaune et de roux ; abdomen fauve, avec une tache noire sur chaque segment. — La femelle dépose ses œufs dans les cocons du *Bombyx chrisorea.*

52. I. Scutellaris, Geoff. — Longueur : 20 à 22 mill. — Écusson proéminent, jaune ; prothorax noirâtre, taché de roux ; abdomen et pattes jaunes.

53. I. Crassipes, Geoff. — Longueur : 11 mill. — Ferrugineux; prothorax maculé de jaune ; cuisses postérieures renflées.

G. Tryphon (Gravenhorst).

Abdomen comme sessile, oblong, lancéolé ou fusiforme, plus épais à son extrémité chez la femelle ; pattes grosses et courtes ; antennes de moyenne longueur.

1. T. Compunctor, Fab. — Longueur : 15 mill. — Noir ; bouche et pattes rougeâtres ; abdomen pédiculé, terminé, chez la femelle, par une tarière de la longueur de l'abdomen. La femelle dépose ses œufs dans les nymphes ou chrysalides de certains papillons.

2. T. Elongator, Fab. — Noir ; 2e et 3e segments de l'abdomen et pattes fauves ; mais les cuisses postérieures noires.

Obs. *L'Ichneumon rutilator*, Fab., que nous avons placé sous le nº 39 parmi les Ichneumons, pourrait, peut-être, faire partie du G. Tryphon ?

G. Trogus (Gravenhorst).

Antennes filiformes, noueuses chez le mâle et un peu épaisse vers l'extrémité chez la femelle ; *écusson élevé en pointe.*

1. T. Luctatorius, Fab. — Longueur : 10 à 12 mill. — Noir ; prothorax taché de jaune ; écusson blanc, élevé en pointe ; antennes noires ; 2e et 3e segments de l'abdomen jaune.

Nota. — L'Ichneumon *lutatorius*, Latr., doit se rapporter à cette espèce, dont elle ne paraît ne différer que par l'orthographe de son nom, qui d'ailleurs pourrait bien n'être qu'une faute typographique.

Tribu des Braconides.

Les insectes qui composent cette tribu, indépendamment des caractères communs entre ceux-ci et ceux des Ichneumonides, dont ils ne sont au reste qu'un démembrement, mais dont ils se distinguent : 1º par leurs palpes inférieurs de 3 articles, au lieu de 4. dont sont pourvus ceux des Ichneumonides ; 2º par leur taille, souvent exiguë ; 3º enfin par le grand nombre de genres et d'espèces qui constituent cette tribu ; vivant d'ailleurs comme les Ichneumonides dont ils ont les mœurs et les habitudes. Les choses étant ainsi, nous allons passer en revue les insectes de cette tribu, en les divisant par groupes, d'après M. Wesmael, et comme nous l'avons fait par rapport à la tribu précédente.

✻ GROUPE DES CYCLOSTOMES.

Chaperon fortement échancré ; abdomen ordinairement de six à sept segments.

G. Braco (Fabricius). — *Bracon.*

Abdomen rétréci subitement du 2e segment au dernier : le 1er marqué d'impressions ou de stries plus ou moins profondes ; tarière longue chez quelques espèces ; 3e article des antennes ordinairement plus long que le 2e.

Le genre Braco, qui se compose d'un grand nombre d'espèces étrangères — cent vingt-trois espèces d'écrites, et depuis longtemps, par M. A. Brulé, dans le 4e vol. des suites à Buffon — et de certaines espèces indigènes, paraissant se confondre, par des caractères communs ainsi que par leur grande taille, avec le G. Vipio,; nous réunirons donc ici les espèces de ces deux genres en un seul, sous celui de Braco, qui a fourni à ses dépens, en quelque sorte, un grand nombre d'autres genres pour former la tribu des Braconides. Les espèces qui composent ce genre sont les plus grandes de la tribu. A leur état de larve un certain nombre d'espèces vit aux dépens des coléoptères, et toutes à leur état parfait se rencontrent sur les fleurs.

1. B. Scutellaris, Geoff. Ins t. 2. *Ichn.*, p. 330, n° 20.; Oliv. Ecycl. — Longueur : 24 mill. — Tête et prothorax noirs, ce dernier taché de roux ; écusson proéminent, jaune ; lèvre supérieure de cette couleur ainsi que les pattes ; abdomen, légèrement aplati, jaune ; antennes d'un brun fauve, de 14 mill. de longueur.

2. B. Nominator, Fab. *(Ichn.)* ; *Vipio nominator*, Latr. — Taille variable en longueur. — D'un jaune rougeâtre taché de noir ; ailes brunâtres, marquées d'une tache en croissant, blanchâtre ; tarière plus longue que le corps.

3. B. Denigrator, Lin., Fab. *(Ichn.)* ; *Vipio denigrator*, Latr. — Longueur : 10 mill.—Noir ; mais l'abdomen rouge-cerise ; ailes noires, avec une tache en croissant jaunâtre.

4. B. Urinator, Fab. *(Ichn.)* ; *Vipio urinator*, Latr.—Longueur : 6 mill. — Tête, antennes, pattes et ailes noires ; prothorax rougeâtre à sa partie antérieure ; abdomen rougeâtre, maculé de noir.

Plusieurs autres espèces propres à nos contrées font également partie de ce genre, savoir : 5. B. Mediator ; 6. B. Pectoralis ; 7. B. Lœtus ; 8. B. Terebella, etc.

G. Spathius (Esembeck). — *Spathius.*

Pédicule ou premier segment de l'abdomen long et linéaire, faisant à lui seul la moitié de l'abdomen.; 2e segment grand et campanulé ; tarière saillante ; antennes de la longueur du corps.

1. S. Clavatus, Esemb. — Été et automne. — C'est cette espèce, dit M. Esembeck, qui probablement dépose ses œufs dans les larves de Coccinelles et de Galéruques.

✳✳ GROUPE DES POLYMORPES.

Chaperon entier : abdomen composé de six ou sept segments.

G. Perilitus (Esembeck). — *Microctonus*, Wesm.

Pédicule de l'abdomen, étroit, linéaire et élargi en arrière en forme de cône, mais déprimé ; les autres segments sont convexes, et le 2° est le plus grand de tous.

1. P. Pendulator, Latr. *(Ichn.)* ; *Ichn. pendulus*, Mull. — Petit insecte d'un fauve pâle, mais ayant le premier segment de l'abdomen noir et strié ; ses antennes sont noirâtres et plus longues que le corps. — La larve de cette espèce est parasite de celle des zygènes. Mais ce qui lui est particulier, c'est la manière, bien remarquable, dont sa coque ou cocon est suspendu soit à une feuille, soit à une petite branche, au moyen d'un long fil soyeux, qui part de l'une de ses extrémités, et devenant ainsi mobile à tous les vents. — Forêt de Fontevrault.

2. P. Similator, Westw. — Ce petit insecte vit aux dépens de certains coléoptères.

3. P. Terminalis, Westw.; *microctonus terminales*, Wesm. — Vit comme le précédent dans le corps des coccinelles.

❋ ❋ ❋ GROUPE DES ARÉOLAIRES.

Chaperon entier ; occiput plus ou moins échancré.

G. Agathis (Latreille). — *Agathis*.

Bouche prolongée en forme de bec, les trois premiers segments de l'abdomen les plus grands de tous.

1. A. Desertor, Lin. *(Ichn.)* ; *Ichn. desertor et purgator*, Fab.; *Vipio desertor*, Latr. — Longueur : 8 mill. — D'un fauve rougeâtre uniforme ; corps et abdomen minces, ce dernier en ovale allongé et pointu ; antennes filiformes, de la longueur du corps et de l'abdomen ; ailes brunes maculées de blanchâtre.

2. A. Malvacearum, Latr. — Taille du précédent. — Noir ; pattes et une bande transversale près la base de l'abdomen, rougeâtres ; tarses noirâtres ; tarière de la longueur du corps. — Sur les fleurs d'*Alcea* et autres malvacées.

G. Microgaster (Latreille). — *Microgaster*.

Abdomen très-court, quasi triangulaire ; yeux velus ; antennes de 18 articles. Petits insectes, de deux à trois millimètres de longueur, vivant, à l'état de larve, en société dans le corps des chenilles, plus particulièrement. Et, sous ce rapport, l'on doit considérer ces insectes, si faibles en apparence, comme étant néanmoins des auxiliaires puissants de l'agriculture ; car les services immenses qu'ils rendent à ce premier des arts, est de maintenir dans un juste équilibre les insectes, les chenilles plus particulièrement, qui dévorent ses cultures.

1. M. Glomeratus, Fab. (*Ichn.*). — Longueur : 3 mill. — Noir ; pattes jaunes ; antennes un peu moins longues que le corps.

C'est à cette espèce qu'on doit plus particulièrement la destruction des chenilles, ordinairement si multipliées sur les choux et les navets, et qui donnent ces papillons blancs : *Pieris brassicæ* et *P. napi* — La femelle pond de 10 à 15 œufs dans une chenille ; les larves qui en proviennent y vivent en société jusqu'au moment où elles vont se métamorphoser : alors, perforant le ventre de leur nourrice, elles sortent, se font un cocon jaune, en s'agglomérant, toutefois, autour de la dépouille de leur victime ; ce que d'ailleurs il est facile de remarquer sur les murailles où ces chenilles se retirent fort souvent pour se changer en chrysalide.

2. M. Globatus, Lin., Fab. (*Ichn.*). — Longueur : 2 mill. — Noir ; pattes variées de fauve et de noir ; antennes de la longueur du corps. Les larves de cette espèce se filent de petits cocons blancs, rassemblés dans une enveloppe commune, qui est soyeuse, de forme ovoïde ou globuloïde, mesurant de 22 à 25 millimètres de longueur, et attachée aux tiges des herbes, dans les prairies.

3. M. Alvearius, Fab. (*Ichn.*). — Longueur : 2 mill. — Jaune ; partie postérieure du prothorax et abdomen noirs. Les antennes ont les deux tiers de la longueur du corps. Les cocons, en grand nombre, de forme allongée et de couleur grise ou brune, sont placés verticalement les uns à côté des autres, et se touchent de manière à ressembler, lorsqu'ils sont vides, à un rayon d'abeilles vu en petit.

4. M. Deprimator, Latr. ; Fab. (*Ichn.*). — Taille du précédent. Noir ; abdomen déprimé, plane ; pattes fauves ; extrémité des cuisses et des jambes postérieures, noire.

4. M. Sessilis, Latr. ; *Evania sessilis,* Fab. — Entièrement d'un noir luisant ; abdomen court, cylindrique, obtus ; pattes ferrugineuses ; cuisses noires.

NOTA. — A ces espèces, on peut ajouter les suivantes, savoir : 6. M. Dimidiatus ; 7. M. Dorsalis, et autres.

✻✻✻✻ GROUPE DES CRYPTOGASTRES.

Chaperon entier ; abdomen, formé en apparence de trois segments seulement.

G. Sigalphus (Latreille). — *Sigalphus.*

Les trois premiers segments de l'abdomen formant une espèce de carapace ; tarière saillante ; antennes sétacées.

OBS. On cite dans ce genre, adopté par M. Brulé, le *S. Obscurus,* Esemb., que nous n'avons pas encore rencontré.

G. Chelonus (Jurine). — *Chelonus.*

Carapace de l'abdomen d'une seule pièce ; tarière courte et cachée ; yeux velus.

1. C. Oculator, Jur. ; *Ichn. oculator*, Fab. ; *Sigalphus oculator*, Latr. — Longueur : 6 mill. — D'un noir mat et chagriné ; une tache ovale, d'un jaune transparent, de chaque côté de l'abdomen ; prothorax bidenté postérieurement ; pattes fauves. — Les prairies, les bois ; à Trélazé, etc.

G. Rhitigaster (Wesmael). — *Rhitigaster.*

Abdomen présentant en dessus trois segments distincts ; yeux glabres.

1. R. Irrorator,Wesm. ; *Ichn. irrorator,*Fab. ; *Sigalphus irrorator*, Latr.; *Chelonus irrorator*, Esemb. — Longueur : 10 mill.—Noir ; abdomen arqué dès sa base, grossissant en massue et couvert, vers son extrémité, de poils courts, dorés, luisants ; pattes noires, avec une partie des jambes postérieures d'un jaune testacé ; ailes brunâtres, tâchées de blanchâtre. — Les larves de cette espèce vivent dans les chenilles des Noctuelles.

❀❀❀❀❀ GROUPE DES EXODONTES.

Des mandibules larges, fortement dentées, sont dirigées en dehors, lorsqu'elles sont fermées.

G. Alysia (Latreille). — *Alysia.*

Mandibules larges, trilobées ou tridentées ; thorax ovalaire ; abdomen aplati, en ovale un peu élargi ; antennes de la longueur du corps ; tarière variable en longueur, selon les espèces. — Les insectes de ce genre sont parasites des Diptères et particulièrement des Muscides.

1. A. Manducator, Panz. (*Ichn.*) ; *A. Stercoraria*, Latr. — Petit insecte noir, dont l'abdomen est luisant, à l'exception du premier segment qui est chagriné et marqué d'une petite arête saillante vers le milieu ; mandibules et pattes fauves ; tarses noirs ; antennes velues.

❀❀❀❀❀❀ GROUPE DES FLEXILIVENTRES.

Très-petits insectes dont les femelles replient leur abdomen sous le thorax pour introduire leurs œufs dans le corps d'autres insectes.

G. Aphidius (Esembeck). — *Aphidius.*

Très-petits insectes dont l'abdomen est long, arqué, pédiculé, mais dont le pédicule, court, est du quart de la longueur de l'abdomen. Les antennes filiformes sont composées de 12 à 24 articles, selon les espèces ; la tarière est très-courte, à peine saillante, épaisse et velue.

Nota. — Le genre Hybrison, Fallen, paraît se rapporter à celui-ci.

Les Aphidius vivent à l'état de larve, et se métamorphosent dans le corps des pucerons.

1. A. Aphidium, Lin., Fab. (*Ichn*) ; *A. varius*, Esemb. — Longueur : 2 mill. — Noir ; base de l'abdomen, pattes antérieures et genoux postérieurs, jaunes.

On rencontre fort souvent, et sur les rosiers de nos jardins, des dépouilles de pucerons, présentant des espèces de coques vides dans lesquelles ont vécu des individus de cette espèce.

Nota. — Nos contrées renferment, on peut le croire, plusieurs espèces de ce genre, mais que nous n'avons pas eu occasion d'observer.

Tribu des Proctotrupides (Oxyures, Latr.).

Insectes parasites, de taille exiguë, qui ont pour caractères d'avoir le corps oblong, les antennes de moyenne longueur, de 10 à 15 articles, les pattes longues, les jambes antérieures armées d'un éperon arqué, la tarière assez longue et arquée ; et les ailes ne portant qu'une seule nervure, mais bifurquée.

M. Westwood les divise en six groupes, savoir :

✻ GROUPE DES DIAPRIENS.

Abdomen pédiculé, campanulé, antennes de 12 à 15 articles.

G. Diapria (Latreille. — *Psilus*, Jurine). — *Diaprie.*

Antennes verticillées, de 14 articles, chez le mâle ; antennes non verticillées et de 12 articles chez la femelle. — Les insectes de ce genre sont, pour la plupart, parasites des larves de certains stipules terricoles.

1. D. Conica, Latr. — Noire ; premier segment du prothorax duveté ; antennes plus courtes que le corps ; derniers articles un peu plus gros, arrondis, sans poils verticillés.

2. D. Verticillata, Latr. — Noire ; antennes plus longues que le corps, leurs articles en massue, garnis de poils verticillés chez les mâles.

G. Belyta (Jurine). — *Belyta*.

Antennes de la femelle, courtes, de 15 articles, perfoliées ; celles des mâles, filiformes et de 14 articles.

NOTA. — Les *Belyta* étant parasites des stipules fungicoles, dont quelques espèces, faut le croire, appartiennent à nos contrées ; cette circonstance seule nous a décidé à placer ici le genre qui les concerne, comme un avertissement donné d'en faire la recherche, n'ayant pas eu l'occasion d'en rencontrer les espèces.

G. Helorus (Latreille). — *Hélorus*.

Antennes droites, de 15 articles ; mandibules dentées ; prothorax comme globuleux, abdomen pédiculé, ovoïde.

1. H. Anomalipes, Latr. ; *Sphex Anomalipes*, Panz. — Noir, luisant ; pédicèle de l'abdomen strié ; pattes antérieures, celles du milieu, à l'exception des cuisses et tarses postérieurs, testacées.

G. Cinetus (Jurine). — *Cinetus*.

Antennes de la femelle de 15 articles, épaisses à l'extrémité ; celles du mâle, de 14 articles, sont longues et grêles. — Les insectes de ce genre sont parasites des Tipules fungicoles.

❋ ❋ GROUPE DES PROCTOTRUPIENS.

Abdomen quasi sessile, campanulé ; antennes droites, de 13 articles.

G. Proctotrupes (Latreille). — *Proctotrupe*.

Antennes de 12 articles ; mandibules non dentées ; jambes antérieures munies d'un seul éperon ; tarière longue et arquée. — Parasites des larves de tipulides.

1. P. Brevipennis, Latr. — Longueur : 7 mill. — Noire ; mandibules et antennes brunes, prothorax chagriné postérieurement ; abdomen et pattes d'un brun fauve ; tarière un peu plus longue que l'abdomen ; ailes courtes brunâtres, avec un point marginal aux supérieures.

❋❋❋ GROUPE DES GONATOPIENS.

Abdomen convexe, non campanulé ; dernier segment ventral caréné, antennes droites, de 10 articles.

G. Bethylus (Latreille). — *Béthyle.*

Antennes filiformes, de 12 articles ; prothorax et mésothorax grands ; abdomen ovale, courtement pédiculé. — Les larves des bethylus sont parasites de divers tinéides.

1. B. Punctata, Latr. — Noire, luisante, ponctuée sur la tête et le prothorax ; extrémité des jambes et tarses bruns ; ailes supérieures obscures, avec une nervure fine, blanche, tréfide à son extrémité.

2 B. Cenoptera, Latr. ; *Tiphia cenoptera,* Panz. — Noire ; antennes, jambes et tarses d'un brun clair.

✲✲✲✲ GROUPE DES CERAPHRONTIENS.

Abdomen subsessile, campanulé, avec le dernier segment ventral caréné ; antennes coudées.

Nota. — Ce groupe renferme plusieurs genres dont les espèces déposent leurs œufs dans le corps des pucerons. Nous n'avons eu l'occasion de bien préciser les espèces de notre pays.

✲✲✲✲✲ GROUPE DES PLATYGASTÉRIENS.

Abdomen sessile, déprimé ; antennes coudées, de 10 à 12 articles, et insérées près de la bouche.

G. Teleas (Latreille). — *Teleas.*

Antennes de 12 articles, un peu velues chez le mâle ; et de 6 articles, en massue allongée, chez la femelle ; prothorax court et arqué ; abdomen ayant le 2e et le 3e article plus grands que les autres. — Pattes propres au saut, quoique non renflées. — Les insectes de ce genre se développent dans les œufs de diverses espèces de diptères, ainsi que dans ceux des lépidoptères.

1. T. Ovulorum, Lin., Fab. (*Ichn.*). — Noir ; pattes fauves ; antennes du mâle longues et filiformes ; celles de la femelle en massue allongée. — Commun.

Nota. — Il existe sans doute d'autres espèces que celle-ci, mais nous ne les avons pas observées.

G. Scelio (Latreille). — *Scélion.*

Antennes de 10 articles chez le mâle, de 12 chez la femelle ; l'abdomen, beaucoup plus long que le thorax, a ses segments égaux.

1. S. Rugosulus, Latr. — Noir, très-ponctué ; abdomen elliptique, très finement strié ; pattes d'un brun clair, cuisses plus foncées ; ailes supérieures un peu obscures avec un point noir marginal et une ligne blanche longitudinale. — On le rencontre à terre.

2. S. Clavicornis, Latr. — Noir ; abdomen presque rond, strié à la base ; antennes courtes, fortement terminées en massue.—À terre, comme le précédent.

G. Sparasion (Latreille.) — *Sparasion.*

Antennes sétacées, de 12 articles, de la longueur de la tête et du thorax, chez le mâle, un peu plus courtes et plus épaisses chez la femelle ; l'abdomen est sessile, quasi linéaire et à segments égaux.

1. S. Frontalis, Latr. — D'un noir très ponctué, chagriné sur la tête, dont le devant de celle-ci tombe brusquement, avec le bord supérieur un peu avancé et arqué.

G. Platygaster (Latreille.) — *Platygaster.*

Antennes de 10 articles, en massue chez la femelle ; abdomen pédiculé, avec le 2º segment très-grand ; ailes sans aucunes nervures. — Les Platygaster sont de très-petits insectes, d'un millimètre à un millimètre et demi de longueur, et parasites des larves de très-petits diptères. Ils sont très-nombreux en espèces.

Nous ne mentionnerons seulement que les quelques espèces qui ont été remarquées dans nos contrées, savoir : le *Plat. tipulæ*, le *Plat. inserens ;* l'un et l'autre que l'on rencontre en été sur les glumes du blé, et qui déposent leurs œufs dans les larves du *Cecydomya tritici :* Insecte, qui, dans certaines années, cause des dommages plus ou moins considérables à la culture des blés ; enfin le *Plat. fragmitis*, que l'on rencontre sur les panicules de l'*Arundo fragmitis*, L., si commun dans les marais de l'Authion et autres.

❈❈❈❈❈❈ GROUPE DES MYMARIENS.

Antennes insérées au-dessus du milieu de la face ; longues et grêles chez le mâle, et en massue chez la femelle ; ailes étroites, velues.

G. Mymar (Haliday). — *Mymar.*

Antennes très-longues, grêles, de 13 articles chez le mâle, de 9 articles chez la femelle ; ailes réduites à un simple filet ; celui des ailes antérieures, plus long qu'aux ailes de la seconde paire, et terminé par une palette membraneuse, bordée de longs poils.

NOTA. — Nous n'avons rencontré aucune espèce de ce genre.

Tribu des Chalcidides.

Cette tribu qui se rapporte à la famille *Diplolépaire* de M. Spinola, se compose d'un très-grand nombre d'insectes parasites, tous remarquables par leur très-petite taille (1), ainsi que par les couleurs métalliques et brillantes dont ils sont ornés. Les antennes coudées, leurs palpes courts et leurs ailes dépourvues de nervures, les font distinguer aussitôt des autres tribus. La tarière, en outre, est située sous l'abdomen. Tous sont parasites des larves, des nymphes ou des chrysalides d'autres insectes, mais dont les lépidoptères fournissent le plus grand nombre. — On les rencontre sur les plantes, dans les jardins, les champs, les bois, etc.

Ces insectes sont répartis dans onze divisions ou groupes par M. Walker.

Quoique cette tribu soit nombreuse en genres et espèces, néanmoins nos recherches ne nous en ont procuré qu'un certain nombre, peut-être les plus répandus dans nos contrées ; ce que nous attribuons d'ailleurs à leur taille souvent exiguë qui les dérobe à la vue. — Ces espèces n'appartenant, par ce fait, qu'à quelques-unes des divisions établies par M. Walker, auteur que nous suivrons néanmoins dans sa classification, mais avec certaines lacunes commandées par l'absence des espèces.

✿ GROUPE DES CHALCIDIENS.

Cuisses et anches postérieures grandes avec les jambes arquées.

G. Smiera (Spinola. *Chalcis*, Fabricius.) — *Smiéra*.

Antennes de 13 articles ; filiformes ou fusiformes chez les mâles, et terminées en massue chez les femelles ; les cuisses postérieures sont ovalaires, renflées et armées en-dessous de plusieurs dents, dont la première est très-forte.

1. S. Clavipes, Fab. *(Chalcis)*. — Longueur : 5 mill. — Noir ; abdomen pédiculé ; jambes postérieures, dont les cuisses, d'un fauve rougeâtre, sont denticulées en dessous ; pattes roussâtres. — N'est pas rare dans nos contrées : sur les fleurs, dans les prairies.

G. Chalcis (Fabricius). — *Chalcide*.

Ce qui distingue ce genre du précédent, c'est d'avoir le pédicule très-court, et le 1er segment de l'abdomen occupant la moitié de la longueur de cette partie du corps. Insectes petits et parés des couleurs métalliques les plus brillantes.

---

(1) Après avoir écarté de cette tribu le groupe des *Leucospidiens* de M. Walker, que nous reproduisons plus loin, en l'admettant, toutefois, comme tribu, et que nous plaçons après celle-ci, à raison des caractères bien tranchés qui les séparent de la tribu des Chalcidides. *Voyez :* Tribu des Leucospidides.

4

1. C. Flavipes, Fab.　　　　　　　Noir ; pattes jaunes, noires à la base ; moitié de l'abdomen pubescente et ponctuée.

2. C. Rufipes, Oliv.; Latr.　　　　　D'un noir luisant, sans taches ; ailes et pattes postérieures noires ; ces dernières avec l'extrémité des jambes et les tarses d'un roux fauve.

3. C. Minuta, Fab.—Longueur : 5 mill.—Noir ; genoux jaunâtres; abdomen noir, luisant ; cuisses postérieures grosses, ovöïdes, dentées en dessous. — La femelle dépose ses œufs dans les chenilles de la Pyrale de la vigne et d'autres lépidoptères.

❀❀ GROUPE DES THORYMIENS.

G. Callimone (Spinola). — *Callimone.*

Prothorax court ; 1er segment de l'abdomen long et passant au-dessus du 2e.

Les espèces de ce genre sont parasites des larves de Cynips.

1. C. Bedeguarensis, Spin.; *Ichneumon bedeguarensis,* Lin., Fab. — Longueur : 5 mill. — Antennes noires, assez grosses, cylindriques ; tête et prothorax d'un vert doré, brillant ; abdomen d'un pourpre doré ; pattes jaunes ; tarière plus longue que le corps, d'environ un tiers. — Ce bel insecte, à l'état de larve, vit aux dépens des cynips dans les galles chevelues (*Bédéguar*) des églantiers.

❀❀❀ GROUPE DES EUCHARIDIENS.

G. Perilampus (Latreille). — *Périlampus.*

Tête grande ; antennes de 13 articles, dont les trois derniers forment une massue ovalaire ; abdomen subpédiculé, court, convexe ; tarière cachée. — Petits insectes dont les larves vivent aux dépens d'autres larves, celles de divers coléoptères.

NOTA. — Nous n'avons encore rencontré aucune espèce de ce genre dans nos contrées.

❀❀❀❀ GROUPE DES SPALANGIENS.

Tête plus longue que large ; antennes insérées près de la bouche.

G. Spalangia (Latreille). — *Spalangie.*

Antennes brisées, de 10 articles, filiformes chez le mâle ; devenant de plus en plus épaisses vers l'extrémité chez la femelle ; prothorax rétréci en avant ; abdomen pédiculé.

1. S. Nigra, Latreille. — Noire, pubescente, ponctuée ; abdomen lisse, luisant ; tarses bruns ; ailes blanches. — Cette espèce vit, à l'état de larve, dans les nymphes de la mouche domestique. — Commune.

❉ ❉ ❉ ❉ ❉ GROUPE DES PTÉROMALIENS.

Tête et thorax velus : la première est courte et transversale ; antennes de 11 à 13 articles ; abdomen plat en dessus, cylindrique, linéaire ou en spatule, chez les mâles, ovale et presque linéaire chez les femelles ; tarière rarement saillante.

G. Pteromalus (Swederus). — *Pteromale.*

Antennes de 13 articles ; tarière cachée ou à peine saillante ; prothorax très-court ; cuisses grêles. — Petits insectes, vivant en grand nombre dans le corps de certaines chenilles ainsi que dans les chrysalides des Vanesses (genre de Lépidoptères), de même que dans le corps d'un grand nombre d'autres insectes.

1. P. Larvarum, Lin., Fab. *(Ichn.)*. — Tête et prothorax verts ; abdomen noir, avec une tache testacée ; pattes jaunes. — La femelle dépose un certain nombre d'œufs dans le corps d'une chenille ou dans une chrysalide, et les larves qui en proviennent subissent ordinairement leurs métamorphoses. La chenille du chou *(Pieris brassicæ)* ainsi que sa chrysalide, sont souvent infestées des larves de ce pteromale.

2. P. Puparum, Lin. *(Ichn.)*. — Cet insecte dépose ses œufs sur les chrysalides des chenilles épineuses de l'orme *(Vanessa polychloros)*, dans lesquelles les larves de cette espèce vivent en société.

3. P. Ovulorum, Fab. — Noir ; pattes fauves ; antennes filiformes, longues. — La femelle dépose ses œufs dans ceux des *Cecydomies* (genre de Diptères).

4. P. Apum. Les larves de cette espèce vivent en société aux dépens des abeilles maçonnes.

5. P. Galerucæ, Les larves vivent aux dépens des œufs du *Galeruca calmariensis.*

6. P. Aphidis, Les larves vivent aux dépens de l'*Aphis gramini.*

❉ ❉ ❉ ❉ ❉ ❉ GROUPE DES EULOPHIENS.

Antennes de 6 à 9 articles, quelquefois flabellées ou branchues ; tarses de 3 ou 4 articles seulement.

G. Eulophus (Geoffroy). — *Eulophe.*

Les plus petits des Chalcidides. Ils sont ponctués régulièrement, et ornés de couleurs bronzées ou verdâtres, souvent brillantes. Leurs antennes sont simples ou branchues.

† *Antennes simples.*

1. E. Semiauratus, Fab. *(Ichn.)* — Longueur : 4 à 5 mill. — Tête, prothorax et pattes d'un rouge cuivré doré, brillant ; abdomen fauve à la base, d'un noir bleuâtre à l'extrémité.

2. E. Cecidomyanus, Fab. *(Ichn).* — Les larves de cette espèce vivent aux dépens de celles des Cécidomyes qui forment des galles.

†† *Antennes branchues chez les mâles.*

1. E. Ramicornis, Fab. *(Cynips)* ; *Eulophus ramicornis,* Latr. — Longueur : 2 1/2 à 3 mill. — D'un beau vert brillant ; antennes jaunâtres, longues, de 7 articles, dont les 2e 3e et 4e jettent en dehors chacun un appendice latéral et filiforme, ce qui rend les antennes flabelliformes chez le mâle ; pattes blanchâtres. — Les larves de cette belle et remarquable espèce vivent dans le corps d'autres larves, mais appartenant à des diptères et à des lépidoptères.

Obs. Geoffroy a représenté, pl. 15, f. iii, l'insecte dans ses différents états, ainsi qu'une feuille de tilleul chargée de 8 chrysalides, lesquelles, réunies sur un seul point, semblent indiquer qu'elles sont provenues d'une seule ponte. — Nous avons rencontré cet insecte, que nous croyons être rare, dans la forêt de Fontevrault.

Tribu des Leucospidides.

Les insectes de cette tribu ont pour caractère distinctif d'avoir : 1º les antennes non coudées, mais un peu courbées, légèrement en massue et composées de 14 articles ; 2º les ailes antérieures pliées longitudinalement dans le repos ; 3º la tarière recourbée sur le dos et logée dans une rainure ; 4º enfin, d'avoir les cuisses postérieures renflées et dentées en dessous.

Cette tribu, qui comprend les genres *Leucospis* et *Marres,* se trouve ainsi bien distincte et bien séparée de celle des Chalcidides dont elle faisait partie jadis, mais comme simple division, en ne laissant maintenant à cette dernière que des insectes de petite taille et avec des caractères présentant plus d'homogénéité. Les femelles déposent leurs œufs dans les nids de quelques espèces d'Apiaires.

G. Leucospis (Fabricius). — *Leucospis.*

Ailes pliées en long comme chez les guêpes ; lèvre cordiforme ; antennes légèrement en massue, de 14 articles, et insérées au milieu du front ; abdomen en ovale allongé, légèrement pédiculé.

1. L. Dorsigera, Fab. — Longueur : 6 à 8 mill. — Noir ; avec trois bandes et deux taches jaunes sur l'abdomen ; deux lignes jaunes sur le devant du prothorax, et une autre de même couleur sur l'écusson. — Sur les fleurs en ombelle.

2 L. Gigas, Fab. — Longueur : 12 à 13 mill. — Noir ; avec quatre bandes jaunes sur l'abdomen ; une ligne transversale sur l'écusson et une petite tache près de l'insertion des ailes, de même couleur : cuisses postérieures très-renflées, portant six denticules en dessous, rougeâtres chez le mâle, mais jaunes avec une large tache noire chez la femelle. — Nous avons rencontré cette grande et remarquable espèce méridionale, plusieurs fois à Aubigné, et toujours sur les fleurs du persil, ainsi que sur celles du fenouil cultivés dans les jardins de l'ancien prieuré. — Rare dans nos contrées.

Tribu des Chrysidides.

Les insectes de la tribu des Chrysidides, connus vulgairement sous le nom de *Guêpes dorées,* sont des hyménoptères cuirassés, pouvant se plier en boule au moindre danger qu'ils éprouvent, sont ornés des plus brillantes couleurs, auxquelles se joint le brillant métallique, ainsi que celui des pierres précieuses qui distinguent également ces insectes bien remarquables. Ils ont en outre pour caractère générique d'avoir une tarière tubuleuse formée de segments rudimentaires susceptibles de pouvoir s'allonger ou de se raccourcir comme une lunette d'approche et d'être armés d'un petit aiguillon. Les antennes sont formées de 13 articles, et leurs ailes inférieures manquent de nervures. Les femelles déposent leurs œufs dans les nids des hyménoptères fouisseurs ; mais les larves qui en proviennent vivent aux dépens des larves appartenant au nid envahi ; ce genre de parasitisme est différent de celui des autres pupivores.

G. Parnopes (Latreille). — *Parnopès.*

L'abdomen des mâles est composé de quatre segments ; celui des femelles de trois seulement ; le dernier segment est non denté ; les mâchoires et la lèvre inférieure sont allongées en forme de trompe comme celles des abeilles.

1. P. Carnea, Fab. (*Chrysis*). — Longueur : 10 à 11 mill. — Tête et prothorax verts, ce dernier avec plusieurs taches rouges, savoir : 1° une sur le cou formant une bande étroite ; 2° une petite tache ovale à la base de chaque aile ; 3° enfin une large tache quadrangulaire entre les ailes. 1er segment de l'abdomen ordinairement de couleur verte, les autres couleur de chair. Pattes d'un jaune pâle. — Sur les fleurs : Forêt de Fontevrault.

G. Stilbum (Spinola). — *Stilbum.*

Tête étroite ; chaperon plus long que large, en rectangle avancé au-delà de la base des mandibules ; abdomen de 3 segments apparents, le dernier muni d'un large bourrelet, est fortement denté en son bord postérieur.

1. S. Calens, Latr. ; *Chrysis calens,* Fab.   Tête et prothorax verts, mêlé de bleu ; les deux premiers segments de l'abdomen sont d'un cuivreux doré, le suivant et le dernier sont bleus, et celui-ci fortement quadridenté. — Commun.

G. Euchræus (Latreille). — *Euchræus.*

Tête large ; chaperon saillant au-delà des mandibules ; bord postérieur du dernier des trois segments de l'abdomen terminé par une série de petites dentelures.

1. Purpuratus, Latr. ; *Chrysis purpurata,* Fab. — Longueur : 10 mill. — Tête et prothorax d'un vert doré, brillant, chagriné ; avec trois bandes longitudinales pourprées sur cette dernière partie ; une petite tache de cette dernière couleur à la base de chacune des ailes supérieures ; abdomen mélangé de vert doré, brillant et chagriné de pourpre : cette dernière couleur présentant un fort rétrécissement sur la partie moyenne de l'abdomen, lequel est terminé par un grand nombre de dentelures (10 à 11) ; antennes noires ; cuisses vertes et pattes roussâtres. — On rencontre ce superbe insecte, fort souvent sur les fleurs du Panicaut (*Eryngium campestre,* Lin.).

G. Chrysis (Fabricius). — *Chrysis.*

Premier article des antennes le plus gros et le plus long de tous ; le dernier segment de l'abdomen est terminé par des dentelures variables dans leur nombre, suivant les espèces, et qui sont nombreuses dans ce genre.

1. C. Ignita, Lin. ; Fab. — Longueur : 10 mill. — Tête et prothorax bleus, ce dernier bidenté postérieurement ; abdomen d'un rouge doré brillant, quadridenté à son extrémité. Très-répandu. — La femelle, dit-on, dépose ses œufs dans les nids de divers hyménoptères, tels que ceux des odinaires, cerceris et crabrons.

2. C. Fulgida, Lin. ; Fab. — Longueur : 10 mill. — Tête, prothorax et premier segment de l'abdomen, bleus, les autres segments d'un rouge cuivreux, le dernier quadridenté postérieurement.

3. C. Fasciata, Oliv.; Latr. — Longueur : 9 à 10 mill. — D'un vert bleuâtre, avec la base de l'abdomen d'un bleu indigo, ainsi que le devant du 2e et du 3e segment : ce dernier terminé par 6 dentelures.

4. C. Dimidiata, Fab. — Longueur : 9 à 10 mill. — Vert ; mais le prothorax et les deux premiers segments de l'abdomen, sont d'un rouge cuivreux ; le dernier est tronqué à son extrémité.

5. C. Cyanea, Lin.; Fab. — Longueur : 9 à 10 mill. — Bleu ; dernier segment de l'abdomen tridenté.—Sur les fleurs : à Aubigné, etc.

G. Hedychrum (Latreille). — *Hédychre.*

Corps plus large et plus aplati que celui des Chrysis ; bord postérieur du dernier ou troisième segment de l'abdomen arrondi et dépourvu de denticules.

1. H. Lucidulum, Latr.; *Chrysis lucidula*, Fab. — Longueur : 7 mill. — Vert ou bleu ; prothorax, jusqu'à l'insertion des ailes, et abdomen, d'un rouge cuivreux brillant. — Sur les fleurs : Forêt de Fontevrault, etc.

2. H. Auratum, Latr.; *Chrysis aurata*, Lin.; Fab. — Longueur : 7 mill. — Tête et prothorax d'un vert mêlé de bleu ; abdomen doré cramoisi ; ailes supérieures obscures. — Commun sur les fleurs.

3. H. Fervidum, Latr.; *Chrysis fervida*, Fab. — Longueur : 7 mill. — Dessus du corps d'un rouge cuivreux ; extrémité postérieure du prothorax bleu. — Sur les fleurs.

4. H. Regium, *Chrysis regia*, Fab. — Longueur : 6 1/2 mill. — Tête et prothorax colorés de vert et de bleu azuré ; abdomen d'un beau rouge cuivreux, brillant. — Sur les fleurs.

G. Cleptes (Latreille). — *Cleptes.*

Prothorax plus étroit que le reste du thorax ; abdomen large, en ovale raccourci et déprimé ; composé de cinq segments chez les mâles et de quatre seulement chez les femelles : le dernier segment dépourvu de dentelures.

1. C. Semi-aurata, Latr.; *Sphex Semi-aurata*, Lin.; *Ichneumon Semi-auratus*, Fab. — Longueur : 5 mill. — Tête, prothorax et pattes d'un beau vert doré ou bleu ; abdomen fauve antérieurement et noir à sa partie postérieure. — Forêt de Fontevrault : sur les fleurs.

2. C. Nitidula, Latr.; *Ichn. nitidulus*, Fab. — Longueur : 5 mill. — Tête noire ; prothorax bleu, avec le segment antérieur, les pattes et l'abdomen fauves, mais l'extrémité de ce dernier noire. — Forêt de Fontevrault.

2ᵉ SECTION : LES PORTE-AIGUILLON.

(Moins toutefois les G. *Formica* et *Polyergus* qui sont dépourvus d'aiguillon.)

Dans cette section, pas de tarière, celle-ci ordinairement remplacée· par un aiguillon rétractyle, qu'on trouve toujours chez les femelles, exceptionnellement chez les ouvrières et jamais chez les mâles. Près l'anus il existe un petit appareil sécréteur d'un liquide vénéneux que l'insecte, muni d'aiguillon, emploie pour sa défense.

Les insectes de cette section ont les antennes simples, composées de 13 articles chez les mâles et de 12 seulement chez les femelles ; l'abdomen, qui est pédiculé, est formé de six segments chez les femelles et de sept chez les mâles.

Les larves, privées de pattes, vivent des aliments que leur procurent les femelles ou les ouvrières.

Cette section est divisée en quatre familles : celles des *Hétérogynes*, des *Fouisseurs*, des *Diploptères* et des *Mellifères*.

FAMILLE DES HÉTÉROGYNES, OU HÉTÉROGYNIDES.

Languette petite, arrondie ou en cuiller. Insectes vivant ou en société composée des mâles, des femelles et des ouvrières ; ou bien solitairement, l'espèce se composant du mâle et de la femelle, seulement ; ce qui constitue deux tribus : celles des Formicides et des Mutillides.

Tribu des Formicides.

Insectes vivant en société nombreuse, composée de mâles ailés, de femelles ailées jusqu'à leur accouplement qui s'effectue dans l'air, et d'ouvrières ou femelles infécondes, n'ayant jamais d'ailes. Ce qui distingue en outre cette tribu de la suivante, c'est, pour les insectes qui la composent : 1º d'avoir les antennes coudées, grossissant vers leur extrémité ; 2º de présenter la partie, qui sépare le thorax de l'abdomen, ou 1ᵉʳ segment abdominal, munie d'une ou de deux écailles élevées.

Les ouvrières, et qui sont en grand nombre, s'occupent seules de la construction de l'habitation, de l'éducation des larves, de la conservation des cocons, qualifiés, mais à tort, d'œufs de fourmis : ceux-ci, bien qu'allongés, cylindriques, sont infiniment moins gros.

Les insectes de la plupart des genres que renferme cette tribu, sont privés d'aiguillon, néanmoins il est prudent d'éviter leur contact, car ils ont la faculté de lancer, par l'anus, sur la main qui les saisit, une.

liqueur acide, connue sous le nom d'acide formique (1), qui occasionne sur la peau des pustules plus ou moins douloureuses.

Au reste, c'est dans cette tribu que l'on trouve les animaux les plus merveilleux du règne animal, si l'on considère toutefois leur manière d'être, leur organisation, leurs mœurs, leur industrie, leurs habitudes, etc. Ne pouvant entrer ici dans tous les détails qui les concernent, nous croyons devoir renvoyer le lecteur à ce qu'ont écrit sur ce sujet : 1° M. Hubert, naturaliste de Genève, *Recherch. Fourm. indig.*; 2° M. Latreille, *Hist. nat. Fourm.*; 3° M. E. Blanchard, *Métamorp., Mœurs et inst. des insectes.*

Les insectes qui nous occupent ici, sont divisés en plusieurs groupes, qualifiés de tribus, par M. Lepeletier de St-Fargeau, auquel nous empruntons souvent ses descriptions.

❋ GROUPE DES MYRMICITES.

Femelle armée d'un aiguillon ; 1er segment abdominal formé de deux nœuds.

G. Atta (Latreille). — *Atte.*

Antennes entièrement découvertes ; palpes très-courts, les maxillaires de 6 articles ; tête des ouvrières très-grosse ; prothorax non épineux.

1. A. Capitata, Latr. *(Formica).* — Femelle. Longueur : 11 à 12 mill. — « Très-noire, luisante, pubescente ; tête de la largeur du prothorax ; front sillonné ; antennes courtes, insérées près de la bouche, brunes, noires dans son 1er article ; mandibules fortes, rougeâtres, striées, dentées, ayant une dent plus forte à l'extrémité ; 1er nœud du 1er segment de l'abdomen, cunéiforme, lisse en-dessus, ridé postérieurement ; le second nœud rond. »

---

(1) L'acide formique, comme les autres acides, ayant la propriété de rougir les couleurs bleues végétales, nous rappelle les violettes rouges non seulement tirées de cette couleur, que dans notre jeunesse, les jours d'herborisation, nous nous amusions à colorer ainsi, en plaçant dans les fourmillières, qui se trouvaient sur notre passage, les violettes champêtres que nous rencontrions. L'exécution de ce travail mettait en mouvement toutes les ouvrières, qui s'empressaient alors de réparer les dégâts que nous avions pu faire. Mais en passant et repassant ainsi continuellement sur ces fleurs, celles-ci, d'abord, se maculaient en rouge et ensuite se couvraient ou partiellement ou totalement de cette couleur. Mais, nous devons le dire : cette odeur suave qu'exhale la violette ayant fait place à celle que produit l'acide formique, il en résulte que le charme de cette fleur ayant ainsi disparu, l'on pourrait, il est vrai — si l'on tient toutefois à reproduire cette couleur rouge — remplacer l'acide formique par cette autre, d'une odeur agréable : l'acide citrique que l'on trouve dans le jus de citron facile à se procurer. Enfin, si l'on voulait former un bouquet de violettes de quatre couleurs bien tranchées, on y parviendrait facilement, d'abord en joignant à la violette rouge dont il vient d'être question, la violette blanche et la violette bleue qui croissent naturellement, ensuite la violette verte qu'on obtient facilement, en plongeant la violette bleue dans de l'ammoniaque liquide légèrement affaibli, qui ne peut manquer de produire l'effet désiré.

OUVRIÈRE. — Longueur : 8 à 9 mill. — L'ouvrière ressemble beaucoup à la femelle, dont elle se distingue surtout par sa tête excessivement grosse et par l'absence des ailes.

Cette grande et remarquable espèce, qui est méridionale, vit en société peu nombreuse, dans les nids qu'elle se creuse en terre parmi le gazon des terrains calcaires, et dont elle couvre l'ouverture avec des débris de végétaux, en donnant à cette couverture la forme d'un petit monticule. — A la Guerouas de Martigné, où nous l'avons rencontrée pour la première fois, l'ouverture de la fourmilière était recouverte par un amas formé des calices et des valves capsulaires d'Hélianthêmes.

Nous avons encore rencontré cet insecte, soit à Aubigné, Tigné, Doué, soit aux environs de Saumur, mais toujours sur le même terrain et dans des circonstances analogues ou semblables.

G. Myrmica (Latreille). — *Myrmice.*

Antennes découvertes ; palpes maxillaires longs, de 6 articles ; mandibules triangulaires.

† *Prothorax biépineux postérieurement.*

1. M. Subterranea, Latr. (*Formica*). —Femelle. Longueur : 10 à 11 mill. — Tête de la largeur du prothorax d'un fauve foncé, mais d'un brun noirâtre et striée en-dessus ; prothorax bossu, brun, luisant, fourchu postérieurement ; 1er segment de l'abdomen et ses deux nœuds bruns ; abdomen d'un brun noirâtre, luisant, muni de quelques poils ; pattes d'un brun fauve.

OUVRIÈRE. — Longueur : 6 mill. — Corps allongé, d'un brun fauve, luisant, avec quelques poils ; tête grande triangulaire, finement striée ; nœuds du 1er segment de l'abdomen lisses, l'antérieur longuement pédiculé.

MALE. — Corps d'un brun noirâtre, très-luisant ; mandibules et antennes jaunâtres ; abdomen d'un brun noirâtre, luisant, plus clair au bout, pattes d'un jaune très-pâle. — Sa fourmilière au pied des arbres.

2. M. Rubra, Latr. (*Formica*). — Longueur du mâle et de la femelle : 7 mill. ; de l'ouvrière : 6 mill. — D'un rougeâtre fauve, mat, pubescent ; mais l'abdomen est lisse et luisant, avec une petite épine sous le 1er nœud du 1er segment de l'abdomen. — Le mâle est d'un brun noirâtre, presque mat, excepté le bout du prothorax et celui de l'abdomen qui sont très-luisants. — Cette espèce forme de petites fourmilières au milieu des gazons, dans les bois, etc.

3. M. Tuberum, Fab. (*Formica*) ; *Formica tuberosa,* Latr. — Longueur du mâle et de la femelle : 3 à 4 mill. ; de l'ouvrière : 3 mill. — Femelle d'un noir mat ; antennes, mandibules, bout de l'abdomen et pattes fauves ; nœuds du 1er segment de l'abdomen, chagrinés, velus, l'antérieur pédiculé ; abdomen rond, luisant, pubescent, avec le bord du 2ᵉ segment portant une ligne transversale noirâtre. — On rencontre cette espèce sous l'écorce des arbres ainsi que dans les fentes des murailles.

4. M. Graminicola, Latr. (*Formica*). — De la taille du précédent. — Rougeâtre, avec le 1ᵉʳ segment de l'abdomen noir ; et son 1ᵉʳ nœud sans dent inférieure. — On le rencontre à terre, dans les bois, sur les gramens, etc.

5. M. Cœspitum, Latr. (*Formica*). — De la taille de la précédente. — D'un noir brun ; antennes et mandibules d'un brun rouge ; tête et prothorax striés. Ailes blanches, avec le stigmate d'un brun jaunâtre chez la femelle, mais un peu plus foncé chez le mâle. Cette espèce niche en terre entre les racines des gazons. Des petits monticules de terre fine indiquent la présence de la fourmilière, lorsque l'habitation n'est que recouverte d'une pierre. Les mâles et les femelles s'accouplent vers la fin de l'été.

†† *Prothorax non épineux.*

6. M. Fugax, Latr. (*Formica*). — Longueur du mâle et de la femelle : 3 mill. ; de l'ouvrière : 2 mill. — Le mâle et la femelle : d'un noir brun, pubescent et légèrement strié ; antennes, mandibules et pattes d'un fauve jaunâtre ; prothorax noir, lisse ; nœud antérieur du 1ᵉʳ segment de l'abdomen pédiculé et légèrement échancré dans son milieu dorsal. Ouvrière d'un fauve jaunâtre, pubescent ; abdomen lisse, luisant, brun dans son milieu. Cette espèce niche en terre et s'accouple en septembre.

❀ ❀ GROUPE DES PONÉRITES.

Femelles armées d'aiguillon ; 1ᵉʳ segment de l'abdomen formé d'un seul nœud.

G. Ponera (Saint-Farg). — *Ponera.*

Mandibules des femelles triangulaires ; antennes plus grosses vers le bout ; tête presque triangulaire, sans échancrure remarquable à sa partie postérieure.

1. P. Contracta, Fab. (*Formica*) ; *Formica contracta et F. coarctata,* Latr. — Femelle. Longueur : 5 mill. — Allongée, subcylindrique ; d'un brun fauve ; antennes et pattes d'un brun jaunâtre.

OUVRIÈRE. — Longueur : 4 mill. — Allongée, quasi cylindrique ; d'un brun foncé, glabre, luisante ; antennes courbées, grossissant de la base au sommet, d'un brun jaunâtre ; tête en carré allongé, déprimée, d'un brun pâle de chaque côté, près des mandibules, qui sont triangulaires et légèrement dentées ; anus roussâtre ; écaille ou nœud presque cubique ; pattes d'un brun jaunâtre, avec un éperon aux jambes antérieures.

Cette espèce vit en très-petite société — 8 à 10 individus — soit sous des pierres, soit entre les racines des plantes.

❊ ❊ ❊ GROUPE DES FORMICITES.

Femelles dépourvues d'aiguillon ; 1er segment de l'abdomen formé d'un seul nœud ou écaille.

G. Polyergus (Latreille). — Polyergue.

Antennes insérées près de la bouche ; mandibules étroites, arquées, très-crochues et terminées en pointe.

1. P. Rufescens, Latr. — Fem. Longueur : 8 mill. — Corps allongé, d'un roux pâle, presque glabre ; prothorax comme cylindrique, renflé et arrondi postérieurement : cette partie séparée du reste du dos par un enfoncement transversal.

Ouvrière. — Longueur : 7 mill. — Corps allongé, d'un roux pâle, presque glabre, n'ayant que quelques poils sur la tête, l'abdomen et son écaille ; prothorax étroit, bossu, arrondi antérieurement, enfoncé vers sa partie moyenne et terminé par une bosse arrondie ; écaille abdominale grande, épaisse, arrondie en dessus.

Male. — Longueur : 7 mill. — Ventre en ovale allongé ; cuisses noires, jambes et tarses pâles ; écaille abdominale épaisse, échancrée supérieurement.

C'est à cette espèce qu'on attribue l'enlèvement des larves et des nymphes d'ouvrières faites aux fourmilières des *formica cunicularia* et *fusca*, afin de se procurer ainsi des auxiliaires pour leurs travaux particuliers.

G. Formica (Linné, Latreille). — Fourmi.

Antennes coudées insérées près du front ; mandibules triangulaires, dentelées et incisives ; prothorax mutique ; 1er segment de l'abdomen avec une écaille seulement.

C'est dans ce genre, surtout, que l'acide formique se manifeste avec le plus d'intensité chez les espèces qui le composent.

1. F. Herculeana, Lin. ; *F. ligniperda*, Latr. ; vulg. *Fourmi rongebois.*—Femelle. Longueur : 16 à 17 mill.—Prothorax ovalaire, noir en dessus, d'un rouge sanguin au reste ; écaille abdominale assez grande, obtuse à son extrémité ; abdomen noir, légèrement velu ; ailes très-grandes, obscures, à nervures et point épais, d'un brun jaunâtre.

Ouvrière. — Longueur : 11 à 12 mill. — Tête grosse, noire ; antennes noirâtres, 1er article d'un noir luisant, le 12e ou dernier, d'un brun rougeâtre ; mandibules courtes, épaisses, larges, triangulaires, striées en dessus, dentées intérieurement ; prothorax court, plus large antérieurement, fortement comprimé vers son extrémité postérieure, d'un rouge sanguin, luisant et légèrement poilu ; écaille abdominale étroite, quasi-ovale, d'un rouge sanguin ; abdomen de forme globuleuse ovée d'un noir luisant ; face antérieure du 2e segment, d'un rouge sanguin ; hanches et cuisses de cette dernière couleur; jambes et tarses d'un brun marron.

Male. — Longueur : 10 mill. — Corps d'un noir luisant ; mandibules d'un brun rougeâtre foncé ; écaille abdominale légèrement échancrée au milieu.

Cette grande et rare espèce établit sa demeure dans l'intérieur des vieux arbres plus ou moins altérés, en y formant, par les fragments que les ouvrières enlèvent, des espèces de galeries labyrhintiformes. Elle attaque quelquefois de très-vieux meubles, des charpentes parvenues déjà à l'état de vétusté ; ce que, d'ailleurs, nous avons été à même de constater.

2. F. Pubescens, Fab. ; Latr. — Femelle. Longueur : 14 à 15 mill. — Entièrement noire, un peu pubescente ; ailes grandes, d'un brun noirâtre depuis la base jusqu'au milieu, le reste blanc.

Ouvrière. — Longueur : 10 à 12 mill. — Corps d'un noir un peu luisant, légèrement pubescent ; abdomen très-pubescent : ses poils, gris et couchés.

Male. — Longueur : 10 à 11 mill. — D'un noir luisant ; ailes blanches.

Cette espèce établit sa demeure dans les souches creusées par le temps.

3. F. Gagates, Latr. — Femelle. Longueur : 8 mill. -- Corps noir, luisant, allongé, légèrement pubescent ; antennes d'un rougeâtre pâle inférieurement, noires ensuite ; abdomen d'un bronzé très-luisant ; pattes d'un brun rougeâtre.

Ouvrière. — Longueur : 5 mill. — Corps d'un noir luisant, légèrement pubescent ; mais la masse globuleuse de l'abdomen n'est pubescente que sur le bord des segments ; pattes d'un brun noir, avec les articulations rougeâtres ; les jambes sont moins foncées.

4. F. Fuliginosa, Latr. — Femelle. Longueur : 5 mill. — Très-noire et très-luisante ; antennes et pattes d'un brun rougeâtre clair ; écaille abdominale petite ; prothorax rond ; ailes supérieures noirâtres surtout dans leur moitié inférieure.

Ouvrière. — Longueur : 4 mill. — Corps très-court, très-noir, très-lisse et très-luisant ; prothorax tronqué postérieurement.

Male. — Longueur : 3 1/2 mill. — Tête triangulaire, un peu moins large que le prothorax.

Cette espèce, qui répand une odeur très-forte et qui lui est particulière, vit en société nombreuse dans les vieux arbres creux, plus ou moins altérés.

5. F. Rufa, Lin.; Fab.; Latr. — Femelle. Longueur : 9 mill. — Tête rougeâtre, avec un peu de noir près de la bouche ; prothorax renflé, ovalaire, d'un fauve vif, avec la partie dorsale noire ; écaille abdominale grande, ovée ; abdomen court, presque globuleux, d'un noir légèrement bronzé, luisant, obtus et fauve en devant ; cuisses rouges, pattes noirâtres ; ailes enfumées.

Ouvrière. — Longueur : 6 mill. — Tête plus large que le prothorax, triangulaire, d'un rouge fauve ; front noir ; antennes noires ; prothorax épais, relevé, arrondi antérieurement, enfoncé vers son milieu, comprimé ensuite et presque cylindrique, tronqué obliquement à son extrémité, d'un fauve vif, avec sa partie dorsale noire ; masse abdominale quasi globuleuse, d'un brun noir un peu cendré et peu velue.

Male. — Longueur : 9 mill. — Tête petite, triangulaire ; corps et antennes noirs ; prothorax grand, comprimé, pubescent ; écaille abdominale presque carrée ; masse abdominale d'un noir luisant, presque conique ; anus allongé, roussâtre ; ailes obscures.

C'est à cette espèce qu'on doit rapporter ces énormes tumulus composés de toute sorte de débris de végétaux et même d'animaux, s'élevant quelquefois à près d'un mètre, et recouvrant leur nid, qu'on rencontre dans les bois, les bruyères et même sur les talus de fossés. — Très communs.

6. F. Sanguinea, Latr. — Femelle. Longueur : 9 mill. — D'un rouge sanguin ; yeux et abdomen noirs ; dessus de la tête légèrement teinte de cette couleur ; ailes fortement enfumées.

Ouvrière. — Longueur : 8 mill. — Yeux et abdomen noirs ; tête d'un rouge foncé ; abdomen d'un noir cendré un peu bruns à la base ; pattes fauves.

Male. — Longueur : 8 mill. — Noir ; pattes rougeâtres ; écaille abdominale échancrée ; ailes enfumées vers leur base.

Cette espèce niche en terre, sous les pierres, et dans les bois.

7. F. Cunicularia, Latr. — Femelle. Longueur : 9 mill. — Corps oblong ; tête noire, marquée de rougeâtre aux environs de la bouche ainsi qu'à sa partie inférieure ; prothorax fauve avec trois taches noires sur le dos ; écaille abdominale cordiforme, fauve ; abdomen noir ; pattes fauves.

Ouvrière. — Longueur : 5 mill. — Tête noire, marquée de rougeâtre aux environs de la bouche ; antennes d'un rouge noirâtre, 1er article jaune ; prothorax d'un jaune pâle, avec un point noir sur le dos ; écaille abdominale fauve ; abdomen formant une masse d'un noir cendré, pubescent ; pattes fauves.

Male. — Longueur : 6 1/2 à 7 mill. — Corps noir, luisant ; écaille abdominale fortement échancrée ; anus d'un brun rougeâtre obscur ; pattes noires.

Cette espèce, qui est très-répandue, établit son nid dans les lieux secs, couverts de gazons.

8. F. Fusca, Lin., Latr. — Femelle. Longueur : 5 mill. — Corps d'un noir très-luisant, avec un reflet légèrement bronzé ; antennes noires, mais le 1er article brun ; abdomen quasi globuleux, un peu velu à son extrémité ; ailes un peu obscures, ses nervures noirâtres.

OUVRIÈRE. — Longueur : 4 mill. — Corps d'un noir un peu cendré, luisant, presque glabre, allongé ; les 3 ou 4 premiers articles des antennes d'un rougeâtre foncé ; abdomen comme globuleux, un peu velu à son extrémité; pattes rougeâtres avec la base des cuisses brune.

MALE. — Longueur : 5 mill. — Corps noir, très-luisant, presque glabre ; anus et pattes d'un rouge pâle, mais les hanches noires ; ailes légèrement obscures avec les nervures d'un jaune foncé, et le point marginal noirâtre.

Cette espèce établit son nid en terre, sous les pierres, le gazon, ordinairement au pied des arbres.

9. F. Nigra, Lin. ; Latr. — Femelle. Longueur : 8 mill. — Corps noirâtre ; écaille abdominale profondément échancrée ; ailes blanches, avec les nervures et le point marginal d'un jaunâtre clair.

OUVRIÈRE. — Longueur : 5 mill. — Corps d'un brun noirâtre, légèrement pubescent ; écaille abdominale échancrée ; cuisses et jambes d'un brun marron, cette couleur plus claire aux articulations.

MALE. — Longueur : 5 mill. — Corps d'un brun presque noir ; anus et tarses d'un brun rougeâtre ; ailes semblables à celles de la femelle.

Cette espèce, très-répandue, s'établit dans une demeure souterraine qu'elle se creuse sous une pierre, ordinairement dans les jardins, les vergers. Elle est friande des fruits sucrés, etc.

10. F. Emarginata, Latr. — Femelle. Longueur : 8 mill. — D'un brun marron ; prothorax rougeâtre, d'un brun marron sur le dos ; écaille abdominale grande, rougeâtre, échancrée au milieu du bord supérieur ; abdomen formant une masse grande, large, d'un brun marron ; prothorax d'un rougeâtre clair en dessous et sur ses côtés ; pattes de cette couleur ; ailes blanches, ses nervures et le point marginal jaunâtres, celles de la côte noirâtres.

OUVRIÈRE. — Longueur : 5 mill. — Corps légèrement pubescent ; tête grande, triangulaire, lisse, d'un brun marron ; prothorax d'un rouge de brique ; écaille abdominale rougeâtre, légèrement échancrée dans son bord supérieur ; abdomen d'un brun marron foncé ; pattes d'un brun rougeâtre.

MALE. — Longueur : 5 mill. — Corps d'un brun rougeâtre ; tête plus foncée ; antennes et pattes d'un brun clair ; écaille abdominale petite, carrée, échancrée ; ailes blanches, nervures et point marginal d'un jaunâtre pâle.

Cette espèce établit sa fourmilière dans les fentes des arbres ainsi que dans celles des vieux murs. L'odeur, un peu musquée, qu'elle répand, décèle sa présence. Elle s'introduit dans nos demeures pour attaquer les fruits sucrés, les confitures et généralement toutes les préparations sucrées.

11. F. Flava, Fab.; Latr. — Femelle. Longueur : 5 mill. — Corps d'un brun roussâtre foncé ; antennes et pattes d'un roux jaunâtre clair ; côtés du prothorax d'un brun roussâtre clair ; écaille abdominale de cette dernière couleur, presque carrée, velue et échancrée dans son bord supérieur ; ailes supérieures jaunâtres, obscures à leur origine, avec les nervures et le point marginal de cette couleur.

OUVRIÈRE. — Longueur : 3 mill. — Corps d'un roux jaunâtre luisant, légèrement pubescent ; écaille abdominale presque carrée, non échancrée.

MALE. — Longueur : 3 mill. — Corps d'un brun un peu clair ; antennes et pattes légèrement jaunâtres ; écaille abdominale carrée, un peu échancrée ; ailes blanches avec les nervures jaunâtres. Cette petite espèce, qui n'est pas très-rare, établit sa demeure en terre, dans les pâturages secs, le bord des chemins herbeux, soit sous les plantes, soit sous les pierres.

12. F. Quadripunctata, Lin.; Fab.; Latr.—Ouvrière. Longueur : 2 1/2 mill. — Prothorax rouge, presque cylindrique, interrompu sur le dos ; écaille en coin, allongée chez la femelle ; abdomen noir, avec quatre points d'un blanc jaunâtre.
Cette très-petite espèce habite les vieux troncs d'arbres cariés.

Tribu des Mutillides.

Insectes solitaires, dont l'espèce se compose du mâle, ailé, et de la femelle aptère qui en outre est armée d'un fort aiguillon. Leurs antennes, vibratiles, sont sétacées ou filiformes. On connaît peu leurs mœurs et leurs habitudes.

G. Mutilla (Fabricius). — *Mutille.*

Antennes simples   1er et 3e articles allongés, insérées près du milieu de la face ; prothorax presque cubique, sans nœud ni division en dessous ; abdomen conique, son 2e segment plus grand que celui qui précède. On rencontre les mâles sur les fleurs et les femelles à terre ou bien sous les pierres, dans les lieux sableux de préférence.

† *Abdomen complétement velu.*

1. M. Europæa, Fab.; Latr. — Femelle. Longueur : 10 mill. — Velue, noire ; mais le prothorax d'un rouge fauve ; abdomen ovoïde, noir, ayant le bord postérieur de ses trois premiers segments garni d'une bande de poils blanchâtres : les bandes des 2e et 3e segments sont réunis ou bien interrompus. — Nous avons rencontré plusieurs fois la femelle, à terre, sur les terrains calcaires ; nous n'avons pas vu le mâle.

2. M. Rufipes, Fab. — Femelle. Longueur : 10 mill. — Tête noire, avec la bouche et la base des mandibules rougeâtres ; antennes rougeâtres, les derniers articles noirâtres ; prothorax rougeâtre ; abdomen noir, velu, ses poils noirs, excepté sur le bord postérieur des 2ᵉ et 3ᵉ segments, où des poils argentés forment des bandes tranversales continues ; la base du 2ᵉ segment porte en outre une tache ronde dorsale de poils argentés ; pattes d'un roux testacé.

MALE. — Longueur : 9 mill. — Noir ; prothorax fauve antérieurement ; ailes obscures.

3. M. Maura, Fab.; Latr. — Femelle. Longueur : 11 mill. — Tête noire, velue ; ses poils noirs, si ce n'est sur le front où des poils argentés forment une large tache ronde ; prothorax rougeâtre, à poils noirs ; abdomen noir, velu, ses poils noirs, excepté sur le 1ᵉʳ segment et vers le bord postérieur du 2ᵉ, où des poils argentés forment des bandes larges : celle du 2ᵉ interrompue dans son milieu ; des poils argentés forment aussi trois points dorsaux, ronds : un sur la base du 2ᵉ segment et un sur le bord postérieur de chacun des 4ᵉ et 5ᵉ ; pattes noires, ses poils argentés.

MALE. — Longueur : 10 mill. — Noir ; mais l'abdomen traversé par un large bande blanchâtre ; ailes d'un brun violacé.

G. Myrmosa (Latreille). — Myrmose.

Prothorax égal en dessus, partagé en 2 segments distincts ; abdomen des femelles conique, celui des mâles elliptique et déprimé ; 2ᵉ et 3ᵉ articles des antennes égaux en longueur. — Aspect des Mutilles dont les Myrmoses sont un démembrement.

1. M. Melanocephala, Latr.; *Mutilla melanocephala,* Fab. — Femelle. Longueur : 7 mill. — Fauve ; antennes et tête noires, ainsi que la moitié postérieure de l'abdomen, mais le bord postérieur des segments est d'un testacé rougeâtre ; les pattes de cette dernière couleur. Toutes ces parties sont couvertes de poils clairs d'un gris argenté.
Le mâle est entièrement noir.

2. M. Nigra, Vestw.; *Mirmosa atra,* Panz. — Entièrement noires ; ailes du mâle transparentes, irisées.

FAMILLE DES FOUISSEURS.

Dans cette famille, pas de neutres ; des mâles et des femelles ailés : leurs pieds postérieurs sont impropres à ramasser le pollen des fleurs, et leurs ailes sont toujours étendues.

A l'état d'adulte, on rencontre ces insectes sur les fleurs où ils trouvent leur nourriture ; mais à celui de larve, ils sont carnassiers, en ce sens que la femelle après avoir déposé ses œufs dans un nid approprié, soit dans la terre, soit dans les murailles, etc., y place aussi des larves de diverses espèces d'insectes et même des araignées, mais les unes et les autres blessées par l'aiguillon de la femelle, qui par le même coup introduit dans la plaie le liquide vénéneux dont elle est pourvue et dont l'action, en les paralysant seulement, les rend incapables de fuir.

Tribu des Scoliètes.

1er segment du thorax non linéaire, mais en forme d'arc ; antennes plus courtes que la tête et le prothorax chez les femelles ; pieds courts, gros, très-épineux ou très-ciliés.

G. Scolia (Latreille, Fabricius). — *Scolie.*

Mandibules arquées, non dentelées ; corps velu ; jambes garnies de petites épines ; dernier segment de l'abdomen du mâle, terminé par trois pointes dures. — Sur les fleurs.

1. S. Quadripunctata, Fab. — Longueur : 16 à 18 mill. — Noire, poilue, ses poils noirs ; 2e et 3e segments de l'abdomen ayant de chaque côté une tache ovale d'un jaune pâle ; ailes d'un jaune ferrugineux à la base, le reste d'un noir-violet. — Joli insecte qu'on rencontre sur les fleurs. — Rare.

2. S. Bifasciata, Vander-Lind. *Fouiss. d'Eur.*, fasc. 1, p. 26. — De la taille de la précédente ou un peu plus grande. — Noire, poilue, ses poils noirs, pour la majeure partie ; 2e et 3e segments de l'abdomen avec une large bande jaune : celle du 2e échancrée à ses deux extrémités ; des poils jaunes, très-rares sur ces bandes ; ailes d'un noir violet légèrement ferrugineux.

Espèce méridionale, rare dans nos contrées, que nous avons prise à Aubigné sur les fleurs de l'*Eryngium campestre*, Lin., et que nous avons retrouvée sur les bords de la forêt de Fontevrault.

G. Tiphia (Latreille, Fabricius). — *Tiphie.*

Palpes maxillaires longs, composés d'articles sensiblement inégaux ; 2e article des antennes reçu par |le 1er qui le cache ; jambes courtes, renflées, épineuses.

1. T. Femorata, Fabr. ; Latr. — Longueur : 5 à 7 mill. — Noire ; couverte de poils gris ; les quatre pattes postérieures, moins les tarses, anguleuses, d'un rouge fauve ; ailes obscures. — Sur les fleurs.

Tribu des Sapigides.

Antennes, chez les deux sexes, aussi longues au moins que la tête et le thorax pris ensemble ; corps ordinairement nu ; pattes courtes, grêles, ni épineuses, ni fortement ciliées ; mandibules triangulaires, fortement dentées.

G. Sapyga (Latreille). — *Sapyge.*

Antennes en massue vers leur extrémité, chez les mâles; mandibules triangulaires, fortement dentées; prothorax presque tronqué.

1. S. Punctata, Latr.; Vand.-Lind. — Femelle. Longueur : 6 mill. — Tête noire, avec une petite tache d'un jaune pâle dans l'échancrure des yeux; prothorax noir, avec une petite ligne d'un jaune pâle, de chaque côté de son bord antérieur; abdomen noir, avec les 2e et 3e segments rougeâtres, les 4e et 5e ayant de chaque côté une tache blanchâtre; l'anus en ayant une dorsale de même couleur; pattes noires.

MALE. — Longueur : 5 mill. — Tête noire avec partie supérieure du chaperon d'un blanc jaunâtre; prothorax noir, sans taches; abdomen noir, avec des points blanchâtres sur les 2e, 3e, 4e, 5e et 6e segments, manquant fort souvent sur quelques-uns d'entre eux.

2. S. Prisma, Vand.-Lind.; Latr. — Femelle. Longueur : 8 mill. — Noire; bord antérieur du prothorax avec une petite ligne, quelquefois interrompue, jaune; abdomen portant trois bandes jaunes, l'une d'elles ordinairement interrompue; anus avec une tache dorsale jaune.

MALE. — Longueur : 6 1/2 mill. — Noir; mais le chaperon entièrement jaune.

Tribu des Sphégites.

Prothorax rétréci en avant, formant une sorte de cou; pédicule de l'abdomen long; jambes et tarses garnis d'un grand nombre d'épines.

G. Sphex (Latreille, Apis, Linné). — *Sphex.*

La mâchoire et les lèvres très-longues, en forme de trompe fléchie en dessous, sont en quelque sorte les caractères essentiels qui différencient ce genre du genre suivant : *Ammophila*, qui maintenant reçoit les Sphex de Linné, appartenant à nos contrées. Nous renvoyons le lecteur au genre *Ammophila*, Kirb., par rapport à ces espèces.

G. Ammophila (Kirb). — *Ammophila.*

Palpes maxillaires guère plus longs que les labiaux; les 1ers de six articles, les 2e de quatre. Mâchoire et lèvres très-longues, en forme de trompe fléchie en dessous, mandibules dentées au côté interne; antennes insérées vers le milieu de la face antérieure.

1. A. Hirsuta, Kirb.; *Sphex hirsuta*, Scop.; *Pepsis arenaria,* Fab.; *Sphex viatica*, Lin., Latr. — Femelle. Longueur : 27 mill. — Tête et prothorax noirs, très-velus, leurs poils noirs; abdomen nu, brillant; pédicule du 1er segment, noir; le 2e et la base du 3e, ferrugineux; bord inférieur du 3e, les 4e et 5e ainsi que l'anus, noirs; les deux jambes postérieures, garnies en dedans d'un duvet blanchâtre argenté.

Le mâle diffère par les poils de la tête et ceux du prothorax d'un blanc argenté, ainsi que par le 3e segment de l'abdomen en grande partie ferrugineux, et le 6e segment qui est noir.

2. A. Sabulosa, Vender-Lind; *Sphex sabulosa*, Lin.; Fab.; Latr. — Longueur : 27 à 28 mill. — Femelle. Tête et prothorax noirs, velus, leurs poils noirs; un duvet argenté sur divers points des côtés du métathorax; 1er anneau de l'abdomen noir, le 2e, la base exceptée, et le 3e fauve, les autres d'un noir bleuâtre; pattes noires, leurs poils et leurs épines de cette couleur.

Le mâle diffère de la femelle par la partie antérieure de la tête qui est garnie d'un duvet argenté, etc.

3. A. Affinis, Kirb.; Vander-Lind. — Longueur : 18 à 26 mill. — Tête noire, garnie d'un duvet argenté sur sa partie antérieure; prothorax noir, velu, ses poils noirs, abdomen nu; 1er segment noir et ferrugineux; 2e et moitié du 3e de cette dernière couleur, ainsi que le bord postérieur de ce dernier; les 4e et 5e noirs.

Le mâle diffère par les poils des côtés du prothorax qui sont en partie blancs, ainsi que par le 1er segment de l'abdomen qui est presque totalement noir; le 3e entièrement ferrugineux, et le 6e totalement noir : tout l'abdomen, en outre, montre un reflet argenté.

G. Miscus (Jurine, Vander-Lind). — *Miscus.*

Caractère du genre précédent, mais la 3e cellule cubitale est pétiolée.

1. M. Campestris, Vander-Lind.; *Ammophila campestris*, Latr. — Longueur : 15 mill. — Noir, avec quelque traits ferrugineux; une tache sous les ailes et les côtés du métathorax couverts de duvet argenté; abdomen effilé en alène; pattes allongées, noires, avec les hanches couvertes de poils blancs argentés. — Le mâle diffère par des poils argentés garnissant le devant de la tête. — Assez répandu.

Tribu des Pompilides ou Pompilites.

Prothorax en carré transversal ou longitudinal; antennes sétacées; abdomen comme sessile, en ovale allongé; palpes maxillaires beaucoup plus longues que les labiaux.

Les insectes de cette tribu se distinguent aussitôt de ceux qui composent la tribu précédente, par le 1er segment de l'abdomen qui n'est pas en forme de pédicule. On les rencontre voltigeant et souvent à terre où ils courent rapidement en agitant les ailes ainsi que les antennes qui deviennent vibratiles. On les voit aussi sur les fleurs, et plus particulièrement sur celles des ombellifères; mais elles nourrissent leurs larves avec des araignées.

G. Evagetes (Lepeltier de St-F.). — *Evagétès.*

Mandibules tridentées; abdomen convexe; prothorax à peine plus long que large.

1. E. Bicolor, Lepelt.; *Aporus bicolor,* Encycl.; *Aporus dubius,* Vander-Lind. — Longueur : 8 mill. — Noir, avec un reflet argenté sur la face ainsi que sur l'abdomen, dont les deux premiers segments et la base du 3ᵉ sont d'un fauve rougeâtre; ailes enfumées.

Le mâle plus petit et beaucoup plus grêle que la femelle, est moins souvent coloré de rouge sur l'abdomen. — Cette espèce est assez commune dans la forêt de Fontevrault. On l'a rencontrée dans les bois de la Haie, situés près Angers.

G. Calicurgus (Saint-Fargeau). — *Calicurgus.*

Tête convexe; mandibules unidentées au côté interne; antennes contournées; prothorax échancré postérieurement. — Ces insectes se rencontrent plus particulièrement dans les forêts : celles de Baugé en recèlent un certain nombre.

1. C. Bipunctatus, Vander-Lind.; *Pompilus bipunctatus,* Fab. — Longueur : 10 à 11 mill. — Noir; prothorax assez long, transversal; de chaque côté du 1ᵉʳ segment de l'abdomen un point blanc, et sur le 4ᵉ une bande dorsale de même couleur; pieds, ou noirs ou variés de ferrugineux; ailes jaunâtres avec l'extrémité brune; jambes postérieures, légèrement dentées.

2. C. Exaltatus, Vander-Lind.; *Pompilus exaltatus,* Fab. — Longueur : 9 à 10 mill. — Noir; les 2 premiers segments de l'abdomen rougeâtres, ainsi que la base du 3ᵉ; ailes transparentes, avec une ligne et une large bande brunes entourant une tache ronde hyaline.

3. C. Vulgaris, Vander-Lind. — Noir; les 2 premiers segments de l'abdomen rougeâtre, ainsi que la base du 3ᵉ, comme dans l'espèce précédente; mais les ailes enfumées portant une ligne transversale irrégulière brune, et sur le bout de chacune une large bande de cette couleur, mais sans entourer une tache ronde hyaline, comme chez l'espèce précédente.

4. C. Ambulator, Vander-Lind. — Noir; les 2 premiers segments de l'abdomen rougeâtres, le 3ᵉ, moins le bord postérieur, de cette couleur; ailes enfumées, avec deux bandes brunes. — Le mâle semblable à la femelle, mais moitié plus petit. — Les bois, les forêts.

5. C. Fuscus, Vander-Lind. *Pompilus fuscus,* Fab. — Longueur : 10 à 11 mill. — Femelle. Les 2 premiers segments de l'abdomen rougeâtres, ainsi que la base du 3ᵉ; prothorax long et transversal; ailes comme transparentes avec quelques taches brunes. — Commun.

6. C. Ondontellus, Vander-Lind. — Noir; face anté-rieure de la tête avec un duvet soyeux, brillant; ailes transparentes avec une large bande noire, et leur bout un peu enfumé.

G. Pompilus (Latreille). — *Pompilus.*

Caractères et mœurs du genre précédent, avec cette différence que les tarses antérieurs ne sont ni dentés, ni pectinés, mais souvent ciliés; les jambes postérieures sont dentées.

1. P. Ciliatus, Vander-Lind. — Longueur : 10 à 11 mill. — Noir; mais orbites des yeux en partie rougeâtres, ainsi que la presque tota-lité du prothorax.

2. P. Fuscatus, Fab. — Noir; corps court; prothorax plus long que large, garni de duvet cendré antérieurement et posté-rieurement; 3° segment de l'abdomen ayant de chaque côté une tache oblongue blanchâtre.

3. P. Pulcher, Fab.; *Pepsis plumbea,* Fab. — Femelle. Noir, avec un reflet brillant que lui donne un duvet répandu sur tout le corps, excepté sur la base des segments de l'abdomen et sur l'anus qui sont lisses. — Le mâle, plus petit et plus grêle que la femelle, est presque entièrement soyeux sur l'abdomen. — Les bois. Rare.

4. P. Sericeus, Vander-Lind. — D'un noir foncé, pu-bescent; les 3 premiers segments de l'abdomen d'un rouge ferrugineux, leur bord postérieur noir; ailes brunes, leur bout noir.

5. P. Viaticus, Fab.; Vander-Lind. — Femelle. D'un noir foncé, pubescent; les 3 premiers segments de l'abdomen d'un roux ferrugi-neux; leur bord postérieur noir; ailes brunes, leur bout noir. — Le mâle diffère de la femelle par un corps plus grêle, ainsi que par le rouge ferrugineux de l'abdomen qui est revêtu d'un duvet soyeux, bril-lant. — Le bord des chemins, etc.

6. P. Pectinipes, Vander-Lind.; *Sphex pectinipes,* Lin. — Noir, mince, couvert d'un duvet gris, soyeux, brillant; les 2 premiers seg-ments de l'abdomen rougeâtres; leur bord postérieur un peu brunâtre; le 3° segment également rougeâtre, mais le bord postérieur est noir; prothorax transversal.

7. P. Gibbus, Fab.; Vander-Lind. — Femelle. Noir; les 2 pre-miers segments de l'abdomen rougeâtres, avec un duvet soyeux, bril-lant, mais le 1er est noir à la base, et le 2° à son bord postérieur; ailes antérieures, brunes à leur extrémité.

G. Anoplius (Vander-Linden). — *Anoplius.*

Caractères du genre Calicurgus; mais les tarses antérieurs sont sans dents, sans épines et sans cils; les jambes postérieures, également sans dents, sont grêles.

1. A. Variegatus, Vander-Lind.; *Pompilus hircanus*, Fab. — Femelle. Longueur : 10 mill. — Noir, avec un léger duvet soyeux, brillant; ailes transparentes, avec une tache ronde, transparente, entourée par une ligne et une large bande brune.

Le mâle, plus petit que la femelle, a les antennes de moyenne longueur.

2. A. Sex-punctatus, Vender-Lind.; *Salius sex-punctatus*, Fab. — D'un noir brillant, mince; face de la tête avec un léger duvet brillant; orbite des yeux au-dessous des antennes blanchâtres; une tache de cette couleur de chaque côté du métathorax; côtés des 2e et 3e segments de l'abdomen portant, chacun, une petite ligne blanchâtre; pattes noires; les deux cuisses postérieures rougeâtres; ailes transparentes, brunes à leur extrémité.

3. A. Niger, Vander-Lind.; *Pompilus niger*, Fab. — Noir; base des 2e, 3e et 4e segments de l'abdomen couverte d'un duvet soyeux, ainsi que toutes les hanches; ailes légèrement enfumées, brunes à leur extrémité.

4. A. Bifasciatus, Vander-Lind.; *Pompilus bifasciatus*, Fab. — Femelle. Longueur : 7 mill. — Noir, brillant; ailes transparentes, avec une tache ronde hyaline, entourée d'une ligne mince noire et d'une large bande de même couleur; prothorax long et transversal. Le mâle semblable à la femelle, mais plus petit.

G. Ceropales (Latreille). — *Céropalès*.

Palpes maxillaires beaucoup plus longues que les labiaux; leurs articles très-inégaux; prothorax de la longueur du métathorax; ce dernier moins long que les deux autres parties prises ensemble. L'abdomen est petit et les pattes sont longues.

1. C. Maculata, Fab.; *Pompilus frontalis*, Panz. — Longueur : 8 mill. — Tête noire, avec une ligne blanche sur la face entre les yeux; prothorax blanc, ainsi que l'écusson et un point de chaque côté sous les ailes. Abdomen court, noir; mais le 1er segment avec un point blanc de chaque côté; le 2e ayant son bord postérieur de cette couleur; pattes rousses avec les hanches noires ponctuées de blanc.

2. C. Variegata, Fab.; Jurine. — Longueur : 7 à 8 mill. — Noir; partie inférieure de la tête sous les antennes, blanche, avec une tache noire au milieu; prothorax portant une ligne blanche interrompue; écusson blanc; 1er segment de l'abdomen roux, les autres noirs; le 2e portant de chaque côté une lunule blanche; anus noir, marqué de blanc; pattes rousses, genoux noirs.

Tribu des Crabronides.

G. Bembex (Latreille, Fabricius). — *Bembex.*

Mâchoires et lèvres formant par leur prolongement une espèce de bec fléchi en dessous.

1. B. Rostrata, Fab.; *Apis rostrata*. Lin. — Longueur : 19 à
20 mill. — Noir ; des bandes ondulées transversales, d'un jaune citron,
sur l'abdomen ; celle du 1er segment interrompue. — Ce grand et bel
insecte, qui varie beaucoup, fréquente les fleurs. Il répand, quand on
y touche, une odeur de rose très-prononcée.—Nous l'avons rencontré
dans les parties sablonneuses du Tertre-Montchaux, commune de
Tiercé, ainsi qu'à la Guérouas de Martigné. Il fréquente aussi les bords
sablonneux de la Loire.

La femelle creuse dans le sable un trou profond, y dépose un œuf,
puis à côté le corps d'un diptère qui doit servir à nourrir la larve qui
en proviendra, et referme l'ouverture avec le sable environnant.

G. Cerceris (Latreille). — *Cercéris*.

Abdomen allongé, sessile, cylindrique : tous ses segments séparés les
uns des autres par un étranglement très-marqué.

1. C. Labiata, Vander-Lind.; *Philanthus labiatus*, Fab. — Longueur : 11 à 12 mill. — Femelle. Tête noire, avec des poils d'un roux
pâle ; joues et chaperon avec, chacun, une grande tache jaune ;
antennes noires, en partie d'un jaune ferrugineux en dessous ; prothorax noir, avec une tache jaune de chaque côté sur les épaules ;
abdomen noir ; 1er segment portant de chaque côté une tache quasi
triangulaire, jaune ; bord postérieur des quatre suivants portant une
bande jaune échancrée sur son milieu qui est très-rétrécie et même,
quelquefois, interrompue sur les 2e et 3e segments ; pattes d'un jaune
ferrugineux avec les hanches noires.

Le mâle diffère de la femelle par sa face entièrement jaune et par la
réunion des taches des joues, du chaperon et des parties latérales
entre les antennes ; antennes jaunes portant en dessus une ligne noire.
— Commun.

2. C. Arenaria, Vander-Lind.; *Spex arenaria*, Lin.; *Philanthus
arenarius*, Fab. — Longueur : 14 mill. — Noir ; antennes de cette
couleur, le 1er article jaune portant une petite ligne noire ; prothorax avec une ligne jaune de chaque côté sur les épaules ; abdomen
noir en dessus, avec une grande tache jaune de chaque côté du
1er segment ; bord postérieur des quatre autres portant une bande
jaune ; le dessous de l'abdomen, avec une tache jaune de chaque côté
des 2e, 3e et 4e segments. — Cette espèce approvisionne son nid de
curculionites pour servir de pâture à ses larves.

3. C. Ornata, Vander-Lind.; *Philanthus ornatus*, Fab. — Longueur : 11 à 12 mill. — Tête noire, tachée de jaune ; prothorax noir ;
1er segment de l'abdomen noir ; le 2e de cette couleur, mais portant près de
sa base une bande jaune raccourcie sur les côtés ; le 3e jaune, sa base
portant une échancrure dorsale noire ; les 4e et 5e noirs, ce dernier
portant sur son bord postérieur une large bande jaune avec une échancrure noire à sa base dorsale ; dessous de l'abdomen noir ; pattes,
hanches et cuisses noires ; le bout de celles-ci, jambes et tarses
jaunes. — La femelle approvisionne son nid avec des mellifères.

Le mâle diffère de la femelle par le 3e segment de l'abdomen qui est entièrement jaune ; les 4e et 5e sont noirs et le 6e est jaune.

G. Philanthus (Fabricius). — *Philanthe*.

Segments de l'abdomen ne laissant pas entre eux d'étranglement sensible, le 1er n'étant pas nodiforme ; abdomen sessile ; jambes et tarses des femelles ciliés et épineux.

1. P. Apivorus, Lat.; *P. Triangulum,* Fab.—Longueur : 12 à 14 mill. — Femelle. Tête noire, avec des poils roux et d'autres blanchâtres ; une large bande ferrugineuse derrière les yeux ; chaperon, joues et le front blanchâtres ; prothorax noir ; abdomen presque nu en dessus : le 4e segment jaune, mais sa base noire qui s'allonge ainsi en triangle sur le dos ; le 5e semblable au précédent ou ayant seulement une grande tache jaune sur chacun de ses côtés ; dessous de l'abdomen jaune ; anus de cette dernière couleur.

Le mâle diffère de la femelle par la tache du front qui est tridentée, ainsi que par la bande située derrière les yeux, qui est jaune, de même que le 6e segment de l'abdomen.

Cette espèce, qui n'est pas rare, et dont la femelle approvisionne son nid d'abeilles qu'elle surprend butinant sur les fleurs, cause certains dommages aux ruches de l'abeille domestique.

G. Psen (Jurine, Latreille). — *Psen*.

Abdomen rétréci à sa base et formé brusquement en pédicule ; antennes droites grossissant successivement jusqu'à leur sommet.

1. P. Ater, Vander-Lind.; *Sphex atra,* Fab.—Longueur : 12 mill. — Femelle. Noir. Face couverte, au-dessous des antennes, de poils couchés, argentés ; sur le milieu de cette face, une carène longitudinale s'étend jusqu'à la base des antennes ; prothorax garni de poils gris ; abdomen brillant, avec quelques poils gris, son pédicule déprimé en dessus ; anus terminé par un appendice tubuleux, droit ; les quatre pattes antérieures noires ; leurs tarses ferrugineux.

Le mâle n'a point de carène sur la face ; l'anus est terminé par une épine, et les quatre pattes antérieures sont ferrugineuses. — Rare. Forêts de Baugé.

G. Nysson (Latreille, *Oxybelus;* Fab.). — *Nysson*.

Abdomen sans étranglement entre ses segments, en ovale conique et presque sessile ; côtés du métathorax prolongés postérieurement en épines ; jambes sans épines.

1. N. Interruptus, Vander-Lind.; *Oxybelus interruptus,* Fab. — Femelle. Longueur : 8 mill. — Tête noire, sa face garnie d'un duvet argentin ; prothorax noir, sa tranche dorsale jaune ; abdomen noir :

bord postérieur des 1er, 2e et 3e segments portant une bande jaune, interrompue sur le dos ; pattes d'un roux ferrugineux ; hanches et base des cuisses noires.

Le mâle diffère par le dernier article des antennes qui est crochu et comme lunulé ; le 6e segment de l'abdomen est noir.

G. Gorytes (Saint-Fargeau, Latr.). — Gorytès.

Antennes de la femelle en massue allongée, obtuse, de la longueur de la tête et le prothorax pris ensemble ; antennes du mâle filiformes, plus longues que la tête et le prothorax pris ensemble ; jambes postérieures sans épines.

1. G. Campestris, St-Farg. ; *Vespa campestris*, Lin. — Femelle. Longueur : 10 à 12 mill. — Noire ; antennes de la longueur de la tête et du prothorax pris ensemble ; deux lignes jaunes en forme de chevron brisé sur le haut du chaperon ; prothorax noir avec son bord supérieur jaune ; un point calleux et une tache sous les ailes, jaunes ; abdomen noir : 1er et 2e segments portant sur le bord postérieur une bande jaune un peu ondulée ; les 3e et 4e portent également une bande jaune ondulée, mais celle-ci élargie sur le dos et les côtés.

Le mâle diffère par ses antennes à peine plus longues que la tête et le prothorax pris ensemble ; bande jaune du 4e segment de l'abdomen raccourci sur les côtés.

G. Hoplisus (Saint-Fargeau, *Gorytes ;* Latreille). — Hoplisus.

Antennes de la femelle en massue obtuse, plus courtes que la tête et le prothorax pris ensemble ; celles du mâle allant en grossissant faiblement du 3e article au dernier ; tous leurs articles réniformes ; jambes postérieures pourvues d'épines.

1. H. Quinque-cinctus, St-Farg. ; *Gorytes quinque cinctus*, Vander-Lind. ; Latr. — Longueur : 10 à 12 mill. — Noir ; chaperon jaune ; bord supérieur du prothorax jaune ; point calleux et une tache sous l'aile, jaunes ; bord postérieur des cinq segments de l'abdomen avec une bande jaune.

Le mâle diffère en ce que les six segments de l'abdomen portent chacun à leur bord postérieur une bande jaune.

G. Arpactus (Saint-Fargeau). — Arpactus.

Antennes de la femelle en massue, allongées, pointues, plus courtes que la tête et le prothorax pris ensemble ; antennes du mâle allant en grossissant du 3e au 9e article inclusivement, plus courtes que la tête et le prothorax pris ensemble : ces articles cylindriques ; jambes postérieures pourvues d'épines.

1. A. Lævis, St-Farg. ; *Pomphilus cruentus*, Fab. — Longueur :

femelle, 8 à 9 mill. — Noir ; antennes noires ; mandibules rougeâtres ; chaperon blanc avec deux petits points noirs ; prothorax noir ; sa tranche dorsale rougeâtre ; dos et côtés du mésothorax rougeâtres ; bord postérieur du 1er segment de l'abdomen portant de chaque côté une tache blanche quasi-triangulaire ; bord postérieur du 2e segment portant une bande blanche élargie dans son milieu et sur les côtés ; les quatre pattes antérieures rougeâtres, avec les hanches, la base et le dessus des cuisses noirs ; les deux postérieures noires. — Le mâle diffère par ses antennes jaunes, portant en dessus une ligne noire qui s'affaiblit sur les derniers articles ; derrière des jambes postérieures d'un brun rougeâtre.

G. Mellinus (Latreille). — Melline.

1er segment de l'abdomen aminci à sa base en pédicule, quelquefois séparé du 2e par un étranglement ; jambes et tarses des femelles ciliés et épineux.

1. M. Arvensis, Fab., et **M. Bipunitatus,** Fab. ; *Crabroflavum,* Panz. — Femelle. Longueur : 15 mill. — Tête noire, avec des lignes et des taches jaunes ; antennes noires, le 1er article jaune en dessous ; prothorax noir avec son bord supérieur jaune ; abdomen presque nu ; 1er et 2e segments noirs, ce dernier avec une large bande jaune sur son milieu et deux petits points noirs ; le 3e, noir avec une large bande jaune ; le 4e, noir avec une tache jaune de chaque côté ; le 5e, jaune avec le bord postérieur noir ; dessous de l'abdomen noir ; le 3e segment portant de chaque côté une tache jaune, pattes jaunes, mais les hanches et la base des cuisses noires. — Le mâle diffère par son chaperon entièrement jaune, par la bande jaune du 2e segment de l'abdomen qui est sans points noirs ; le 5e segment est noir, et le 6e jaune. — Les champs, les bois.

G. Cenomus (Jurine). — Cenomus.

1er segment de l'abdomen aminci en pédicule à sa base : aucun d'eux n'ayant d'étranglement ; jambes postérieures lisses.

1. C. Lugubris, Jur. ; *Pemphredon lugubris,* Latr. — Longueur : 11 à 12 mill. — Noir dans toutes ses parties ; et les ailes, transparentes, ont les nervures et la côte noires.

C'est à cette espèce qu'il faut rapporter ces nids ou cellules placées les unes à la suite des autres dans une espèce d'auge creusée par la femelle, soit dans les tiges de ronces ou dans des branches d'autres arbres : ces cellules alimentées par des mouches destinées à la nourriture de leurs larves.

G. Crabro (Latreille). — *Crabro*.

Abdomen de la longueur du prothorax, environ ; hanches des pattes postérieures beaucoup plus courtes que les cuisses : ces dernières et leurs jambes longues ; tarses antérieurs de la femelle ciliés ; leurs jambes postérieures munies de fortes épines ; cuisses et jambes antérieures du mâle de forme ordinaire. — Les espèces de ce genre creusent leurs nids ordinairement dans le bois pourri et les approvisionnent avec des mouches ou autres diptères.

1. C. Cephalotes, Fab. — Femelle. Longueur : 16 mill. — Noire ; partie antérieure de la tête garnie d'un duvet doré ; chaperon tronqué, offrant une dentelure de chaque côté ; mandibules jaunes ; prothorax noir, portant sur sa tranche dorsale une ligne jaune un peu interrompue ; abdomen marqué de bandes jaunes, dont quelques-unes interrompues ; jambes noires ; cuisses jaunes ou roussâtres postérieurement. — Le mâle se distingue plus particulièrement de la femelle par l'anus qui est noir avec une tache jaune de chaque côté. — Commun.

2. C. Lituratus, Panz. ; *C. Zonatus*, Vander-Lind. — Femelle. Longueur : 11 mill. — Noire ; les six segments de l'abdomen d'un noir luisant portant chacun une bande jaune ; les trois premières interrompues, la 6e occupant le segment presqu'en entier ; pattes jaunes ; cuisses et hanches noires ; dessus et dessous des cuisses antérieures jaunes.

3. C. Striatus, St-Farg. et Brullé. — Femelle. Longueur : 16 mill. — Noire ; mandibulles jaunes, leur bout noirâtre ; tranche dorsale du prothorax portant une large bande jaune interrompue ; métathorax fortement strié ; abdomen noir : les quatre premiers segments portant chacun une bande jaune ; le 5e entièrement jaune ; anus d'un roux brun, jaune sur les côtés. — Le mâle diffère par ses mandibules qui sont noires ; toutes les bandes de l'abdomen sont continues et sans échancrures.

G. Solenius (Saint-Fargeau). — *Solenius*

Abdomen de la longueur du prothorax chez les deux sexes ; son 1er segment court ; prothorax épineux sur les côtés ; jambes postérieures des femelles épineuses.

1. S. Lapidarius, St-Farg. et Brullé ; *Crabro vexillatus*, Vender-Lind. — Femelle. Longueur : 11 mill. — Noire ; tout le corps fortement ponctué ; tranche dorsale du prothorax portant une ligne jaune interrompue ; chacun des segments de l'abdomen portant une large bande jaune. Les quatre cuisses antérieures jaunes en dessous et à l'extrémité ; les postérieures noires, avec le bout un peu jaune.

Le mâle diffère par l'anus qui est jaune et bordé de noir ; pattes jaunes ; hanches et trochanters noirs, tachés de jaune.

2. S. Vagus. St-Farg. ; *Sphex Vaga*, Lin. ; *Crabro vagus*, Fab.
— Femelle. Longueur : 11 mill. — Noire ; mandibules jaunes, leur
extrémité noire ; tranche du prothorax portant de chaque côté une
large tache jaune ; ses angles huméraux épineux ; 2e et 4e segments
portant à leur base, de chaque côté, une large tache jaune ; le 5e segment presqu'entièrement jaune ; hanches, trochanters et cuisses noirs,
avec celles-ci un peu de jaune vers l'extrémité ; jambes jaunes, avec
leur partie interne noirâtre.

Le mâle diffère par le 6e segment de l'abdomen, portant à sa base
une bande jaune, sinuée à son bord postérieur.

3. S. Fossorius, St-Farg.; *Sphex fossoria*, Lin. ; *Crabro fossorius*,
Fab. — Longueur : 13 mill. — Noir ; mandibules noires, en partie
jaunes en dessus ; une ligne jaune un peu interrompue sur la tranche
dorsale du prothorax ; métathorax rugueux, portant sur le dos un long
sillon longitudinal, un peu interrompu vers le milieu ; tous les segments de l'abdomen portant de chaque côté une tache ovale jaune,
assez petite ; celles du deuxième, les plus grandes de toutes ; jambes
antérieures jaunes, avec une tache noire en dedans ; mais les hanches,
les trochanters et la base des cuisses noires ; jambes postérieures
jaunes, avec une petite tache noire à l'extrémité.

G. Blepharipus (Saint-Fargeau). — *Blépharipus.*

Abdomen de la longueur environ du prothorax, celui-ci mutique ; cuisses antérieures des mâles munies d'une dent à leur partie inférieure ;
antennes des mâles filiformes, garnies en dessous d'une frange de poils
à partir du 3e jusqu'au dernier article.

1. B. Signatus, St-Farg.; *Crabro signatus*, Panz.; *Crabro dimidiatus*, Fab. — Femelle. Longueur : 10 à 11 mill. — Tête noire ; mandibules jaunes à la base ; antennes noires ; 1er article jaune, ainsi que
la base du 2e et une portion de la partie supérieure du 3e ; prothorax
noir, sa tranche dorsale portant une large ligne jaune, à peine interrompue ; abdomen d'un roux noirâtre ; 1er segment jaune, avec une
tache irrégulière, d'un brun noirâtre ; 2e segment avec une petite tache
jaune de chaque côté ; le 3e avec une grande tache jaune dans son milieu ; les 4e et 5e avec une large bande jaune échancrée en avant ;
anus jaune, le bout roux.

MALE. — Longueur : 10 mill. — Abdomen noir ; 4e segment
avec une tache jaune ovale de chaque côté ; le 5e noir, le 6e et l'anus
noirs.

G. Ceratocolus (Saint-Fargeau). — *Ceratocolus.*

Prothorax anguleux sur les côtés ; abdomen de la longueur environ
du prothorax ; son 1er segment court ; jambes postérieures des femelles
épineuses.

1. C. Philanthoides, St-Farg.; *Crabro philanthoides*, Panz.; *Crabro subterraneus*, Fab. — Femelle. Longueur : 12 mill. — Noir; ponctué; prothorax ridé longitudinalement, sa tranche dorsale portant de chaque côté une tache jaune; les quatre premiers segments de l'abdomen portent de chaque côté une tache jaune ovale; le 5e segment avec une bande jaune, fortement échancrée à sa partie antérieure; anus noir, garni en dessus d'un duvet soyeux.

Le mâle diffère par le 5e segment de l'abdomen qui porte sur son milieu une bande jaune continue, le 6e ayant une bande jaune fort étroite dans son milieu.

G. Thyreopus (Saint-Fargeau). — *Thyréopus*.

Abdomen plus long que le prothorax; son 1er segment allongé; prothorax anguleux; cuisses antérieures des mâles courtes et difformes; leurs jambes élargies à leur côté extérieur en un appendice scutiforme; antennes fortement élargies dans leur milieu, de 13 articles apparents.

1. T. Cribrarius, St-Farg.; *Crabro cribrarius*, Fab.; *Sphex cribraria*, Lin. — Femelle. Longueur : 16 mill. — Noire; antennes de cette couleur, le 1er article quelquefois taché de jaune à son extrémité; prothorax tacheté de jaune, sa tranche dorsale porte une ligne un peu interrompue, de cette couleur; métathorax rugueux, divisé en deux parties par un sillon longitudinal; le 1er et le 4e segment de l'abdomen portant chacun une bande jaune, le 2e et le 3e avec une tache jaune de chaque côté, le 5e presque entièrement jaune; anus noir, mais un peu roux au bout.

MALE. — Longueur : 13 mill. — Antennes entièrement noires; 3e, 4e, 5e et 6e articles garnis en-dessous d'une frange assez longue; 6e segment de l'abdomen et anus presque entièrement jaunes; la partie des jambes antérieures, élargie en cuiller et de couleur noire, mais d'une teinte laiteuse à sa base, est criblée de points transparents, bordés de jaune, et leurs tarses sont dilatés et comme pectinés à leur base externe. — Commun.

2. T. Patellatus, St-Farg.; *Crabro dentipes*, et *Cr. patellatus*, Panz.; *Crabro peltatus*, Fab. — Longueur : 13 mill. — Cette espèce a de grands rapports avec la précédente, et n'en diffère essentiellement que par son prothorax noir qui est sans taches jaunes.

G. Crossocerus (Saint-Fargeau). — *Crossocérus*.

Abdomen de la longueur, environ, du prothorax, lequel est un peu anguleux sur les côtés. Hanches des pattes postérieures beaucoup plus courtes que les cuisses : ces dernières et leurs jambes, non renflées.

1. C. Leucostoma, St-Farg. et Brul.; *Pemphredon*, Id.; Fab.; *Sphex leucostoma*, Lin. — Longueur : 9 à 10 mill. — Noire; tête noire; chaperon couvert de duvet argenté; bord postérieur des segments de l'abdomen roussâtre, de même que le bout de l'anus. — Forêt de Fontevrault. Rare.

FAMILLE DES NON-FOUISSEURS OU PHYTOPHAGES PARASITES.

Mâles et femelles ailés; pas de neutres; femelles munies d'un aiguillon; pieds de derrière de celle-ci impropres à ramasser le pollen des fleurs.

Insectes incapables de se construire des nids, vivant, à l'état de larve, aux dépens des provisions amassées pour les larves des mellifères. Pour arriver à ce résultat, la femelle des non-fouisseurs s'introduit en reculons dans le nid des mellifères, puis y dépose un œuf près des provisions dont il vient d'être question.

Tribu des Psithyrides.

La tribu des Psithyrides, qui ne comprend que le genre *Psithyrus*, a pour caractère d'avoir la langue cylindrique et fort longue, les articles des palpes maxillaires en forme d'écailles elliptiques, les deux derniers articles des palpes labiaux rejetés sur le côté extérieur, les mandibules tronquées et arrondies et les jambes postérieures des femelles dénuées de palettes propres à recueillir le pollen des fleurs.

Les insectes de cette tribu sont, à l'état de larve, parasites des *Bombus*; et, chose remarquable, c'est que chaque espèce de Psithyrus porte la livrée de l'espèce de Bombus qui doit fournir la pâtée nécessaire à l'alimentation de la larve de son espèce.

G. Psithyrus (Saint-Fargeau).

1. P. Rupestris, St-Farg. — Longueur : 23 à 24 mill. — Noir, mais les deux derniers segments de l'abdomen roux, et presqu'entièrement teintés de noirâtre; pattes noires avec les tarses roux.—Cette description peut tout aussi bien se rapporter au Bombus lapidarius dont le Psithyrus est le parasite.

Cette espèce, qui est commune, présente plusieurs variétés.

2. P. Vestalis, Ann. — Longueur : 20 à 21 mill. — Noir; mais le devant et l'extrémité postérieure du prothorax avec des poils jaunes; abdomen, d'abord noir, ensuite jaune et blanc; anus roux; pieds noirs, tarses roux. Ressemble beaucoup au Bombus hortorum, dont il est le parasite. Cette espèce aussi répandue que la précédente, présente comme elle un certain nombre de variétés.

3. P. Campestris, St-Farg. — Longueur : 20 mill. — Noir; avec le thorax varié de jaune; le 3e segment de l'abdomen ordinairement marginé de jaune; le 4e et le 5e jaunes; l'anus roux; pieds noirs; tarses roux et noirs.

Cette espèce qui présente un certain nombre de variétés, a quelque ressemblance avec le Bombus campestris, dont il porte le nom.

Tribu des Melectites.

Mandibules étroites, unidentées ; antennes filiformes, brisées ; corps gros et court ; abdomen comme cordiforme ; ocelles disposés presque en ligne tranversale.

G. Melecta (Latreille). — *Mélecte.*

Palpes maxillaires de 6 articles, les labiaux de 4 ; écusson élevé, prolongé, bidenté sur les côtés, non tuberculé sur le milieu ; épines des jambes intermédiaires, fortes, simples ; crochets des tarses bifides, renflés à leur base. La femelle, seule, est armée d'un aiguillon.

Les insectes de ce genre sont les parasites des *Anthophora* et des *Megachile.*

1. M. Punctata, Latr. ; Fab. — Longueur : 13 à 14 mill. — Noir ; quelques poils noirs sur la tête ; mais la face, le front et sa partie postérieure sont garnis de poils blancs ; sur le prothorax des poils blanchâtres ; abdomen, 1er segment garni de chaque côté d'une touffe de poils hérissés d'un blanc de neige ; de chaque côté des trois suivants, une petite tache de poils couchés de la même couleur ; une tache de poils couchés d'un blanc de neige à la base de chacune des jambes. — Le mâle est moins grand que la femelle. — Commun.

2. M. Armata, St-Farg. ; *Andrena armata*, Panz. — Longueur : 13 à 14 mill. — Noir ; poils de la tête d'un roux cendré, ceux de la face blancs ; poils du prothorax d'un roux cendré ; l'écusson, avec quelques poils noirs, porte deux petites dents ; la base du 1er segment de l'abdomen porte des poils d'un roux cendré ainsi qu'un faisceau de poils blancs sur les côtés ; un pareil faisceau sur les côtés du 2e ; les 3e et 4e ont chacun, sur les côtés, un point rond d'un roux cendré et plus ou moins apparent ; anus sans tache ; les quatre jambes postérieures avec une tache blanchâtre ; mais chez les mâles les quatre jambes postérieures sont presque entièrement garnies de poils couchés, blancs.

3. M. Mediana-maculata, Nob. — Longueur : 13 à 14 mill. — Noir ; tête de cette couleur, avec, le plus ordinairement, des poils blancs sur la face ; prothorax couvert, sur sa partie antérieure, de poils blanchâtres ; base du prothorax et tout l'abdomen d'un noir foncé ; sans taches ; toutes les pattes noires, avec les tarses d'un brun roussâtre ; sur le dessus des jambes intermédiaires seulement, une tache en carré long, d'un blanc jaunâtre. — N'est pas rare aux environs d'Angers.

G. Epeolus (Latreille). — *Epéole.*

Palpes maxillaires d'un seul article, les labiaux de 4 ; écusson élevé portant une épine de chaque côté, ainsi que deux tubercules sur ces côtés ; épines des jambes intermédiaires et postérieures simples ; ocelles disposés en ligne courbe.

Les espèces de ce genre sont les parasites des *Anthophora* et des *Osmia*:

1. E. Variegatus. Lat.; *Nomada variegata*, Panz. — Longueur : 8 à 9 mill. — Noir ; face de la tête garnie de poils blancs argentés ; prothorax portant de chaque côté une ligne blanche ; mésothorax avec quatre lignes blanches ; écusson trilobé ; métathorax varié de blanc ; abdomen noir en dessus, taché de blanc sur tous ses segments (1) ; anus ferrugineux comme le dessous de l'abdomen.

G. Nomada (Latreille). — *Nomade*.

Palpes maxillaires de 6 articles, les labiaux de 4 ; écusson élevé portant deux tubercules sur le milieu ; corps plus allongé que dans les genres précédents et comme en ovale très-allongé ; épines des jambes simples ; ocelles disposés en triangle sur les vertex.

On rencontre souvent ces insectes volant très-bas en rasant la terre, les femelles cherchant à découvrir les nids des *Andrena*, dont cette espèce est la parasite.

1. N. Pusilla, Vander-Lind.; St-Farg. — Longueur : 7 mill. — Tête noire ; bouche ferrugineuse ; prothorax noir, tubercule huméral ferrugineux ; écusson noir, ses tubercules ferrugineux ; abdomen et pattes ferrugineux. — Les environs d'Angers.

2. N. Succincta, Encycl.; Panz.; St-Farg. — Femelle. Longueur : 13 mill. — Tête noire avec des taches jaunes ; prothorax noir, marqué d'une bande jaune ; tubercule huméral de cette couleur, ainsi qu'une tache oblongue de chaque côté du métathorax ; écusson noir, ses tubercules jaunes ; abdomen noir, avec une bande jaune sur ses cinq premiers segments ; anus noir ; pattes jaunes avec la base des cuisses noire ou ferrugineuse. — Le mâle diffère par le 6ᵉ segment de l'abdomen qui est jaune.

3. N. Germanica, Fab.; *Apis ferruginea*, Kirb. — Longueur : 9 à 10 mill. — Tête noire, ses poils d'un blanc argentin ; antennes ou ferrugineuses ou bien noires en dessus et ferrugineuses en dessous ou seulement ferrugineuses vers la base ; prothorax noir, ses poils d'un blanc argentin ; abdomen ferrugineux en dessus ; tous les segments, portant de chaque côté des poils couchés argentins ; le 1ᵉʳ est noir à sa base, et l'anus est noirâtre ; pattes ferrugineuses ; mais les hanches et la majeure partie des cuisses noires.

4. N. Jacobeæ, Encycl.; *Apis jacobeæ*, Kirb. — Longueur : 12 à 13 mill. — Tête noire et ferrugineuse ; ses poils blancs ; antennes ferrugineuses ; prothorax noir avec une bande jaune ; tubercule huméral de cette couleur ; écusson noir, avec une tache jaune sur chacun de ses tubercules ; abdomen noir en dessus, portant des bandes jaunes,

(1) La couleur blanche, dans cette espèce, est due à des poils courts, blancs et couchés.

plus ou moins bordés de ferrugineux pâle ; dessous de l'abdomen ferrugineux, avec deux bandes jaunes irrégulières sur la base des 3e et 4e segments ; pattes ferrugineuses ; base des hanches et dessous des deux cuisses postérieures noirs.

5. N. Flava, Fab. — Femelle. Longueur : 10 à 11 mill. — Tête noire, ses poils d'un roux pâle ; mais la bouche, les joues et le tour des yeux sont de couleur ferrugineuse ; antennes de cette dernière couleur ; prothorax occupé par une bande jaune ; dessus de l'abdomen ferrugineux : son 1er segment ayant sa base noirâtre, puis vient une bande d'un jaune ferrugineux ; le 2e et le 3e portent chacun une bande jaune à peine interrompue ; le 4e, une bande de cette couleur, et le 5e est entièrement jaune ; anus ferrugineux ; pattes ferrugineuses, avec la base des cuisses noires. — Le mâle diffère par les 3e, 4e, 5e et 6e segments de l'abdomen portant à leur base une bande continue jaune.

6. N. Varia, Encycl.; Panz.; St-Farg. — Longueur : 13 mill. — Tête noire; ses poils gris et ferrugineux ; bouche et joues de couleur jaune ; antennes ferrugineuses, légèrement tachées de noir en dessous; tubercule huméral de couleur jaune ; dessus de l'abdomen d'un brun ferrugineux ; base du 1er segment noirâtre, avec une bande ferrugineuse, mêlée de teintes jaunes ; le 4e porte une bande jaune ; dessous de l'abdomen ferrugineux et taché de jaune. — Le mâle n'a qu'un seul point sur l'écusson, mais jaune ; et le 6e segment de l'abdomen est aussi de cette couleur.

7. N. Ruficornis, Fab.; *Apis ruficornis*, Lin. — Longueur : 13 mill. — Tête noire; mais la bouche, le chaperon, une tache sur la face et le tour des yeux de couleur ferrugineuse; antennes de cette couleur; quatre lignes longitudinales ferrugineuses sur le dos du prothorax ; tubercule huméral, une petite tache sous les ailes et plusieurs taches sur le métathorax, de couleur ferrugineuse; 1er segment de l'abdomen de cette couleur, avec sa base et son bord supérieur noirâtres ; les autres segments, en grande partie de couleur jaune, sont, en outre, plus ou moins ombrés de couleur ferrugineuse et terminés par une bordure noire ou noirâtre; anus ferrugineux; dessous de l'abdomen ferrugineux, avec les segments bordés de noirâtre; pattes ferrugineuses, avec la base des hanches noirâtre. — Commun aux environs d'Angers.

G. Ceratina (Latreille). — *Cératine.*

Palpes maxillaires de 6 articles, les labiaux de 3; écusson élevé, mutique; corps plus allongé que dans la plupart des genres précédents; épines des jambes intermédiaires et postérieures simples; ocelles disposés en triangles sur le vertex. Insectes parasites des *Osmia.*

1. C. Albilabris, Encycl., Latr.; *Prosopis albilabris*, Fab. — Femelle. Longueur : 8 à 10 mill. — Tête noire; tache blanche, comme linéaire, sur le chaperon; antennes, prothorax et abdomen noirs; anus grand, terminé en une pointe saillante; pattes noires, leurs poils cendrés, avec une petite tache blanche à la base des jambes, surtout des postérieures. — Le mâle diffère par son chaperon entièrement blanc, ainsi que par une petite tache de même couleur sur le lâbre ; anus court, tronqué postérieurement.

G. Cœlioxys (Latreille). — *Cœlioxys.*

Palpes maxillaires de 2 articles, les labiaux de 4 ; écusson élevé, portant une dent de chaque côté.

NOTA. — Ce genre fait partie de la tribu des *Philérémides*, de Saint-Fargeau.

1. C. Conica, Latr.; *Apis conica*, Kirb.; *Anthophora conica*, Fab., et *quadridenta*, Fab. — Femelle. Longueur : 10 mill. — Tête et prothorax noirs ; leurs poils cendrés ; écusson anguleux dans son milieu, avec une épine assez longue de chaque côté et un peu courbe; abdomen conique noir, presque nu ; 1er segment, portant de chaque côté une tache triangulaire blanche, formée de poils couchés ; les 2e, 3e, 4e et 5e segments portant chacun à leur bord postérieur une bande continue blanche, de même nature; le dessous des cinq premiers segments portent chacun à leur bord postérieur une bande semblable; pattes noires; leurs poils blanchâtres. — Le mâle, long de 10 mill., diffère par sa face garnie de poils blanchâtres; le 1er segment de l'abdomen, outre les taches latérales, porte une bande continue blanche, comme sur les suivants; le 6e segment est armé de quatre épines, les latérales simples, les médianes bidentées. — Cette espèce, qui est commune, est parasite des *Osmia* et des *Megachile.*

Tribu des Prosopites.

Mandibules sans dents ou échancrées seulement au bout ; abdomen cylindrique.

G. Prosopis (Fabricius). — *Prosopis.*

Palpes maxillaires de 6 articles, les labiaux de 4 ; écusson un peu convexe, mutique ; ocelles disposés en triangle sur le vertex. — Insectes parasites des Collètes.

1. P. Signata, Encycl.; *P. annulata*, Fab.; *Apis annulata*, Lin. — Longueur : 9 à 10 mill. — Tête noire; joues d'un jaune pâle ; prothorax, avec une bande plus ou moins interrompue au milieu, d'un blanc jaunâtre; abdomen noir ; bord latéral postérieur du 2e segment portant une ligne de poils couchés blancs; pattes noires; le devant des jambes antérieures ordinairement d'un blanc jaunâtre ; les autres noires ou bien marquées d'un anneau ou d'un point blanc. — Commune.

G. Sphecodes (Latreille). — *Sphécodès.*

Ce genre, qui diffère peu des précédents, fait partie de la tribu des Rhathymites de Saint-Fargeau.

1. S. Gibbus, Vander-Lind.; *Nomada gibba,* Fab.; *Sphecodes rufiventris,* Latr. — Longueur : 12 à 13 mill. — Tête et prothorax noirs, leurs poils gris ; abdomen ferrugineux ; 5e segment et anus noirs, leurs poils gris; pattes noires, leurs poils gris. — Commun.

FAMILLE DES DIPLOPTÈRES.

Ailes supérieures doublées longitudinalement dans le repos. Cette famille, pour nos contrées, comprend deux tribus bien distinctes, celles des Odmérides et des Guépiaires.

Tribu des Odmérides.

Insectes ayant pour caractère d'avoir les mandibules plus longues que larges et le chaperon cordiforme ; l'espèce se compose du mâle et de la femelle seulement, se construisant des nids en terre ramollie et gâchée, dans laquelle la femelle place, avec ses œufs, les cadavres de chenilles ou autres insectes qui doivent nourrir les larves qui en proviendront.

G. Eumenes (Latreille). — *Eumène.*

Palpes glabres, les labiaux ayant leurs deux premiers articles d'égale longueur entre eux ; les maxillaires à peu près de la longueur des mâchoires. 1er segment de l'abdomen aminci en pétiole; le 2e dilaté subitement en cloche.

1. E. Olivieri, Vander-Lind.; *Vespa infundibuliformis,* Oliv., Encycl. — Longueur : 38 à 40 mill. — Dessus du prothorax jaune, ainsi qu'une grande tache de cette couleur au-dessous de l'aile; pétiole ou 1er segment de l'abdomen noir depuis sa base jusqu'au milieu de sa longueur, ferrugineux au reste, et portant une tache ovale noire; 2e segment jaune, avec une bande noire sur son milieu; les 3e, 4e et 5e, jaunes, avec la base noire ; pattes ferrugineuses, avec la base des hanches noires; ailes rousses. — Cette très-grande espèce a été prise aux environs d'Angers par M. Saint-Fargeau fils. — Rare.

2. E. Pomiformis, Fab.; *Vespa pomiformis,* Panz. — Longueur : 15 à 25 mill. — Cette espèce est tellement variable, que l'on peut, dit M. Saint-Fargeau, « ne regarder que comme des variétés femelles de

» cette espèce les individus figurés sous les noms suivants : *Vespa po-*
» *miformis*, Panz. *Faun. Germ.*, 63, f. 7; *Vespa pedunculata*, ejusdem,
» f. 8; *Vespa dumetorum*, ejusdem, f. 4, et *Vespa arbustorum*, ejus-
» dem, f. 5. Probablement aussi les *Eumenes atricornis*, Fab., Syst.
» Piez., p. 289, n° 17, et *Eumenes lunulata*, Fab., p. 292, n° 20, se
» rapportent à la même espèce; et comme des mâles du *Vespa coro-*
» *nata*, Panz., et du *Vespa coarctata*, Panz., ainsi que de l'*Eumenes*
» *coarctatus*, Fab. »

Les choses étant ainsi, nous nous bornerons donc à indiquer la
variété de cette espèce que l'on rencontre le plus habituellement dans
nos contrées, et dont voici, d'ailleurs, les principaux caractères :

Tête noire, la face marquée d'un trait jaune, variable dans sa forme
et qui se prolonge en un point de même couleur entre les antennes ;
prothorax à peine velu, noir, avec deux points et deux taches jaunes, ces
dernières contiguës; 2e segment de l'abdomen renflé pyriforme, jaune,
avec une très-large tache irrégulière noire, laissant voir de chaque côté
une tache angulaire jaune; les segments suivants, très-rapprochés, sont
jaunes et bordés de noir ; pattes jaunes, avec les tarses et la majeure
partie des cuisses noirs ; ailes roussâtres. — Cette espèce, qui est assez
commune et qu'on rencontre souvent à terre, sur les sentiers battus,
construit, ordinairement sur les murs, avec de la terre plus ou moins
argileuse, des nids sphériques de 11 à 12 mill. environ de diamètre, dans
chacun desquels la femelle dépose un œuf, ainsi que la provision
nécessaire à la larve qui en proviendra. — M. E. Blanchard, dans son
admirable ouvrage, ayant pour titre : *Métamorphoses, mœurs et instinct
des Insectes*, p. 403, donne la fig. de plusieurs individus de cette espèce,
ainsi que de leurs nids.

G. Odynerus (Latreille). — *Odynère*.

Palpes maxillaires longs ; 2e et 3e articles des palpes labiaux, portant
intérieurement, vers le bout, un poil arqué spinuliforme ; 1er segment
de l'abdomen campanuliforme, un peu rétréci, ainsi que le 2e à sa
jonction.

1. O. Parietum, Lin.; *Vespa quadrata*, Panz.; *Vespa emarginata*,
Fab. — Longueur : 12 à 14 mill. — Tête noire, velue, ses poils roux ;
prothorax noir, avec une bande jaune sur la partie antérieure ; une
tache jaune sous les ailes ; abdomen noir, presque nu, ayant le bord
postérieur de chacun des segments marqué d'une bande jaune, celle du
1er très-large, échancrée en carré sur le dos, celles des 4 autres
assez régulières ; anus noir, avec une tache jaune en dessus ; hanches
noires, cuisses de cette couleur avec le bout jaune ; jambes jaunes,
avec une petite ligne noire en dessus ; tarses d'un jaune ferrugineux.
— Le mâle diffère par l'absence du point jaune sous les ailes, ainsi que
par le bord postérieur du 6e segment de l'abdomen qui porte une bande
jaune.

Cette espèce, qui varie beaucoup et n'est pas rare, creuse en terre,
sur les talus endurcis ou autres lieux, des trous et des nids surmontés

chacun d'un tube ou cheminée ; la femelle y dépose un œuf, puis une larve, ordinairement de charançonite et maçonne ensuite l'ouverture avec de la terre.

Tribu des Guépiaires (Vespides ou Polistides).

Insectes ayant pour caractères d'avoir les mandibules courtes, tronquées et le chaperon presque carré. L'espèce se compose : du mâle, de la femelle et des ouvrières, tous également pourvus d'ailes, vivant en société plus ou moins nombreuse et se construisant des nids ou guêpiers en matière papyracée. La femelle et les ouvrières sont chargées seules de ces travaux, employant, pour y parvenir, soit des fibrilles de bois mort avec un commencement de décomposition, pour certaines espèces ; soit l'écorce tendre d'arbres vivants, employée seulement par la guêpe frêlon, qu'elles détachent en lanières avec ses mandibules , et comme cela se fait remarquer fréquemment sur des jeunes branches de frêne, arbre qu'elles préfèrent à tous autres.

Ces nids sont placés soit dans des trous, en terre, soit dans le tronc des arbres creux, ou bien exposés à l'air libre.

La nourriture des insectes de cette tribu se compose en partie des sucs doux, sucrés ou miellés que fournissent certains végétaux, soit par le miel de leurs fleurs, la chair sucrée de leurs fruits ainsi que la sève ou cambium que répand l'écorchure des arbres. Mais à défaut de cette nourriture succulente, certains insectes, et plus particulièrement de l'ordre des Diptères, deviennent les auxiliaires de leur nourriture, non-seulement dont se repaissent les adultes , mais encore leurs larves alimentées ainsi par leur mère ou l'ouvrière. Les guêpes sont tellement avides de la chair des animaux, qu'il n'est pas rare de les voir dans les abattoirs, les boucheries, couper et emporter des morceaux de chair, dont elles se saisissent sans crainte, mais non pas sans reproche de la part du boucher, qui les poursuit et les chasse, mais toujours trop tard de son étalage.

Deux genres seulement pour nos contrées font partie de cette tribu : les genres *Vespa* et *Polistes.*

G. **Vespa** (Linné ; *Guêpe,* Réaumur).

Mandibules aussi longues que larges, dentées à leur extrémité : 1re dent très-courte, obtuse, fort éloignée des autres ; 2e dent beaucoup plus large que les deux inférieures placées sur une seule base. Abdomen sessile, coupé droit à sa partie antérieure et du diamètre du 2e segment à sa base.

Ce genre se compose de mâles, de femelles et d'ouvrières, vivant en société plus ou moins nombreuse ; les mâles seuls sont privés d'aiguillon.

Les femelles déposent leurs œufs au fond des cellules d'un guêpier construit par elles et les ouvrières. Ce guêpier, façonné en matière papyracée, est placé dans des lieux qui varient selon l'espèce à laquelle il appartient.

1. V. Crabro, Fab.; Lin.; vulg[t] *Guêpe frelon*. — Femelle. Longueur : 32 mill.; M. et O. 25 mill. — Tête ferrugineuse, variée de jaune ; prothorax ferrugineux : 1er segment de l'abdomen ferrugineux, portant une ligne jaune sur son bord postérieur ; les autres segments, sur un fond jaune, portent, pour la plupart, savoir : sur le 2e, une large bande tridentée, d'un brun roux ; le 3e et le 4e sont bordés de noir, d'où partent deux dents brunâtres ; les derniers sont jaunes sans taches.

Le mâle diffère de la femelle par les 3e et 4e segments de l'abdomen qui ne présente que l'extrémité des trois dents, qui chez la femelle font partie de larges bandes brunes.

Les ouvrières, de la taille du mâle, ont la tête entièrement ferrugineuse, de même que la base des 3e et 4e segments, mais sans dents ou dentelures.

Cette espèce place son nid ou guêpier dans le creux des vieux arbres, dont elle sait réduire l'ouverture, ordinairement trop grande ; ou bien dans certains trous de vieux murs. Elle le suspend aussi aux chevrons ou solives des greniers peu fréquentés. La population des nids ou guêpiers de cette espèce, varie en raison de sa grosseur, qui atteint quelquefois plus de 30 centimètres de diamètre , et se compose de deux à trois cents individus, et fort souvent d'un plus grand nombre.

Les femelles et les ouvrières étant armées d'un aiguillon puissant, il est prudent de n'approcher de leurs guêpiers, qu'avec beaucoup de circonspection ; car ces animaux, naturellement défiants et forts de leurs armes, se jettent, même sans provocation, sur les personnes qui les approchent de trop près en leur enfonçant dans la chair leur aiguillon envenimé. L'alcali volatil affaibli, répandu sur la piqûre, neutralise plus ou moins promptement la douleur. A défaut d'alcali, le mortier de chaux, appliqué sur la piqûre des insectes de ce genre comme sur celle des abeilles, etc., atteint le même but.

2. V. Vulgaris, Fab. ; Panz. — Femelle. Longueur : de 29 à 30 mill. — Tête jaune, tachée de noir ; prothorax noir, bordé de jaune antérieurement, ainsi que le long des épaulettes; une tache jaune sous les ailes ; écusson et porte-écusson avec une ligne jaune ; segments de l'abdomen noirs à la base, jaunes postérieurement ; cette dernière couleur avec un point noir de chaque côté, isolé ou confluent avec le noir de la base des segments ; pattes jaunes, avec les cuisses en partie noires.

L'ouvrière, longue de 18 à 19 mill., diffère de la femelle par une tache jaune située de chaque côté du métathorax.

Le mâle, long de 23 à 24 mill., diffère en outre de la femelle par le dessous du premier article des antennes qui est jaune.

Cette espèce, qui est très-commune, et dont la population de chaque guêpier est des plus nombreuse, place son nid dans la terre, sous le gazon, dans les champs, les jardins, etc.

3. V. Geeri, Vander-Lind. ; St-Farg. (*V. Media*) ; Oliv. — Femelle. Longueur : 25 mill. — Tête d'un jaune roussâtre ; région des ocelles brune ; antennes brunes en dessus, le 3e article entier et le dessous des autres jaunes ; prothorax noirâtre, avec les épaulettes,

l'écusson et le porte-écusson, une large bande sur le dos, se bifurquant antérieurement, et une petite tache sous les ailes, d'un jaune roussâtre ; les trois premiers segments de l'abdomen noirâtres à leur base, d'un jaune roussâtre au reste ; les autres segments et l'anus sont jaunes, mais les 2e, 3e et 4e segments portent de chaque côté un point brun ; dessous de l'abdomen en partie d'un jaune roussâtre ; pattes d'un roux clair.

OUVRIÈRE. — Longueur : 20 mill. — Antennes entièrement noires en dessus ; les parties rousses chez la femelle sont ici jaunes, et les parties brunes, sont noires ; base des cuisses et un point sur le chaperon, noirs.

MALE. — De la longueur de l'ouvrière environ. — Antennes noires, le 1er article seul jaune en dessous ; base de tous les segments de l'abdomen et l'anus noirs, avec le bord des mêmes segments jaune : ces deux couleurs se joignant par une ligne sinuée, excepté celle du premier qui est droite.

Cette espèce, qui est rare ou qu'on rencontre peu souvent parce qu'elle habite les bois et les forêts, attache son nid ou guépier pyriforme, qu'elle fixe par le gros bout, ordinairement aux grosses branches des arbres, ou qu'elle suspend sous tous autres corps.

4. V. Holsatica, Fab. ; *Guêpe du Holstein.* Moins grande que la précédente ; Latreille l'a décrit ainsi dans les *Annales du Muséum d'histoire naturelle,* cah. IV : « Noire ; une ligne à chaque épaule, » deux taches à l'écusson, jaunes ; abdomen jaune, avec une bande » noire transversale à la base des anneaux ; des poils noirs contigus » au bord postérieur des premières bandes. »

Nous avons rencontré plusieurs fois cette espèce butinant sur les fleurs du *sium nodiflorum,* Lin., ombellifère qui croit en abondance dans le ruisseau d'un pré dépendant de la métairie de l'Abbaye, commune de Thorigné, commune qui nous avait déjà fourni son nid ou guépier, de forme quasi globuleuse, du diamètre d'un œuf de poule, et qui se trouvait suspendu, l'ouverture en bas, sous l'entablement d'une croisée. Ce nid, construit en matière papyracée, était recouvert en partie d'une calotte semi-enveloppante, de même nature, non adhérente au nid, si ce n'est par son point d'attache. — Rare.

G. Polistes (Latreille ; Fabricius). — *Poliste.*

Mandibules dentées ; la 1re dent fort rapprochée des autres, courte, obtuse, les trois autres égales entre elles et également espacées ; abdomen sans pédicule distinct ; son premier segment dilaté en cloche dès sa base et un peu rétréci à sa jonction avec le second.

Leurs nids, de couleur grise, et construits en matière papyracée comme ceux des guêpes souterraines, se composent d'un nombre variable d'alvéoles formant, par leur réunion, ordinairement un seul gâteau placé verticalement. Ces nids, à découverts, sont fixés soit à des tiges d'arbrisseaux, soit à la paroi des murs, et de manière que l'ouverture des cellules se trouve à l'est.

1. P. Gallica, Fab.; Panz.; St-Farg. — Longueur : 22 à 23 mill.
— Noir, avec des taches et des lignes jaunes sur la tête; thorax et
prothorax avec des taches et des lignes de même couleur; antennes
jaunes, les trois premiers articles portant, en dessus, une ligne noire;
abdomen noir, avec le bord inférieur des segments jaune ; pattes.
jaunes, mais les hanches et les deux tiers des cuisses noirs. — Les
ouvrières sont semblables à la femelle, et le mâle en diffère par les
hanches et les cuisses qui sont noires en dessus. — Très-commun.

2. F. Geoffroyi, Serv. et St-Farg.; Geoff., t. II, p. 374, n° 5. —
Femelle. Longueur : 12 à 14 mill. — Tête noire, tachée de jaune ;
antennes noires en dessus, d'un jaune fauve en dessous; thorax et
prothorax noirs, avec des lignes et des points jaunes au nombre de
15 ; abdomen noir, tous ses segments bordés antérieurement par une
ligne jaune transversale, et le second, seulement, montre un point ou
petite tache latérale, allongée, jaune, sur la partie noire, qui est plus
étendue que sur les autres segments; hanches et cuisses noires, ces
dernières avec le bout jaune ; les pattes sont de cette dernière couleur.
Le mâle est marqué d'une tache jaune latérale sur le premier segment seulement de l'abdomen.
L'ouvrière est semblable à la femelle.

3. P. Diadema, Latr.; St-Farg. — De la taille ou un peu plus
grand que le précédent. — Noir, avec des taches et des lignes jaunes
sur la tête, le thorax et le prothorax, et au reste comme chez l'espèce
précédente ; mais tous les segments de l'abdomen sont bordés de
jaune, et le 2e, sur la partie noire, est marqué de chaque côté d'un
point jaune. — Le mâle diffère par les derniers articles des antennes
qui sont entièrement jaunes.

FAMILLE DES MELLIFÈRES.

Cette grande et nombreuse famille se distingue des autres hyménoptères porte-aiguillon, par le premier article du tarse des pattes
postérieures, très-grand et propre à rassembler le pollen des fleurs,
dont ces insectes, à l'état parfait, font leur nourriture, mais accompagné de miel pour la nourriture des larves.
Elle est séparée d'abord en deux principales divisions, savoir :
1° en APIAIRES SOLITAIRES, composées du mâle et de la femelle seulement ; 2° en APIAIRES SOCIALES, composées des mâles, des femelles et
des ouvrières ; puis par tribus, et ensuite par genres et espèces.

§ 1er. APIAIRES SOLITAIRES.

Dans cette division, l'espèce se compose de la femelle et du mâle
seulement : point d'ouvrières.
La femelle seule pourvoit à la conservation de sa postérité, soit en
découvrant ou en confectionnant les nids ainsi que les cellules qui les

garnissent. Les cellules, dont la forme est celle d'un dé à coudre, reçoivent la pâtée composée de pollen et de miel des fleurs que la femelle seule confectionne et dépose au fond de chaque alvéole, ainsi que l'œuf, dont la larve qui en proviendra, trouvera naturellement sa nourriture. Après la ponte, la femelle ferme l'ouverture de chaque cellule.

Tribu des *Anthophorites*.

Cette tribu fait partie aussi de la famille des *Podilégides* de M. de Saint-Fargeau, qui le caractérise ainsi : *Jambes postérieures munies d'une palette ; 1er article de leurs tarses, portant aussi en dessus une palette et en dessous une brosse.* — Les Anthophorites se distinguent en outre par leur langue quasi cylindrique, garnie de poils vers l'extrémité, leurs mandibules étroites, pointues et munies d'une dent au côté interne. Les jambes postérieures des femelles, tant en dessus qu'en dessous, ainsi que le 1er article de leurs tarses, sont munis de longs poils pour la récolte du pollen : ce 1er article, en outre, est garni en dessous d'une brosse. Chaque nid reçoit un certain nombre de cellules, qui, toutes, sont placées bout à bout.

G. Anthophora (Latreille). — *Anthophore.*

Antennes filiformes, de la longueur de la moitié du corps, environ ; palpes maxillaires de 6 articles ; épines des jambes postérieures, simples, les crochets des tarses sont bifides ; ocelles placés en triangle.

Les Anthophores font leur nid dans la terre qu'ils creusent pour cet effet, ou bien dans des trous de vieux murs qu'ils approprient avant d'y construire leurs cellules ; et c'est dans un grand nombre d'espèces de fleurs, mais de préférence dans celles à corole tubulée, que les Anthophores vont chercher le miel indispensable.

1. A. Pilipes, Encycl. ; *Megilla pilipes*, Fab. ; *Anthophora hirsuta*, Latr. — Femelle. Longueur : 15 mill. — Noire ; poils de la tête noirs, ceux du làbre et des mandibules roux ; poils du prothorax à poils roux ; ceux des 1er et 2e segments roux ; les 3e, 4e et 5e hérissés de poils noirs : bord postérieur des 2e et 3e segments portant une bande étroite de poils plus pâles ; poils des côtés de l'anus d'un roux noirâtre ; cils du dessous des segments d'un roux pâle sur les côtés ; poils des pattes roux en dessus ; ceux du 1er article des tarses, en dessous, sont ferrugineux.

MALE. — Poils du vertex de le tête roux, les autres blanchâtres ; ceux des 3e, 4e, 5e et 6e segments de l'abdomen, hérissés de poils noirs ; poils des pattes antérieures d'un roux pâle ; ceux des pattes intermédiaires roux et brun, 1er article des tarses des pattes intermédiaires dilaté, aplati, avec quelques poils blancs à la base ; les articles 2e, 3e et 4e ciliés postérieurement de longs poils noirs, le 5e un peu dilaté, formant un pinceau de poils noirs. — Commun.

2. A. Fulvitarsis, Vander-Lind.; Brul.—Femelle. Longueur : 17 à
18 mill. — Noire ; poils de la tête et du prothorax d'un blanc sale ;
1er, 2e et 3e segments de l'abdomen hérissés de poils blanchâtres mêlés
de quelques poils noirs ; les 4e et 5e hérissés de poils noirs ; bord
postérieur des 1er, 2e, 3e et 4e segments portant une bande de poils
hérissés blancs ; celui du 5e et les côtés de l'anus sont revêtus de poils
ferrugineux, cils du dessous des segments blancs sur les côtés, ferrugineux sur le milieu, poils des pattes roux, ceux du dessous des cuisses
antérieures blancs.

MALE. — Poils des 5e et 6e segments de l'abdomen en dessus noirs,
avec leur bord inférieur portant, comme sur les précédents, une bande
de poils blancs ; poils des pattes d'un roux pâle ; 1er article des tarses
intermédiaires, dilaté, aplati, avec quelques poils d'un roux pâle, mais
cilié de poils serrés noirs sur ses tranches antérieure et postérieure,
celles-ci portant en outre des poils plus longs d'un ferrugineux pâle....

3. A. Retusa, Vander-Lind. — *Anthophora acervora,* Latr.; *Magilla
acervora,* Fab. — Longueur : 17 mill. — Noire ; poils hérissés sur
toutes les parties noires ; ceux du dessus des jambes postérieures et la
base du 1er article de leurs tarses, ferrugineux. — Mâle. Noir ; poils de
la tête d'un blanc sale, ceux du vertex ferrugineux ; poils des 1er et
2e segments de l'abdomen hérissés, ferrugineux ; ceux des 3e, 4e, 5e et
6e hérissés, noirs ; poils des pattes d'un roux pâle ; premier article des
tarses intermédiaires dilaté, aplati, cilié sur ses tranches de
poils noirs, serrés ; le 5e article est garni de poils noirs disposés en
pinceau.

4. A. Parietina, Latr.; *Magilla parietina,* Fab.—Femelle. Noire ;
ses poils noirs, excepté ceux de la partie inférieure du 2e segment de
l'abdomen, de la totalité du 3e et la base du 4e qui sont hérissés, ferrugineux ; poils des pattes noirs, ceux du dessous du 1er article des tarses
ferrugineux.

MALE. — Poils de la tête et du prothorax d'un roux cendré, ceux
des 1er et 2e segments de l'abdomen hérissés cendrés, ainsi que ceux
de la base et des côtés du 3e ; les autres segments sont hérissés de
poils noirs ; poils des pattes cendrés ; ceux du dessous du 1er article
des tarses, ferrugineux. — Nidifie dans les trous des vieux murs.

5. A. Flabellifera, Vender-Lind.; St-Farg.; Var. petite. — Longueur : 9 mill. — Antennes noires ; devant du 1er article et devant de la
tête, d'un blanc nacré ; sur cette dernière partie sont deux points et des
traits noirs ; prothorax et 1er segment de l'abdomen couverts de poils
hérissés d'un cendré jaunâtre ; les autres segments de l'abdomen sont
noirs et bordés postérieurement de poils courts, couchés, blancs, très-
rapprochés ; pattes noires, avec des poils roussâtres ; tarses des intermédiaires, chez le mâle, ayant le bout de leur 1er article, ainsi que le
5e, ciliés de chaque côté de poils noirs. — Bois de la Haie, près
Angers, etc.

NOTA. — Cette variété ressemble beaucoup à celles des environs de
Lyon.

G. Macrocera (Latreille). — *Macrocère.*

Antennes filiformes, celles des mâles plus courtes d'un quart que le corps ; ocelles disposés en ligne transversale. — Mœurs et habitudes des espèces du genre précédent.

1. M. Malvæ, Vander-Lind.; *Eucera malvæ*, Latr.; *Apis malvæ*, Ross. — Femelle. Noire ; mandibules rousses avant leur extrémité ; poils du dessus de la tête et du prothorax roussâtres ; bord postérieur du 1er segment de l'abdomen à poils hérissés d'un cendré roussâtre ; les autres segments portent à leur base une bande d'écailles d'un blanc sale, qui, sur le milieu du 5e, est d'un brun roux. Le dessous de l'abdomen a le bord postérieur des segments cilié de poils roux.

G. Eucera (Latreille). — *Eucère.*

Antennes filiformes, celles des mâles plus longues que les deux tiers du corps ; ocelles disposés en ligne tranversale sur le vertex ; palpes maxillaires de 6 articles ; épines des jambes postérieures longues, aiguës, simples ; crochets des tarses bifides. — Mœurs et habitudes des genres précédents.

1. E. Longicornis, Latr.; Fab. — Longueur : 12 à 14 mill. — Femelle. Tête noire, velue, ses poils d'un roux pâle ; mandibules rousses et noires ; antennes noires, courtes ; abdomen noir, déprimé ; 1er segment, base du 2e et le 5e garnis de poils roux ; bord des segments, en dessous, ciliés de poils pâles, le dernier et l'anus avec des poils roux.

MALE. — Làbre et chaperon jaunes ; antennes noires, plus longues que le corps ; abdomen convexe, n'ayant aucune bande de poils couchés ; ses 2 premiers segments garnis de poils roux peu touffus. — Commun.

2. E. Linguaria, Latr.; Fab. — De la taille du précédent. — Femelle. Tête noire, velue ; ses poils d'un blanc sale ; mandibules noires ; antennes de cette couleur, courtes ; dessus du prothorax garnis de poils roux, blanchâtres en dessous ; abdomen convexe ; 1er segment avec des poils rares cendrés ; les 2e et 3e noirs, nus et luisants avec quelques poils blanchâtres sur les côtés ; bord postérieur du 4e avec une bande de poils couchés, blanchâtres sur les côtés, mais d'un brun roux sur le dos ; le 5e avec une bande de poils roux ; poils des côtés de l'anus d'un roux brillant.

MALE. — Làbre et chaperon jaunes ; antennes noires, plus longues que le corps ; poils de la tête et du prothorax d'un blanc sale ; abdomen convexe, n'ayant aucune bande de poils couchés ; ses 2 premiers segments avec des poils rares d'un blanc sale ; les suivants presque nus, n'ayant que quelques poils noirs vers leur base.

Tribu des Xylocopites.

Langue presque cylindrique, guère plus longue que la tête dans le repos, mais aussi longue que le corps dans son extension ; mandibules élargies de la base au sommet, munies à leur côté interne de quelques dents plus ou moins prononcées ; jambes postérieures, tant en dessus qu'en dessous, munies de longs poils pour la récolte du pollen.

G. Xylocopa (Latreille). — *Xylocope.*

Mandibules en cueilleron, sillonnées sur le dos, échancrées à leur extrémité ; antennes filiformes, courtes, fortement brisées, le 3e article allongé ; palpes maxillaires de 6 articles ; ocelles disposés en triangle, une seule épine aux jambes intermédiaires, simple ; deux épines simples, aux jambes postérieures ; crochets des tarses bifides. Les xylocopes ont le corps gros, trapu, convexe.

1. X. Violacea, Latr. ; Fab. ; *Apis violacea*, Lin. — Longueur : 26 à 27 mill. — Noire, velue ; tête et prothorax noirs, leurs poils noirs ; abdomen noir, peu velu, ses poils et les cils de ses côtés noirs ; pattes noires, leurs poils noirs ; ailes noires, à reflet violet.

Le mâle diffère peu de la femelle ; celle-ci creuse des trous en forme de galerie dans le vieux bois, plus ou moins altéré, y établit une douzaine de cellules, séparées par des cloisons, et dont chacune reçoit un œuf et la pâtée nécessaire à la nourriture de la larve qui en proviendra.

Cette grande espèce, qui est commune et qui paraît dès le printemps, ne pouvant, comme les bourdons, pénétrer assez profondément dans l'intérieur des fleurs tubulées, pour y faire sa récolte de miel, supplée à cette difficulté, en entaillant, avec ses mandibules, la corolle dans sa partie inférieure, pour y passer sa trompe par cette ouverture.

Tribu des Panurgites.

Cette tribu, qui ne comprend que deux genres, fait partie de la famille des Mérilégides de M. de Saint-Fargeau, qui la caractérise ainsi : Jambes postérieures, tant en dessus qu'en dessous, munies de longs poils pour la récolte du pollen ; dessous du 1er article de leurs tarses garni d'une brosse ; en outre, cette tribu a pour caractères spéciaux d'avoir : 1° le 1er article du tarse postérieur, long, garni de longs poils, conjointement avec les autres organes nécessaires à la récolte du pollen ; 2° la langue est longue, presque linéaire.

G. Panurgus (Latreille). — *Panurge.*

Palpes labiaux et maxillaires composés de 6 articles, grêles et linéaires ; ocelles disposés en triangle ; antennes en massue ; courtes, chez les deux sexes ; tête grosse, aussi large que le prothorax. — On rencontre les insectes de ce genre ordinairement sur les fleurs des *Semiflosculenses.*

1. P. Dentipes, Latr. ; *Apis unsina*, Var. B., Kirb. — Femelle. Longueur : 8 à 9 mill. — Tête et prothorax noirs, leurs poils noirs ; abdomen noir, presque nu, mais des faisceaux de poils noirs se font remarquer sur les côtés ; pattes d'un brun ferrugineux, leurs poils roux, épines des jambes testacées.

Le mâle, un peu plus grand que la femelle, diffère en outre par ses pattes brunes ; le 2ᵉ article des hanches des pattes postérieures épineux ; leurs jambes fortement arquées, portent en dessous un long faisceau de poils. — Commun sur les fleurs.

2. P. Ater, Latr. ; *Apis ursina*, Kirb. — Longueur : 12 à 13 mill. — Cette espèce, un peu plus grande que la précédente, lui ressemble beaucoup et n'en diffère en quelque sorte que par les pattes qui sont noires, mais dont les poils sont roux ; les tarses testacés et à poils roux. Le mâle semblable à la femelle ; ses hanches et ses cuisses sont simples.

G. Dasypoda (Latreille ; Fabricius). — *Dasypode.*

Palpes labiaux composés de 4 articles grêles, linéaires ; ocelles disposés en ligne transversale ; antennes longues, fléchies au 2ᵉ article et un peu en massue chez les femelles, simplement arquées chez les mâles ; 1ᵉʳ article des tarses postérieurs des femelles, fort long, hérissé de longs poils en forme de plumasseau, servant à la récolte du pollen des fleurs.

1. D. Hirtipes, Latr. ; Fab. — Femelle. Longueur : 21 à 22 mill. — Tête noire ; ses poils cendrés ; ceux du vertex noir ; prothorax noir, ses poils roux, avec une bande de poils noirs sur le milieu ; abdomen noir ; base du 1ᵉʳ segment à poils roux, mais le bord postérieur des autres segments sont garnis de poils blanchâtres, courts et couchés.

Le mâle, moins grand que la femelle, en diffère par les poils de la tête et du prothorax et des premiers segments de l'abdomen qui sont cendrés ; ceux des derniers segments sont noirs.

Tribu des Andrénites.

1ᵉʳ article du tarse postérieur court, non garni de longs poils ; palpes labiaux de 4 articles semblables à ceux des palpes maxillaires et placés bout à bout ; antennes fléchies au 2ᵉ article, simplement arquées chez les mâles ; langue courte, un peu aplatie et dilatée au bout en fer de lance.

On rencontre les insectes de cette tribu sur les fleurs, ou bien, les femelles seulement, creusant leurs nids dans la terre : nids constituant un certain nombre de cellules aboutissant, chacune, à l'intérieur d'un tube collecteur de 20 centimètres ou plus de profondeur. Chaque cellule reçoit de la femelle la pâtée formée de miel et de pollen, ainsi que l'œuf d'où sortira la larve dont la nourriture se trouve ainsi assurée ; puis elle ferme avec de la terre l'ouverture de chaque cellule.

G. Andrena — *Andrène.*

Ocelles disposés en triangle ; antennes longues ; abdomen ovale chez les deux sexes.

1. A. Pilipes, Fab. ; *A. aterrima* , Panz. — Femelle. Longueur : 15 mill. — Foncièrement noire sur toutes ses parties; poils de la tête noirs ; ceux du prothorax de cette couleur ou entremêlés quelquefois de poils blancs ; abdomen brillant, presque nu ; le 5º segment garni de poils noirs ; poils des pattes et des tarses noirs ; ceux des palettes des cuisses postérieures et des jambes sont blancs ; ailes plus ou moins enfumées, à reflet violet.

Mâle. — Longueur : 13 à 14 mill. — 5º et 6º segments de l'abdomen un peu velu ; poils des pattes noirs.

2. A. Cineraria, Fab. ; St-Farg. — Femelle. Longueur : 15 mill. — Tête noire ; ses poils noirs mêlés de quelques poils blancs sur le vertex et les côtés ; prothorax noir, avec une large bande de poils blancs sur sa partie antérieure ; une bande dorsale noire entre les ailes ; abdomen d'un noir changeant en bleu légèrement irisé, avec quelques poils d'un brun roussâtre sur les côtés des quatre premiers segments ; quelques-uns de cette dernière couleur sur le bord inférieur du cinquième ; pattes noires, leurs poils de cette couleur, si ce n'est ceux de la base des cuisses et des hanches, qui sont blancs.

Le mâle diffère par sa taille plus petite, ainsi que par les poils du devant de la tête et des tarses qui sont blonds, ou blanchâtres.

3. A. Thoracica, Fab. ; St-Farg. — Femelle. Longueur : 15 mill. — Tête noire, ses poils noirs, prothorax noir, ses poils d'un roux ferrugineux, ceux du thorax noirs ; abdomen d'un noir brillant, presque nu ; bord inférieur de tous les segments, en dessous, ciliés de poils noirs ; pattes et leurs poils noirs, mais ceux du dessous des tarses sont ferrugineux.

Le mâle diffère par sa taille plus petite, et par les poils des tarses qui sont noirs. — Sur les fleurs très-printanières : Veronica, prunellier, saules, etc. — Commune.

4. A. Lucida, St-Farg. — Femelle. Longueur : 13 à 14 mill. — Tête et prothorax noirs, leur poils roux ou d'un roux cendré ; abdomen noir, presque nu, luisant ; bords latéraux et bord inférieur des segments, ciliés de poils blanchâtres ; pattes noires, les quatre derniers articles des tarses ferrugineux.

5. A. Fulva, St-Farg. ; *Apis fulva,* Schranch ; *Andrena vestita,* Fab. — Femelle. Longueur : 12 mill. — Tête noire, ses poils noirs ; prothorax noir, ses poils, en dessus, ferrugineux ; ceux du dessous et des côtés, noirs ; abdomen noir, garni en dessus de poils touffus, ferrugineux ; pattes noires, leurs poils de cette couleur ; tarses couleur de poix, garnis de poils, les uns ferrugineux, les autres noirs.

Le mâle diffère par sa taille moitié plus petite, ainsi que par les poils de la face et du dessous du corps, qui sont d'un ferrugineux pâle.

6. A. Flessæ, Panz.; St-Farg.; *A. muraria*, Geoff. (Abeille). — Femelle. Longueur : 13 mill. — Tête noire, ses poils noirs; mais ceux de la partie postérieure sont blancs; une touffe de poils d'un blanc de neige entre les yeux et l'insertion des antennes; prothorax noir, ponctué et presque nu en dessus, garni en dessous de poils noirs, avec un faisceau de poils d'un blanc de neige, sur les côtés, et un faisceau de même couleur sur les côtés du métathorax; abdomen d'un noir bleuâtre, presque nu, luisant; bord inférieur du 5e segment, formé de poils d'un brun ferrugineux : ses côtés, ainsi que ceux du 4e, avec un faisceau de poils d'un blanc de neige; dessous des cuisses et de la face interne des jambes postérieures, d'un blanc de neige.

Le mâle, moins grand que la femelle, en diffère en outre par les poils de la face, ceux du dessus du prothorax et de l'abdomen, qui sont blancs.

7. A. Marginata, Fab.; Panz. — Femelle. Longueur : 9 à 10 mill. — Tête et prothorax noirs, leurs poils d'un cendré roussâtre; abdomen ferrugineux, moins la base du 1er segment qui est noire; bord inférieur des autres segments ciliés de poils cendrés; anus ferrugineux, ses poils cendrés; pattes noires, leurs poils cendrés.

Le mâle, un peu moins grand que la femelle, en diffère en outre par les joues et le chaperon qui sont blanchâtres : ce dernier, en outre, est marqué de deux petits points noirs.

8. A. Albicans, Vander-Lind.; St-Farg.; *Melitta albicans*, Kirb.; *Andrena helvola*, Fab. — Femelle. Longueur : 12 mill. — Tête noire, ses poils blanchâtres; prothorax noir, ses poils du dos ferrugineux, ceux du dessous et des côtés blanchâtres, comme ceux du métathorax; dessus de l'abdomen noir, brillant, très-finement ponctué; les côtés extérieurs des quatre premiers segments ciliés de blanchâtre; bord inférieur du 5e segment et anus à poils ferrugineux, couchés; cuisses noires, leurs poils blanchâtres; jambes et tarses ferrugineux; ceux des pattes antérieures tirant au brun; les poils de tous ferrugineux.

Le mâle, de 10 mill. de longueur, diffère en outre de la femelle par ses poils qui sont presque tous d'un ferrugineux pâle. — Au mois de mai, commun sur les fleurs.

G. Halictus (Latreille). — *Halictus*.

Ocelles disposés en ligne courbe; antennes longues et plus longues chez les mâles que chez les femelles; abdomen en ovale-elliptique chez les femelles, quasi cylindrique chez les mâles; la taille de ces derniers est plus grande que celle des femelles.

1. H. Quadristrigatus, Latr. — Femelle. Longueur : 16 à 17 mill. — Noir; tête et prothorax couverts de poils d'un cendré roussâtre; abdomen un peu déprimé en dessus : 1er segment avec des poils hérissés d'un roux cendré; base des trois suivants n'ayant que quelques poils noirs assez courts; bord inférieur des quatre premiers segments portant une bande de poils blancs; 5e segment avec quelques poils noirs; poils de l'anus et des pattes roussâtres.

Le mâle diffère de la femelle par sa taille plus grande, ainsi que par le bord du chaperon qui est d'un blanc jaunâtre, et par les poils du corps qui sont hérissés et d'un gris blanchâtre.

2. H. Fodiens, Latr.; Walk. — Femelle. Longueur : 15 mill. — Noire; des poils roux sur la tête, le prothorax et les pattes; des poils hérissés, gris, à la base du 1er segment de l'abdomen; le bord inférieur de celui-ci et des trois suivants portant, chacun, une bande de poils couchés, blancs; le 5e ayant des poils noir, ses côtés garnis de poils blancs ainsi que l'anus; poils du dessous des tarses roussâtres.

3. H. Sexcinctus, Latr.; Walk.; *Hylæus sexcintus*, Fab.—Femelle. Longueur : 12 mill. — Poils de la tête et du prothorax gris; premier segment de l'abdomen hérissé à sa base de poils cendrés, son bord postérieur portant une bande continue de poils couchés d'un gris roux; les 2e, 3e et 4e, avec chacun deux bandes continues de poils couchés d'un gris roux; le 5e, avec des poils noirs, mais ceux des côtés et de l'anus sont d'un gris roux; pattes noires, leurs poils d'un gris roux.

Le mâle diffère de la femelle par ses antennes jaunes en grande partie, ainsi que par ses pattes jaunes mêlées de testacé.

4. H. Nidulans, Walk.; *Melitta rubicunda*, Kirb.; *Apis flavipes*, Panz. — Femelle. Longueur : 12 mill. — Noire; poils de la tête et du prothorax d'un gris roussâtre; base du 1er segment de l'abdomen avec des poils hérissés cendrés; ceux de la base des 2e, 3e et 4e, courts et noirs : ces quatre segments portent à leur bord postérieur une bande de poils couchés blancs, interrompue sur le 1er et le 2e segment; anus noir, à poils roux.

Le mâle diffère de la femelle par ses antennes courtes d'un roux jaunâtre, noires à la base.

5. H. Sexnotatus, Walk.; *Melitta sexnotata*, Kirb. — Femelle. Longueur : 12 mill. — Noire; poils de la tête et du prothorax blanchâtres; abdomen presque nu : base du premier segment hérissée de poils blanchâtres; base des 2e, 3e et 4e segments portant de chaque côté une tache triangulaire formée de poils couchés blancs; côtés du 5e avec des poils blanchâtres; poils des pattes blanchâtres.

6. H. Levigatus, St-Farg.; *Melitta levigata*, Kirb. — Femelle. Longueur : 9 à 10 mill. — Noire; poils de la tête et du prothorax roux; abdomen presque nu : base du 1er segment avec quelques poils hérissés d'un gris roux; les 2e, 3e et 4e segments ayant à leur base une bande de poils couchés blancs; poils des pattes roux.

7. H. Vulpinus, St-Farg.; *Andrena vulpina*, Fab. — Femelle. Longueur : 8 mill. — Noire; poils de la tête et du prothorax roux; bord inférieur des segments de l'abdomen d'un fauve livide : les 2e, 3e et 4e portant à leur base de chaque côté une petite ligne de poils couchés blancs; poils des pattes roux.

7

8. H. Morio, St-Farg.; *Hylæus morio,* Fab. — Femelle. Longueur : 6 mill. — D'un noir un peu cuivreux, le métathorax et l'abdomen avec un reflet bleuâtre ; base du 1er segment de l'abdomen portant sur les côtés des poils hérissés blanchâtres ; base de chaque côté des 2e, 3e et 4e segments avec une tache comme linéaire de poils couchés blanchâtres ; ceux du 5e et ceux de l'anus blanchâtres ; pattes noires ; leurs poils blanchâtres. — Rare.

G. Colletes (Latreille). — *Collète.*

Ocelles disposés en triangle sur le vertex; palpes labiaux et maxillaires de 4 articles, langue courte, évasée, à trois lobes, l'intermédiaire cordiforme ; antennes filiformes, arquées chez les deux sexes, plus longues chez le mâle que chez la femelle.

Les insectes de ce genre, très-peu nombreux en espèces, ont le corps velu ; on les rencontre sur les fleurs. Comme chez les précédents, la femelle place son nid dans la terre ou bien dans des trous de murailles, y construit un certain nombre de cellules qu'elle place bout à bout, les tapisse d'une matière luisante, puis dans chacune d'elle dépose un œuf, ainsi que la pâtée nécessaire à la nourriture de la larve qui en proviendra. Comme on le voit, ces faits, à quelques modifications près, se trouvent en quelque sorte être les mêmes que chez les espèces du genre précédent : nous avons cru devoir comprendre les Collètes dans la tribu des Andrénites.

1. C. Hirta, St-Farg. et Serv. — Femelle. Longueur : 14 mill. — Entièrement noire et couverte de poils touffus roux mêlés de quelques poils noirs.

Le mâle diffère de la femelle par les poils de sa tête qui sont d'un roux plus clair.

2 C. Succincta, Latr.; St-Farg.; *Andrena succincta,* Fab. — Femelle. Longueur : 9 à 10 mill. — Tête et prothorax noirs; abdomen noirâtre ; le 1er segment ponctué, presque nu ; le 2e avec deux bandes de poils blancs : l'une au bord antérieur, l'autre au bord postérieur ; les trois derniers ayant chacun une bande large sur le bord postérieur : cette bande formée de poils courts et couchés ; pattes noires, velues, leurs poils blanchâtres. — Commune pendant l'été.

Tribu des Osmiines.

Cette tribu qui correspond à la famille des *Gastrilégides* de M. de St-Fargeau, a pour caractères d'avoir : 1o les pattes postérieures impropres à la récolte du pollen des fleurs ; 2o une brosse unique sur le dessous du 1er article des tarses; 3o une palette ventrale et unique, garnie de poils étagés, pour retenir le pollen ; 4o des mandibules élargies à leur extrémité qui est plus ou moins munie de dents. La forme du nid et la matière dont il est composé varie selon les genres, bien que la forme des alvéoles, qui est celle d'un dé à coudre, soit la même pour tous.

G. Chalicodoma (de St-Farg.). — *Chalicodoma*.

Ocelles disposés en ligne courbe sur le vertex ; antennes des mâles beaucoup plus longues que celles des femelles ; palpes maxillaires de 2 articles ; mandibules quadricarénées, à peine quadridentées ; abdomen convexe en dessus. Les insectes de ce genre construisent leur nid en plein air et en l'appliquant à un mur exposé au soleil. Ce nid, de forme semi-sphérique, et formé d'un mortier composé de terre et de sable, renferme un certain nombre de cellules, que la femelle façonne en matériaux de même nature et semblables à ceux du nid, et qu'elle consolide par l'eau visqueuse qu'elle dégorge. Chacune de ces cellules reçoit un œuf et la pâtée nécessaire à la nourriture de la larve qui en proviendra.

1. C. Muraria, St-Farg.; *Xylocopa muraria*, Fab. ; *Megachile muraria*, Latr., vulg^t. *Abeille maçonne*. — Femelle. Longueur : 18 mill. — Noire; tous les poils noirs, moins toutefois ceux du milieu de la palette ventrale, qui sont ferrugineux, de même que ceux des jambes et des tarses; ailes brunes, à reflet violet.

Le mâle, long de 14 mill., diffère en outre de la femelle, par les poils ferrugineux de la tête, du prothorax, des trois premiers segments de l'abdomen, mais noirs sur les trois derniers segments et autour de l'anus. — Aspect d'un petit *Xylocopa violacea*. — Commun dans certaines localités.

G. Osmia (Latreille). — *Osmie*.

Ocelles disposés en ligne presque droite sur le vertex ; antennes des mâles plus longues que celles des femelles ; palpes maxillaires de 4 articles ; mandibules bicarénées et bidentées; abdomen court, convexe en dessus ; anus des mâles sans dentelures. Les femelles cherchent un trou de mur, la tige creuse d'une plante, etc., pour y contruire une ou plusieurs cellules avec une espèce de mortier de terre qu'elles savent confectionner, et dans lesquelles elles déposent un œuf, ainsi que la pâtée nécessaire à l'alimentation de la larve qui en proviendra.

† *Poils de la palette ventrale ferrugineux.*

1. O. Cornuta, Latr.; *Megachile cornuta*, Spin.; *Apis bicornis*, Oliv. — Femelle. Longueur : 15 mill. — Noire; chaperon portant de chaque côté une corne large, tronquée obliquement à son extrémité ; poils de la tête noirs; ceux du prothorax, ainsi que des trois premiers segments de l'abdomen, roux : ces derniers peu touffus, excepté sur les côtés ; poils du 2e segment ainsi que de l'anus, noirs; palette ventrale garnie de poils ferrugineux comme ceux des pattes.

Le mâle, dont la taille est de 12 millimètres seulement, diffère en outre par les poils de la face et du bas de la tête qui sont blanchâtres.

2. O. Bicolor, Latr.; *Anthophora fusca*, Fab. — Femelle. Longueur : 10 mill. — Noire ; poils de la tête, du prothorax et des cuisses, noirs ; ceux de l'abdomen, des jambes et des tarses, ferrugineux.

Le mâle diffère par les poils de la face et ceux de la partie inférieure de la tête qui sont blanchâtres ; ceux du prothorax, de l'abdomen et des pieds, sont roux.

3. O. Fulviventris, Latr.; *Anthophora fulviventris*, Fab. — Femelle. Longueur : 10 mill. — Noire ; tête et prothorax avec un léger reflet d'un rouge cuivreux ; abdomen avec un reflet bleu, peu velu ; les poils d'un roux pâle, excepté ceux de la palette ventrale qui sont ferrugineux ; chaperon fort échancré, l'échancrure avec une petite dent.

Le mâle, long de 8 millimètres, a le 6e segment de l'abdomen échancré dans son milieu.

4. O. Fulvo-Hirta, Latr.; St-Farg. — Femelle. Longueur : 8 mill. — Noire ; tous les poils d'un roux ferrugineux ; ceux de la base des segments de l'abdomen moins serrés que ceux qui garnissent le bord postérieur ; poils des pattes, ainsi que ceux de la palette ventrale, ferrugineux.

5. O. Aurulenta, Latr.; *Anthophora grisea*, Fab. — Femelle. Longueur : 10 mill. — Noire ; tarses d'un brun roux ; tous les poils ferrugineux.

Le mâle diffère par son corps plus effilé ; les poils de la tête, du prothorax, du 1er segment de l'abdomen d'un gris roussâtre. — Commun.

†† *Poils de la palette ventrale noirs.*

6. O. Cœrulescens, Latr.; *Apis cærulescens*, Lin.; *Anthophora cyanea*, Fab. — Femelle. Longueur : 7 à 8 mill. — Entièrement d'un bleu foncé à reflet violet ; peu velue, ses poils blanchâtres ; ceux de la palette ventrale complétement noirs.

Le mâle est d'un vert-cuivreux, les pattes exceptées, qui sont noires; anus tridenté.

††† *Poils de la palette ventrale entièrement blanchâtres.*

7. O Adunca, Latr.; *Anhophora adunca*, Fab. — Femelle. Longueur : 10 mill. — Noire : tous les poils blanchâtres, excepté ceux du vertex de la tête et du prothorax qui sont d'un gris roussâtre pâle.

Le mâle diffère par les poils des parties supérieures du corps qui sont d'un gris roux.

8. O. Punctatissima, Vander-Lind.; St-Farg. — Femelle. Longueur : 8 mill. — Noire ; presque nue, fortement ponctuée sur toutes ses parties ; n'ayant de poils bien distincts qu'au-dessous des antennes, ainsi que sur les côtés du prothorax ; ces poils sont blancs, ainsi que ceux qui forment une bordure de poils couchés sur le bord inférieur des segments de l'abdomen.

Le mâle diffère par son chaperon couvert de poils blancs et par sa longueur qui n'est que de 6 millimètres.

G. Megachile (Latreille). — *Mégachile.*

Palpes maxillaires de 2 articles ; mandibules quadridentées, paraissant quelquefois tridentées, mais par usure ; abdomen des femelles plat en dessus et convexe en dessous.

Les Mégachiles, désignées par Réaumur par l'épithète de *Coupeuses de feuilles*, établissent leurs nids dans la terre endurcie, en y creusant d'abord un trou perpendiculaire de quelques centimètres de profondeur, ensuite une galerie horizontale assez longue pour y recevoir huit à dix cellules placées bout à bout, formées chacune avec des portions de feuilles de diverses espèces de plantes, que la femelle découpe avec ses longues mandibules quadridentées. Chaque cellule, après avoir reçu la pâtée ordinaire, puis un œuf, est fermée par la femelle, avec des portions de feuilles, et ainsi jusqu'à la dernière ; enfin, elle ferme l'ouverture de la galerie avec la terre provenue de son premier travail.

1. M. Pyrina, Vander-Lind.; St-Farg.; *Apis maritima* et *A. Lagopoda,* Kirb. — Femelle. Longueur : 18 mill. — Noire ; poils généralement d'un roux cendré ; abdomen peu vélu ; les deux premiers segments garnis de poils d'un roux cendré ; les trois autres avec quelques poils noirs ; mais le bord inférieur de tous les segments avec des poils couchés d'un roux pâle : poils de la palette ventrale, tous roux.

Le mâle, long de 14 millimètres, a les trois premiers segments de l'abdomen garnis de poils d'un roux cendré ; le 4e et le 5e, avec des poils bruns et cendrés ; le 6e, avec des poils cendrés ; anus tridenté.

La femelle construit les cellules de son nid, soit avec des portions de feuilles de poirier ou bien de marronnier d'Inde. — Commune.

2. M. Circumcincta, Vander-Lind.; St-Farg. — Femelle. Longueur : 14 mill. — Noire ; ses poils roux sur la tête ; le prothorax, les trois premiers segments de l'abdomen et du dessus des pattes, ceux des 4e et 5e segments et de l'anus, noirs. Les poils de la palette ventrale sont d'un roux vif.

La femelle emploie les feuilles de la bourdaine pour la confection des cellules de son nid. — Commune dans les bois.

3. M. Centuncularis, Vander-Lind.; *Apis centuncularis,* Lin.; *Anthophora centuncularis,* Fab. — Femelle. Longueur : 13 mill. — Noire ; ses poils généralement blanchâtres ; mais ceux du vertex de la tête et du dessus du prothorax sont mêlés de poils noirs et de poils roux ; abdomen presque nu, avec quelques poils roussâtres, si ce n'est le 1er segment qui est garni, à sa base, de poils cendrés ; le bord postérieur des autres segments est garni de poils couchés blancs, dont le frottement, sur la partie dorsale, les fait disparaître de manière à interrompre la continuité des bandes ; poils de la palette ventrale d'un roux vif ; poils des cuisses et des jambes blanchâtres.

Le mâle, moins grand que la femelle, s'en distingue encore par les pieds antérieurs dilatés et ciliés, les jambes postérieures en massue et l'anus échancré.

Pour la confection des cellules de son nid, la femelle emploie des portions de feuilles de rosiers. — Commune dans les jardins, etc.

G. Anthocopa (Serv. et St-Farg.). — *Anthocopa.*

Palpes maxillaires de 4 articles; mandibules tridentées; abdomen convexe en dessus.

Les Anthocopa établissent leur nid dans la terre battue des chemins, des sentiers, en y creusant des trous qui ne renferment, chacun, qu'une seule cellule placée verticalement, et que la femelle tapisse intérieurement avec des portions de pétales de certaines fleurs. La seule espèce propre à nos contrées (l'Anthocopa papaveris) se sert des pétales du coquelicot (Papaver chæas, Lin.), plante des plus communes, surtout dans les terrains calcaires.

1. A. Papaveris, Serv. et St-Farg. ; *Osmnia papaveris*, Latr. — Femelle. Longueur : 10 mill. — Noire; poils de la tête et du prothorax blanchâtres; 1er segment de l'abdomen portant sur ses côtés un faisceau de poils cendrés ou blanchâtres, les autres bordés inférieurement de poils blancs; palette ventrale blanche. — Commune surtout dans les terrains calcaires des arrondissements de Saumur et de Baugé.

G. Anthidium (Fab., Latr.). — *Anthidium.*

Palpes maxillaires d'un seul article; mandibules bidentées; abdomen court, convexe en dessus; crochets des tarses bifides chez les mâles, simples chez les femelles.

Les Anthidium se distinguent en outre des autres osmiines par leur corps moins velu, ainsi que par les taches et les bandes jaunes ou roussâtres dont ils sont ornés. Ils établissent leurs nids dans des trous au pied des arbres, ou bien dans des fentes de rochers, etc., dans lesquels les femelles construisent dans chacun un certain nombre de cellules avec un duvet fin qu'elles récoltent sur les feuilles laineuses de diverses espèces de stachys ou autres plantes, ainsi que sur les fruits des Molènes, etc. Les plantes labiées leur fournissent ordinairement le miel et le pollen dont elles ont besoin pour faire la pâtée des larves.

1. A. Manicatum, Latr. ; Fab. ; *Apis manicata*, Lin. — Femelle. Longueur : 11 mill. — Tête noire, ses poils d'un blanc roussâtre sur la face et les côtés, roux sur le vertex; prothorax noir, avec une ligne jaune sur les épaules qui descend en chevron brisé; deux taches jaunes, l'une en avant, l'autre en arrière des ailes; un petit point tuberculeux, noir, en avant des ailes; abdomen noir; chaque segment portant une large bande jaune, interrompue dans son milieu; palette ventrale rousse.

Le mâle, plus grand que la femelle, est long de 15 mill. ; et ce qui le distingue encore de la femelle sont les cinq crochets qui terminent l'abdomen. — Très commun sur les plantes labiées.

2. A. Lituratum, Latr. ; *Apis liturata*, Panz. — Femelle. Longueur : 5 mill. — Tête noire, avec quelques poils blancs, ainsi que des taches jaunes, dont une, triangulaire, sur les vertex ; prothorax noir, avec quelques poils blancs ; partie antérieure de l'écaille des ailes, jaune ; écusson noir ; abdomen noir, avec chaque segment marqué d'une grande tache ovale jaune ; palette ventrale blanchâtre.

Le mâle, plus long que la femelle, a le 6e segment de l'abdomen sans bande jaune.

3. A. Elongatum, Latr. ; St-Farg. — Femelle. Longueur : 7 mill. — Tête noire, ses poils blanchâtres ; ceux du vertex roux ; face et chaperon jaunes, avec une tache comme triangulaire de chaque côté du vertex ; prothorax noir, ses poils blanchâtres, mais ceux du dos, roux ; écusson noir, taché de jaune ; abdomen noir : les deux premiers segments ayant de chaque côté une tache triangulaire jaune ; les trois autres avec une bande jaune, interrompue dans son milieu ; palette ventrale ferrugineuse.

Le mâle, plus grand que la femelle, portant sur le 6e segment une bande jaune interrompue comme les précédentes, ayant de chaque côté son angle inférieur dentiforme, et son milieu dorsal prolongé en une épine courte, droite et relevée.

G. Heriades (Spin. ; Latr.). — *Hériadès.*

Palpes maxillaires de 2 articles ; ocelles disposés en triangle sur le vertex ; abdomen allongé, convexe en dessus.

Les Heriades sont de petits insectes allongés, dont le mâle est moins grand que la femelle. On les rencontre butinant ordinairement dans les fleurs des campanules. La femelle, pour son nid, cherche une branche morte, vidée au centre, et formant un tuyau dans lequel, par les cloisons qu'elle y pratique, elle établit un certain nombre de cellules, dont chacune reçoit un œuf et la pâtée nécessaire à la larve qui en éclot.

1. H. Truncorum, Spin. ; *Apis truncorum*, Lin. ; *Anthophora truncorum*, Fab. — Femelle. Longueur : 10 mill. — Tête et prothorax noirs, leurs poils cendrés ; abdomen noir ; bord inférieur des segments ciliés de poils blanchâtres ; palette ventrale rousse, pattes noires. — Le mâle, long de 8 millimètres, porte à sa base, en dessous, des poils blanchâtres.

2. H. Campanularum, St-Farg. ; *Apis campanularum*, Kirb. — Femelle. Longueur : 6 mill. — Tête noire, ses poils cendrés ; bord inférieur du chaperon cilié de poils ferrugineux ; prothorax noir, ses poils cendrés ; abdomen noir, bord des segments nu ; palette ventrale cendrée ; pattes noires. — Le mâle, long de 5 millimètres, diffère en outre de la femelle par un petit tubercule sous le 2e segment de l'abdomen, ainsi que par l'anus portant deux dents aiguës. — Commune sur les fleurs de la raiponce.

NOTA. — L'Heriades rapunculus, V.; St-Farg.; longue de 6 à 7 mill., a de telle ressemblance avec l'espèce précédente, qu'elle peut être confondue avec elle; vivant d'ailleurs comme elle sur la raiponce, a été reconnue, nous a-t-on dit, sur cette plante, dans l'arrondissement de Segré.

G. Chelostoma (Latreille). — *Chélostoma.*

Palpes maxillaires de 3 articles; ocelles disposés en triangle sur le vertex; un tubercule en fer-à-cheval sous le 2ᵉ segment de l'abdomen des mâles

Les Chelostoma comme les Heriades, ont le corps allongé. On les rencontre sur les fleurs.

Les femelles déposent leurs œufs dans des tiges creuses de diverses espèces de plantes herbacées, qu'elles convertissent en cellules, dans lesquelles elles pondent un œuf et y déposent la pâtée indispensable à la nourriture des larves.

1. C. Maxillosa, Latr.; *Apis maxillosa*, Lin.; *Hylœus maxillosus,* Panz. — Femelle. Longueur : 11 mill. — Tête noire, ses poils cendrés; bord postérieur du chaperon prolongé en une écaille relevée; mandibules très-longues portant des poils ferrugineux; prothorax noir, ses poils cendrés; abdomen noir; bord postérieur des segments de l'abdomen cilié de poils couchés blancs; palette ventrale cendrée; pattes noires, leurs poils cendrés mêlés de roux.

Le mâle, un peu moins grand que la femelle, diffère de celle-ci par l'anus qui est fortement échancré vers son milieu et portant une dent obtuse de chaque côté.

2. C. Culmorum, V.; St-Farg. — Femelle. Longueur : 9 mill. — Tête noire, presque lisse; bord du chaperon prolongé en une écaille aussi longue que large; mandibules garnies de poils ferrugineux; prothorax noir, ses poils cendrés; abdomen noir; bord postérieur des segments ciliés de poils couchés blancs; palette ventrale cendrée; pattes noires, leurs poils cendrés, mêlés de roux.

Le mâle diffère de la femelle par le bord postérieur de l'anus fortement échancré dans son milieu, portant de chaque côté une dent longue obtuse et tronquée à son extrémité.

Cette espèce, qui diffère à peine de la précédente, établit son nid dans le chaume des toits des constructions rustiques, et à sa manière.

§ 2ᵉ. APIAIRES SOCIALES.

Dans cette seconde division des Mellifères, l'espèce se compose de trois individus : de la femelle, du mâle et de l'ouvrière. Chez cette dernière, les pattes postérieures présentent à la face interne de la jambe un enfoncement, désigné sous les noms de *Corbeille* et de

Palette, dans lequel les ouvrières ou neutres rassemblent en pelotte le pollen qu'elles ont recueilli sur les fleurs à l'aide de la brosse formée de duvet soyeux, dont la face interne du tarse des pattes postérieures est garnie.

Les insectes qui composent cette division vivent en société souvent fort nombreuse. Ils forment, pour notre pays, deux tribus seulement : la tribu des Bombides et celle des Apiarides.

Tribu des Bombides.

Jambes postérieures pourvues de deux épines à leur extrémité, dont l'usage est de saisir les lames de cire qui se trouvent logées entre les anneaux de l'abdomen, avec lesquelles les Bombides enduisent l'intérieur de leur habitation souterraine, qui par cette précaution se trouve privée d'humidité. Leur nid est ordinairement dissimulé par la mousse qui les recouvre.

G. **Bombus** (Fab., Latr.). — *Bourdon.*

Le genre Bombus, seul de cette tribu, se compose d'insectes dont la trompe est plus courte que le corps, qui est gros et trapu, et couvert de poils de couleurs rousses ou fauves, noires et blanches, disposées par larges bandes transversales ; et ce qui les annonce sans les voir, est le bruit sonore qu'ils font entendre pendant le vol, bruit qui leur est propre, connu sous le nom de bourdonnement.

Les Bourdons ne constituent que des sociétés annuelles, composées de mâles, de femelles et d'ouvrières ; mais bien moins nombreuses que celles des Abeilles, dépassant rarement cinquante individus ; sociétés d'ailleurs qui se terminent chaque année vers la fin de l'automne, époque à laquelle les fleurs et la chaleur faisant défaut, les ouvrières, les mâles et les vieilles femelles ne tardent pas à succomber. Il ne reste plus que les jeunes femelles, mais fécondées et destinées à donner leurs œufs au printemps suivant, se réfugiant alors dans des trous qu'elles rencontrent, passant ainsi l'hiver dans un état de sommeil léthargique.

❊ *Dernier segment de l'abdomen fauve ou roux, rarement noir.*

1. B. Lapidarius, Fab. — Femelle. Longueur : 24 mill. — 4° et 5° segments de l'abdomen roux ainsi que l'anus. — Mâle. Longueur : 15 mill. — Partie antérieure de la tête et une bande à la partie antérieure du prothorax jaune citron. — Ouvrière. Longueur semblable à la femelle. — Niche dans la terre, les murs, etc.

2. B. Sylvarum, Dahlb.; *Apis sylvarum*, Lin. — Femelle. Longueur : 23 à 24 mill. — D'un gris jaunâtre, avec une bande noire entre la base des ailes ; 1er et 2° segments de l'abdomen d'un gris jaunâtre, ce dernier avec une bande étroite de poils noirs ; le 3° segment noir ;

les 4ᵉ et 5ᵉ roux : ces trois derniers avec le bord inférieur présentant une bande d'un jaune grisâtre ; anus roux. — Ouvrière. Longueur : 10 à 12 mill., semblable au reste à la femelle. — Les bois et les forêts.

3. B. Fragrans, Dahlb.; *B. pratorum*, Fab.; *Apis fragrans*, Kirb. — Femelle. Longueur : 22 mill. — Dessus et côtés du prothorax jaune, teinté quelquefois de grisâtre, avec une large bande noire entre les ailes ; dessus de l'abdomen d'un jaune roussâtre, surtout vers la base ; pattes noires mêlées de poils noirs. — Ouvrière. Longueur : 10 à 12 mill., semblable au reste à la femelle. — Mâle. Longueur : 12 mill. — D'un jaune brillant, avec le front et les côtés de la tête noirs ; pattes et anus de cette dernière couleur. — Niche dans les prairies ainsi que dans les bois et les forêts des environs de Baugé. F. T.

** *Dernier segment de l'abdomen blanc.*

4. B. Apricus, Fab.; *B. Hypnorum*, Dahlb. — Femelle. Longueur : 22 mill. — Noire, avec quelques poils roussâtres sur le vertex de la tête ; dessus du prothorax d'un jaune roussâtre ; moitié inférieure du 4ᵉ segment de l'abdomen blanche, le 5ᵉ segment et l'anus de cette couleur ; pattes noires, tarse roux. — Ouvrière. Longueur : 11 mill., semblable au reste à la femelle. — Mâle. Longueur : 14 mill. — Diffère de la femelle par la face de la tête d'un roux pâle, le 6ᵉ segment de l'abdomen blanc, et le dessus des tarses noir. — Commun dès le printemps.

5. B. Hortorum, Lin.; Dahlb. — Femelle. Longueur : 26 mill. — Noire ; une bande jaune sur le devant du prothorax ; 1ᵉʳ segment de l'abdomen de cette couleur ; les 2ᵉ et 3ᵉ noirs ; les 4ᵉ et 5ᵉ, ainsi que les côtés de l'anus, blancs, le dessous de celui-ci d'un roux noirâtre ; pattes noires, tarses roux. — Ouvrière. Longueur : 11 à 18 mill., au reste semblable à la femelle. — Mâle. Le 5ᵉ segment de l'abdomen entièrement blanc ; le 6ᵉ noir en dessous, blanc sur les côtés ; anus de cette dernière couleur. — Commun.

6. B. Terrestris, Fab.; Dahlb. — Femelle. Longueur : 25 mill. — Noire ; tête et prothorax noirs, avec une bande jaune sur la partie antérieure de ce dernier ; 1ᵉʳ et 3ᵉ segments de l'abdomen noirs ; le 2ᵉ jaune, le 4ᵉ et le 5ᵉ blancs ; anus de cette dernière couleur ; pattes noires ; dessous des tarses roux. — Ouvrière. Longueur : 10 à 13 mill., au reste semblable à la femelle. — Mâle semblable à l'ouvrière, mais ayant le 6ᵉ segment blanc. — Commun.

Tribu des Apiarides.

Jambes postérieures sans épines à leur extrémité ; crochets des tarses bifides ; les ocelles, disposés en triangle, sont placés sur le front chez la femelle et sur le vertex chez les mâles, lesquels sont seuls à être privés d'aiguillon.

Cette tribu ne renferme que le seul genre Apis.

G. Apis (Omn., Auct.). — *Abeille.*

Les caractères génériques sont ceux de la tribu.

Les espèces du genre Apis vivent en sociétés nombreuses, chacune d'elles composée d'une seule femelle féconde (la Reine); d'un certain nombre de mâles, par centaines, et d'une quantité considérable d'ouvrières ou neutres (femelles infécondes), par milliers.

1. A. Mellifica, Auct.; Abeille domestique. — La femelle ou reine est plus grande, plus allongée que le mâle et les neutres; son corps est légèrement conique, ses ailes sont plus courtes que le corps, et le dessous de ses antennes est d'un brun roussâtre.

Le mâle moins grand que la femelle a l'abdomen obtus, les ailes plus longues que le corps, les antennes et les pattes noires.

L'ouvrière ou femelle stérile, moins grande que le mâle, a les ailes plus longues que l'abdomen, et le bout du dernier article des antennes d'un brun roussâtre. Les ouvrières sont chargées de tous les travaux de la ruche.

Nous regrettons que les bornes de cet ouvrage ne nous permettent pas d'entrer dans de longs détails, en ce qui concerne le plus parfait, le plus étonnant des insectes. Les choses étant ainsi, nous croyons devoir renvoyer le lecteur aux *Observations de Réaumur*, et surtout à l'ouvrage de M. Huber de Genève, ayant pour titre : *Observations sur les Abeilles.* Les choses étant ainsi, nous rappellerons néanmoins un fait bien remarquable d'ailleurs, que nous avons déjà consigné dans le tome II, p. 483, de l'*Indicateur de Maine-et-Loire*, et que voici : Les ouvrières de cette espèce en butinant dans les fleurs des *Orchis* et surtout dans celles de l'*Orchis mascula*, Lin.,— espèce très-répandue — en s'introduisant ainsi dans leur corolle, déplacent les deux étamines qu'elles y rencontrent, qui se collent aussitôt sur leur vertex, et dont l'adhérence, en peu de temps, devient complète; l'on voit ensuite ces insectes munis de deux cornes, qui paraissent nullement les gêner, car aucune tentative de leur part ne se manifeste pour s'en débarrasser.

FIN DES HYMÉNOPTÈRES.

ORDRE DES LÉPIDOPTÈRES.

Nous voici arrivé à l'ordre des Lépidoptères, partie brillante de l'entomologie, ordre des mieux établi et qui réunit tous les insectes connus généralement sous le nom de papillons.

Par rapport à leur classification, nous suivrons, pour le plus grand nombre des espèces, l'*Index methodicus* de M. le docteur Boisduval ; mais cet auteur n'ayant pas compris les *Microlepidoptères* dans son travail, nous aurons donc recours pour ceux-ci à la classification suivie par M. Duponchel dans son grand ouvrage sur les lépidoptères de France, ouvrage entrepris dans le principe par M. Godard, et continué par M. Duponchel (1). Cet ouvrage, d'ailleurs, contenant la description et la figure coloriée, d'après nature, de tous les lépidoptères de France, nous a servi pour établir une synonymie suffisante en indiquant, après le nom de chaque espèce, le tome, la page et la figure qui s'y rapportent : ce qui, comme on le voit, nous dispense de toute description.

D'après le chiffre assez notable de 673 espèces et de plusieurs variétés de lépidoptères que l'on rencontre dans le département de Maine-et-Loire, et au nombre desquels se trouvent comprises certaines espèces méridionales, l'on peut dire, sous ce rapport, que le département est largement partagé. Cependant, il est à penser que toutes les espèces qu'il renferme ne figurent pas ici, si toutefois l'on considère que certains points de son territoire n'ont pas été visités convenablement, sous ce rapport, c'est-à-dire à diverses époques de l'année, et si nous en jugeons encore par le petit nombre de personnes qui l'ont exploré. Néanmoins, d'après la variété des terrains qui constituent le département de Maine-et-Loire, et la spécialité des plantes ainsi que des insectes qui s'y rattachent, l'on peut se former une idée satisfaisante de cette partie de l'entomologie de Maine-et-Loire.

---

(1) Histoire naturelle des lépidoptères ou papillons de France, par M. J.-B. Godard, ouvrage basé sur la méthode de Latreille ; continué par M. P.-A.-J. Duponchel, 12 vol. in-8°, Paris, Méquignon-Marvis, libraire-éditeur à Paris.

Il en est de même par rapport au complément de cet ouvrage (l'Iconographie des chenilles) du même auteur et d'une exécution parfaite.

LEGIO PRIMA

ROPALOCERA

I. *Tribu papilionides.*

Genus papilio, Latr., Bdv.

P. Podalirius, L., vulg^t *le Flambé* (G., t. I, p. 36, pl. I, f. 1).
— Mai, juillet : commun. La chenille, en juin, août et septembre :
sur les amandiers, pruniers et prunelliers.

P. Machaon, L., vulg^t *le Machaon* (G., t. I, p. 38, pl. I, f. 2).
— Mai, juillet : partout où se trouvent les carottes et le fenouil, dont
se nourrit la chenille : cette dernière, en juin, août et septembre.

II. *Tribu pierides*

G. Pieris, Bdv.; *Piérides*, Latr.

P. Cratægi, L., vulg^t *le Gazé* (G., t. I, p. 48, deca., pl. II, f. 3).
— Juin : partout. La chenille : sur les pruniers et prunelliers, les
cratægus, etc.

P. Brassicæ, L., vulg^t *Papillon de chou* (G., t. I, p. 48, quint.,
pl. II, tert., f. 1). — Tout l'été. Partout. La chenille : sur les choux.

P. Rapæ, L., vulg^t *Papillon de la rave* (G., t. I, p. 48, sept.,
pl. II, tert., f. 2). — Tout l'été. La chenille : sur les raves.

P. Napi, L., vulg^t *Papillon du navet* (G., t. I, p. 48, oct., pl. II,
tert., f. 3, et pl. II, quart., f. 3). — Tout l'été. La chenille : sur le navet,
les tourrettes, les résédas.

P. Daplidice, L., vulg^t *Papillon blanc marbré de vert* (G., t. I,
p. 48, sept., pl. II, secund., f. 3, et pl. II, quart., f. 2). — Avril,
mai. Partout. Son vol est rapide et rappelle celui des espèces du genre
suivant, avec lesquelles, d'ailleurs, il a beaucoup d'analogie. La chenille : sur le réséda sesamoides, Dc., la gaude, divers thlaspis, etc.

G. Anthocharis, Bdv ; *Piérides*, Latr.

A. Belia, F. (G., t. II, p. 46, pl. VI, f. 1 et 2, et suppl., p. 3
). — Dès les premiers jours de mars à la fin d'avril. Espèce m
ridionale, très-rare. Coteaux de Servières, commune de Beaulieu (M.
Rocher de Dieuzie et celui du Pied-Martin, commune de Rochefort-sur)
Loire (Me G. D. B.). La chenille : sur les sisymbrium et autres cruci-
fères, le réséda sesamoides, Dc., etc.

A. Ausonia, Esp. (G., t. II, p. 48, pl. vi, f. 3 et 4, et suppl., p. 87.). — Du 10 au 30 juin. Espèce méridionale, très-rare. Habite les mêmes lieux que l'espèce précédente ; rencontrée aussi par les mêmes personnes. Elle recherche les seigles, etc.

Ne pas confondre cette espèce avec la femelle de l'espèce suivante et celle de la Pieris daplidice. La chenille : sur divers crucifères.

A. Cardamines, L., vulg^t l'Aurore (G., t. I, p. 48, quart., pl. ii, f. 2, et pl. ii, quart., f. 1). — Avril, mai. Commun. La chenille : sur les cardamines, les barbarea, turritis, etc. La femelle s'éloigne peu des lieux où croissent les plantes qui servent à nourrir sa progéniture.

G. Leucophasia, Steph., Bdv. ; Piéris, Latr.

L. Sinapis, L., vulg^t Pap. blanc de lait (G., t. I, p. 48, duod., pl. ii, tert., f. 4). — Mai et juillet. Les bois, les prés, etc. La chenille : sur le lotus corniculatus, le lathyrus pratensis. — Commune.

G. Rhodocera, Bdv.; Colias, Latr.

C. Rhamni, L., vulg^t le Citron (G., t. I, p. 43, pl. ii, f. 1). — Dès la fin de février jusqu'à la fin de l'été. Partout. La chenille : sur les rhamnus catharticus et frangula, etc.

G. Colias, Bdv.; Coliades, Latr.

C. Edusa, L., vulg^t le Soufre (G., t. I, p. 46, pl. ii, secund., f. 2). — Mai, juillet et septembre. Commune sur les trèfles, les luzernes. La chenille, en juin et septembre : sur les plantes précitées.

C. Hyale, L., vulg^t le Souci (G., t. I, p. 48 bis, pl. ii, secund., f. 1). — Tout l'été, très-commune. Avec la précédente. La chenille : sur divers trèfles, etc.

III. *Tribus lycænides.*

G. Thecla, F. Bdv.; Polyommati, Latr.

T. Betulæ, L. (G., t. I, p. 181, pl. ix, f. 1). — Juillet, août, septembre. Les bois, les haies, etc. La chenille : sur le prunellier, etc. Les bois de la Haie, ceux d'Avrillé, la forêt d'Ombrée, Trélazé, Sainte-Gemmes-sur-Loire, etc.

T. Pruni, L. (G., t. I, p. 184, pl. ix, f. 2). — Juin, juillet. Les bois, le bord des champs, des chemins, sur les haies et buissons.

T. W. Album, Illig. (G., t. I, p. 188, pl. ix, f. 3). — Juin. Bord des champs, des chemins, les bois, etc.

T. Acaciæ, F. (G., t. II, p. 165, pl. xxi, f. 5, 6 et 7).—Juin, juillet. La chenille, en mai et juin : sur le prunellier. Les haies au bord des champs, des chemins, les bois. Angers, Saumur, Baugé, etc.

T. Lynceus, F. (G., t. I, p. 186, pl. ix, tert., f. 1).—Juin, juillet. La chenille, en mai et juin : sur l'orme, le chêne, l'acacia. Les champs, les jardins, les bois. Angers, Saumur, Baugé, Segré, etc.

T. Quercus, L. (G., t. I, p. 190, pl. ix, secund., f. 1, et pl. ix, tert., f. 3). — Juin, juillet. Les bois, etc. La chenille, en mai : sur le chêne. — Commun.

T. Rubi, L. (G., t. I, p. 206, pl. x, f. 3, et pl. x, secund., f. 5). — Avril, mai, juin. Les bois, le bord des champs. La chenille : sur la ronce, le genêt à balais, etc. — Partout.

G. Polyommatus, Bdv.; *Polyommati*, Latr.

P. Phlæas, L. (G., t. I, p. 196, f. 1). — Dès le mois d'avril, jusqu'à la fin de l'été. Partout.

P. Xanthe, F. (G., t. I, p. 196, pl. ix., secund., f. 3, et pl. x, secund., f. 1.)

G. Lycæna, Bdv. ; *Polyommati*, Latr.

L. Bœtica, L. (G., t. I, p. 192, pl. ix., tert., f. 4, et pl. x, f. 2). — Août, septembre. Assez répandue. Les jardins, les champs, etc. La chenille vit dans les gousses du baguenaudier, dans celle des pois, du genêt à balais. Angers, Saumur, Baugé, etc.

L. Amyntas, F. (G., t. I, p. 194, pl. ix, secund., f. 2, et pl. ix, tert., f. 5. — Suppl., t. I, p. 337). — Juillet, août. Les prairies, les clairières des bois.

L. Hylas, F. (G., t. I, p. 218, pl. ii, secund., f. 2, et pl. ii, tert., f. 5). — Mai, août. Lieux secs, arides des bois, etc.

L. Ægon, Bork. (G., t. I, p. 217, pl. xi, secund., f. 4).— Mai, août. Lieux secs, arides. Le tertre Montchaud, commune de Tiercé ; rocher de Servières, commune de Beaulieu ; la forêt de Fontevrault, Champigny-le-Sec, etc.

L. Argus, L. (G., t. I, p. 215, pl. xi, f. 1, et f. 11, tert., f. 4). — Juin, août. Les bois, les prés, etc.

L. Agestis, Esp. (G., t. I, p. 213, pl. x, f. 4). — Mai, août. Les bois, les prairies, le bord des champs, etc. — Très-commun.

L. Orbitulus, Esp. (G., t. II, p. 200, pl. xxv, f. 3 et 4). — Juillet. Forêt de Fontevrault. Très-rare (R.). Espèce indiquée comme étant propre aux Alpes.

L. Alexis, F. (G., t. I, p, 212, pl. xi, secund., f. 3, et pl. xxvi suppl¹). — Tout l'été. La chenille : sur les légumineuses. Les bois, les champs, etc.

L. Adonis, F. (G., t. I, p. 210, pl. xi, secund., f. 2, et pl. xi, tert., f. 2). — Mai, juillet. Les bois, les champs. On ne le rencontre que dans les terrains calcaires. Champigny-le-Sec, la forêt de Fontevrault, les côteaux de Servières, près le Pont-Barré ; Pontigné. — Rare.

L. Corydon, F. (G., t. I, p. 208, pl. xi, secund., f. 1, et pl. xi, tert., f. 1). — Juillet, août. Avec le précédent, et comme lui dans les terrains calcaires exclusivement, mais il est plus répandu à Champigny-le-Sec, ainsi qu'aux Ulmes; il présente plusieurs variétés.

L. Acis, W. V. (G., t. I, p. 224, pl. xi, secund., f. 7, et pl. xi, quart., f. 4). — Mai, juin. Les bois, les prairies, etc. Les environs de Baugé, d'Angers, de Saumur, etc.

L. Alsus, F. (G., t. II, p. 208, pl. xxvi, f. 5 et 6, suppl.) — Mai, juillet. Les bois, les prairies sèches, etc. — Petite espèce.

L. Argiolus, F. (G., t. I, p. 225, pl. xi, secund., f. 8, et pl. xi, quart., f. 5). — Avril, août. — Répandue partout.

L. Cyllarus, F. (G., t. I, p. 222, pl. xi, f. 3, et pl. xi, quart., f. 3). — Avril, Mai, juin. Bois, prairies, etc.

L. Arion, L. (G., t. I, p. 219, pl. xi, f. 2, et pl. xi, quart., f. 1). — Juin, juillet. Cholet, Angers.

IV. *Tribus erycinides.* Bdv.

G. Nemeobius, Stept., Bdv. ; *Argynnis,* Latr.

N. Lucina, L., vulg^t *la Lucine.* (G., t. I, p. 82, pl. iv, quart., f. 4, et pl. iv, quint., f. 5). — Avril, mai, juin. Les bois, les forêts : les Boisneaux, commune d'Aubigné ; les Boismarais, commune de Saint-Clément-de-la-Place ; les forêts de Baugé; celles des environs de Cholet, etc.

V. *Tribus Danaïdes.* Néant.

VI. *Tribus Nymphalides.*

G. Limenitis, Bdv. ; *Nymphales,* Latr.

L. Sibylla, F., vulg^t *le Petit-Sylvain* (G., t. I, p. 116, pl. vi, secund., f. 3, et pl. vi, tert., f. 1). — Juin, juillet. Les bois, les forêts. La chenille : sur le chèvrefeuille.

L. Camilla, F., vulg^t *le Sylvain azuré* (G., t. I., p. 119, pl. vi, f. 3, et pl. vi, tert., f. 2). — Juin, août. Les bois, les forêts, etc. La chenille : sur le chèvrefeuille. — Plus répandue que la précédente.

— 113 —

G. Argynnis, Oschs., Bdv.; *Argynnis*, Latr.

A. Pandora, Esp.; *Cynara*, F., vulg^t *le Cardinal* (G., t. II, p. 56, pl. VII, f. 1 et 2). — Juin, juillet. Angers, Bouchemaine, Bouzillé, Épiré, Cholet, et toujours peu commun dans chaque localité. Nous l'avons rencontré communément aux Sables-d'Olonne, sur les dunes sableuses.

A. Paphia, L., vulg^t *le Tabac d'Espagne* (G., t. I, p. 51, pl. III, f. 1 et 2, et pl. III, secund., f. 1). — Juillet. Les bois, le bord des chemins, etc. Sur les ronces en fleur. — Commun.

A. Aglaia, L., vulg^t *le Grand Nacré* (G., t. I., p. 54, pl. III, secund., f. 3). — Juin, juillet, août. Les bois, les forêts. Les bois de la Haie, la forêt d'Ombrée, celle de Fontevrault, la forêt de Milly, les forêts de Cholet, les forêts de Baugé.

A. Adippe, F., vulg^t *le Nacré* (G., t. I, p. 57, pl. III, f. 2). — Juillet, août. Habite les mêmes lieux que l'espèce précédente.

A. Lathonia, L., vulg^t *le Petit Nacré* (G., t. I, p. 59, pl. III, f. 3, et pl. IV, tert., f. 1). — Mai, août. Les bois, le bord des champs, etc. — Commun partout.

A. Dia, L., vulg^t *la Petite Violette* (G., t. I, p. 66, pl. IV, secund., f. 1, et pl. IV, quint., f. 1). — Dès la fin d'avril, mai, juin, juillet. Les bois, les prairies, etc. — Commun.

A. Euphrosine, L., vulg^t *le Collier argenté* (G., t. I, p. 64, pl. IV, f. 1, et pl. IV, tert., f. 2). — Mai et juillet. Habite les bois, les prairies, avec le précédent.

A. Selene, F., vulg^t *le Petit-Collier argenté* (G., t. I, p. 64, pl. IV, tert., f. 4). — Mai, août. Se trouve avec les précédents. Cette espèce varie pour la taille.

G. Melitæa, F., Bdv.; *Argynnes*, Latr.

M. Artemis, F., vulg^t *le Damier*, var. D. Geoff. (G., t. I, p. 71, pl. IV, secund., et pl. IV, tert., f. 3). — Dès les premiers jours de mai. Les bois, les prairies. La chenille : sur les scabieuses, divers plantains. Les forêts de Baugé, de Fontevrault, les bois d'Avrillé, etc., etc.

M. Cinxia, F., vulg^t *le Damier*, var. C. Geoff. (G., t. I, p. 73, pl. IV, quart., f. 1, et pl. IV, quint., f. 2). — Mai, juin, août. Les bois, les prairies. La chenille : sur le plantain. — Commun.

M. Phœbe, F., vulg^t *le Damier*, var. B. Geoff. (G., t. I, p. 76, pl. IV, f. 2, et pl. IV, quint., f. 3). — Juin et août. Les bois, les prairies. avec la précédente. Elle est plus grande que la précédente.

M. Didyma, F., vulg^t *le Damier*, var. A. Geoff. (G., t. I, p. 68, pl. IV, secund., f. 2, et pl. IV, tert., f. 5). — Juin, août. Les prairies, les bois. La chenille : sur l'armoise, les linéaires, etc.

8

M. Athalia, Borkh (G., t. I, p. 78, pl. ɪv, tert., f. 6, et pl. ɪv, quint., f. 2). — Juin, août. Les bois, les prairies, avec la précédente.

M. Parthenia, Borkh (G., t. II, p. 75, pl. ɪx, f. 7 et 8). — Juin, août. Elle se rapproche beaucoup de la précédente espèce, mais elle est plus petite. Les bois, les lieux secs de préférence.

G. Vanessa, Ochs., Bdv.

V. Cardui, L., vulg^t *la Belle-Dame* (G., t. I, p. 102, pl. v, secund., f. 2). — Mai, août. La chenille : sur les chardons. — Partout.

V. Atalan.., L., vulg^t *le Vulcain* (G., t. I, p. 99, pl. vɪ, f. 1). — Tout l'été. La chenille : sur les orties. — Partout.

V. Jo, L., vulg^t *le Paon-de-Jour* (G., t. I, p. 96, pl. v, f. 2). — Tout l'été. La chenille : en société sur les orties. — Partout.

V. Antiopa, L., vulg^t *le Morio* (G., t. I, p. 93, pl. v, f. 1). — Avril, août. Les bois, le bord des champs, des chemins, etc. La chenille : sur les saules, les peupliers, le bouleau. Les bois de la Haie, etc., etc.

V. Urticæ, L., vulg^t *la Petite-Tortue* (G., t. I, pl. 91, pl. v, secund., f. 1). — Tout l'été. La chenille : sur les orties. — Partout.

V. Polychloros, L., vulg^t *la Grande-Tortue* (G., t. I, p. 88, pl. vɪ, f. 2). — Avril, juillet. La chenille : sur l'orme, le peuplier, etc. — Partout.

V. C. Album, L., vulg^t le *Gamma* ou *Robert-le-Diable* (G., t. I, p. 85, pl. v, f. 3, et pl. v, tert., f. 1). — Juin, septembre. La chenille : sur l'orme, le chèvrefeuille, l'ortie, etc. — Partout.

VII. *Tribus Libytheides.* Néant.

VIII. *Tribus Apaturides.*

G. Apatura, Ochs., Bdv.; *Nymphales*, Latr.

A. Ilia, F., vulg^t *le Petit-Mars* (G., t. I, p. 125, pl. vɪ, quart., f. 2,). — Juin, juillet, fin août, etc. Se tient habituellement vers le sommet des arbres qui bordent les prairies de la Maine et de la Mayenne, aux environs d'Angers; des bords du Thouet, près Saumur, Montreuil-Bellay; des environs de Baupréau, etc. On la rencontre aussi à terre, dans les lieux battus. La chenille : sur les fresnes, les saules, les peupliers.

Var. Clythie, H. (G., t. I, p. 125, pl. vɪ, quart., f. 3). — Fin de juin, juillet : sur les saules qui bordent la Loire, île de Saint-Jean-de-la-Croix, etc., etc. On la rencontre aussi sur les arbres qui bordent la Mayenne, la Sarthe.

Obs. Les *Apatura* sont très-défiants et par cela même difficiles à capturer.

IX. *Tribus Satyrides*.

G. Arge, Esp., Bdv.; *Satyri*, Latr.

A. Galathea, L., vulg^t *le Demi-Deuil* (G., t. I, p. 165, pl. viii, f. 2). — Juin, juillet. Les champs, les prairies, etc. La chenille : sur le phleum pratense. — Commun.

G. Satyrus, Bdv.; *Satyri*, Latr.

S. Phædra. L., vulg^t *le Grand-Nègre-des-Bois* (G., t. I, p. 147, pl. vii, quart., f. 2). — Juillet, août. La chenille : sur les avena sulcata et elatior. La forêt de Fontevrault; celle de Milly; la forêt de Chandelais.

S. Fidia, L. (G., t. II, p. 90, pl. xi, f. 3 et 4). — Juillet. Espèce méridionale. On la rencontre dans les lieux secs, pierreux, découverts.—Rare. Sainte-Gemmes-sur-Loire. Les buttes de Rivet, commune des Ponts-de-Cé.

S. Fauna, F. (G., t. I, p. 143, pl. vii, tert., f. 3, et pl. vii, quint., f. 1). — Août. Commun, dans les lieux secs, arides, les débris de carrières. Bords de l'étang Saint-Nicolas, Saint-Augustin, commune des Ponts-de-Cé, le Pont-Barré, Martigné, etc.

S. Hermione, L., vulg^t *le Sylvandre* (G., t. I, p. 137, pl. vii, secund., f. 2). — Juillet, août. Grande espèce. La chenille : sur l'*Holcus lanatus*. La forêt de Baugé, celles de Fontevrault, de Milly.

S. Briseis, L., vulg^t *l'Ermite* (G., t. I, p. 134, pl. vii, f. 1). — Juillet, août. Commun dans les lieux secs, arides. La forêt de Fontevrault, celle de Milly.

S. Semele, L., vulg^t *l'Agreste* (G., t. I, p. 139, pl. vii, tert., f. 1). — Juillet, août.—Partout.

S. Janira, Ochs., vulg^t *le Myrtile* (G., t. I, p. 151, pl. vii, sext., f. 1). — Juin, juillet. Les prés, les champs, les bois.—Très-répandu.

S. Tithonus, L., vulg^t *Amaryllis*, Geoff. (G., t. I, p. 154, pl. vii, f. 2). — Juin, juillet. Les bois, les champs, etc. — On ne peut plus commun.

S. Mæra, L., vulg^t *le Satyre* (G., t. I, p. 157, pl. vii, sext., f. 2). —Mai, juillet. Bord des champs, des chemins, etc. — Très-commun.

S. Megæra, L., vulg^t *Mégère* (G., t. I, p. 160, pl. vii, sext., f. 3). — Juin, août. La chenille : sur les graminées. — Partout.

— 116 —

S. Ægeria, L., vulg^t *le Tircis* (G., t. I, p. 163, pl. VIII, secund., f. 1). — Dès la fin de mars, avril, juillet. Les bois, les champs, les chemins, etc. — Très-commun

S. Dejanira, L., vulg^t *la Bacchante* (G., t. I, p. 168, pl. VIII, f. 1). — Juin, juillet. Les forêts : la forêt de Fontevrault, celle de Mazières, près Cholet ; les forêts de Baugé ; les bois près de la Grypheraie, commune d'Echemiré.

S. Hyperanthus, L., vulg^t *le Tristan* (G., t. I, p. 170, pl. VII, f. 3). — Juin, juillet, août. Les bois, le bord des champs, des chemins, etc. On le rencontre souvent sur les fleurs de la ronce. Les bois de la Haie, Saumur : aux marais de Presle.

S. Arcanius, L., vulg^t *le Céphale* (G., t. I, p. 174, pl. VIII, f. 3.) — Les bois, les champs, etc. — On ne peut plus répandu.

S. Pamphilus, L., vulg^t *le Proscrit,* Geoff (G., t. I, p. 176, pl. VIII, secund., f. 3). — Mai, juillet. Les bois, les prés, les champs, etc. — Très-répandu.

X. *Tribus Hesperidæ.*

G. Steropes, Bdv.; *Hesperiæ,* Latr.

S. Aracynthus, F., vulg^t *le Miroir* (G., t. I, p. 229, pl. XII, secund., f. 1, et pl. XII, tert., f. 1). — Juin, juillet. Les bois ; brandes humides des forêts de Cholet (G.) ; les environs de l'étang de la Bosse-Noire (M.) ; les bois d'Avrillé, parmi les bruyères. — Rare.

G. Hesperia, Bdv.; *Hesperiæ,* Auct.

H. Linea, F. (G., t. I, p. 233, pl. XII, f. 3). — Juillet, août. — Partout.

H. Lineola, Ochs. (G., suppl., t. I, p. 253, pl. XLI). — Juillet, août. Les bois, etc.

H. Sylvanus, F. (G., t. I, p. 235, pl. XII, secund., f. 2, et pl. XII, tert., f. 3). — Juin, août. — Partout.

H. Comma, L. (G., t. I, p. 237, pl. XII, tert., f. 4). — Juillet, août. — Commun.

G. Syriothus, Bdv.; *Esperiæ,* Auct.

S. Malvæ, F., vulg^t *la Grisette* (G., t. I, p. 243, pl. XII, secund., f. 5). — Juin, juillet. Les bois, les champs, etc.

S. Fritillum, H., vulg^t *H. du Chardon* (G., t. II, p. 223, pl. XXVIII, f. 1 et 2). — Juillet, août. Lieux secs, arides.

S. Alveolus, H., *H. Cardui* (G., t. I, p. 240, pl. xii, secund., f. 3, et t. II, p. 229). — Mai, juin.

S. Sao, H. (G., t. II, p. 227, pl. xxxviii, f. 3 et 4). — Mai, juillet. Espèce méridionale. Rochers de Dieuzie, commune de Rochefort-sur-Loire (Mⁿ·ᵉ G. de B.) ; Bouchemaine (Bér.) ; Rochers de Servières, commune de Beaulieu (M.).

G. Thanaos, Bdv.

T. Tages, L., *H. Grisette* (G., t. I, p. 241, pl. xii, secund., f. 4). — Avril, mai. Bords des champs, des chemins, les bois, les prés.

LEGIO SECUNDA

HETEROCERA

CREPUSCULARIÆ ET NOCTURNÆ, AUCT.

XI. *Tribus Stygiariæ*. Néant.

XII. *Tribus Sesiariæ.*

G. Thyris, Illig., Latr, Bdv.

T. Fenestrina, F. (G., t. III, p. 123, pl. xxii, f. 1.   ). — Juillet. Haies et buissons. Saumur, Doué, Martigné, Bouchemaine. On le rencontre sur les fleurs des ombellifères de préférence.

G. Sesia, Lasp., Latr.

S. Philanthiformis, Lasp. (G., t. III, p. 119, pl. xxi, f. 17). — Mai, juin.

S. Tentrediniformis, H. (G., t. III, p. 116, pl. xi, f. 16). — Juin.

S. Tipuliformis, L. (G., t. III, p. 114, pl. xxi, f. 15). — Juin. La chenille : dans l'intérieur des branches du groseillier rouge.

S. Nomadæformis, Lasp. (G., t. III, p. 112, pl. xxi, f. 14). — Juin. Les haies, aux environs d'Angers ; les îles de la Loire.

S. Formicæformis, Lasp. (G., t. III, p. 104, pl. xxi, f. 11). — Juin, juillet. Iles de la Loire.

S. Mutillæformis, Lasp. (G., t. III, p. 109, pl. xxi, f. 15). — Juin.

S. Culiciformis, L. (G., t. III, p. 101, pl. xxi, f. 10).—Mai, juin. Espèce méridionale. Les îles de la Loire.

S. Cynipiformis, H., *Vespiformis,* W. V. (G., t. III, p. 96, pl. xxi, f. 8). — Juillet.

S. Ichneumoniformis, F., Lasp. (G., t. III, p. 93, pl. xxi, f. 7). — Juin.

S. Chrysidiformis, Esp. (G., t. III, p. 88, pl. xxi, f. 5). — Mai, juin. Sur les fleurs de lavande, etc., dans les jardins. Les îles de la Loire, etc.

S. Spheciformis, H. (G., t. III, p. 84, pl. xxi, f. 3). — Juin.

S. Asiliformis, F. (G., t. III, p. 81, pl. xxi, f. 2). — Juin, juillet. Sur les haies, etc. Les environs d'Angers. La chenille : dans le tronc des jeunes peupliers, etc.

S. Apiformis, L. (G., t. III, p. 78, pl. xxi, f. 1). — Juin. La chenille : vit dans l'intérieur du tronc des saules et des peupliers. La Baumette, ainsi que les bords de la Loire et du Thouet, etc.

XIII. *Tribus Sphingides.*

G. **Macroglossa,** Ochs. Bdv.; *Spinges,* Auct.

M. Fuciformis, L., vulg¹ *Sphinx fuciforme.* (G., t. III, p. 58, pl. xix, f. 4). — Mai, juin, juillet, août. Le jour sur les fleurs. La chenille : sur le chèvrefeuille, le caillet jaune. Angers, Saumur, la forêt de Fontevrault, Baugé, Cholet.

M. Bombyliformis, H., vulg¹ *Sp. bombyliforme.* (G., t. III, p. 61, pl. xix, f. 5).—Mai, août. Le jour : sur les fleurs comme la précédente. La chenille : sur la scabieuse des champs, le silene divina. Habite les mêmes lieux que le précédent.

M. Stellatarum, L., vulg¹ *Sp. du Caille-lait, Moro-sphinx.* (G., t. III, p. 55, pl. xix, f. 3).—Tout l'été. Le jour, comme les précédents, sur les fleurs et partout. La chenille : sur le caillelait jaune.

G. **Pterogon,** Bdv.; *Spinges,* Auct.

P. Ænotheræ, F., vulg¹ *Spinx de l'onagre.* (G., t. III, p. 52, pl. xix, f. 2). — Juin. La chenille : sur les œnothères, les épilobes. Les bords de la Loire. Le Port-Thibault ; l'île de Saint-Jean-de-la-Croix. — Rare.

G. Deilephila, Ochs. Bdv.; *Spinges,* Auct.

D. Porcellus, L., vulg¹ *Sp. petit-pourceau.* (G., t. III, p. 50, pl. xix, f. 1). — Juin, août, septembre. La chenille : sur le galium verum. Les bois, les champs, etc. La Meignanne ; les rochers de Dieuzie, commune de Rochefort-sur-Loire.

D. Elpenor, L., vulg¹ *Sp. de la vigne.* (G., t. III, p. 46, pl. xviii, f. 3). — Mai, juin, juillet, septembre. La chenille : sur les épilobes, la salicaire, le caillet jaune, la vigne. Angers : le jardin botanique, les Fourneaux, la Baumette, Sainte-Gemmes-sur-Loire, Saumur, Baugé, Saint-Clément-de-la-Place, etc.

D. Celerio, L., vulg¹ *le Phœnix* (G., t. III, p. 43, pl. xviii, f. 2). — Mai, août, octobre. Espèce méridionale, et peut-être voyageuse. La chenille : sur la vigne, le caillelait jaune. Pris à Angers, une seule fois dans mon jardin, sur une fleur de l'*œnothera speciosa* (1), rencontré également une seule fois aux environs de Saumur et de Cholet. — Rare.

D. Nerii, L., vulg¹ *Sp. du Nerium.* (G., t. III, p. 12, pl. xiii). — Septembre. En 1840, un mâle et une femelle s'introduisirent dans une des salles du cabinet d'histoire naturelle de la ville d'Angers et y furent pris. Cette grande et belle espèce, qui est méridionale et voyageuse, n'a pas été rencontrée depuis l'époque précitée.

D. Euphorbiæ, L., vulg¹ *Sp. du Tithymâle* (G., t. III, p. 33, pl. xvii, f. 2). -- Mai, juin, août, septembre. La chenille : sur les euphorbes. La Baumette, Éventard, etc., etc. — Cette espèce varie.

D. Lineata, L., vulg¹ *Sp. rayé, Sp. Livournien* (G., t. III, p. 40, pl. xviii, f. 1). — Juin, août. La chenille : sur les linariæ, les rumex, le caillet jaune, le sonchus arvensis, les feuilles de la vigne. Angers, la Meignanne, Sainte-Gemmes-sur-Loire. Dans les jardins, sur les fleurs de pétunias, de verveines, etc. — Espèce méridionale.

G. Sphinx, Ochs. Bdv. ; *Sphinges,* Auct.

S. Pinastri, L., vulg¹ *Sp. du pin* (G., t. III, p. 30, pl. xvii, f. 1). — Juin, août. La chenille : sur diverses espèces de pins. Cette espèce a été rencontrée, dit-on, dans l'arrondissement de Baugé.

S. Ligustri, L., vulg¹ *Sp. du troëne* (G., t. III, p. 22, pl. xv). — Juin. La chenille : sur le troëne, le lilas, le frêne, le laurier-thym, le sureau, le daphne laureola. — Rare. Angers, Baugé, Saumur.

---

(1) Il arrive quelquefois que la trompe de certains lépidoptères de la tribu des Sphingides, en s'enroulant profondément au sein de la fleur de l'œnothère en question, pour y puiser le suc miellleux qu'elle recèle, s'y trouve tellement arrêtée, qu'il devient de toute impossibilité, à l'insecte pris de la sorte, de pouvoir se dégager. C'est ainsi que nous nous sommes procuré la remarquable espèce dont il est question.

S. Convolvuli, L., vulg^t *Sp. à cornes de bœuf* (G., t. III, p. 26, pl. xvi). — Mai, juin, août, septembre. La chenille qui présente plusieurs variétés, vit sur le liseron des champs, divers volubilis cultivés, etc. Cette espèce est très-répandue ; on la rencontre pendant le jour, sur le tronc des arbres ; au coucher du soleil, elle voltige sur les fleurs, et celles des pétunias, des vervcines, etc., dans les jardins, sont fréquentées par ce bel insecte.

G. Acherontia, Ochs., *Brachyglossa*, Bdv. ; etc.

A. Atropos, L., vulg^t *Sp. à tête de mort* (G., t. III, p. 16, pl. xiv).— Mai, septembre, octobre. La chenille, en juin, juillet : sur les pommes de terre et autres solanées, le physalis alkekengi, le jasmin ordinaire, le prunier, le chanvre.
Depuis la maladie des pommes de terre, cette espèce est moins répandue.

G. Smerinthus, Ochs., Latr., Bdv.

S. Tiliæ, L., vulg^t *Sp. du tilleul* (G., t. III, p. 64, pl. xx, f. 1). — Mai, juin, septembre. Sur le tronc des arbres. La chenille : sur l'orme et le tilleul. — Cette espèce qui est commune, varie beaucoup.

S. Ocellata, L., vulg^t *Sp. demi-paon* (G., t. III, p. 68, pl. xx, f. 2). — Mai, août. Sur le tronc des arbres. La chenille : sur le saule, l'osier, le pêcher, l'amandier, le pommier, etc. — Très-répandu.

S. Populi, L., vulg^t *Sp. du peuplier* (G., t. III, p. 71, pl. xx, f. 3). — Mai, juillet, août. La chenille : sur les peupliers, les saules. Les environs d'Angers, la Baumette, Rochefort-sur-Loire, etc.

XIV. Tribus Zygœnides.

G. Zygæna, Latr., Bdv.

Z. Achilleæ, Esp. (G., suppl., t. II, p. 46, pl. iv, f. 6, a, b). — Mai, juillet. Les terrains calcaires. La forêt de Fontevrault, Champigny-le-Sec, Pontigné, etc. La chenille : sur l'*Hippocrepis comosa*, le *lotus corniculatus*, *plusieurs espèces de trèfles.*

Z. Cinaræ, Esp. (G., suppl., t. II, p. 60, pl. v, f. 6). — Juillet. Les terrains calcaires. La forêt de Fontevrault, Champigny-le-Sec. La chenille : sur le *melilotus corniculatus.*

Obs. Cette espèce, qui est méridionale, nous a été indiquée comme devant habiter la forêt de Fontevrault et Champigny-le-Sec (C.)

Z. Trifolii, Esp. (G., suppl., t. II, p. 71, pl. viii, f. 1). — Juillet, août. Les terrains calcaires, ordinairement. La chenille : sur le lotus corniculatus, le trifolium procumbens, l'hippocrepis comosa. Les environs de Saumur, de Baugé, d'Angers, etc.

Z. Loniceræ, Esp. (G., t. III, p. 134, pl. xxii, f. 4). — Juin, juillet. Commun dans les prairies. La chenille : sur les chèvrefeuilles, le lotus corniculatus.

Z. Filipendulæ, L. (G., t. III, p. 127, pl. xxii, f. 2). — De la mi-juin à la fin d'août. Les prés. La chenille : sur différentes plantes, telles que : trèfles, véroniques, la filipendule, le pissenlit, la piloselle, etc. La forêt de Fontevrault.

Z. Hippocrepidis, Ochs. (G., t. III, p. 156, pl. xxii, f. 3). — Juillet. Les terrains calcaires. Les environs de Saumur, la forêt de Fontevrault, Champigny-le-Sec, les environs de Beaugé. La chenille : sur l'*Hippocrepis comosa*, l'*Astragalus glyciphyllos*. — Rare.

Z. Peucedani, Esp. (G., t. III, p. 130, pl. xxii, f. 3). — Juillet. Les terrains calcaires. La forêt de Fontevrault, Champigny-le-Sec. La chenille : sur divers *peucedanum*, le trèfle ordinaire, etc. Cette espèce, qui est rare, présente plusieurs variétés.

Z. Fausta, L. (G., t. III, p. 150, pl. xxii, f. 13). — Juillet, août. La chenille : sur l'*Ornithopus perpusillus*.

Cette espèce, qui porte encore le nom de *Zygène de la bruyère* et qu'on rencontre ordinairement sur cette dernière plante, nous a été indiquée comme ayant été vue dans la forêt de Fontevrault, mais nos recherches pour nous la procurer ont toujours été sans succès.

G. Procris, F., Latr., Bdv.; *Procris,* G.

P. Statices, L., vulg¹ *la Turquoise* (G., t. III, p. 158, pl. xxii, f. 15). — De la mi-juin à la mi-juillet. Les prairies sèches. La chenille : sur les rumex acetosa et acetosella. Elle n'est pas très-rare dans l'arrondissement de Segré, etc.

P. Globulariæ, Esp. (G., t. III, p. 160, pl. xxii, f. 16). — Juillet. Les bois, les prairies, etc. Angers, Saint-Clément-de-la-Place, Saumur, Baugé.

P. Pruni, F. (G., t. III, p. 162, pl. xxii, f. 17). — Juin, juillet. Les bois, les haies et buissons autour des champs. Angers, Baugé.

P. Infausta, L., *Aglaopé des Haies* (G., t. III, p. 165, pl. xxii, f. 18). — Avril, juillet. Ordinairement en société sur les haies et buissons, les arbres fruitiers. Angers, Bouchemaine, la Meignanne, Saint-Clément-de-la-Place, Martigné, Saumur, Baugé, etc.

XV. *Tribus Lithosides,* Bdv.

G. Euchelia, Bdv.; *Callimorphæ,* Latr.

F. Jacobeæ, L., vulg¹ *le Carmin* (G., t. IV, p. 377, pl. xxxix, f. 1). — Mai, juin. La chenille, noire, avec des anneaux jaunes, vit sur diverses espèces de seneçons, et plus particulièrement sur le seneçon vulgaire ; à défaut de ces plantes, elle vit très-bien sur le *Tussilago farfara*, etc. — Dans tous les jardins, etc.

G. Emydia, Bdv.

E. Cribrum, L. (G., t. V, p. 26, pl. XLIII, f. 1 et 2). — Juin, juillet. Lieux incultes, sur les chardons en fleur, etc. Angers, Saint-Barthélemy, Baugé, Saumur, etc.

E. Grammica, L. (G., t. V, p. 19, pl. XLII, f. 1 et 2). — Juillet, août. A terre, ou bien sur les haies, les buissons, etc. La chenille : sur l'armoise, le caillelait jaune, le lamium album, la piloselle, l'ortie, le prunellier, etc. Angers, à Thorigné, près l'étang de Villiers, Baugé, Saumur, etc.

G. Lithosia, Bdv.; *Lithosiæ et Callimorphæ*, Latr.

L. Rubricollis, L., vulg¹ *la veuve* (G., t. V, pl. XLII, f. 3). — Mai, juin, juillet. La chenille : en juin et juillet. Sur différents lichens : Sticta pulmonacea, jungermannia complanata, etc. Angers, les bois de la Haie, ceux de la rive droite de l'étang de Saint-Nicolas, etc.

L. Quadra, F. (G., t. V, p. 13, pl. XLI, f. 2, 3 et 4). — Juillet. Les bois, etc. La chenille : en juin. Sur le chêne, le châtaignier, le bouleau, etc. Les bois de la Haie, ceux de Serrant, etc.

L. Complana, L. (G., t. III, p. 15, pl. I, f. 5) — Juin, juillet. Les bois. La chenille : sur le genêt à balais, le chèvrefeuille, le chêne, le prunellier, etc. Les bois de la Haie, ceux de Saint-Clément-de-la-Place ; la forêt d'Ombrée, Saumur, Baugé, etc.

L. Complanula, Bdv. (G., t. III, p. 15, pl. I, f. 4). — Fin de mai et premiers jours de juin. Les bois, les champs, les jardins, etc. La chenille : sur les orties. Angers, Saumur, etc.

L. Depressa, Esp. (G., t. III, p. 18, pl. I, f. 6).—Juin. Sur les arbres, dans les bois.

L. Aureola, H. *Callimorpha aureola* (G., t. IV, p. 394, pl. XL, f. 5). — Mai. Les bois, les jardins, etc. La chenille : sur diverses plantes.

L. Rosea, F. (G., t. IV, p. 383, pl. XXXIX, f. 5 et 6). — Juin. Les bois, les lieux embocagés, sur les arbres, les arbustes. La chenille : vit de lichens. La Meignanne (de J.) ; les bois d'Avrillé, sur les châtaigniers, formant avenue. Cette jolie espèce est commune à Saint-Sauveur (Hautes-Pyrénées), non loin du Gave, où nous l'avons rencontrée fréquemment.

L. Mesomella, L. (G., t. V, p. 11, pl. XLI, f. 1). — Juin, juillet. Les bois.

G. Setina, Bdv.; *Callimorphæ*, Latr.

S. Irrorata, H. (G., t. IV, p. 392, pl. xl, f. 3 et 4). — Mai, juillet. Les bois secs. La chenille : vit de lichens, jungermannia. Les bois de la Haie, du côté de l'étang de Saint-Nicolas.

S. Roscida, F. (G., t. IV, p. 390, pl. xl, f. 2). — Mai, juillet. Les bois de la Haie, non loin de l'étang de Saint-Nicolas (Mᵐᵉ G. de B.).

S. Aurita, Esp. (G., t. IV, p. 387, pl. xl, f. 1). — Juillet. Espèce méridionale, trouvée par nous en 1811, dans la forêt de Fontevrault.

G. Naclia, Bdv.; *Callimorphæ*, Latr.

N. Ancilla, L. (G., t. IV, p. 379, pl. xxxix, f. 2 et 3). — Juillet. Sur les buissons, dans les bois. La chenille vit aux dépens de divers lichens, jungermannia. Les bois d'Avrillé ; la forêt d'Ombrée.

G. Nudaria, Steph., Bdv. ; *Callimorphæ*, Latr.

N. Murina, Esp. (G., t. IV, p. 399, pl. xl, f. 8). -- Juillet. Les bois, les champs, les jardins, etc.

XIV. *Tribus Chelonides*, Bdv.

G. Callimorpha, Bdv.; *Callimorphæ*, Latr.

C. Dominula, L. (G., t. IV, p. 372, pl. xxxviii, f. 2, 3 et 4). — Juillet. Grande et belle espèce. Elle présente plusieurs variétés. Les bois, les champs, les jardins. La chenille : sur divers borraginées. Angers, Saumur, Baugé, etc. — Assez rare.

C. Hera, L. (G., t. IV, p. 368, pl. xxxviii, f. 1). — Juillet, août. Partout. La chenille : en mai, sur un grand nombre de plantes : le plantain, la laitue, l'ortie, les épilobes, ainsi que sur le chêne, le hêtre, le saule, le pommier, etc.

G. Nemeophila, Steph.

N. Russula, L. (G., t. IV, p. 343, pl. xxxv, f. 4 et 5). — Mai, juin, août. Les bois, les forêts, les landes ; à terre, parmi les bruyères, d'où, en marchant, on la fait partir. La forêt de Lourzaie, commune de Chazé-Henry ; la forêt d'Ombrée, près Combrée ; les bois d'Avrillé. ceux du Ronceray, etc. (1).

---

(1) La femelle, qui est d'un brun roux, diffère beaucoup du mâle dont les ailes supérieures sont d'un beau jaune et bordées de rouge.

N. Plantaginis, L. (G., t. IV, p. 320, pl. xxxiii, f. 2, 3 et 4). —
Juin. Les bois, les champs, etc. La chenille : en mai, sur divers plantains, le lychnis dioïque, etc. — Rare et jolie espèce. Elle varie quelquefois. La Meignanne (D. J.).

G. Chelonia, Latr., Bdv.

C. Villica, L. (G., t. IV, p. 336, pl. xxxv, f. 1). — Mai, juin. Les
bois, les champs, les jardins. La chenille, en avril et mai : sur les
orties, les chicoracées. — Très-répandue.

C. Purpurea, L. (G., t. IV, p. 339, pl. xxxv, f. 2 et 3). — Juin,
juillet. Les bois, les landes, etc. Rare et belle espèce. La chenille, qui
est vorace, se nourrit d'un grand nombre d'espèces de plantes : le
chêne, l'orme, le charme, le pommier, le cerisier, le genêt à balais, la
cynoglosse, la buglose officinale, le plantain, le mouron, etc. Les bois
de la Bodinière, commune de Trélazé, ceux de Saint-Clément-de-la-
Place, Pruniers; les landes aux environs de Cholet, etc.

C. Caja, L. (G., t. IV, p. 330, pl. xxx, f. 1). — Juin, août. Partout.
Elle présente plusieurs variétés. La chenille : sur différentes espèces
de chicoracées, l'ortie, la mercuriale, les lamium, le genêt à balais, etc.

C. Hebe, L. (G., t. IV, p. 306, pl. xxxi, f. 1 et 2). — Mai, juin.
Les terrains calcaires. Très-belle et assez rare espèce. La chenille :
sur la luzerne, le sainfoin, l'armoise, la mille-feuille, le pissenlit, plusieurs espèces d'euphorbes, etc. Les environs de Doué, de Montreuil-
Bellay, de Saumur, les Ulmes, etc.

G. Arctia, Bdv.; *Arctiæ*, Latr.

A. Fuliginosa, L. (G., t. IV, p. 354, pl. xxxvi, f. 4). — Juin,
septembre. Le bord des champs, les prairies. La chenille, en avril,
mai et juillet : sur les orties, le pissenlit, les rumex, etc. Les prairies
de la Baumette, les fourneaux, etc. — Assez répandue.

A. Lubricipeda, F. (G., t. IV, p. 358, pl. xxxvii, f. 3). — Mai,
juin. Les champs, les jardins, etc. Assez rare. La chenille : sur l'ortie,
la piloselle, les épilobes, le sureau, le framboisier, etc.

A. Urticæ, Esp. (G., t. IV, p. 365, pl. xxxvii, f. 7). — Juin. La
chenille : sur plusieurs espèces de plantes aquatiques. Bords de la
Maine et de la Loire.

A. Menthastri, F. (G., t. IV, p. 362, pl. xxxvii, f. 5). — Mai,
juin. La chenille : sur différentes espèces de menthes, la tanaisie,
l'ortie, divers polygonum aquatiques, etc. Bords de la Loire, de la
Maine, etc.

A. Mendica, L. (G., t. IV, p. 356, pl. xxxvii, f. 2). — Avril, mai,
juin. Les prairies, les jardins, etc. La chenille : sur le plantain lancéolé, le pissenlit, l'ortie, la laitue, l'oseille, les lamium, etc. Les mêmes
lieux que la précédente.

XVII. *Tribus Liparides*, Bdv.

G. Liparis, Ochs. Bdv.; *Bombices*, Auct.

L. Monacha, L. (G., t. IV, p. 259, pl. xxv, f. 3 et 4). — Juillet, août. Sur le tronc des arbres dont les feuilles servent de nourriture à la chenille, tels que : chêne, orme, bouleau, poirier. Il est des années où cette espèce est commune.

L. Dispar. L. (G., t. IV, p. 256, pl. xxv, f. 1 et 2). — Juin, juillet. Les bois, les champs, etc. La chenille, en mai et juin : sur le chêne, les peupliers, l'orme, les arbres fruitiers, les rosiers, etc. Le mâle vole en jour et avec une grande rapidité.

L. Salicis, L. (G., t. IV, p. 271, pl. xxvii, f. 2). — Juillet, septembre. Partout où il y a des peupliers, des saules, dont la chenille se nourrit des feuilles de ces arbres.

L. Auriflua, F. (G., t. IV, p. 276, pl. xxvii, f. 4). — Juillet. La chenille : en société sous une toile qu'elle file sur les arbres dont les feuilles servent à sa nourriture : le chêne, l'orme, le peuplier, le saule, l'aubépine, le prunellier, le rosier, etc. — Commun.

L. Chrysorrhæa, L. (G., t. IV, p. 273, pl. xxvii, f. 3). — Juillet. Partout. La chenille : sur toutes espèces d'arbres, auxquels elle nuit beaucoup à raison de sa multiplicité.

G. Orgya, Bdv.

O. V. Nigrum, F. (G., t. IV, p. 268, pl. xxvii, f. 1). — Juillet. Les bois, le bord des champs, etc. La chenille, en mai : sur le chêne, le hêtre, le bouleau, le tilleul, etc. Angers, la Meignanne, etc., etc.

O. Pudibunda, L. (G., t. IV, p. 239, pl. xxii, f. 2 et 3). — Mai. Les champs, les bois ; les boulevards d'Angers, etc. La chenille : sur l'orme, le chêne, le saule, le peuplier, etc.

O. Fascelina, L. (G., t. IV, p. 244, pl. xxiii, f. 1). — Juin, août. Les bois, les champs. Assez rare. La chenille : sur la ronce, le genêt, le prunellier, le groseillier, le trèfle, le plantain, le fraisier, etc. La Meignanne, Rochefort-sur-Loire, Baugé, la forêt d'Ombrée, etc.

O. Coryli, L. (*Bomb. coryli*, auctorum). — Mai, juillet, août. Les bois, le bord des champs, etc. La chenille, en juin et septembre : sur le chêne, le hêtre, etc. Les bois d'Avrillé, ceux de Baugé, etc.

O. Gonostigma, L. (G., t. IV, p. 249, pl. xxiv, f. 3 et 4). — Juin, septembre. Petite espèce, dont la femelle est aptère. La chenille, en mai et août : sur le prunier et le prunellier, les rosiers, le chêne, l'aulne, le genêt. Les environs d'Angers, etc. — Assez rare.

O. Antiqua, L. (G., t. IV, p. 253, pl. xxiv, f. 1 et 2). — Juin, septembre. Petite espèce, dont la femelle est aptère. La chenille, pendant une grande partie de l'année : sur les mêmes arbres que recherche l'espèce précédente. Angers, etc. — Assez commun.

XVIII. *Tribus Bombycini.*

G. Bombyx, Bdv.; *Bombyces*, Auct.

B. Neustria, L. (G., t. IV, p. 137, pl. XIII, f. 3 et 4). — Juillet. Sur le tronc des arbres. Elle présente plusieurs variétés. La chenille : sur les arbres fruitiers et autres, dépose ses œufs en un anneau serré autour de leurs branches. Elle fait beaucoup de tort aux arbres fruitiers et autres, les rosiers, etc.

B. Lanestris, L. (G., t. IV, p. 108, pl. XI, f. 1 et 2). — Septembre, octobre. La chenille, en mai, sous une toile qu'elle se file : sur le cerisier, le saule, le tilleul, l'épine blanche, le prunier, le prunellier, etc. — Commun en certaines années.

B. Everia, F. (G., t. IV, p. 111, pl. XI, f. 3 et 4). — Mai, septembre, octobre. La chenille, sous une tente commune, vit sur l'épine blanche, le poirier, le prunellier, etc. Angers, Sceaux, Champigné, Saumur, etc.

B. Processionea, L. (G., t. IV, p. 126, pl. XII, f. 5 et 6). — Juillet, août. Les bois de chênes. En grand nombre en certaines années. Le mâle est très-vif et vole en plein jour. Les chenilles, nombreuses, se rassemblent dans un nid commun, d'où elles partent, au déclin du jour, pour se répandre sur les branches d'un chêne dont elles dévorent toutes les feuilles avant de se rendre sur d'autres arbres de même espèce, et ainsi jusqu'au moment où elles forment leurs cocons. — Voyez au reste ce que dit l'illustre observateur Réaumur par rapport à l'ordre qu'elles observent dans leurs pérégrinations. Les bois de la Haie, etc., etc.

B. Cratægi, L. (G., t. IV, p. 122, pl. XII, f. 3 et 4). — Juillet, août. Assez rare. La chenille : sur l'aubépine, le prunellier, le cerisier, le saule, etc. Angers, la Meignanne, etc.

B. Populi, L. (G., t. IV, p. 119, pl. X, f. 4). — Septembre, octobre, novembre. La chenille : sur le peuplier, le tremble, le bouleau, le chêne, le châtaignier, l'églantier, etc. Les îles de la Loire, Angers, la Meignanne, Saumur, etc.

B. Rubi, L. (G., t. IV, p. 134, pl. XIII, f. 1 et 2). — Mai, juin. Grande et belle espèce. Les bois, les champs. Le mâle, comme celui du B. Quercus, vole en plein jour et avec autant de rapidité. La chenille : sur la ronce ordinaire, la potentille, le genêt, etc. — Assez commun en certaines années.

B. Quercus, L. (G., t. IV, p. 95, pl. IX, f. 1 et 2). — Juillet, septembre. Très-répandu. La chenille, sur un certain nombre d'arbres : le chêne, le peuplier, l'orme, le saule, le prunellier, le genêt à balais, etc.

B. Trifolii, F. (G., t. IV, p. 99, pl. IX, f. 3, 4 et 5). — Juillet, août. La chenille : sur le trèfle, la luzerne, le genêt. Angers, Saint-Clément-de-la-Place, Segré, etc.

Cette espèce est plus rare que les deux précédentes.

G. Odonestis, Germ.

O. Potatoria, L. (G., t. IV, p. 92, pl. VIII, f. 3 et 4). — Juin, juillet, août. Très-belle et rare espèce que l'on rencontre dans les lieux plus ou moins marécageux. La chenille : sur l'*Alopecurus pratensis*, L., le *Phragmites communis*, Trin., et autres graminées. Les bords de l'Authion. — Rare.

G. Lasiocampa, Latr., Bdv.

L. Pruni, L. (G., t. IV, p. 87, pl. VIII, f. 1). — Juin, juillet. Grande et belle espèce, sur le tronc des arbres. La chenille, en mai : sur les pruniers et prunelliers, le pommier, l'orme, le saule-marseau, ainsi que sur le *Cotoneaster fontanesii*, Sp. Les jardins, les vergers, les pépinières, etc. — Sans être très-répandue, néanmoins on la rencontre dans les cinq arrondissements de ce département.

L. Quercifolia, L. (G., t. IV, p. 76, pl. VII, f. 1 et 2). — Juillet, août. Sur le tronc des arbres. La chenille : sur le chêne, les arbres fruitiers, le saule, l'alaterne, l'épine vinette. — Assez répandu. Angers, Baugé, Segré, etc.

L. Populifolia, F. (G., t. IV, p. 80, pl. VII, f. 3). — Fin de juin, juillet. Moins répandu que le précédent. La chenille : sur le peuplier d'Italie et autres, le frêne, le saule. Angers, Saint-Clément-de-la-Place, les bords de la Loire.

L. Pini, L. ( ). — Fin de juin, juillet. La chenille : sur le pin sylvestre et autres. Cette espèce, que nous n'avons pas rencontrée, aurait été remarquée dans l'arrondissement de Baugé, ce qu'il nous a été impossible de vérifier.

XIX. *Tribus Saturnides*, Bdv.

G. Saturnia, Schr., Bdv.; *Attacus*, Latr.

S. Pyri, Borkh, vulg[t] *le Grand-Paon de nuit* (G., t. IV, p. 60, pl. IV). — Mai. Les jardins, les vergers, etc. La chenille, en août : sur le poirier, le prunier, l'amandier, l'orme, l'aubépine. — Très-répandu.

S. Carpini, Borkh, vulg[t] *le Petit-Paon de nuit* (G., t IV, p. 68, pl. V, f. 2 et 3). — Fin de mars et commencement d'avril. Le bord des champs, des chemins, etc. La chenille, en juin ou juillet : sur le prunellier, le chêne, l'orme, le charme, le bouleau, le saule, etc. Cette espèce peut rester deux ou trois années à l'état de nymphe. — Assez répandu.

XX. *Tribus Endromides.*

G. Aglia, Ochs., Bdv. ; *Bombyx,* auct.

A. Tau, L. (G., t. IV, p. 73, pl. vi, f. 1, 2 et 3). — Mars, avril, mai. Les bois, les forêts. Le mâle vole en jour comme certains bombyx et avec la même rapidité. La chenillle, en juillet, août : sur le hêtre, le charme, le chêne. La forêt de Chandelais, près Baugé, où elle n'est pas rare (M.) (1) ; les bois de la Haie, près Angers, où on l'a rencontrée quelquefois.

XXI. *Tribus Zeuzerides,* Bdv.

G. Cossus, Bdv.; *Cossi,* Latr.

C. Ligniperda, F. (G., t. IV, p. 47, pl. iii, f. 1). — Juin, juillet. Sur le tronc des arbres. La chenille qui vit dans le tronc des arbres où elle passe plusieurs années, se nourrit de fibres ligneuses qu'elle détache avec ses mandibules, affectionne plus particulièrement le chêne, le charme, l'orme, le saule, le noyer, le pommier, etc. — Très-commun.

G. Zeuzera, Latr., Bdv.

Z. Æsculi, L. (G., t. IV, p. 54, pl. iii, f. 2 et 3). — Juillet. La chenille, comme celle du *Cossus ligniperda,* vit dans l'intérieur de plusieurs espèces d'arbres, telles que : tilleul, orme, poirier, pommier, sorbier, prunier, amandier, noisetier, etc. Angers, Saumur, Baugé, Segré, etc.

G. Hepialus, F., Latr.

H. Humuli, L. (G., t. IV, p. 32, pl. i, f. 1 et 2). — Juillet. Très-rare. Les bords de la Loire. La chenille, qui réside en terre, vit aux dépens des racines du houblon.

H. Sylvinus, L. (G., t. IV, p. 43, pl, ii, f. 1 et 2). — Mai, août. Les bois, les forêts.

----

(1) C'est en 1811, en compagnie du docteur Bastard, que dans la forêt de Chandalais, que nous avons rencontré pour la première fois cette belle et bien remarquable espèce.

H. Lupulinus, L. (G., t. IV, p. 38, pl. I, f. 5 et 6). — Mai, août. — On rencontre cette espèce volant en rasant la terre dans les sentiers des bois. Les bois de la Bodinière, commune de Trélazé, Baugé, Rochefort-sur-Loire, etc.

XXII. *Tribus Psychides,* Bdv.

G. Typhonia, Bdv.

T. Melas, Bdv. (G., suppl., t. IV, p. 73, pl. LVI, f. 12). — Juillet, novembre.

G. Psyche, Schr., Bdv., Latr.

P. Nitidella, H. (G., t. IV, p. 290, pl. XXIX, f. 5 et 6, et suppl., t. IV, p. 70, pl. LVI, f. 9). — Juin. Très-petite espèce. Angers.

P. Muscella, F. (G., t. IV, p. 294, pl. XXIX, f. 8). — Mai, juin. Très-petite espèce. Dans les clairières des bois. Les bois de la Bodinière, ceux de l'Hôpital, commune de Trélazé.

P. Graminella, W. V. (G., t. IV, p. 284, f. 5, 6 et 7). — Juin, juillet, août.   Rochers de Saint-Nicolas, ceux de Dieuzie, commune de Rochefort-sur-Loire.

XXIII. *Tribus Cocliopodes,* Bdv.

G. Limacodes, Latr., Bdv.

L. Testudo, G., B. (G., t. IV, p. 279, pl. XXVIII, f. 1). — Juin. Les bois, sur les arbres. La chenille, vers la fin de l'été : sur le chêne, le châtaignier, etc. — Rare.

XXIV. *Tribus Drepanulides,* Bdv.

G. Cilix, Leach., Bdv.

S. Spinula, H. (D., t. VII, 2e part., p. 94, pl. CXL, f. 7). — Mai, juillet, août. Sur les haies aux environs d'Angers, etc. La chenille, en mai et juin, août et septembre : sur le prunellier, l'épine blanche. Angers, Segré, etc.

G. Platypteryx, Lasp., Bdv.

P. Falcula, H. (D., t. VII, 2e part., p. 79, pl. CXL, f. 1). — Mai août. Les bois, etc. La chenille, en mai et septembre : sur l'aulne, le bouleau, le tremble, le saule blanc, le chêne, etc. La forêt d'Ombrée.

9

P. Hamula, Esp. (D., t. VII, 2ᵉ part., p. 84, pl. cxl, f. 3). — Avril, mai, août. Les bois. La chenille, en juin et septembre : sur le chêne, le bouleau. La forêt d'Ombrée, les bois de Saint-Clément-de-la-Place, la Meignanne.

XXV. *Tribus Notodontides.*

G. Dicranura, Latr., Bdv.

D. Furcula, L. (G., t. IV, p. 166, pl. xvi, f. 2). — Mai, juillet, août. Sur le tronc des peupliers, etc. La chenille, en juin et septembre : sur les saules et les peupliers. Angers, la Meignanne, les bords de la Loire, Rochefort-sur-Loire, Saumur, etc.

D. Erminea, Esp. (G., t. IV, p. 164, pl. xv, f. 4). — Avril, juillet. Habite les mêmes lieux et vit comme la précédente.

D. Vinula, L. (G., t. IV, p. 160, pl. xv, f. 2 et 3). — Avril, juin. Assez rare. Sur le tronc des peupliers ; avec les précédentes espèces, dont elle a les mœurs et les habitudes.

G. Harpyia, Ochs., Bdv.

H. Milhauseri, F. — B. terrifica, W. V. ; *le Dragon,* Engr. — (G., t. IV, p. 176, pl. xvi, f. 4). — Juin. Sur le chêne. Rare (T.). Angers, sur les souches de chêne qui bordent les champs. Petite espèce, dont on trouve la coque collée sur le tronc de l'arbre qui a nourri la chenille. Cette dernière, qui est verte, porte sur le dos un rang d'épines fourchues, de couleur fauve. On la rencontre en juillet, août, sur les feuilles de chêne, dont elle se nourrit. Son extrémité postérieure est fourchue.

G. Uropus, Ramb., Bdv.

U. Ulmi, Bork (D., t. VII, 1ʳᵉ part., p. 261, pl. cxvi, f. 5). — Avril, mai. La chenille : en juin, juillet. Sur l'orme.

G. Asteroscopus, Bdv.

A. Cassinia, F. (D., t. VII, 1ʳᵉ part., p. 246, pl. cxiv, f. 2). — Novembre. Rare. La chenille : vit sur le chêne, le tilleul, le cerisier, le prunier, l'orme, le saule-marseau. La Meignanne (D. J.).

G. Ptilodontis, Steph.

P. Palpina, L. (G., t. IV, p. 203, pl. xix, f. 3 et 4). — Mai, juillet, août. Rare. La chenille : sur les saules, les peupliers, le tilleul. Les environs d'Angers, la Meignanne.

G. Notodonta, Osch., Bdv.

N. Camelina, F. (G., t. IV, p. 192, pl. XVIII, f. 4 et 5). — Juin. Les bois. La chenille : sur le chêne, l'orme, le tremble, etc. Les environs d'Angers, les bois de la Haie.

N. Dictæa, L. (G., t. IV, p. 196, pl. XIX, f. 1).—Avril et mai, juillet et août. La chenille : sur les peupliers, les saules, les osiers, le tremble. Angers, le Mail, la Meignanne, Rochefort-sur-Loire. Les bords de la Loire.

N. Dictæoides, Esp. (G., t. IV, p. 199, pl. XIX, f. 2). — Avril, mai, juillet et août. La chenille, en septembre : sur l'aulne, le bouleau, etc. Dans les bois. Rare. La forêt d'Ombrée (M.); Rochefort-sur-Loire (Mc G. D. B.); Angers (M.).

N. Tritophus, F. (G., t. IV, p. 179, pl. XVII, f. 1 et 2). — Mai, août. La chenille : sur les peupliers, le tremble, le bouleau. Rare. Les bords de la Loire.

N. Ziczac, L. (G., t. IV, p. 182, pl. XVII, f. 3 et 4). — Avril, mai, juillet. Sur le tronc des peupliers. La chenille : sur les peupliers, les saules, les osiers, etc. Assez rare aux environs d'Angers, la Meignanne ; les bords de la Loire, Rochefort-sur-Loire, île de Saint-Jean-de-la-Croix, etc.

G. Diloba, Bdv.

D. Cœruleocephala, L. (D., t. VI, p. 187, pl. LXXXV, f. 1). — Taille du B. livrée. Octobre, novembre. Partout, sur les haies, les arbres fruitiers. La chenille, en juin : sur l'aubépine, le cerisier, l'amandier. Les environs de Saumur, d'Angers, etc. ; la Meignanne, etc.

G. Pygera, Bdv.; *Sericariæ*, Latr.

P. Bucephala, L. (G., t. IV, p. 236, pl. XXII, f. 1). — Mai, juin. Très-répandu. Les champs, les bois ; sur le tronc des arbres. La chenille, en août, septembre : sur le chêne et autres arbres.

G. Clostera, Hoffm., Bdv.

C. Curtula, L. (G., t. IV, p. 233, pl. XXI, f. 5). — Avril, mai, juillet. Sur le tronc des peupliers. La chenille : sur les peupliers, les saules, les osiers. Iles et bords de la Loire, Rochefort-sur-Loire, la Meignanne, etc. — Assez répandue.

C. Anachoreta, F. (G., t. IV, p. 230, pl. XXI, f. 6). — Mai, juillet, août. Assez répandue. Vit à la manière de la précédente, avec laquelle on la rencontre.

XXVI. *Tribus Noctuobombycini,* Bdv.

NOCTUÆ AUCTORUM.

G. **Cymatophora,** Treits, Bdv.

C. Ridens, F. (D., t. VI, p. 150, pl. LXXXII, f. 5 et 6). — Avril. Les bois, etc. La chenille, en septembre : sur le chêne. Angers, les bois de la Haie, ceux d'Avrillé.

C. Octogesima, H. (D., t. VI, p. 158, pl. LXXXIII, f. 2). — Avril, mai. La chenille : sur les peupliers, au bord des rivières de la Maine, de la Sarthe, de la Loire, etc.

G. **Cleoceris,** Bdv.

C. OO, L. (D., t. VI, p. 174, pl. LXXXIV, f. 2 et 3). — Mai, juillet, août, septembre. Vole le jour. Les bois. La chenille : sur le chêne. Les bois d'Avrillé, de la Haie, ceux de Saint-Barthélemy ; la forêt de Longuenée, la Meignanne.

G. **Plastenis,** Bdv.

P. Subtusa, F. (D., t. VI, p. 148, pl. LXXXII, f. 4). — Juillet. La chenille : sur les peupliers, au bord des rivières. Les environs d'Angers, etc., etc.

P. Retusa, L. (D., t. VI, p. 145, pl. LXXXII, f. 3). — Juillet. Avec la précédente, dont elle a les mœurs et les habitudes.

XXVII. *Tribus Bombycoides,* Bdv.

NOCTUÆ AUCTORUM.

G. **Acronycta,** Ochs., Bdv.

A. Leporina, L. (D., t. VI, p. 225, pl. LXXXVII, f. 3). — Juillet, août. Assez répandue. La chenille, très-belle : sur les peupliers et autres arbres.

A. Aceris, L. (D., t. VI, p. 253, pl. LXXXVIII, f. 5). — Juin. Commune. La chenille : sur l'érable, l'orme, le tilleul, etc. Le bord des champs, les bois.

A. Megacephala, F. (D., t. VI, p. 244, pl. LXXXVIII, f. 6). — Mai, août. Commune. La chenille : sur les saules, les peupliers, le tremble, etc. Les environs d'Angers, les bords de la Loire, etc.

A. Ligustri, F. (D., t. VI, p. 256, pl. LXXXIX, f. 1). — Mai. Rare. Jardins, bord des champs, etc. La chenille : sur le troëne, le jasmin.

A. Tridens, F. (D., t. VI, p. 222, pl. LXXXVII, f. 2). — Mai. Assez commune. La chenille : sur le prunellier, l'épine blanche, etc.

A. Psi, L. (D., t. VI, p. 218, pl. LXXXVI, f. 1). — Mai, juin, juillet. Partout. La chenille, en août et septembre : sur l'orme, divers arbres fruitiers, les rosiers, etc.

A. Auricoma, F. (D., t. VI, p. 236, pl. LXXXVII, f. 6). — Mai, juillet. Commune. La chenille, très-belle, en juin et septembre : sur le saule-marseau, le peuplier, le châtaignier, etc. (1).

A. Rumicis, L. (D., t. VI, p. 241, pl. LXXXVIII, f. 2). — Tout l'été. Commune. La chenille : sur les rumex, les rosiers, le lilas, les ronces, etc.

A. Euphrasiæ, Bork (D., t. VI, p. 250, pl. LXXXVIII, f. 4). — Mai, juillet, août. Assez répandue. La chenille : sur diverses espèces d'euphraises et d'euphorbes, l'épine blanche, etc.

G. Diphtera, Ochs.

D. Orion, Esp. (D., t. VI, p. 203, pl. LXXXV, f. 5). — Mai, juin. Jolie espèce variée de vert. Les bois, le bord des champs, etc. La chenille : sur le chêne. Les bois de la Haie, ceux d'Avrillé, la forêt d'Ombrée ; Saint-Clément-de-la-Place, la Meignanne.

G. Bryophila, Tr., Bdv.

B. Glandifera, W. V., *N. Lichenes,* F. (D., t. VI, p. 207, pl. LXXXVI, f. 1, 2 et 3). — Juillet, août. Les rochers, les vieux murs, le tronc des arbres, où croissent certains lichens, du genre *Imbricaria,* plus particulièrement, et dont la chenille se nourrit. Les environs d'Angers, les murs du chemin de Saint-Léonard, les bois de la Haie, la Meignanne.

B. Perla, F. (D., t. VI, p. 210, pl. LXXXVI, f. 4). — Août. Habite les mêmes lieux que la précédente. La chenille se nourrit des mêmes aliments.

B. Algæ, F. (D., t. VI, p. 212, pl. LXXXVI, f. 5). — Juillet, août. Petite espèce, de la taille des précédentes, dont elle a les habitudes et la manière de vivre.

(1) Cette chenille est au nombre de celles qui se métamorphosent très-bien dans un cornet de papier ; ce que nous avons expérimenté plusieurs fois.

XVIII. *Tribus Amphipyrides,* Bdv.

G. Gonoptera, Latr., Bdv.

G. Libatrix, L. (D., t. VII, 1re part., p. 478, pl. cxxxi, f. 1). — Juin, septembre. Les lieux sombres, les caves, pendant le jour. La chenille : sur les saules, les peupliers, etc. — Assez répandue.

G. Spintherops, Bdv.

S. Cataphanes, H., Tr. (G., suppl., t. III, p. 299, pl. xix, f. 1).— Juin, août. Espèce méridionale, très-rare. Les prairies qui bordent la Loire. Rochefort-sur-Loire (Me G. d. B).

G. Amphipyra, Ochs., Bdv.

A. Pyramidea, L. (G., t. V, p. 136, pl. lvi, f. 4). — Juin, septembre. Les champs, les jardins. Assez commune. Elle entre dans les maisons. La chenille, en avril et mai : sur les cerisiers, les pruniers, l'aubépine, le saule, etc.

G. Scotophila, Hubn., Bdv.

S. Tragopogonis, L. (G., t. V, p. 145, pl. lvii, f. 3). — Juillet, août. Les jardins, etc. Elle entre dans les habitations. La chenille : sur le salsifis, l'épinard, le chou, la patience, etc. Commune. Angers, Baugé, Saumur, etc.

G. Mania, Tr., Bdv.

M. Maura, L. (G., t. V, p. 108, pl. liv, f. 1 et 2). — Juillet, septembre. Très-grande espèce. Pendant le jour, elle le passe dans les lieux obscurs, les maisons, les arbres creux, etc. La chenille : sur le prunellier, l'épine blanche. Angers et tout le département.

M. Typica, L. (D., t. VI, p. 269, pl. xc, f. 1). — Juillet. Elle recherche les lieux obscurs pour passer la journée. La chenille, en mai : sur la cynoglosse officinale, la petite ortie, diverses espèces de saules etc. — Assez répandue.

XIX. *Tribus Noctuides.*

NOCTUÆ AUCTORUM.

G. Cerigo, Steph.

C. Cytherea, F. (G., t. V, p. 147, pl. LVII, f. 4). — Juillet, août. Les prés, parmi l'herbe. La chenille : sur plusieurs espèces de graminées.

G. Triphæna, Treits., Bdv.

T. Linogrisea, F. (G., t. V, p. 149, pl. LVII, f. 5). — Juillet. Les champs, les bois, etc. La chenille vit sur les primevères, les orties, la vipérine.

T. Interjecta, H. (G., t. V, p. 154, pl. LIX, f. 1). — Juin. Les bois, le bord des champs. etc. Les environs d'Angers.

T. Ianthina, F. (G., t. V, p. 160, pl. LIX, f. 6). — Juin, septembre. Les bois, les haies, etc. La chenille : sur les *Arum*, etc. Les bois de la Guerche, commune de Saint-Aubin-de-Luigné (Mᵉ G. d. B.). Les environs d'Angers. — Rare.

T. Fimbria, L. (G., t. V, p. 163, pl. LX, f. 1 et 2). — Juin, septembre. Les bois, les champs. Très-rare. La chenille : sur la cynoglosse, les primevères, les pommes de terre, la fève de marais, etc. La vallée de Beaufort ; les bois de la Guerche, commune de Saint-Aubin-de-Luigné. Grande et belle espèce.

T. Orbona, F. (G., t. V, p. 156, pl. LIX, f. 2, 3 et 4). — Mai, juillet. Commune. Pendant la journée elle se tient dans les lieux obscurs des maisons, derrière les volets des appartements. La chenille : sur divers plantains, etc. Cette espèce présente plusieurs variétés.

T. Pronuba, L. (G., t. V, p. 151, pl. LVIII). — Juin, juillet. Sur le tronc des arbres, les murs, etc. Les jardins, les champs, etc. La chenille : sur le seneçon, la bourse-à-pasteur, etc. Angers, Baugé, Saumur, etc.

T. Comes, Hubn.

G. Chersotis, Bdv.

C. Ocellina, W. V. (G., t. V, p. 221, pl. LXV, f. 1). — Juillet, août. Les bois, etc. La chenille : sur la raiponce et autres plantes. Les bois de la Guerche, commune de Saint-Aubin-de-Luigné.

C Plecta, L. (G., t. V, p. 166, pl. LX, f. 3). — Avril, juin. Les bois, les champs, etc. La chenille vit sur le caille-lait jaune, la chicorée sauvage, divers rumex, persicaires, etc. Angers, Saumur, Sainte-Gemmes-sur-Loire, etc.

Cette espèce fournit une jolie variété connue sous le nom de *Cordon-blanc.*

G. Noctua, Treits., Bdv.

N. C. Nigrum, L. (G., t. V, p. 177, pl. LXI, f. 1). — Mai, juillet. Les bois, les champs. La chenille, en avril, juin : sur les orties, le chèvrefeuille, etc. La Meignane, Saint-Clément-de-la-Place. — Assez rare.

N. Conflua, Tr. (D., t. VII, 1ʳᵉ part., p. 140, pl. CIX, f. 7).

N Baja, F. (G., t. V, p. 203, pl. LXIII, f. 4). — Mai, juillet, août. Les bois, les champs, etc. La chenille : sur les primevères, etc. La Meignanne.

G. Spælotis, Bdv.

S. Augur, F. (D., t. VI, p. 31, pl. LXXIII, f. 6). — Juillet. Les champs, les bois, etc. La chenille : sur le pissenlit. Les environs d'Angers.

G. Agrotis, Ochs.

A. Saucia, H. (G., t. V, p. 260, pl. LXIX, f. 4).—Juillet, août. Les bois, etc.

VAR. **Æqua,** H. (G., t. V, p. 258, pl. LXIX, f. 3). — Juin, juillet. Les prairies des bords de la Loire.

A. Suffusa, F. (G., t. V, p. 255, pl. LXIX, f. 1 et 2). — Juin, septembre. Les bois, les prairies, les jardins. La chenille : sur les laitrons, etc. Les environs d'Angers ; les prairies des bords de la Loire.

A. Segetum, W. V. (G., t. V, p. 252, pl. LXVIII, f. 5 et 6). — Juin, août. Les champs, les jardins. La chenille vit en terre et se nourrit des racines de diverses plantes, et surtout de celles du blé, de betteraves, etc. — Commune.

A. Exclamationis, L. (G., t. V, p. 238, pl. LXVII, f. 3 et 4). — Juin, juillet. Les prairies, les bois, les champs, les jardins. Commune. La chenille : sur le seneçon, etc.

A. Obelisca, W. V. (G., t. V, p. 214, pl. LXIV, f. 3). — Juillet. Les bois, les champs, etc. Commune. La chenille : sur le caille-lait jaune.

A. Aquilina, W. V. (G., t. V, p. 218, pl. LXIV, f. 6 et 7). — Juillet, août. Les champs, les jardins. — Commun.

VAR. **Ruris, H.** (G., t. V, p. 171, pl. LX, f. 5). — Août. Les champs, les jardins. — Commun.

A. Tritici, L. (G., t. V, p. 225, pl. LXV, f. 4 et 5). — Juin, juillet. Les blés, les prairies, ainsi que sur les arbres.

A. Fumosa, F. (G., t. V, p. 264, pl. LXX, f. 3 et 4). — Juillet, août. Les bois.

A. Puta, H. (G., t. V, p. 243, pl. LXVII, f. 7). — Mai, juillet, octobre. Les environs d'Angers.

A. Valligera, F. (G., t. V, p. 223, pl. LXV, f. 2 et 3). — Fin de mai et fin de juin. Les champs, etc. Vole en plein jour. La chenille, en septembre, sur l'euphorbia cyparissias.

G. Heliophobus, Bdv.

H. Graminis, L. (D., t. VI, p. 195, pl. LXXXV, f. 4). — Juillet, août. La chenille, qui s'enfonce en terre, vit aux dépens des racines des graminées.

H. Popularis, F. (N., Lolii, Esp., D., t. VI, p. 279, pl. XC, f. 5). — Juillet, août, septembre. La chenille vit aux dépens des racines et des feuilles de certaines graminées, telles que le froment, l'ivraie vivace, le triticum repens, etc.

XX. *Tribus Hadenides.*

NOCTUÆ AUCTORUM.

G. Luperina, Bdv.

L. Dumerilli, Dup. (D., t. VI, p. 277, pl. XC, f. 4). — Juillet, septembre. Sur l'orme et plusieurs autres arbres, dont la chenille vit de leurs feuilles. Petite espèce. Saint-Aubin-de-Luigné.

L. Testacea, W. V. (D., t. VI, p. 133, pl. LXXXI, f. 4). — Mai, juillet, septembre. Les champs, les bois. La chenille : sur le genêt à balais et autres plantes. Angers.

L. Aliena, H. (D., t. VI, 1re part., p. 29, pl. CII, f. 2). — Juillet.

L. Lateritia, Esp. (D., t. VII, 1re part., p. 208, pl. CXIII, f. 5). — Juin, juillet. Les bois, etc. La chenille : sur diverses plantes herbacées.

L. Pinastri, L. (D., t. VII, 2e part., p. 204, pl. CX, f. 5). — Mai, juin. Lieux cultivés, etc. La chenille, en avril et octobre : sur les rumex, etc., et non sur les pins, comme son nom semble l'indiquer. Angers, Sainte-Gemmes-sur-Loire (M.).

L. Hepatica, W. V. (D., t. VII, 1re partie, p. 204, pl. CXIII, f. 4). — Juin, juillet. Assez rare. La chenille : sur diverses plantes.

L. Lithoxylea, W. V. (D., t. VII, 1re part., p. 175, pl. CXI, f. 5). — Juin, juillet. Les bois, le bord des champs, etc. Angers, la Meignanne, Segré.

L. Polyodon, L. (D., t. VII, 1re part., p. 171, pl. CXI, f. 4). — Juin, juillet. Les jardins, les champs. La chenille, épigée, vit des racines des plantes potagères, etc. — Commune.

L. Conspicillaris, L. (D., t. VII, 1re part., p. 149, pl. cx, f. 3, et pl. cxiii, f.   ). — Avril, mai. Les bois, etc. La chenille : sur un grand nombre de plantes herbacées.

L. Basilinea, F. (D., t. VII, 1re part., p. 15, pl. ci, f. 4). — Mai.

L. Gemina, Tr. (D., t. VI, p. 295, pl. xci, f.   ). — Mai, juillet. La chenille : sur diverses plantes.

L. Didyma, Borh. (D., t. VI, p. 443, pl. c, f. 5). — Juin, juillet, août. Les bois, les prés. Elle présente une variété.

G. Apamea, Tr., Bdv.

A. Strigilis. L. (D., t. VII, 1re part., p. 12, pl. ci, f. 2)'. — Juin, juillet. La chenille, en avril : sur le prunellier, l'épine blanche.

A. Furuncula, W. V. (D., t. VII, 1re part., p. 7, pl. ci, f. 3). — Juillet, août.

G. Hadena, Tr., Bdv.

H. Lutulenta, W. V. (G., t. V, p. 269, pl. lxxi, f. 1 et 2). — Septembre. Les champs, les bois, les vignes, etc. La chenille, en mai : sur la vigne, le genêt à balais, etc. Chaudefonds.

H. Æthiops, Ochs. (G., t. V, p. 273, pl. vii, f. 4). — Juillet, septembre. Les champs, les vignes, etc. La chenille, en mai : sur la vigne, le genêt à balais. Chaudefonds, le Pont-Barré, etc.

H. Persicariæ, L. (D., t. VII, 1re part., p. 34, pl. cii, f. 4). — Mai, juin. La chenille, en septembre : sur le polygonum persicaria et hydropiper, le sureau, le chou, le lamium album, les orties.

H. Brassicæ, L. (D., t. VII, 1re part., p. 37, pl. cii, f. 5). — Mai, juin, juillet. Les jardins, les champs, etc. La chenille, tout l'été : sur les choux, les bettes, les atriplex. Elle cause beaucoup de tort aux potagers.

H. Suasa, W. V. (D., t. VII, 1re part., p. 37, pl. ci, f. 7). — Mai, juin, juillet, septembre. La chenille, tout l'été : sur l'arroche des jardins, divers plantains, etc.

H. Oleracea, L. (D., t. VII, 1re part., p. 20, pl. ci, f. 6). — Mai, août. La chenille, tout l'été : sur la plupart des plantes potagères, le verbascum thapsus, diverses persicaires, etc.

H. Chenopodii, F. (D., t. VII, 1re part., p. 31, pl. cii, f. 3). — Mai, août. La chenille, pendant l'été, sur l'arroche des jardins, l'apium graveolens, la laitue, le laitron, l'asperge, le genêt à balais.

H. Dentina, Esp. (D., t. VI, p. 266, pl. LXXXIX, f. 6). — Juin et août. Les champs, etc. La chenille, en mai et juin : vit aux dépens des racines du pissenlit.

H. Atriplicis, L. (D., t. VI, p. 432, pl. c, f. 1). — Mai, juin, août. Belle espèce. Les jardins, les champs, etc. Commune. La chenille, de juillet à septembre : sur l'arroche des jardins, l'oseille, les polygonum hydropiper et persicaria.

H. Thalassina, Bork (D., t. VI, p. 292, pl. XCI, f. 3). — Mai, juin, juillet. La chenille : sur le bouleau.

H. Genistæ, Bork (D., t. VI, p. 285, pl. XCI, f. 1). — Mai. Bord des champs, des chemins. La chenille : sur les rumex, les diverses espèces de genêts.

H. Protea, Esp. (D., t. VI, p. 259, pl. LXXXIX, f. 2 et 3). — Septembre et octobre. Assez rare. Les bois, le bord des champs. La chenille : sur le chêne.

H. Roboris, Bdv. (D., suppl., t. III, p. 159, pl. XV, f. 4). — Août et octobre. Les environs d'Angers. La chenille, en juin : sur le chêne.

G. Phlogophora, Tr., Bdv.

P. Empyrea, H. (D., t. VI, p. 345, pl. XCIV, f. 4). — Juin, septembre. Les lieux incultes, le bord des champs. La chenille : sur les genêts. Angers, la Pointe.

P. Meticulosa, L. (D., t. VI, p. 340, pl. XCIV, f. 3). — Toute l'année. Les champs, les jardins, etc. Très-répandue. La chenille : sur les rumex, le pissenlit, les orties, etc.

G. Aplecta, Guenée.

A. Serratilinea, O. (D., t. VI, p. 395, pl. XCIX, f. 6). — Juin, juillet. Angers. Rare et belle espèce. La chenille : sur le plantain.

A. Herbida, H. (D., t. VI, p. 395, pl. XCVII, f. 3). — Juillet, août. Les jardins, les bois, etc. Rare. La chenille, en septembre : sur plusieurs plantes potagères. Angers, Brissac, la Meignanne.

G. Agriopis, Bdv.

A. Aprilina, L. *Noctua runica,* H. (D., t. VI, p. 365, pl. XCV, f. 5). — Octobre. Les bois, le bord des champs. La chenille, en mai et juin : sur le chêne. Elle s'enfonce dans le bois pourri des souches de cet arbre pour se changer en chrysalide. Angers, Segré, Baugé, la Meignanne, etc., etc.

G. Miselia, Tr.

M. Oxyacanthæ, L. (D., t. VI, p. 374, pl. xcvi, f. 1). — Septembre, octobre. Grande espèce. Elle présente plusieurs variétés. La chenille, en juin : sur l'épine blanche. Les environs de Baugé, etc. — Rare.

G. Dianthœcia, Bdv.

D. Conspersa, W. V. (D., t. VI, p. 354, pl. xcv, f. 1). — Avril, mai, juin. Les prairies, parmi l'herbe, etc. La chenille : sur le lychnis flos cuculi.

D. Capsincola, Esp. (D., t. VI, p. 334, pl. xciii, f. 6). — Juin, septembre. Les bois, les champs. La chenille vit dans les capsules du lychnis dioica. Les environs d'Angers, la Meignanne, etc.

D. Comta, F. (D., t. VI, p. 356, pl. xcv, f. 2). — Juin, septembre. Les jardins, les champs. La chenille vit dans les capsules des œillets cultivés dont elle mange les graines, ainsi que dans celles du lychnis dioica.

G. Ilarus, Bdv.

I. Ochroleuca, W. V. (D., t. VI, p. 314, pl. xcii, f. 3). — Juillet. Les bois, les champs. Vole en plein jour. Les bois de la Haie, ceux d'Avrillé, de Saint-Clément-de-la-Place.

G. Polia, Tr.

P. Dysodea, W. V. (D., t. VI, p. 404, pl. xcviii, f. 2). — Juin, août. Les jardins, les prairies, etc. La chenille : sur les laitues, le persil, l'ancolie, etc. — Commune.

P. Serena, F. (D., t. VI, p. 407, pl. xcviii, f. 3). — Mai, juin, août. Les jardins, les prairies, etc. La chenille : sur divers hyeracium, le leontodon hispidum. Assez rare. Dieuzie, commune de Rochefort-sur-Loire.

P. Chi, L. (D., t. VI, p. 424, pl. xcix, f. 4). — Mai, juin, juillet, septembre. Les bois, les champs, etc. La chenille : sur les laitrons, les laitues, la bardane, l'aquilegia. Dieuzie, etc.

P. Canescens, Bdv. (D., t. VI, p. 422, pl. xcix, f. 3). — Septembre, octobre. Les bois, etc., sur le tronc des arbres. La chenille : sur les peupliers des bords de la Loire. Dieuzie, Saumur.

P. Nigrocincta, Ochs. (G., suppl., t. III, p. 257, pl. xxiv, f. 4). — Avril, juillet et août. Les bois. La chenille, en mai : sur le genêt à balais, le plantain lancéolé, etc.

P. Ruficincta, H.-Gey. (D., suppl., t. III, p. 259, pl. xxiv, f. 3).
— Août.

P. Flavicincta, F. (D., t. VI, p. 401, pl. xcviii, f. 1). — Août,
septembre. Les champs, les jardins, etc. Commun. La chenille, en
mai et juin : sur l'armoise, la laitue, le groseillier épineux, etc.
Angers. Segré, Rochefort-sur-Loire, etc.

G. Thyatyra, Ochs., Bdv.

T. Batis, L. (D., t. VII, 1re part., p. 46, pl. ciii, f. 3). —
Mai, juin, août. Superbe espèce. La chenille, en juillet, août et septembre, vit solitaire sur différentes espèces de ronces. Angers, les
bois de la Haie, Bouchemaine, la Meignanne.

T. Derasa, L. (D., t. VII, 1re part., p. 43, pl. ciii, f. 2). —
Juin, juillet. Très-belle espèce. La chenille vit solitaire sur les
ronces et le framboisier. La Meignanne, les environs d'Angers, Saint-
Clément-de-la-Place, etc. — Rare.

XXI. *Tribus Leucanides.*

NOCTUÆ AUCTORUM.

G. Leucania, Ochs., Bdv.

L. Conigera, F. (D., t. VII, 1re part., p. 60, pl. civ, f. 3).
— Juin. La chenille, en mars, avril, mai : sur les bellis perennis.

L. Albipuncta, F. (D., t. VI, p. 109, pl. lxxx, f. 1). — Juin,
juillet. Les prairies. Celles des bords de la Loire. Rochefort-sur-
Loire.

L. L. Album, L. (D., t. VII, 1re part., p. 70, pl. cv, f. 2).
— Juin, septembre. Partout. Vole en plein jour. La chenille, en avril
et en août : sur les plantes des marécages.

L. Obsoleta, H. (D., t. I, 1re part., p. 77, pl. cv, f. 5). —
Mai, septembre. La chenille, en août et en septembre : dans l'intérieur des joncs.

L. Straminea, Tr. (D., suppl., t. III, p. 346, pl. xxxii, f. 2).
— Juillet, août. Parmi les roseaux, les grandes herbes des marais. Les
bords de l'Authion; les marais de la Baumette, ceux de Cantenay-Epinard. Rare. La chenille se nourrit de diverses plantes de marais.

L. Impura, H. (D., t. VII, 1re part., p. 73, pl. cv, f. 3).
— Juillet. La chenille, en mai et juin : sur le carex pallens. Les prés
d'Echarbot, près Angers; ceux de Beaucouzé, etc.

L. Pallens, L. (D., t. VII, 1re part., p. 68, pl. cv, f. 1).
— Mai, août, septembre. La chenille : sur le mouron des oiseaux,
l'oseille, etc. Rochefort-sur-Loire, etc.

G. Nonagria, Tr., Bdv.

N. Sparganii, Esp. (D., t. VII, 1ʳᵉ part., p. 92, pl. cvi, f. 6 et 7). — Août. Les marais, les fossés voisins des rivières, les fossés des prairies qui bordent la Maine ; les marais de la Baumette. — Rare.

N. Typhæ, Esp. (D., t. VII. 1ʳᵉ part., p 94, pl. cvi, f. 8). — Août. La chenille vit dans l'intérieur des tiges des typha angustifolia et latifolia. La Gripheraie, près Baugé ; la Meignanne.

XXII. *Tribus Caradrinides.*

NOCTUÆ AUCTORUM.

G. Caradrina, Ochs., Bdv.

C. Plantaginis, H. (D., t. VI; p. 59, pl. lxxvi, f. 2).—Juillet. Les bois, les prés, etc. La chenille, en mai : sur le plantago major. Angers.

C. Blanda, H. (D., t. VI, p. 55, pl. lxxv, f. 6). — Août, octobre. Se tient dans les buissons de genêts, etc. Les environs d'Angers.

C. Morpheus, View. (Noctua sepii, H.. D., t. VI, p. 53, pl. lxxv, f. 5). — Août. La chenille : sur les lizerons, etc.

C. Cubicularis, W. V. (D., t. VI, p. 57, pl. lxxvi, f. 1). — Août. Elle entre dans les appartements, attirée par la lumière.

XXIII. *Tribus Orthosides.*

NOCTUÆ AUCTORUM.

G. Episema, Ochs., Bdv.

E. Hispida, Tr. (D., t. XII, p. 103). — Septembre. Les environs d'Angers (T.).

G. Orthosia, Ochs., Bdv.

O. Gothica, L. (G., t. V, p. 180, pl. lxi, f. 2). — Mars, avril, mai, octobre. La chenille : sur le galium aparine, les rumex, le lilas, le noisetier, le genêt à balais. Les environs d'Angers.

O. Litura, L. (D., t. VI, p. 104. pl. lxxix, f. 6). — Août, septembre. Les bois, etc. La chenille, en mai : sur le genêt, le prunier, le prunellier, etc. La Meignanne.

O. Neglecta, H. (D., t. VI, p. 88, pl. LXXVIII, f. 4). — Juillet, août. La chenille, en mai : sur le genêt.

O. Cœcimacula, F. (D., t. VI, p. 69, pl. LXXVII, f. 1). — Septembre. Les bois, etc. La chenille, en mai : sur le genêt, le pissenlit, etc. la Meignanne (de J.).

O. Humilis, F. (D., t. VII, 1re part., p. 274, pl. CXVII, f. 4.) — Juillet. Assez rare. La chenille, en été : sur le pissenlit, le laitron, etc.

O. Pistacina, F. (*Anchocelis lychnidis*, D., t. VI, p. 113, pl. LXXX, f. 5). — Septembre, octobre. Cette espèce, qui est commune, présente un assez grand nombre de variétés. La chenille, comme celle du *Dianthœcia capsincola*, vit dans l'intérieur des capsules du *Lychnis dioica*, F. Angers, Sainte-Gemmes-sur-Loire, etc.

O. Macilenta, Tr. (D., t. VII, 1re part., p. 64, pl. CIV, f. 5). — Août, septembre. Les bois, etc. La chenille, en mai : sur le plantain, le mouron des oiseaux.

O. Instabilis, F. (D., t. VI, p. 130, pl. LXXXI, f. 3). — Février, mars. Les bois, le bord des champs. Les environs d'Angers, les bois de la Haie. La chenille, en juillet et août : sur le chêne, l'épine blanche.

Le nom de cette espèce indique qu'elle est sujette à varier.

O. Ypsilon, W. V. (D., t. VI, p. 135, pl. LXXXI, f. 5). — Juin. Les bois, le bord des champs : sur le tronc des arbres.

O. Lota, L. (G., suppl., t. III, p. 298, pl. XXVII, f. 4). — Septembre, octobre. Les bords de la Loire, de la Maine, etc. La chenille : sur différents saules, tels que salix pentendra, etc.

O. Stabilis, H. (D., t. VI, p. 127, pl. LXXXI, f. 2). — Mars, avril, septembre. Les bois, le bord des champs. La chenille, en mai : sur le chêne. Angers, les bois de la Haie.

O. Miniosa, F. (D, t. VI, p. 138, pl. LXXXI, f. 6). — Avril. Les bois, le bord des champs. La chenille : sur le chêne.

G. Cosmia, Ochs.

C. Diffinis, L. (D., t. VII, 1re part., p. 116, pl. CVIII, f. 4, — Vulg¹ *Nacarat*). — Juillet. La chenille, en mai : sur l'orme. C'est entre les feuilles de cet arbre qu'elle lie avec de la soie, qu'il faut la chercher. Les environs d'Angers, Louvaines, la Meignanne, etc.

C. Affinis, L. (D., t. VII, 1re part., p. 119, pl. CVIII, f. 5). — Juillet, août. La chenille, en mai : sur l'orme. Andard, la Meignanne.

C. Pyralina, W. V. (D., t. VII, 1re part., p. 122, pl. CVIII, f. 6). — Juillet. La chenille, en mai : sur l'épine blanche, le poirier. Rare. Saint-Barthélemy, la Meignanne.

C. Trapesina, L. (D., t. VII, 1re part., p. 113, pl. cviii, f. 1).
— Juillet. Les bois, le bord des champs. La chenille, en mai :
sur l'épine blanche. Les environs d'Angers, la Meignanne.

C. Fulvago, W. V. (D., t. VII, 1re part., p. 125, pl. cix,
f. 1). — Août. Les bois, etc. La chenille, en juin : sur le bouleau, etc.
La forêt d'Ombrée, celle de l'Ourzaie. — Rare.

G. Xanthia, Ochs.

X. Rubecula, Esp. (*Ochreago*, H. D., t. VII, 1re part., p. 284,
pl. cxvii, f. 8). — Juillet, août, septembre. Les prés, les bois, etc.
La chenille : sur le salix repens, etc. La forêt de l'Ourzaie, non loin
du bourg de la Chapelle-Hulin.

X. Ferruginea, H. (D., t. VII, 1re part., p. 470, pl. cxxx,
f. 2). — Septembre. Les bois, etc. La chenille, en mai : sur le chêne,
le tremble, l'orme, etc. Angers, les bois de la Haie, la forêt d'Ombrée.

X. Rufina, L. (D., t. VII, 1re part., p. 473, pl. cxxx, f. 3).
— Les bois, le bord des champs. La chenille, en mai : sur le chêne.
Angers, les bois de la Haie, ceux de l'hôpital, commune de Saint-
Barthélemy.

X. Xerampelina, H. (D., t. VII, 1re part., p. 249, pl. cxvi,
f. 1). — Septembre. La chenille : sur les peupliers des bords de la
Loire, l'orme, etc. Ile de Saint-Jean-de-la-Croix, les Ponts-de-Cé. —
Rare.

X. Silago, H. (D., t. VII, 1re part., p. 462, pl. cxxix, f. 3).
— Août, Septembre, octobre. La chenille, en avril : sur le saule-marseau, les peupliers, les châtaigniers. Saint-Clément-de-la-Place.

X. Cerago, H. (D., t. VII, 1re part., p. 459, pl. cxxix, f. 1
et 2). — Septembre, octobre. La chenille, en mars : sur les chortons
et jeunes pousses des feuilles du saule. Les bords de la Loire.

X. Gilvago, F. (D., t. VII, 1re part., p. 465, pl. cxxix, f. 4,
5 et 6). — Septembre, octobre. Les bois, le bord des champs, etc.
On la rencontre sur le tronc des ormes, etc.

X. Citrago, L. (D., t. VII, 1re part., p. 450, pl. cxxviii, f. 2
et 3). — Septembre. La chenille, en mai : sur le tilleul.

G. Hoporina, Bdv.

H. Croccago, F. (D., t. VII, 1re part., p. 447, pl. cxxviii,
f. 1). — Mai, septembre, octobre. Les bois, etc. La chenille, fin de
mai et commencement de juin : sur le chêne. Angers, Baugé, la
Meignanne.

G. Dasycampa, Guénée.

D. Rubiginea, W. V. (D., t. VII, 1ʳᵉ part., p. 134, pl. cix, f. 6).
— Septembre. Les champs, les lieux incultes, etc. La chenille : sur
les chicoracées, etc. La Meignanne.

G. Cerastis, Ochs., Bdv.

C. Vaccini, L. (D., t. VI, p. 92, pl. lxxix, f. 1). — Mai, septembre. Les terrains calcaires de préférence : les bois, les lieux incultes. Baugé, Montreuil-sur-le-Loir. La chenille : sur le vaccinium
myrtillus, le plantago media, le prunellier. — Rare.

Var. *Spadicea*, H. Glabra (D., t. VI, p. 95, pl. lxxix, f. 2). — Mars,
septembre, octobre. Les environs d'Angers.

Var. *Polita*, H. (D., t. VI, p. 124, pl. lxxxi, f. 1). — Mars, mai,
septembre. La chenille : sur le saule-marseau, l'épine blanche.
Angers.

C. Erytrocephala, W. V. (D., t. VI, p. 5, pl. lxxix, f. 3). —
Septembre, octobre. Bord des champs, etc., sur les haies. La chenille,
en mai et juin : sur le prunellier.

C. Satellitia, L. (D., t. VI, p. 116, pl. lxxx, f. 4). — Août, septembre. La chenille, en mai : sur l'épine blanche. — Assez répandue.

XXIV. *Tribus Xylinides.*

NOCTUÆ AUCTORUM.

G. Xylina, Bdv.

X. Vetusta, H. (D., t. VII, 1ʳᵉ part., p. 159, pl. cxi, f. 1).
— Septembre. Se tient dans les lieux frais de préférence. La chenille :
sur les orties, les rumex, le genêt à balais, etc.

X. Exoleta, L. (D., t. VII, 1ʳᵉ part., p. 163, pl. cxi, f. 2). — Mars,
août, septembre. La chenille : sur les plantes indiquées précédemment.

X. Rhizolitha, F. (D., t. VII, 1ʳᵉ part., p. 187, pl. cxii, f. 3).
— Mars, septembre, novembre. Sur le tronc des ormes, des trembles,
dont la chenille se nourrit de leurs feuilles. Angers, les ormes des
boulevards, etc.

X. Oculata, Germ. (G., suppl., t. III, p. 273, pl. xxxiv, f.   ).
— Septembre. La Meignanne.

G. **Xylocampa**, Guén.

X. Lithorhiza, Bork (D., t. VII, 1re part., p. 191, pl. cxii, f. 4).
— Mars, mai, septembre. Les champs, les bois. La chenille, en juin,
juillet : sur le chèvrefeuille. Angers, Rochefort-sur-Loire, la Meignanne.

G. **Cloantha**, Bdv.

C. Perspicillaris, L. (D., t. VII, 1re part., p. 146, f. 2). — Mai.
Lieux incultes. La chenille : sur les hypericum perforatum et hirsutum,
de juin à août.

G. **Cleophana**, Bdv.

C. Linariæ, F. (D., t. VII, 1re part., p. 156, pl. cx, f. 6). — Mai,
septembre. Lieux incultes, les champs, etc. La chenille, en juillet,
octobre : sur les linaires. Les environs d'Angers, Sainte-Gemmes-sur-
Loire, etc.

G. **Chariclea**, Kirby, Bdv.

C. Delphinii, L. (D., VII, 1re part., p. 142, pl. cx, f. 1). — Mai,
juin, juillet. La chenille, en juillet, août : sur les *Delphinium* des
champs et ceux des jardins. Les environs d'Angers, Villevêque : les
champs de la Grande-Fontaine et ceux de la Petite-Barre. — Rare et
belle espèce (M.).

G. **Cucullia**, Ochs., Bdv.

C. Tanaceti, F. (D., t. VII, 1re part., p. 429, pl. cxxvi, f. 4). —
Juin, septembre. La chenille : sur la tanaisie, l'absinthe, l'armoise, la
camomille, la matricaire, etc. Iles et bords de la Loire, les champs, les
jardins, etc.

C. Umbratica, L. (D., t. VII, 1re part., p. 421, pl. cxxvi, f. 1).—
Mai, juillet. La chenille, de juillet à septembre : sur les laitrons, etc.
Les jardins, les champs. Les environs d'Angers, etc. Rochefort-sur-
Loire, Saumur, etc.

C. Lactucæ, Esp. (D., t. VII, 1re part., p. 424, pl. cxxvi, f. 2). —
Juin, juillet. La chenille, de juillet à septembre : sur la laitue cultivée,
les laitrons, la lampsane commune. Les jardins, les champs, etc.

C. Asteris, F. (D., t. VII, 1re part., p. 404, pl. cxxv, f. 1). — Mai,
août. Les jardins, les champs, etc. La chenille : sur diverses asters, la
verge-d'or, etc.

C. Lychnitis, Ramb. (F., suppl., t. III, p. 402, pl. xxxvi, f.   ).
— Juin.

C. Scrophulariæ, Ramb. (D., t. VII, 1ʳᵉ part., p. 396, pl. cxxiv, f. 1). — Mai. La chenille, en juillet : sur les scrophulaires, le bouillon blanc (Molène).

C. Verbasci, L. (D., t. VII, 1ʳᵉ part., p. 396, pl. cxxiv, f. 1 et 2). —Mai. Lieux incultes. La chenille, de mai à septembre : sur le verbascum thapsus et autres espèces du même genre. — Commune.

XXV. *Tribus Calpides.* Neant.

XXVI. *Tribus Plusides.*

G. Abrostola, Ochs., Bdv.

A. Urticæ, H. (D., t. VII, 1ʳᵉ part., p. 492, pl. cxxxii, f. 2). — Juin, août. La chenille : sur l'ortie. — Assez commune.

A. Triplasia, L. (D., t. VII, 1ʳᵉ part., p. 486, pl. cxxxii, f.   ).— Mai, août. La chenille : sur les orties. Les environs d'Angers.

G. Plusia, Ochs , Bdv.

P. Festucæ, L. (D., t. VII, 2ᵉ part., p. 30, pl. cxxxv, f. 3). — Juin, août. La chenille : sur le festuca fluitans et autres plantes aquatiques. Angers, rive droite de l'étang de Saint-Nicolas.

P. Chrysitis, L. (D., t. VII, 2ᵉ part., p. 21, pl. cxxxiv, f. 3 et 4). — Juin, août. La chenille : sur les orties, le galeopsis tetrahit, le lamium album. Les lieux incultes, les champs, les bords de la Loire.

P. Circumflexa, L. (D., t. VII, 2ᵉ part., p. 51, pl. cxxxvii, f. 4). — Juin, août, septembre. La chenille : sur diverses plantes, le persil des jardins, etc. Les champs, les jardins. — Commune.

P. Iota, L. (D., t. VII, 2ᵉ part., p. 38, pl. cxxxvi, f. 2 et 3). — Mai, juin, août. La chenille, en avril et juillet : sur les orties, la bardane, les lamium album et hirsutum, le galeobdolon luteum. Les bois, les haies, etc.

P. Gamma, L. (D., t. VII, 2ᵉ part., p. 44, pl. cxxxvi, f. 4). — Toute l'année. La chenille, pendant l'été : sur les orties, les rumex, le senecio, etc.

XXVII. *Tribus Heliothides.*

NOCTUÆ AUCTORUM.

G. Anartha, Ochs., Bdv.

A. Arbuti, F. (*Noctua heliaca*, H. — D., t. VII, 1re part., p. 293, pl. cxviii, f. 4). — Mai. Très-petite espèce. Les champs, les jardins, etc. La chenille, en juin : sur le cerastium arvense, dont elle mange les capsules, etc. — Assez rare.

G. Heliothis, Ochs., Bdv.

H. Dipsacea, L. (D., t. VII, 1re part., p. 304, pl. cxix, f. 2). — Mai, juin. Lieux incultes, etc. Rare. Nous l'avons pris volant en plein soleil sur les luzernes dans la plaine de Montreuil-Bellay. La chenille : sur le dipsacus arvensis, les plantago media et lanceolata, le cichorium intibus, le lychnis dioica, le centaurea jacea.

H. Peltigera, W. V. (D., t. VII, 1re part., p. 313, pl. cxix, f. 5). — Juin, octobre. Vole en plein jour. Nous l'avons pris sur des fleurs de reine-marguerite. Les environs d'Angers, la Meignanne, Sainte-Gemmes-sur-Loire, Angers, etc. La chenille : sur les senecio viscosus et sylvaticus, le plantain, la luzerne, etc.

XXVIII. *Tribus Acontides.*

NOCTUÆ AUCTORUM.

G. Acontia, Ochs., Bdv.

A. Solaris, W. V. (D., t. VII, 1re part., p. 346, pl. cxxi, f. 1 et 2). — Juillet, août. Sur les sainfoins, les luzernes, etc. ; dans les terrains calcaires de l'arrondissement de Saumur, où cette espèce est commune.

La var. *Albicollis,* F., est très-commune à Aubigné, Tigné, Doué, etc., Dieuzie, commune de Rochefort-sur-Loire.

A. Luctuosa, W. V. (D., t. VII, 1re part., p. 350, pl. cxxi, f. 3 et 4). — Avril, août. Avec l'espèce précédente, dont elle a les mœurs et les habitudes.

XXIX. *Tribus Catocalides.*

NOCTUÆ AUCTORUM.

G. Catephia, Ochs., Bdv.

C. Alchymista, F. (G., t. V. p. 100, pl. LIII, f. 1). — Mai, juin. Assez rare. Les champs, au pied des arbres. La chenille : sur le chêne, l'orme. Saint-Clément-de-la-Place (Mme G. de B.).

G. Catocala, Ochs., Bdv.

C. Fraxini, L. (G., t. V, p. 50, pl. XLV, f. 1). — Août, septembre, octobre. Très-grande et superbe espèce. Les bois, le bord des champs, sur le tronc des arbres. La chenille : sur le frêne, le peuplier, le tremble, l'orme, le bouleau, etc. Assez répandu. Angers, les bois de la Haie, de Saint-Clément-de-la-Place, Baugé, Saumur, etc.

C. Elocata, Esp. (G., t. V, p. 58, pl. XLVI, f. 1). — Juillet, septembre. Grande espèce, assez répandue. La chenille : sur les mêmes arbres que précédemment.

C. Nupta, L. (G., t. V, p. 54, pl. XLV, f. 2 et 3). — Juillet, septembre. Grande espèce : sur le tronc des arbres et sur les murs. La chenille : sur le saule, le peuplier, etc. — Assez répandu.

C. Sponza, L. (G., t. V, p. 68, pl. XLVIII, f. 1 et 2). — Juillet, août. Commune. Les bois, sur le tronc des arbres. La chenille, en mai : sur le chêne.

C. Optata, G., B. (G., t. V, p. 63, pl. XLVII, f. 3). — Mai, juin. Les bois : cette belle et grande espèce, comme ses congénères, se tient pendant le jour sur le tronc des arbres.

C. Paranympha, L. (G., t. V, p. 84, pl. XLIX, f. 3). — Juin, juillet. Rare. Les environs d'Angers. La chenille, en mai et juin : sur l'épine blanche, le prunellier, etc.

G. Ophiusa.

O. Lunaris, F. (G., t. V, p. 122, pl. LV, f. 2). — Mai, juin, septembre. Bord des champs, des bois, sur le tronc des arbres, ainsi qu'à terre parmi les arbres. La chenille : sur le saule, le peuplier, le chêne. Angers, Baugé, Saumur, la Meignanne.

O. Algira, L. (G., t. V, p. 111, pl. LIII, f. 3). — Mai. Espèce méridionale, que l'on trouve fréquemment dans ce département. Aux environs d'Angers, c'est dans les buissons qui garnissent le pied des vieux murs, qu'on la rencontre habituellement. Elle vole avec une grande rapidité. Le Puy-Notre-Dame, Baugé.

XXX. *Tribus Noctuophalœnides.*

G. Euclidia, Ochs., Bdv.

E. Mi, L. (G., t. V, p. 98, pl. LII, f. 3, 4 et 5). — Juin. Prise dans la plaine de Montreuil-Bellay, sur un carré de luzerne.

E. Glyphica, L. (G., t. V, p. 96, pl. LII, f. 2). — Mai, juillet, août. Vole pendant le jour. On la rencontre dans les prés, les champs de trèfle. — Très-répandue.

G. Brephos, Ochs., Bdv.

B. Parthenias, L. (G., t. V, p. 89, pl. LI, f. 1, 2 et 3). — Mars, avril, mai. Elle présente plusieurs variétés. On la rencontre, volant en jour, dans les clairières des bois. La forêt d'Ombrée, celles de Baugé, de Cholet, etc.

G. Anthophila, Bois.

A. Ænea, W. V. (G., t. VII, 1re part., p. 381, p. CXXIII, f. 5).— Juillet, août. Petite espèce, qui varie beaucoup et que l'on rencontre, volant en jour, sur la lisière des bois, des champs, etc. — Châteauneuf et Juvardeil.

G. Agrophila, Bdv.

A. Sulphurea, H. (D., t. VII, 1re part., p. 376, pl. CXXIII, f. 3). — Mai, août. Vole en plein jour, sur les chardons en fleurs, les luzernes, etc. Jolie et petite espèce très-répandue dans les terrains calcaires de l'arrondissement de Saumur, etc. Les îles de la Loire, etc.

G. Erastria, Bdv.

E. Parvula, Ramb. (D., t. XII, p. 194).—Mai, juin, juillet. Les bois de la Haie, ceux d'Avrillé. Espèce méridionale.

GEOMETRÆ AUCTORUM.

G. Geometra, Bdv.

G. Papilionaris, L. (D., t. VII, 2e part., p. 261, pl. CLI, f. 1). — Mai et juin, août et septembre. Parties fraîches ou humides des bois, des forêts. La chenille : sur l'aulne, le hêtre, le bouleau, le noisetier, etc. Les forêts de Baugé, celle d'Ombrée ; les bois de la Haie. Grande et belle espèce.

G. Phorodesma.

P. Bajularia, Esp. (D., t. VII, 2ᵉ part., p. 265, pl. CLI, f. 2). — Mai, juin. Les bois. La chenille, en avril et mai : sur le chêne. Les environs d'Angers.

G. Hemithea, Dup.

H. Cythisaria, W. V. (D., t. VII, 2ᵉ part., p. 252, pl. CLII, f. 2). — Mars, juin, juillet. La chenille, en mai : sur le genêt à balais. Les environs d'Angers, de Saumur.

VAR. *Coronillaria,* D. (D., t. VII, 2ᵉ part., p. 255, pl. CLII, f. 3). — Avril, mai. La forêt de Milly, celle de Fontevrault, les bois de Saint-Clément-de-la-Place.

VAR. *Agrestaria,* D. (D., t. VII, 2ᵉ part., p. 257, pl. CLII, f. 4). — Juin. Ailes vertes ; petite espèce. La chenille Rochefort-sur-Loire, etc.

H. Vernaria, W. V. (D., t. VII, 2ᵉ part., p. 248, pl. CLII, f. 1). — Mai, juillet. La chenille, en mai, juillet et septembre : sur le prunier et le prunellier, l'abricotier, le chêne, la clématite. Les environs d'Angers, etc.

H. Putataria, L. (D., t. VII, 2ᵉ part., p. 242, pl. CLI, f. 3). — Juin. Les bois, etc. La chenille, en juillet : sur le charme, l'aulne, etc.

H. Estivaria, Esp. (D., t. VII, 2ᵉ part., p. 239, pl. CLI, f. 6). — Juin. Les bois, les champs, les jardins. La chenille, en avril et mai : sur le chêne, le prunellier, l'épine blanche.

OBS. Toutes les espèces de ce genre sont remarquables par la couleur verte de diverses nuances dont elles sont ornées.

G. Metrocampa, Latr.

M. Margaritaria, L. (D., t. VII, 2ᵉ part., p. 125, pl. CXLI, f. 2). — Avril, mai, juillet et août. La chenille, en mai, juin, août et septembre : sur le charme, le chêne, etc. Les bois de la Haie, les forêts de Baugé, celle de Fontevrault,   Grande et belle espèce.

M. Honoraria, W. V. (D., t. VII, 2ᵉ part., p. 128, pl. CXLI, f. 3). — Avril. Les bois, etc. La chenille, en octobre : sur le bouleau, etc. La forêt d'Ombrée, les bois de Saint-Clément-de-la-Place, la Meignanne, etc.

G. Urapteryx, Kirby.

U. Sambucaria, L. (D., t. VIII, 1re part., p. 199, pl. CLXXXIV, f. 1). — Juin, juillet. Très-belle espèce. Les bois, les haies, etc. La chenille : sur le sureau, le prunellier, le chèvrefeuille. Les forêts de Baugé, les bois de la Haie, ceux de Saint-Clément-de-la-Place, la Meignanne, Saumur, etc.

G. Rumia, Dup.

R. Cratægaria, H. (D., t. VII, 2e part., p. 119, pl. CXLI, f. 1). — Mai, juillet. Partout. La chenille : sur l'épine blanche, le prunellier, etc.

G. Ennomos, Dup.

E. Syringaria, L. (D., t. VII, 2e part., p. 161, pl. CXLIV, f. 5). — Mai, juillet. La chenille, en juin : sur le lilas, le troëne, le jasmin blanc, le saule blanc, etc. Angers, Baugé, Saumur, la Meignanne.

E. Dolabraria, L. (D., t. VII, 2e part., p. 187, pl. CXLVIII, f. 5). — Mai, juillet. Les bois, etc. La chenille, en mai et juin, août et septembre : sur le chêne, le tilleul. La forêt de Fontevrault, celles de Cholet. Angers, la Meignanne, Saint-Clément-de-la-Place.

E. Apiciaria, W. V. (D., t. VII, 2e part., p. 213, pl. CXLVIII, f. 1). — Juillet, octobre. La chenille : sur le saule. La Chapelle-Hulin, près de la Bouillaut ; Segré.

E. Lunaria, W. V. (D., t. VII, 2e part., p. 153, pl. CXLIV, f. 1 et 2). — Mai, juin, septembre. La chenille, en juin, août et septembre : sur l'orme, le saule, le chêne, le châtaignier. Le Mail, à Angers; à Thorigné, sur des ormeaux situés non loin de la fontaine Saint-Martin ; Segré, Andard, la Meignanne, etc.

E. Delunaria, H. (D., t. VII, 2e part., p.   ). — Juin.

E. Illunaria, W. V. (D., t. VII, 2e part., p. 157, pl. CXLIV, f. 3). — Juin, septembre. La chenille : sur les mêmes arbres que recherchent les deux espèces précédentes.

E. Angularia, W. V. (D., t. VII, 2e part., p. 144, pl. CXLII, f. 3 et 6). — Juin, juillet. Les bois, les forêts. La chenille : sur le chêne, le hêtre, l'orme, le charme, le tilleul. La forêt de Fontevrault, les forêts de Baugé, les bois de la Haie, la Meignanne, etc.

E. Illustraria, H. (D., t. VII, 2e part., p. 159, pl. CXLIV, f. 4, et pl. CXLV, f. 2). — Mai, septembre. La chenille : sur le chêne, l'orme, le saule, etc.

E. Alniaria, L. (D., t. VII, 2e part., p. 139, pl. CXLII, f. 1 et 2).

— Mai, août, septembre. La chenille : sur l'aulne, ainsi que sur les autres arbres indiqués précédemment. Les bois de la Guerche, situés commune de Saint-Aubin-de-Luigné ; les forêts de Baugé.

E. Prunaria, L. (D., t. VII, 2⁰ part., p. 181, pl. cxlvii, f. 3 et 4, et sa var. *Corylaria*, Esp., f. 1 et 2). — Juin, juillet. Les forêts, les bois, les jardins. La chenille : sur le prunier et le prunellier, le charme, l'orme ; et la var. : sur le coudrier. Les bois de la Guerche, commune de Saint-Aubin-de-Luigné ; les forêts de Baugé.

G. Himera, Dup.

H. Pennaria, L. (D., t. VII, 2⁰ part., p. 171, pl. cxlvi, f. 1 et 2). — Octobre, novembre, décembre. Les bois, le bord des champs, etc. La chenille, en mai et juin : sur le chêne, le charme, le prunellier.

G. Crocallis, Tr.

C. Elinguaria, L. (D., t. VII, 2⁰ part., p. 175, pl. cxlvi, f. 3). — Septembre, au pied des arbres dans les bois, le bord des champs. La chenille, en mai : sur l'orme, le chêne, le genêt, l'épine blanche, le prunellier. Grande, belle et rare espèce. La forêt d'Ombrée ; Segré.

G. Macaria, Curt.

M. Alternaria, H. (*Philobia alternaria*, D., t. VII, 2⁰ part., p. 203, pl. cxlix, f. 3). — Mai, juillet. Bord des champs, etc. Angers, la Meignanne.

M. Notataria, Esp. (*Philobia notataria*, D., t. VII, 2⁰ part., p. 200, pl. cxlix, f. 2). — Mai, juillet. Les bois, etc. La chenille en juin et septembre : sur plusieurs espèces de saules.

G. Halia, Dup.

H. Wavaria, L. (D., t. VII, 2⁰ part., p. 402, pl. clxiii, f. 3 et 4). — Juillet. Les jardins. La chenille : sur les groseilliers, etc.

G. Aspilates, Tr.

A. Vibicaria, L. (D., t. VIII, 1ʳᵉ part., p. 134, pl. clxxix, f. 6 et 7). — Avril, juillet. La chenille, en juin : sur le genêt à balais. Lieux arides des bords de l'étang de Saint-Nicolas. Pruniers.

A. Calabraria, Esp. (D., t. VIII, 1ʳᵉ part., p. 132, pl. clxxix, f. 4). — Mai, juillet. Les coteaux, les bois élevés. Les coteaux de Servières, commune de Beaulieu, les bois de la Haie. — Rare.

A. Purpuraria, L. (D., t. VIII, 1re part., p. 125, pl. CLXXIX; f. 1, 2 et 3). — Juillet, août.

A. Citraria, H. (D., t. VIII, 1re part., p. 1116, pl. CLXXVIII, f. 4 et 5). — Mai, août. Les bois.

A. Gilvaria, W. V. (t. VIII, 1re part., p. 114, pl. CLXXVIII, f. 2 et 3). — Août. Les champs, les prairies sèches. La chenille, en juin : sur la millefeuille.

G. Fidonia, Tr.

F. Atomaria, L. (D., t. VII, 2e part., p. 416, pl. GLXIV, f. 4, 5 et 6).—Avril, juillet. Elle varie beaucoup et est très-répandue. La chenille : sur les scabieuses, l'armoise, etc. Les bois, etc.

F. Piniaria, F. (D., t. VII, 2e part., p. 421, pl. CLXV, f. 1 et 2). — Fin d'avril. Le Frêne, commune de Sainte-Gemmes-sur-Loire ; sur les pins. Baugé. — Rare.

G. Eupisteria, Bdv.

E. Concordaria, H. (D., t. VII, 2e part., p. 429, pl. CLXVI, f. 2 et 3). — Mai, septembre. La chenille : sur le genêt à balais, etc.
Les petites perrières, près Saint-Augustin, commune des Ponts-de-Cé. Prise vers la mi-juin (M.). Au sommet du Pied-Martin, commune de Rochefort-sur-Loire (Mme G. d. B.). — Rare.

G. Speranza, Curtis.

S. Conspicuaria, Esp. (*Fidonia limbaria*, D., t. VII, 2e part., p. 424, pl. CLXV, t. 3 et 4). — Mai, août. Vole pendant le jour autour des buissons. La chenille, en juin, juillet et septembre : sur les genêts, les ajoncs. Haies et fossés des landes (landes cultivées) de Sceaux, de Thorigné, etc.

G. Hibernia, Latr., Bdv.

H. Rupicapraria, W. V. (D., t. VII, 2e part., p. 314, pl. CLVI, f. 7). — Novembre, décembre, février. La chenille, en mai : sur le prunellier, l'épine blanche.

H. Aurantiaria, Esp. (D., t. VII, 2e part., p. 312, pl. CLV). — Mars, novembre. Les bois, etc. La chenille : sur le chêne, le charme, le bouleau. Les environs d'Angers, les bois de la Haie.

H. Progemmaria, H. (D., t. VII, 2e part., p. 309, pl. CLV, f. 6). — Novembre, février. Le mâle varie plus ou moins. La femelle est aptère. Les bois. La chenille, en mai et juin : sur le chêne, le bouleau, l'épine blanche. Angers, la Meignanne.

— 155 —

H. Defoliaria, L. (D., t. VII, 2ᵉ part., p. 304, pl. CLV, f. 3, 4 et 5). — Novembre, février. Le mâle varie beaucoup. La femelle est aptère. Les bois, les haies. La chenille, en mai : sur le prunellier, l'épine blanche.

H. Leucophæaria, W. V. (D., t. VII, 2ᵉ part., p. 321, pl. CLVI, f. 4 et 6). — Février, mars. Les bois, etc. La chenille, en juin : sur le chêne.

H. Bajaria, H. (D., t. VII, 2ᵉ part., p. 324, pl. CLVI, f. 8). — Novembre. Partout sur les haies. La chenille : sur le prunellier, l'épine blanche.

H. Pilosaria, W. V. (D., t. VII, 2ᵉ part., p. 298, pl. CLV, f.   ). — Janvier, février, mars. Commune sur les haies. La chenille : sur le chêne, le prunellier, l'épine blanche, l'orme, etc. — Commune.

G. **Nyssia**, Dup., Bdv.

N. Zonaria, W. V. (D., t. VII, 2ᵉ part., p. 290, pl. CLIV, f. 6 et 7). — Avril. Sur le tronc des arbres qui bordent les prairies. La chenille : sur la millefeuille, la jacée des prés, la sauge des prés, etc. Rare. La femelle est aptère. Les prairies qui bordent la Loire.

G. **Amphidasis**, Dup., Bdv.

A. Hirtaria, L. (D., t. VII, 2ᵉ part., p. 279, pl. CLIII, f. 5 et 6). — Mars, juillet. Les bois, les haies. La chenille, en juin : sur l'orme, le chêne, le poirier, etc.

H. Betularia, L. (D., t. VII, 2ᵉ part., p. 271, pl. CLIII, f. 1 et 2). — Mai, juin. Commune. Les bois, les haies, etc. La chenille, en août et septembre : sur le chêne, le bouleau, l'orme, divers peupliers et saules. La forêt d'Ombrée, la Meignanne, etc.

H. Prodromaria, F. (D., t. VII, 2ᵉ part., p. 275, pl. CLIII, f. 3 et 4). — Mars, juillet. Les bois, les haies, etc. La chenille, en juillet et août : sur le chêne, le bouleau, les peupliers, etc.

G. **Boarmia**, Tr., Bdv.

B. Consortaria, F. (D., t. VII, 2ᵉ part., p. 339, pl. CLVII, f. 4). — Avril, juillet. Les bois, le bord des champs, etc. La chenille : sur le peuplier d'Italie, le prunellier, le saule blanc, le bouleau.

B. Rombhoïdaria, W. V. (D., t. VII, 2ᵉ part., p. 349, pl. CLVIII, f. 4 et 5). — Juin, juillet, septembre. Sur le tronc des arbres. Elle varie beaucoup dans les dessins que présentent ses ailes. La chenille, en mai et juillet : sur l'épine blanche, le bouleau.

B. Petrificaria, D. (D., t. VII, 2ᵉ part., p. 375, pl. CLXI, f. 3). — Septembre. Sur le tronc des arbres, les murailles. Angers.

B. Lichenearia, W. V. (D., t. VII, 2e part., p. 380, pl. CLXI, f. 5).
— Mai, juin, Les bois, sur le tronc des arbres couverts de lichens, dont la chenille, en mai, se nourrit, et en prend la couleur.

G. Tephrosia, Bdv.

T. Crepuscularia, W. V. (D., t. VII, 2e part., p. 346, pl. CLVIII, f. 2 et 3). — Mars, avril, mai, juin. Les bois, le bord des champs, etc. La chenille : sur le saule, le peuplier, l'aulne, le sureau, le prunellier. Les environs d'Angers.

G. Gnophos, Tr., Bdv.

G. Obscuraria, H. (D., t. VIII, 1re part., p. 208, pl. CLXXXV, f. 7). — Juin, juillet. Les bois, le bord des champs, etc. Angers, les bois d'Avrillé, la Meignanne, les bois de Châteaucoin, près Baugé, etc.

G. Mucidaria, H. (D., t. VIII, 1re part., p. 218, pl. CLXXXVI, f. 5). — Juin, juillet. Avec la précédente, dont elle a les mœurs et les habitudes.

VAR. *Variegata.* (D., t. VIII, 1re part., p. 216, pl. CLXXXIV, f. , et pl. CLXXXV, f. 8). — Juin, juillet. Sur le tronc des arbres et contre les murs.

G. Mniophila, Bdv.

M. Corticaria, H. (D., t. VII, 2e part., p. 388, pl. CLXII, f. 3 et 4). — Juin. Les bois, etc. Sur le tronc des arbres couverts de lichens, dont la chenille se nourrit.

G. Eubolia, Dup., Bdv.

E. Murinaria, W. V. (D., t. VII, 2e part., p. 440, pl. CLXVII, f. 3 et 5). — Juin, août. On la rencontre dans les champs de luzerne, volant pendant le jour. Elle est assez répandue dans l'arrondissement de Saumur.

E. Plumbaria, W. V. (*Phasiania plumbaria,* D., t. VIII, 1re part., p. 147, pl. CLXXXI, f. 1). — Mai, juillet, août. Les bois, les forêts. La forêt de Brissac, les bois de Saint-Clément-de-la-Place.

E. Mensuraria, W. V. (D., t. VIII, 1re part., p. 171, pl. CLXXXII, f.). — Juillet, août. Les bois, les jardins, etc. La chenille : sur certaines graminées, telles que : Bromus arvensis, etc. — Commune.

E Cervinaria, Tr., D. (D., t. VIII, 1re part., p. 173, pl. CLXXXII, f. 1). — Juillet. Butte du Pied-Martin, commune de Rochefort-sur-Loire. La chenille : sur différentes malvacées.

E. Bipunctaria, W. V. (D., t. VIII, 1re part., p. 186, pl. CLXXXII, f. 5). — Juillet. Les bois, les prairies, etc. La chenille : sur le trèfle, l'ivraie vivace, etc.

E. Miaria, W. V. (D., t. VIII, 1re part., p. 333, pl. CXCIV, f. 41). — Mai, juin. Les bois, le bord des champs, etc. La chenille : sur le chêne. Angers, près la Maître-École, Thorigné.

E. Ferrugaria, W. V. (D., t. VIII, 1re part., p. 181, pl. CLXXXIII, f. 6). — Mai, juillet. Les bois, les champs, etc. La chenille : sur le mouron des oiseaux.

G. Anaitis, Dup., Bdv.

A. Plagiaria, Bdv. (D., t. VIII, 1re part., p. 352, pl. CXCV, f. 2 et 3). — Juin, août. Les bois, le bord des champs, les prairies, etc. Commun. La chenille : sur le millepertuis ordinaire.

G. Larentia, Tr., Bdv.

L. Dubitaria, L. (D., t. VIII, 1re part., p. 362, pl. CXCV, f. 5). — Avril, mai, juillet. Commune. Les jardins, le bord des champs, etc. La chenille : sur le nerprun purgatif, etc.

L. Rhamnaria, Tr., Bdv. (D., t. VIII, 1re part., p. 372, pl. CXCVI, f. 3). — Juillet. Les bois, le bord des champs, etc. La chenille : sur le nerprun purgatif, etc. Assez répandue. Les environs d'Angers.

L. Vetularia, Tr., Bdv. (D., t. VIII, 1e part., p. 375, pl. CXCVI, f. 4.) — Juin. Les bois. La chenille, comme les précédentes, sur le nerprun purgatif, etc.

L. Vitalbaria, Dup. (D., t. VIII, 1re part., p. 385, pl. CXCVII, f. 3). — Juin, juillet. Les bois, le bord des champs, etc. Les Ponts-de-Cé, etc. La chenille : sur la clématite des haies.

L. Gemmaria, Bdv. (G., suppl., t. IV, p. 389, pl. LXXXI, f. 6). — Espèce méridionale. Les bois de la Haie, la forêt de Fontevrault, la Meignanne.

L. Fluviaria, Bdv. — **Fluviata,** H., Tr. (D. t. XII, p. 259,). — Juillet. Le jardin botanique d'Angers. Espèce méridionale (T.). — Très-rare.

L. Bilinearia, Bdv. (D., t. VIII, 1re part., p. 381, pl. CXCVIII, f. 1 et 2). — Juin, juillet. Partout. La chenille : sur un certain nombre de plantes herbacées

L. Tersaria, W. V., Bdv. (D., t. VIII, 1re part., p. 387, pl. CXCVII, f. 1 et 2). — Juin. Les bois, le bord des champs. La chenille, en septembre et octobre : sur la clématite des haies.

L. Petraria, Esp. (D., t. VIII, 1re part., p. 149, pl. CLXXXI, f. 2). — Mai, juin. Les prés, les bois. La forêt de Brissac, etc., etc.

L. Psittacaria, B. (D., t. VIII, 1re part., p. 417, pl. cxcix, f. 5).
— Mai, juin, septembre. Les bois, etc. La chenille, en juillet et octobre : sur le chêne.

L. Dilutaria, Bdv. (D., t. VIII, 1re part., p. 405, pl. cc, f. 5). — Juillet, octobre, novembre. Les bois, le bord des champs. La chenille, en mai et juin : sur le chêne, le hêtre, etc. Les forêts de Baugé.

L. Brumaria, Esp. (D., t. VIII, 1re part., p. 408, pl. cc, f. 6 et 7). — Novembre, décembre, janvier. Sur les haies, etc. La chenille, en mai : sur l'épine blanche, le prunellier, les arbres fruitiers, etc.

G. Eupithecia, Curtis.

E. Sparsaria, Bdv. (D., t. VIII, 1re part., p. 456, pl. cciii, f. 1). — Mai. Les prairies de Thorigné et du Prieuré. La chenille : sur le lysimachia vulgaris.

E. Oxydaria, Bdv. *Larentia succenturiata*, Tr. (D., t. VIII, 1re part. p. 448, pl. ccii, f. 5 et 6). — Juillet, août. Lieux incultes. La chenille : sur l'artemisia vulgaris, etc.

E. Centaurearia, Bdv. (D., t. VIII, 1re part., p. 451, pl. ccii, f. 7). — Mai, juillet. Sur le tronc des arbres, sur les murs. La chenille : sur le *centaurea scabiosa*, *l'ononis spinosa*, etc.

E. Exiguaria, Bdv. (T. VIII, 1re part. p. 463, pl. cciii, f. 4). — Juin, juillet. Les bois, le bord des champs. La chenille : sur l'épine vinette, etc. La Meignanne.

E. Rectangularia, Bdv. (D., t. VIII, 1re part., p. 460, pl. cciii, f. 3). — Juin, juillet, septembre. Sur le tronc des arbres. La chenille, à l'automne : sur les arbres fruitiers à noyeaux et à pépins. Elle aime beaucoup les feuilles de pommier. Angers.

E. Innotaria, Bdv. (D., t. VIII, 1re part., p. 483, pl. cciv, f. 8). — Mai. Les haies et buissons, etc. La chenille : sur l'armoise. Les environs d'Angers, Écouflant.

G. Chesias, Tr.

C. Spartiaria, Bdv. (D., t. VIII, 1re part., p. 500, pl. ccvi, f. 1). — Septembre, octobre. Les champs de genêts. La chenille, en mai : sur le genêt à balais. Cette espèce était très-répandue dans les arrondissements de Segré et de Cholet à l'époque où les genêts ont dû faire place à diverses cultures; néanmoins, comme cette plante n'a pas complétement disparu, et qu'on la retrouve sur les talus des fossés qui entourent les champs, c'est là qu'il faut maintenant faire la recherche de cet insecte.

C. Obliquaria, W. V. (D., t. VIII. 1re part., p. 503, pl. ccvi, f. 2). — Les bois, le bord des champs : sur le genêt à balais dont se nourrit la chenille.

G. Cidaria, Tr.

C. Chenopodiaria, Bdv. (D., t. VIII, 1re part., p. 301, pl. cxcii, f. 1). — Mai, juillet, août. La chenille : sur divers chenopodium, se montre d'août à octobre et jusqu'au moment où elle s'enfonce en terre pour former sa chrysalide. Angers, etc.

C. Fulvaria, Bdv. (D., t. VIII, 1re part., p. 313, pl. cxcii, f. 5). — Juillet. Les jardins, etc. Assez commune. La chenille : vit sur les rosiers et se métamorphose en juin entre les feuilles de rosiers qu'elle rassemble au moyen de quelques fils.

C. Rubidaria, Bdv. (D., t. VIII, 1re part., p. 343, pl. cxciv, f. 5). — Juin. Lieux incultes. La chenille : sur divers galium, etc. Angers, la Meignanne.

C. Badiaria, Bdv. (D., t. VIII, 1re part., p. 345, pl. cxciv, f. 3). — Juin. Les bois, le bord des champs, des chemins. La chenille : sur divers rosiers. Les environs d'Angers, etc. -

C. Derivaria, Bdv. (D., t. VIII, 1re part., p. 337, pl. cxciv, f. 1). — Avril, mai. Les bois, le bord des champs, des chemins. La chenille, en juin et juillet : sur divers rosiers, le recanina de préférence. Angers, la Meignanne, etc.

C. Ribesiaria, Bdv. C. prunata, Tr. (D., t. VIII, 1re part., p. 317, pl. cxciii, f. 1). — Juillet. Les jardins, sur les pruniers, etc.

C. Picaria, Bdv. (D., t. VIII, 1re part., p. 329, pl. cxci, f. 4). — Avril, juin. Les lieux fourrés des bois, etc. Le bord des champs. — Commune.

G. Melanippe, Dup.

M. Macularia, L. (D., t. VIII, 1ra part., p. 233, pl. clxxxvii, f. 5 et 6). — Mai, juin. Les bois, etc. Très-commun. La chenille, vers la fin de l'été : sur divers lamium, etc.

M. Marginaria, H. (D., t. VIII, 1re part., p. 279, pl. cxc, f. 1 et 2). — Juin. Les bois, sur les buissons, etc. La chenille : sur un grand nombre d'arbres et d'arbustes. — Très-commune.

M. Hastata, Bdv. (D., t. VIII, 1re part., p. 282, pl. cxc, f. 3). — Mai. Les bois humides, la forêt d'Ombrée. La chenille, en société : sur le bouleau. — Assez rare.

M. Rivularia, Bdv. (D., t. VIII, 1re part., p. 289, pl. cxc, f. 6). — Mai, juillet. Les bois humides, etc. La chenille : sur le lamium purpureum, etc. — Assez rare.

M. Rivaria, Bdv. (D., t. VIII, 1re part., p. 296, pl. cxci, f. 3). — Juin, juillet. Les prés secs, les pâturages. La chenille : sur la mille-feuille ordinaire. — Commun.

G. Melanthia, Bdv.

M. Ocellaria, Bdv. (D., t. VIII, 1re part., p. 271, pl. CLXXXIX, f. 1).
— Juin, juillet. Les haies et buissons. La chenille, en juin et septembre : sur le gallium sylvestre, etc. — Assez commune.

M. Fluctuaria, Bdv. (D., t. VIII, 1re part., p. 265, pl. CLXXXIX, f. 3). — Très-répandue. Les champs, les jardins, etc. La chenille, en juin et juillet : sur les choux et autres plantes.

M. Galiaria, Bdv. (D., t. VIII, 1re part., p. 268, pl. CLXXXIX, f. 2). — Mai, juin, juillet. Commun. La chenille : sur le gallium mollugo, etc.

M. Blandiaria, Bdv. (D., t. VIII, 1re part., p. 263, pl. CLXXXIX, f. 5). — Juin, juillet. Les bois, les prairies, etc.

M. Rubiginosa, Bdv. (D., t. VIII, 1re part., p. 181, pl. CLXXXIII, f. 6). — Juin, juillet. Les bois, les champs. Se tient sur les arbres. La chenille : sur le mouron blanc.

M. Adustaria, Bdv. (D., t. VIII, 1re part., p. 257, pl. CLXXXVIII, f. 6). — Juin, août. Les bois, le bord des champs. La chenille, en mai et septembre : sur le fusain.

M. Albicillaria, Bdv. (D., t. VIII, 1re part., p. 254, pl. CLXXXVIII, f. 4).—Mai, juillet. Les bois, les champs. La chenille, de juillet à septembre : sur le rubus cœsius. Les environs d'Angers, Sainte-Gemmes-sur-Loire.

G. Zerene, Dup.

Z. Grossularia, Bdv. (D., t. VIII, 1re part., p. 238, pl. CLXXXVII, f. 1). — Juillet. Partout où l'on cultive le groseillier épineux, dont la chenille vit de ses feuilles. Celle-ci se nourrit aussi des feuilles du prunellier. — Très-commun.

G. Cabera, Dup.

C. Pusaria, L. (D., t. VIII, 1re part., p. 12, pl. CLXXI, f. 2). — Mai, juillet. Les bois frais. Commune. La chenille, en juin et septembre : sur l'aulne, le bouleau, le hêtre, le saule, etc. La forêt d'Ombrée.

C. Exanthemaria. Esp. (D., t. VIII, 1re part., p. 14, pl. CLXXI, f. 3). — Mai, juillet. La chenille : sur les saules, les osiers. Iles et bords de la Loire ; les bois de la Haie, ceux d'Avrillé, etc.

C. Strigillaria, Esp. (D., t. VIII, 1re part., p. 8, pl. CLXXI, f. 1). — Avril et mai, juin et juillet. La chenille, en mai et en août : sur le genêt à balais, etc. — Commune.

C. Contaminaria, H. (D., t. VIII, 1ʳᵉ part., p. 16, pl. CLXXI, f. 4). — Juin, juillet. Les bois frais, les prairies, le bord des champs, etc. La chenille, en mai : sur le chêne.

C. Ononaria, Borkh (D., t. VII, 2ᵉ part., p. 444, pl. CLXVII, f. 6). — Juin. Les bois, les champs. La chenille : sur l'arrête-bœuf.

G. Ephyra, Dup.

E. Pictaria, Curt., Bdv.—Avril, mai, juillet. La chenille, en juin : sur le prunellier. La Meignanne (de J.), Saint-Clément-de-la-Place.

E. Trilinearia, Borkh (D., t. VIII, 1ʳᵉ part., p. 23, pl. CLXXI, f. 6 et 7). — Août. Les bois, etc. Les bois de la Haie, ceux d'Avrillé.

E. Punctaria, L. (D., t. VIII, 1ʳᵉ part., p. 25, pl. CLXXI, f. 8). — Mai, juillet. Partout. La chenille, en juin et août : sur le chêne.

E. Poraria, Tr. (D., t. VIII, 1ʳᵉ part., p. 28, pl. CLXXII, f. 1). — Juin. Les bois, le bord des champs, sur les haies.

E. Argusaria, Bdv. (Ocellaria, H. ; D., t. VIII, 1ʳᵉ part., p. 33, pl. CLXXII, f. 4). — Mai. Les bois, Saint-Clément-de-la-Place.

E. Pendularia, L. (D., t. VIII, 1ʳᵉ part., p. 35, pl. CLXXII, f. 5). — Mai, août. Les bois. Ceux de la Haie et d'Avrillé. La chenille : sur l'aulne, le bouleau, etc.

E. Omicronaria, W. V. (D., t. VIII, 1ʳᵉ part., p. 40, pl. CLXXII, f. 7). — Mai, juillet, août. Les bois, le bord des champs. La chenille : sur l'érable champêtre. Angers, Thorigné.

G. Acidalia, Bdv.

A. Ornataria, Esp. (D., t. VIII, 1ʳᵉ part., p. 45, pl. CLXXIII, f. 1). — Mai, juin, août et septembre. Les bois, le bord des champs, dans les haies et les buissons. — Commune.

A. Decoraria, H. (D., t. VIII, 1ʳᵉ part., p. 47, pl. CLXXIII, f. 2). — Mai, juin, août et septembre. Habite les mêmes lieux que la précédente, à laquelle elle ressemble beaucoup.

A. Immutaria, H. (D., t. VIII, 1ʳᵉ part., p. 61, pl. CLXXIII, f. 8). — Juillet et août. Les bois, le bord des champs, sur le tronc des arbres, etc. — Très-répandue.

A. Incanaria, H. (D., t. VIII, 1ʳᵉ part., p. 63, pl. CLXXIII, f. 7). — Août et septembre. Avec la précédente et aussi commune.

A. Rusticaria, Dup. (D., t. VIII, 1ʳᵉ part., p. 51, pl. CLXXIV, f. 4). — Juin, juillet. Avec les précédentes, dont elle partage les habitudes. — Commune.

11

A. Bisetaria, Dup. (D., t. VIII, 1re part., p. 53, pl. CLXXIII, f. 4). — Juillet, août. Les bois.

A. Auroraria, H. (D., t. VII, 2e part., p. 437, pl. CLXVI, f. 8). — Juillet. Les bois. Les bois de Serrant.

A. Pallidaria, H. (D., t. VIII, 1re part., p. 73, pl. CLXXV, f. 1). — Juin, juillet. Assez commune. Avec la précédente.

A. Ossearia, H. (D., t. VIII, 1re part., p. 104, pl. CLXXVII, f. 5). — Juin, juillet. Les bois, où elle est très-commune.

A. Immoraria, H. (D., t. VII, 2e part., p. 433, pl. CLXVI, f. 6). — Mai, juin, août. Les bruyères, dans les bois, les forêts. La chenille : sur l'erica vulgaris, etc.

A. Sylvestraria, Borkh (D., t. VIII, 1re part., p. 108, pl. CLXXVII, f. 7 et 8). — Juin, juillet. Les bois. — Commune.

A. Degeneraria, H. (D., t. VIII, 1re part., p. 78, pl. CLXXV, f. 4). — Juin, juillet. Espèce méridionale. Assez rare. La forêt de Fontevrault.

A. Aversaria, H. (D., t. VIII, 1re part., p. 80, pl. CLXXV, f. 5 et 6). — Juillet, août. Les bois, sur le tronc des arbres, etc. La chenille : sur le genêt à balais. — Commune.

A. Emutaria, H. (D., t. VII, 2e part., p. 231, pl. CL, f. 3). — Juin. Les bois de la Haie, ceux d'Avrillé, de Saint-Clément-de-la-Place.

A. Prataria, Bdv. (*A. Strigillaria*, D., t. VIII, 1re part., p. 96, pl. CLXXVII, f. 1). — Juin. Les bois, les prés sylvatiques. Les bois d'Avrillé, etc.

A. Imitaria, H. (D., t. VII, 2e part., p. 229, pl. CXLVIII, f. 4). — Mai, août, septembre.

G. Timandra, Dup.

T. Amataria, L. (D., t. VII, 2e part., p. 226, pl. CXLVIII, f. 3). — Mai, juillet. Le bord des eaux. Assez commune. La chenille : sur le polygonum hydropiper et persicaria, plusieurs espèces de rumex, etc.

G. Strenia, Dup.

S. Clathraria, H. (D., t. VIII, 1re part., p. 520, pl. CCVII, f. 1 2 et 3). — Mai, juillet. Sur les luzernes, le sainfoin; dans les terrains calcaires, rarement ailleurs. Très-commune dans l'arrondissement de Saumur et celui de Baugé. La chenille : sur la luzerne, le mélilot officinal et l'altissima.

G. Odezia, Bdv.

O. Chærophyllaria, L., Bdv. (D., t. VIII, 1re part., p. 524, pl. ccvii, f. 4). — Juin, août. La chenille, en mai et juillet : sur le chœrophyllum sylvestre, etc. Aubigné, le rocher de Dieuzie, commune de Rochefort-sur-Loire, etc.

G. Minoa, Dup.

M. Euphorbiaria, H. (D., t. VIII, 1re part., p. 547, pl. ccix, f. 6). — Avril, juillet. Les bois où croissent l'euphorbia cyparissias, dont la chenille se nourrit. — Assez répandue.

Obs. *L'Index publié par M. Boisduval s'arrêtant ici, les autres lépidoptères vont être indiqués d'après l'ouvrage de M. Duponchel.*

XXXVI. *Tribus Ennychites.*

G. Trenodes, Dup.

T. Pollinaris, W. V. (D., t. VIII, 2e part., p. 250, pl. ccxxvi, f. 5). — Mai, juillet. Les clairières des bois.

G. Ennychia, Treist.

E. Octomaculalis, H. (D., t. VIII, 2e part., p. 248. pl. ccxxvi, f. 4). — Juin, juillet. Les bois. Elle vole en plein soleil. La forêt de Fontevrault.

G. Pyrausta, Schr.

P. Purpuralis, L. (D., t. VIII, 2e part., p. 218, pl. ccxxiv, f. 4 et 5). — Mai, juin, juillet. Rien n'est joli comme cette petite espèce, aux couleurs vives, et que l'on rencontre dans les prés sylvatiques ou le voisinage des bois, où elle est assez répandue. Elle vole en plein jour. La chenille : sur les menthes aquatiques.

P. Punicealis, W. V. (D., t. VIII, 2e part., p. 222, pl. ccxxiv, f. 6). — Mai, juillet, août. Haies et buissons, etc. Angers. Martigné-Briant, près la Chapelle-Saint-Martin, ainsi que du moulin de Rochefort, sur le Layon, etc.

P. Cespitalis, W. V. (D., t. VIII, 2e part., p. 232, pl. ccxxv, f. 3 et 4). — Juillet, août. Les bois de la Haie, ceux d'Avrillé, de Saint-Clément-de-la-Place, etc.

XXXVII. *Tribus Pyralithes.*

G. Pyralis.

P. Farinalis, L. (D., t. VIII, 2ᵉ part., p. 193, pl. ccxxxiii, f. 1). — Août. Les maisons, quelquefois en grande quantité.

G. Asopia, Treist.

A. Flammealis, W. V. (D., t. VIII, 2ᵉ part., p. 205, pl. ccxxiii, f. 7). — Juin, juillet. Elle varie plus ou moins. Se tient, pendant le jour, dans les buissons ombragés des bois, des forêts. Les environs d'Angers, etc.

A. Nemoralis, (D., t. VIII, 2ᵉ part., p. 203, pl. ccxxiii, f. 6). — Les clairières des bois, des forêts. La forêt de Chandelais.

XXXVIII. *Tribus Nymphulithes.*

G. Hydrocampa, Latr.

H. Potamogalis, Tr. (D., t. VIII, 2ᵉ part., p. 17, pl. ccxxii, f. 1 et 2). — Juin, juillet, août. Les mares, les étangs, les petites rivières : sur le Potamogeton natans, ainsi que sur les Nymphæa alba et lutea. Les environs d'Angers, le Layon, etc.

H. Nymphæalis, Tr. (D., t. VIII, 2ᵉ part., p. 177, pl. ccxxii, f. 3). — Juin, juillet. La chenille : sur les lentilles d'eau.

H. Lemnalis, Schr. (D., t. VIII, 2ᵉ part., p. 177, pl. ccxxii, f. 4 et 5). — Juin, juillet. Sur les lentilles d'eau. Les Petites-Perrières, près Saint-Augustin, commune des Ponts-de-Cé.

H. Stratiotalis, W. V. (D., t. VIII, 2ᵉ part., p. 183, pl. ccxxii, f. 6). — Juin, juillet, août. La Fosse de Sorges, l'étang de Saint-Nicolas, etc. La chenille : sur l'*Hydrocharis morsus ranæ* (1).

(1) Le *Stratiotes aloides*, L., plante indiquée jusqu'à ce jour comme servant de nourriture à la chenille de cette espèce, mais qui ne croit pas dans la Fosse de Sorges, où cet insecte est néanmoins très-répandu. Il faut donc qu'une autre plante ait remplacé celle-ci. En effet, cette hydrocampa vit aux dépens de l'*Hydrocharis morsus ranæ*, plante qui est on ne peut plus multipliée dans cette localité. Il en est de même, par rapport à l'étang de Saint-Nicolas, où cette dernière plante est abondante et qui donne asile à l'insecte en question.

XXXIX. *Tribus Scopulites.*

G. Pionea, Guén.

P. Prætextalis, Tr. Suppl. Var. *politalis* (D., t. VIII, 2ᵉ part., p. 134, pl. ccxviii, f. 5.) — Les bois humides.

P. Forficalis, L. (D., t. VIII, 2ᵉ part., p. 147, pl. ccxix, f. 6). — Juin, août. Les jardins, etc. Très-répandu. La chenille : sur diverses plantes potagères et plus particulièrement les choux.

P. Margaritalis, W. V. (D., t. VIII, 2ᵉ part., p. 100, pl. ccxvi, f. 1). — Juin, août. La chenille : sur l'iberis amara, le sisymbrium sylvestre, etc. Dans les terrains calcaires. Les arrondissements de Saumur, de Baugé.

P. Stramentalis, H., Tr. (D., t. VIII, 2ᵉ part., p. 102, pl. ccxvi, f. 2). — Juillet. On la rencontre dans les lieux marécageux.

G. Scopula.

S. Prunalis, Tr. (D., t. VIII, 2ᵉ part., p. 91, pl. ccxv, f. 3). — Juillet. Lieux frais, humides. La chenille : sur le prunellier, le framboisier, l'ortie, la veronica officinalis, etc.

XL. *Tribus Botites.*

G. Rivula, Guén.

R. Sericealis, W. V. (D., t. VIII, 2ᵉ part., p. 145, pl. ccxix, f. 4 et 5). — Juillet, août, septembre. Les environs des mares, les prairies humides. La chenille : sur les orties, etc. — Assez répandue.

G. Botys, Latr.

B. Urticalis, W. V. (D., t. VIII, 2ᵉ part., p. 107. pl. ccxvi, f. 3). — Juin, juillet. Commune sur les orties, dont se nourrit la chenille.

B. Verticalis, L. (D., t. VIII, 2ᵉ part., p. 116, pl. ccxvii, f. 1 et 2). — Juin, août. Commun. Avec le précédent.

B. Asinalis (D., t. VIII, 2ᵉ part., p. 318, pl. ccxxxii, f. 1 et 2). — Juillet. Lieux frais et humides.

B. Hyalinis, Tr. (D., t. VIII, 2ᵉ part., p. 119, pl. ccxvii, f. 3). — Juin, juillet. Dans les buissons d'orties. — Assez répandu.

— 166 —

B. Ophialis, Tr. (D., t. VIII, 2ᵉ part., p. 326, pl. ccxxxii, f. 6).
— Juillet.

B. Lancealis, W. V. (D., t. VIII, 2ᵉ part., p. 111, pl. ccxvi, f. 4 et 5). — Mai, juin, octobre.

B. Unionalis, Tr. (D., t. VIII, 2ᵉ part., p. 155, pl. ccxx, f. 4). — Juillet. Lieux marécageux ; les marais de la Baumette, ceux de Cantenay-Epinard.

B. Sambucalis, Tr. (D., t. VIII, 2ᵉ part., p. 131, pl. ccxviii, f. 3). — Mai, août. La chenille : sur le sureau, l'hiéble. Angers, l'arrondissement de Saumur, etc.

B. Verbascalis, W. V. (D., t. VIII, 2ᵉ part., p. 128, pl. ccxviii, f. 1). — Juin, juillet, août. Les bois, les lieux incultes. La chenille : sur le verbascum thapsus. Les bois de la Guerche, commune de Saint-Aubin-de-Luigné.

B. Ochrealis, H. (D., t. VIII, 2ᵉ part., p. 140, pl. ccxix, f. 1). — Mai, juin. La chenille : sur le verbascum thapsoides.

B. Forficalis, Tr. (D., t. VIII, 2ᵉ part., p. 149, pl. ccxix, f. 6). — Mai, août, septembre. Assez commune dans les jardins. La chenille, en juin et juillet, septembre et octobre : sur les choux.

G. Udea, Guén.

U. Ferrugalis, H. (D., t. VIII, 2ᵉ part., p. 138, pl. ccviii, f. 7). — Juillet, septembre. Les champs, les lieux couverts d'herbes, etc.

G. Stenopteryx, Guén.

S. Hybridalis, H. (D., t. VIII, 2ᵉ part., p. 153, pl. ccxx, f. 3). — Juillet, août. On la rencontre dans les champs, les lieux plantés de luzerne, les prairies, etc. — Très-répandue dans l'arrondissement de Saumur, etc.

XLI. *Tribus Cledeobites.*

G. Cledeobia, Steph.

C. Angustalis, W. V. (D., t. VIII, 2ᵉ part., p. 78, pl. ccxiv, f. 4). — Juillet, septembre. Lieux secs et arides. Les rochers de Saint-Nicolas.

XLII. *Tribus Aglossites.*

G. Aglossa, Latr.

A. Pinguinalis, L. (D., t. VIII, 2ᵉ part., p. 63, pl. ccxiii, f. 6).
— Août. Varie pour la taille. On la rencontre dans les maisons. La chenille : se nourrit de diverses substances grasses animales.
A. Cuprealis, Tr. (D., t. VIII, 2ᵉ part., p. 67, pl. ccxiii, f. 5). — Juin, septembre. Varie pour la taille. La chenille : se nourrit de diverses substances animales desséchées. — Assez répandue.

XLIII. *Tribus Herminites.*

G. Sophronia, H.

S. Derivalis, H. (D., t. VIII, 2ᵉ part., p. 24, pl. ccxi, f. 2). — Juin, juillet. Les lieux boisés, secs. Buttes des Petites-Perrières, près de Saint-Augustin, commune des Ponts-de-Cé.

G. Herminia, Latr.

H. Tarsiplumalis, H. (D., t. VIII, 2ᵉ part., p. 31, pl. ccxi, f. 6). — Juin, août. Les bois secs, parmi les broussailles. Les bois de la Haie ; ceux de la Guerche, commune de Saint-Aubin-de-Luigné.
H. Crinalis, Tr. (D., t. VIII, 1ʳᵉ part., p. 34, pl. ccxi, f. 7). — Août. *Id.* et *Ib.*
H. Barbalis, Tr. (D., t. VIII, 2ᵉ part., p. 26, pl. ccxi, f. 5). — Mi-juin. Les bois fourrés. La chenille : sur le chêne, le bouleau. La forêt d'Ombrée.

G. Hypena, Schr.

H. Proboscidalis, L. (D., t. VIII, 2ᵉ part., p. 42, pl. ccxii, f. 2). — Mai, juillet, août, septembre. Les haies fraîches bordant les ruisseaux, parmi les herbes, surtout les orties dont la chenille se nourrit.
H. Rostralis, L. (D., t. VIII, 2ᵉ part., p. 46, pl. ccxii, f. 5 et 6). — Juillet, septembre. La chenille : sur les orties.
H. Obsitalis, Tr. (D., t. VIII, 2ᵉ part., p. 53, pl. ccxiii, f. 1 et 2). — Juillet. Lieux ombragés, humides.

XLIV. *Tribus Platyomides.*

G. Nola, Leach.

N. Cristulana,
N. Albulana, (D., t. VIII, 2ᵉ part., p. 273, pl. ccxxviii, f. 2). —
Juin, juillet. — Les bois, le bord des champs, les haies, etc.

G. Sarrothripa, Dup.

S. Revayana, W. V. (D., t. IX, p. 46, pl. ccxxxvii, f. 6, 7 et 8).
— Août. Cette espèce présente plusieurs variétés. La chenille, en juin,
juillet : sur le saule-marseau.

G. Halias, Treits.

H. Quercana, W. V. (D., t. IX, p. 32, pl. ccxxxvii, f. 1). — Juin.
Les bois, etc. La chenille, en mai : sur le chêne. Angers.
H. Prasinana, L. (D., t. IX, p. 35, pl. ccxxxvii, f. 2 et 3). —
Mai. Les bois. La chenille, en août et septembre : sur le hêtre, le bou-
leau, l'aulne, le chêne. Les forêts de Baugé, les bois de la Haie.
H. Clorana, L. (D., t. IX, p. 38, pl. ccxxxvii, f. 4). — Juin, juil-
let. Sur diverses espèces de saules. La chenille, en juillet et août.

G. Tortrix, L.

T. Xilosteana, L. (D., t. IX, p. 79, pl. ccxxxix, f. 2). — Juin, juillet, août. — Les bois, le bord des champs ; sur le xylostéon (*Lonicera
xylosteum*, L). Le chêne, dans les bois, les pommiers et autres arbres
fruitiers.
T. Rosetana, Hubn. (D., t. IX, p. 105, pl. ccxl, f. 8). — Sur les
rosiers.
T. Rosana, Hubn. — Fin de juin. Sur les rosiers.
Nota. Cette espèce que n'a pas indiquée Duponchel, est décrite et
figurée p. 352, dans l'ouvrage ayant pour titre : *Essai sur l'entomologie horticole,* par le docteur Boisduval.
T. Corylana, Fab. (*Pyral.*) (D., t. IX, p. 60, pl. ccxxxviii, f. 4).
— Fin de juillet. Sur le noisetier, dont la larve mange les feuilles.
T. Amerinana, L. (D., t. IX, p. 58, pl. ccxxxviii, f. 3). — Juin,
juillet. Les bois frais, etc. La chenille : sur les osiers et autres saules,
le rosier, l'épine-vinette.

T. Pilleriana, Wien.: vulg¹ *Pyrale de la vigne* (D., t. IX, p. 91, pl. ccxxxix, f. 8). — La chenille se loge dans un paquet de feuilles et de jeunes grappes de la vigne qu'elle dévore ainsi tout à son aise, et dans laquelle elle se métamorphose en chrysalide. — Très-rare.

T. Sorbiana, Hubn. (D., t. IX, p. 65, pl. ccxxxviii, f. 6). — Juin, août. Les vergers, les bois. La chenille, en mai : sur le sorbier, le cerisier, le chêne.

T. Cerasana, Hubn. (D., t. IX, p. 72, pl. ccxxxviii, f. 9). — La chenille : sur le cerisier, le prunier et le prunellier, dont elle roule les feuilles, et s'y métamorphose en chrysalide.

T. Adjunctana, Tr. (D., Suppl., t. IV, p. 134, pl. lxi, f. 3.) — Juillet, août.

T. Heparana, W. V. (D., t. IX, p. 67, pl. ccxxxviii, f. 7). — Juillet, août. La chenille, en juin : sur le saule-marseau, etc.

T. Corylana, F. (D., t. IX, p. 60, pl. ccxxxviii, f. 4). — Juillet et août. La chenille, en juin, juillet : sur le noisetier, le chêne, le bouleau. — Assez commune.

T. Ribeana, H. (D., t. IX, p. 62, pl. cccxxix, f. 10). — Juin, août. La chenille : sur l'orme, le groseillier, etc.

T. Roborana, H. (D., t. IX, p. 81, pl. ccxxxix, f. 3).—Juin, juillet. Les bois. La chenille, comme l'insecte parfait : sur le chêne. — Assez répandu.

T. Holmiana, Lin. (D., t. IX, p. 121, pl. ccxli, f. 8). — Sur le poirier, etc.

T. Viridana, L. (D., t. IX, p. 98, pl. ccxl, f. 3). — Juin. En société sur le chêne-brosse (*Quercus thosa,* Bosc.), ainsi que sur le *Quercus robur,* L.

Cette espèce est reconnue pour être la plus répandue de tout le genre. Elle est abondante sur les chênes-brosse des communes de Sceaux, Querré, Thorigné, etc., etc. à l'époque indiquée ci-dessus.

T. Oxyacantanha, H. (D., t, IX, p. 74, pl. ccxxxviii, f. 10). — Juin, juillet. Sur l'épine blanche. Très-répandue. Les environs d'Angers, les bois d'Avrillé, etc., etc.

T. Bergmanniana, Lin. (*Tortrix*) (D., t. IX, p. 114, pl. ccxli, f. 5). —Sur les rosiers, dont la larve mange les feuilles qu'elle réunit en paquet, en les entourant de fils, à mesure qu'elles se développent — Commun.

T. Hoffmanseggana, Treist. (*Cochylis*) (D., t. IX, p. 119, pl. ccxli, f. 7). — La larve vit et sur les rosiers et sur les poiriers dont elle mange les feuilles.

T. Pruniana, *Voy.* Penthinia, Pruniana.

G. Xanthosetia, Steph.

X. Zoegana, L. (D., t. IX, p. 401, pl. CCLVII, f. 1). — Juillet. Les bois.

X. Hamana, L. (D., t. IX, p. 403, pl. CCLVII, f. 2). — Juillet. Parmi les orties, les chardons, etc.

G. Argyrotosa, Curt.

A. Plumbana, L. (D., t. IX, p. 110, pl. CCXLI, f. 3). — Juin, juillet. Les bois taillis. La chenille : sur le chêne. Les bois de l'hôpital, commune de Trélazé, ceux de Château-Coin, près Baugé, etc.

G. Peronea, Curt.

P. Abildgaardana, F. (D., t. IX, p. 159, pl. CCXLIV, f. 4). — Août, septembre, octobre. Elle varie beaucoup. Les vergers, etc. Sur les arbres fruitiers.

G. Glyphiptera, Dup.

G. Literana, L. (D., t. IX, p. 126, pl. CCXLII, f. 1). — Avril, août. Les bois, les forêts, sur le tronc des arbres. La chenille : sur le chêne.

G. Boscana, F. (D., t. IX, p. 131, pl. CCXLII, f. 3). — Juin, juillet. Sur le tronc des ormes. — Très-répandue.

G. Spectrana, Tr. (D., t. IX, p. 133, pl. CCXLII, f. 4). — Juin, novembre.

G. Teras, Treist.

T. Contaminana, Hubn., Tortrix (D., t. IX, p. 172, pl. CCXLIV, f. 10). — Juillet, août. Sur le poirier, le pommier, le prunier, l'abricotier.

G. Phibalocera, Steph.

P. Fagana, W. V. (D., t. IX, p. 466, pl. CCLX, f. 8). — Juillet, août. La chenille : sur le hêtre, le chêne. Les environs d'Angers. La forêt d'Ombrée, celles de Baugé, etc.

— 171 —

G. Aspidia, Dup

A. Udmanniana, L. (D., t. IX, p. 181, pl. ccxlv, f. 2). — Juin, juillet. Les bois. — Très-répandue.

A. Cynosbana, F. (D., t. IX, p. 178, pl. ccxlv, f. 1). — Juin, juillet. Les bois, le bord des champs, les jardins. La chenille : sur les feuilles de l'églantier et autres rosiers, qu'elle réunit en paquet pour vivre et s'y métamorphoser.

G. Ptycholoma, Curt.

P. Lecheana, L. (D., t. IX, p. 108, pl. ccxli, f. 2). — Mai, juin. Sur les murs, le tronc des arbres. Angers.

G. Anthitesia, Steph.

A. Salicina, L. (D., t. IX, p. 187, pl. ccxlv, f. 3). — Juin, juillet. La chenille : sur les saules. Angers, les bords de la Loire, etc.

G. Penthinia, Treits.

P. Variegana, H. (D., t. IX, p. 195, pl. ccxlv, f. 6). — Juin. La chenille : sur les arbres fruitiers, le chêne, etc.

P. Hartmanniana, L. (D., t. IX, p. 201, pl. ccxlv, f. 9). — Juillet, août. Sur le tronc des saules. La chenille : sur les saules des bords de la Loire, etc.

P. Ocellana, H. (D., t. IX, p. 199, pl. ccxlv, f. 8). — Mai, juillet. Les jardins, etc. La chenille vit dans les boutons de roses. — Commun.

P. Pruniana, H. (D., t. IX, p. 192, pl. ccxlv, f. 5). — *Tortrix pruniana.* — Juin. Très-commune sur les pruniers et prunelliers. La chenille, en avril et mai : sur les pruniers cultivés, les prunelliers, les cerisiers et même les pommiers. La larve vit dans les bouquets de fleurs, et plus tard dans ceux des feuilles de ces arbres d'où elle sort vers la maturité des fruits pour se métamorphoser en terre.

P. Capreana, H. (D., t. IX, p. 189, pl. ccxlv, f. 4). — Mai, juin. Sur les haies et buissons d'aubépine. La chenille : sur le saule-marceau, l'aubépine, etc. — Très-répandue.

G. Sciaphila, Treits.

S. Wahalbaumiana, L. (D., t. IX, p. 394, pl. cclvi, f. 4). — Juillet, août. Sur le tronc des arbres, et particulièrement du poirier sauvage. — Assez répandue.

G. Pædisca, Treits.

P. Profundana, W. V. (D., t. IX, p. 355, pl. cclii, f. 7). — Juillet, août. Les bois, sur le tronc des arbres. La chenille : sur le chêne.

G. Sericoris, Treits.

S. Urticana, H. (D., t. IX, p. 210, pl. ccxlvi, f. 2). — Juin, août. Ordinairement sur les orties. La chenille, en mai : sur l'orme, le saule, la ronce.

G. Carpocapsa, Treits.

C. Pomana, W. V. (D., t. IX, p. 248, pl. ccxlviii, f. 2 et 3). — Juin, août. La chenille ou larve vit dans l'intérieur des pommes et des poires, et quelquefois des prunes. Il est des années où elle est extrêmement abondante. Cette larve, qui vit aux dépens du fruit, sort de celui-ci vers la fin de juillet ou un peu plus tard, se retire ensuite sous les écorces ou bien dans la terre, dans laquelle elle séjourne jusqu'au mois de mai ou de juin de l'année suivante, époques auxquelles elle se change en chrysalide et bientôt en insecte parfait.

C. Splendana, Treist. (D., t. IX, p. 252, pl. ccxlviii). — La larve vit dans le fruit du châtaignier, d'après les observations de M. Goureau.

C. Wæberiana, Fab., Pyr. (D., t. IX, p. 254, pl. ccxlviii, f. 5). — La larve vit entre l'écorce et l'aubier des arbres fruitiers.

G. Grapholita, Treits.

G. Cæcimaculana, H. (D., t. IX, p. 273, pl. ccxlix, f. 5). — Juin, juillet. Les bois, etc.

G. Funebrana, Treitsch. — La chenille ou larve vit dans l'intérieur du fruit du prunier ainsi que de l'abricotier, d'où elle sort à l'époque de la maturité de ces fruits, pour se filer en terre une coque d'où l'insecte parfait ne sortira qu'au printemps.

G. Cochylis, Treits.

C. Roserana, Frol. (D., t. IX, p. 418, pl. cclvii, f. 8). — Avril, mai. Les prairies, les vignes.

G. Argyrolepia, Steph.

A. **Flagellana**, D. (D., t. IX, p. 441, pl. CCLIX, f. 6). — Juin, juillet. Espèce méridionale. Près de l'étang de Saint-Nicolas.

XLV. *Tribus Crambides.*

G. Crambus, F.

C. **Tentaculellus**, H. (D., t. X, p. 44, pl. CCLXVIII, f. 4, 5 et 6). — Août. Espèce méridionale.

C. **Pratellus**, Tr. (D., t. X, p. 54, pl. CCLXIX, f. 3). — Juin. Les prairies fraîches. — Très-répandue.

C. **Pascuellus**, Curt. (D., t. X, p. 50, pl. CCLXIX, f. 1). — Juin, juillet. Les prairies, les pâturages des bois. — Très-commun.

C. **Hortuellus**, Tr. (D., t. X, p. 68, pl. CCLXXI, f. 1, *a, b*). — Juin, juillet. — Partout.

C. **Culmellus**, Tr. (D., t. X, p. 71, pl. CCLXXI, f. 2, *a, b*). — Juillet, août. Les lieux couverts d'herbes, etc. — Commun.

C. **Rorellus**, Tr. (D., t. X, p. 73, pl. CCLXIX, f. 5, *a, b*).—Juillet. Les prairies sèches. — Commun.

C. **Chrysonuchellus**, Tr. (D., t. X, p. 75, pl. CCLXIX, f. 6). — Mai, juin. Les pâturages. Les Fourneaux. — Commun.

C. **Falsellus**, Tr. (D., t. X, p. 77, pl. CCLXX, f. 2). — Juillet, septembre.

C. **Selasellus**, Tr. (D., t. X, p. 104, pl. CCLXXII, f, 3). — Juillet, août. Les prés humides.

C. **Aquilellus**, H. (D., t. X, p. 96, pl. CCLXXII, f. 5). — De juillet à septembre, il présente plusieurs variétés. Lieux herbus.—Commun.

C. **Margaritellus**, Tr. (D., t. X, p. 103, pl. CCLXXII, f. 4). — Juillet, août. Bois humides, lieux marécageux, etc.

C. **Perlellus**, D. (D., t. X, p. 114, pl. CCLXXIV, f. 2, *a, b*). —Juin, juillet. — Très-commun dans les prairies.

C. **Pinetellus**, Tr. (D., t. X, p. 96, pl. CCLXXI, f. 3). — Juin. Sur la lisière des bois, à terre ou sur les basses branches des arbres ; le bord des champs, etc.

C. **Tristellus**, Zell. (D., t. X, p. 106, pl. CCLXXII, f. 5). —Juillet, août, septembre. Lieux herbus.— Commun.

C. **Inquinatellus**, Tr. (D., t. X, p. 120, pl. CCLXXIII, f. 2). — Juillet, août. Les prés secs, les champs de luzerne, etc. — Commun.

C. **Angulatellus**, D. (D., t. X, p. 118, pl. CCLXXIII, f. 1). — Août. Avec l'espèce précédente et aussi commune.

G. Eudorea, Curt.

E. Ambiguella, D. (D., t. VIII, 2e part., p. 288, pl. ccxxix, f. 5).
— Mars, août,   Angers.

E. Dubitella, D. (D., t. VIII, 2e part., p. 290, pl. ccxxix, f. 6).—
Juin. Espèce méridionale.   Angers.

G. Ilytia, Latr.

I. Carnella, L. (D., t. X, p. 148, pl. cclxxvi, f. 3, *a*, *b*).—Juillet,
août, septembre. Les prés et pâturages secs, calcaires. A Thorigné,
les prés de Villiers ; Champigny-le-Sec, près Saumur ; les environs de
Baugé.

Var. **Violacea,** M. Près de l'étang Penay, commune de Tiercé.

G. Phycis, F.

P. Roborella, W. V. (D., t. X, p. 232, pl. cclxxxi, f. 3, *a*, *b*). —
Juillet. Les bois. La chenille, en mai : sur le chêne. La chenille, en
mai : vit sur les feuilles de cet arbre, enfermée dans un tuyeau de
soie.

Angers, les bois de la Haie, ceux d'Avrillé ; Aubigné, etc.

P. Tumidella, Tr. (D., t. X, p. 215, pl. cclxxx, f. 3, *a*, *b*).—
Les bois.

P. Interpunctella, H. (D., t. X, p. 224, pl. cclxxx, f. 5 ; et
suppl., t. IV, p. 121, pl. lx, f. 6). — Avril, août.

P. Elongella, W. V. (D., t. X, p. 245, pl. cclxxxii, f. 3). —
Juillet. France méridionale. Lieux incultes secs et découverts. Bords
de l'étang de Saint-Nicolas.

G. Galleria, F.

G. Colonella, L. (D., t. X, p. 251, pl. cclxxxii, f. 6). — Mai,
juin, juillet. La chenille : vit en société dans les nids des *Bombus
lapidarius.*

G. Cerella, F. (D., t. X, p. 255, pl. cclxxxii, f. 5, *a*, *c*). — Avril,
juillet. La chenille : vit en société dans les ruches, se loge dans les
alvéoles inoccupées et se nourrit de la cire des abeilles. Elle nuit
beaucoup aux ruches.

XLVI. *Tribus Yponomeutides.*

G. Myeolophila, Treits.

M. Cribrella, H. (D., t. X, p. 302, pl. cclxxxv, f. 1). — Juin, juillet. La chenille : vit et se métamorphose dans l'intérieur des tiges de diverses espèces de chardons. — Assez répandue aux environs d'Angers, etc.

G. Ædia, Dup.

Æ. Echiella, W. V. (G., t. X, p. 310, pl. cclxxxv, f. 2). — Mai, août. Sur le tronc des arbres, non loin des lieux qui l'ont vu naître. La chenille : vit entre les fleurs de la vipérine, dont elle fait sa nourriture. Les environs d'Angers, etc.

G. Yponomeuta, Latr.

Y. Evonymella, L. (D., t. X, p. 333, pl. cclxxxvi, f. 1).—Juillet. La chenille : en société sur le fusain (*Evonymus europæus. L.*), sous les toiles qu'elle se file. — Partout où croit le fusain.

Y. Cognatella, H. (D., t. X, p. 329, pl. cclxxxvi, f. 2).—Juillet. La chenille, comme la précédente, en société sous les toiles qu'elle se file, sur plusieurs espèces d'arbres, particulièrement sur divers sorbiers, pommiers, l'épine blanche et même le fusain. Très-répandue. Il est des années où les chenilles de cette espèce font beaucoup de tort aux pommiers ; et celle de 1870 est de ce nombre (1).

Y. Padella, L. (D., t. X, p. 333, pl. cclxxxvi, f. 3). — Août. La chenille, en société sur le cerisier, le bois de Sainte-Lucie, sous des toiles qu'elle se file.

(1) Cette espèce, à raison des préjudices qu'elle occasionne par rapport à la culture des pommiers, nous décide à lui consacrer quelques lignes propres à la faire reconnaître dans les différents états sous lesquels elle se présente.

Les chenilles paraissent dès le mois de mai ; elles sont lisses et vivent en sociétés souvent fort nombreuses, sous les toiles soyeuses et protectrices qu'elles se filent, dans lesquelles elles font successivement entrer les branches, et par cela même, les feuilles de l'arbre dont elles font leur nourriture, en ne mangeant, toutefois, que le parenchyme de leur partie supérieure. La suppression de ce parenchyme nuisant à la végétation des feuilles, celles-ci prennent bientôt une couleur roussâtre qui leur donne l'apparence d'avoir été brûlées, finissent par se détacher de l'arbre, en entraînant dans leur chute toute espérance de faire une récolte de fruits.

A son état parfait, cette ypomoneute, longue de 10 à 11 mill., se distingue de ses congénères par la blancheur de ses ailes supérieures qui sont en outre marquées de 25 petits points noirs. Les ailes inférieures sont noirâtres.

XLVII. *Tribus Tineides.*

G. Diurnea, Kirby.

D. Fagella, F. (D., t. XI, p. 40, pl. cclxxxvii, f. 1 et 2). — Mars, avril. Lieux secs. La chenille, en août et septembre : sur le hêtre, le chêne, le tremble, les rosiers, etc. Les environs d'Angers, etc.

G. Hæmilis, Treits.

H. Applanella, F., *H. cicutella* (D., t. XI, p. 129, pl. ccxc, f. 4). — Août, octobre. La chenille : sur le conium maculatum, le chœrophyllum sylvestre, le daneus carota, etc.

H. Alstrœmerella, H. (D., t. XI, p. 131, pl. ccxc, f. 5). — Août. Les champs.

H. Daucella, Treist. . . . .

H. Pastinacella, F. (D., t. XI, p. 153, pl. ccxci, f. 4 et 5). — Juillet, août. Sur le panais sauvage et autres ombellifères. Angers, Chavagnes, Aubigné, Doué, etc., etc.

H. Arenella, W. V. (D., t. XI, p. 125, pl. ccxc, f. 2). — Juillet. La chenille : sur le centaurea scabiosa. L'arrondissement de Saumur, les environs de Pellouailles, de Baugé, etc.

G. Lita, Treits.

L. Trigutella, H. (D., t. XI, p. 332, pl. ccxcviii, f. 14). — Juin, juillet.

L. Funestella, H. (D., t. XI, p. 328, pl. ccxcviii, f. 12 ; et p, 622, pl. cccxii, f. 9). — Juillet.

G. Hypsolopha, Treits.

H. Persicella, W. V. (D., t. XI, p. 168, pl. ccxcii, f. 1). — En mai et juin, l'on trouve la chenille enveloppée dans les paquets de feuilles de pêchers qu'elle plie et assujettit avec des fils de soie. C'est dans ces feuilles qu'elle vit et se métamorphose en chrysalide, d'où sort l'insecte parfait en juillet. — Observations de M. le Dr Boisduval.

G. Allucita, F.

A. Xylostella, L. (D., t. XI, p. 212, pl. ccxciii, f. 10). — Juin, septembre. La chenille : sur diverses plantes potagères : choux, navets, etc.

A. Porrectella, L. (D., t. XI, p. 205, pl. ccxcIII, f. 9). — Mai, août. Les jardins. La chenille : ordinairement sur la julienne des jardins, etc.

G. Palpula, Treits.

P. Bitrabicella, L. (D., t. XI, p. 227, pl. ccxcIV, f. 4, 5 et 6). — Juillet. Les champs, etc. Angers.

G. Enicostoma, Steph.

E. Geoffroyella, F. (D., t. XI, p. 415, pl. cccIII, f. 2). — Juin. Les bois, le bord des champs, des prés. Les prés de Treillon, commune de Thorigné. Les forêts de Baugé.

G. Stenoptera, Dup.

S. Orbonella, H. (D., t. XI, p. 430, pl. cccIII, f. 3 et 4). — Avril. La larve vit et se métamorphose dans l'écorce des amandiers, et l'insecte parfait se montre dans les premiers jours d'avril. Vers le 20 avril, on ne rencontre plus l'insecte parfait, ce que nous avons observé à Angers dans notre jardin. — Très-rare.

G. Adela, Latr.

A. Frischella, L. (D., t. XI, p. 375, pl. cccI, f. 3). — Mai, juin, juillet. Les antennes sont noires à la base et blanches au reste. L'insecte vole en plein jour. Nous l'avons pris le 4 mai, aux environs des Fourneaux, près Angers, sur les fleurs de l'*Aliaria officinalis*. Cette espèce fréquente aussi les fleurs du *Cardamine pratensis*, etc.

A. Degeerella, L. (D., t. XI, p. 360, pl. ccc, f. 1 et 2). — Mai, juin. Les bois. Les antennes sont noires jusqu'au quart de leur longueur, et blanchâtres au reste. La chenille : sur l'*Anemone nemorosa*, L. Les bois de la Haie, ceux d'Avrillé, etc.

A. Sulzeriella, Zell. (Sultzella, L., D., t. XI, p. 364, pl. ccc, f. 7). — Mai, juin. Les bois, etc. Les antennes sont de trois couleurs. Rare. Prise par nous, le 20 mai, dans les Provenchères, commune des Ulmes.

A. Reaumurella, L. (D., t. XI, p. 384, pl. cccI, f. 5 et 6). — Avril, mai. Les bois. Les antennes sont blanches dans toute leur longueur. On rencontre cette espèce, réunie et volant en petites troupes dans les clairières des bois, autour de jeunes taillis, en décrivant dans l'air de petites évolutions très-circonscrites. Les bois d'Avrillé, ceux de la Haie, etc. — Très-répandue.

12

G. Nemotois, Hubn.

N. Schiffermullerella, W. V. (D., t. XI, p. 377, pl. ccc, f. 11).
— Juin, juillet, août. Les antennes sont noires, avec leur moitié postérieure blanche. Rare. Prise par nous, le 2 août, dans la forêt de Fontevrault.

G. Dasycera, Steph.

D. Oliviella, F. (D., t. XI, p. 411, pl. ccc111, f. 1). — Juin.

G. Tinea, L.

T. Tapezella, L. (D., t. XI, p. 88, pl. cclxxxviii, f. 7, *a. b*). —
Mai, juin. La chenille qui est connue sous le nom de *Teigne des tapisseries*, vit non-seulement aux dépens des tapisseries de laine et autres étoffes de même nature, mais encore de fourrures.

T. Pellionella, L. (D., t. XI, p. 92, pl. cclxxxix, f. 1). — Avril, juin. C'est la chenille de cette espèce qui cause des ravages considérables aux pelleteries, aux fourrures, et même aux collections d'oiseaux, etc.

T. Granella, L. (D., t. XI, p. 113, pl. cclxxxix, f. 10-14). — Mai, août. C'est la chenille de cette espèce qui, dans les greniers, cause aux grains (froment, orge et seigle) des torts considérables : chaque chenille réunit plusieurs grains ensemble par des fils soyeux ; et c'est au centre de cette réunion qu'elle se construit un tuyau de soie blanche où elle se loge.

Obs. Il ne faut pas confondre cette espèce, avec cette autre l'*OEcophora granella*, qui se nourrit également de grains, mais en s'introduisant dans les grains mêmes.

T. Cratægella, L. (D., t. XI, p. 103, pl. cclxxxix, f. 8). — Juin. Sur le poirier, l'épine blanche.

G. Elachista, Treits.

E. Complanella, Tr. (D., t. XI, p. 504, pl. cccvii, f. 2); *Tinea complanella*, Hubn. — Longueur : 4 mill. Enverg. : 9 mill. — En mai : sur les chênes. Les larves vivent dans l'épaisseur des feuilles de cet arbre, dont elles rongent seulement le parenchyme sans attaquer les deux épidermes. — Commune dans les bois, où sa présence se manifeste par la couleur blanche que prennent les feuilles de chêne ainsi rongées.

XLVIII. *Tribus Pterophorides.*

G. Pterophorus, Geoff.

P. Pterodactylus, F. (D., t. XI, p. 663, pl. cccxiv, f. 2). —
— Juin, juillet, août. Sur les plantes, les herbes, au bord du canal
des Fourneaux, près Angers. Les bords de la Loire. La chenille, en
mai et juin : sur le *convolvulus arvensis.*

P. Trichodactylus, Zell., *P. didactilus* (D., t. XI, p. 654,
pl. cccxiii, f. 7). — Juin, juillet. Lieux arides. Les rochers de Saint-
Nicolas, près Angers ; Aubigné, etc.

P. Rhododactylus, Curt. (D., t. XI, p. 644, pl. cccxiii, f. 4). —
Juin, juillet, août. Les jardins, le bord des champs, etc. La chenille
vit aux dépens des boutons de roses, etc. Angers.

P. Ptilodactylus, Curt. (D., t. XI, p. 666, pl. cccxiv, f. 3). —
Juin, août. Les jardins, les champs, les prairies, sur l'herbe. Les
prairies de la Baumette, celles des Fourneaux, etc.

P. Tetradactylus, Curt. (D., t. XI, p. 672, pl. cccxiv, f. 6). —
Juin, juillet. Lieux arides. Les rochers de Saint-Nicolas.

P. Pentadactylus, F. (D., t. XI, p. 676, pl. cccxiv, f. 8). —
Juin, septembre. Lieux frais, sur les haies où croissent le *convolvulus
sepium,* dont se nourrit la chenille. — Assez répandue.

XLIX. *Tribus Orneodites.*

G. Orneodes, Latr.

O. Hexadactylus, Latr. (D., suppl. aux t. IV et suiv., p. 505,
pl. lxxxviii, f. 13). — Mai, octobre. Se tient aux vitres dans l'intérieur des maisons. — Très-répandu.

O. Polydactylus, Tr. (D., t. XI, p. 683, pl. cccxiv, f. 10). —
Sous le nom de *P. Hexadactylus.* Habite les champs, se tient dans
les buissons, les haies plantées en ajoncs, genêts, etc. A Thorigné,
dans les landes (landes cultivées).

FIN DES LÉPIDOPTÈRES.

ORDRE DES HÉMIPTÈRES.

HEMIPTERA.

LINNÉ, OLIVIER, LATREILLE, ETC. — *Rhyngota*, FAB.; *Rhynchota*, BURM.

Les Hémiptères forment un ordre des plus nombreux en espèces. Il se compose d'insectes suceurs, dont la bouche, dépourvue de palpes, est munie d'un bec ou suçoir tubulaire, cylindrique et articulé, ainsi que de soies internes, servant à aspirer ou sucer le suc des plantes ou bien le sang ou la partie liquide des animaux servant à leur nourriture.

Ils sont le plus ordinairement munis de quatre ailes, soit membraneuses vers le bout seulement, le restant étant de nature coriace, soit complétement membraneuses. Ces diverses dispositions ont motivé la division de ces insectes en deux sections bien distinctes. Les uns, vivant aux dépens des animaux, ont le bec robuste et replié sous la tête dans le repos; les autres, se nourrissant du suc des végétaux, ont cette partie toujours grêle, variable en longueur et appliquée sur la face inférieure du thorax dans le repos.

Les insectes de cet ordre sont divisés d'abord en deux grandes sections, ensuite par familles et par tribus, et comme l'indique M. Emile Blanchard — *Métamorphose des insectes*, — enfin par groupes, genres et espèces.

Ces insectes, quoique très-nombreux en espèces, quelques-uns seulement nuisent à l'agriculture ou bien à l'horticulture. Dans la première section, on les rencontre dans les genres *Cydnus, Eurydema, Pentatoma, Lygæus* et *Tingis*. — Dans la deuxième section, ce sont les genres *Aphrophora, Aphis* et les *Gallinsectes* qui les fournissent.

NOTA. — Bien que nous ayons apporté toute notre attention soit à colliger, soit à déterminer les insectes de cet ordre qu'on rencontre dans nos contrées, néanmoins, nous n'avons pu dans cet ouvrage donner leur description, à raison du grand nombre de pages qu'il eut fallu employer, sans nuire à sa diffusion; mais nous avons mis un soin particulier dans l'indication des lieux ainsi que dans celles des plantes qui leur donnent asile, et sur lesquelles, pour la plupart, ils trouvent leur nourriture.

Il en est de même par rapport à plusieurs autres ordres.

CLASSIFICATION DES HÉMIPTÈRES

SECTIONS.	FAMILLES.	TRIBUS.
DES HÉTÉROPTÈRES. Ailes supérieures, ou émiélytres, formées de deux parties différentes : l'une, celle de la base plus grande que l'autre, crustacée; l'autre, membraneuse à l'extrémité seulement. Bec robuste, replié sous la tête dans le repos, paraissant naître du front.	F. DES SCUTELLÉRIDES, OU DES GÉOCORISES.	des SCUTELLERINES des PENTATOMINES.
	F. DES LYGÉIDES.	des LYGÉINES. des MIRINES. des CORÉINES.
	F. DES REDUVIIDES.	des ARADINES. des REDUVIINES. desHYDROMÉTRINES des SALDINES.
	F. DES NÉPIDES.	des NÉPINES. des NOTONECTINES.
DES HOMOPTÈRES. Les quatre ailes semblables, membraneuses et de consistance uniforme dans toute leur étendue. Bec grêle, variable en longueur, replié sur la partie inférieure du thorax dans le repos, et naissant de la partie la plus inférieure de la tête.	F. DES CICADIDES, OU DES CIGALES.	des CICADINES.
	F. DES FULGORIDES.	des FULGORINES. des MEMBRACINES. des CERCOPINES.
	F.DES APHIDIDES,OU DES PUCERONS	des APHIDINES.
	F. DES COCCIDIDES, OU DES GAL- LINSECTES.	des COCCIDINES.

(marge gauche : HÉMIPTÈRES.)

SECTION DES HÉTÉROPTÈRES.

Les Hémiptères qui composent cette section ont le bec naissant du front et les ailes supérieures divisées en deux parties, l'une basilaire, coriace ; l'autre, terminale, membraneuse.

FAMILLE DES SCUTELLÉRIDES OU DES GÉOCORISES.

Cette famille correspond et comprend le genre *Cimex*, de Linné.

Tribu des Scutellerines.

Cette tribu a pour principal caractère d'avoir l'abdomen recouvert en entier par l'écusson.

G. Odontotarsus (de Lapl. *Essai de cl. syst.*). — *Odontotarses*.

1. O. Grammicus, de Lapl.; *Cimex grammicus*, Lin. — Longueur : 8 à 10 mill. — Jaunâtre en dessus avec de petites bandes longitudinales obscures. Espèce méridionale. Coteaux de Servières, près le Pont-Barré, commune de Beaulieu ; Sainte-Gemmes-sur-Loire. — Très-rare.

GROUPE DES EURIGASTRIDES.

G. Eurigaster (de Lapl.). — *Eurigastre*.

On rencontre les insectes de ce genre sur les céréales ainsi que sur l'herbe des prairies, pendant l'été.

1. E. Hottentotus, Fab. *(Tetyra)*. — Longueur : 12 à 15 mill. — Angers, Baugé, Saumur, etc.

2. E. Maurus, Lin. *(Cimex)*. — Longueur : 10 mill. — Sur les graminées.

3. E. Picta, Fab. *(Tetyra)*. — Prise en juillet sur les graminées. Angers, Tiercé, Aubigné, la forêt de Fontevrault. Cette espèce n'est peut-être qu'une variété de la précédente.

G. Graphosoma (de Lapl.). — *Graphosoma*.

1. G. Lineata, Lin. *(Cimex); Scutellaria nigrolineata*, Latr., vulg^t la Siamoise. — Commun sur les fleurs de certaines espèces d'ombellifères, telles que le fenouil, le persil, le cerfeuil, etc.

G. Podops (de Lapl.). — *Podops*.

1. P. Inunctus, Fab. *(Tetyra); Scutellera inuncta*, Latr. — Longueur : 5 à 6 mill. — Cette espèce, qui est assez rare, se tient souvent à terre, au pied des plantes ainsi que parmi le gazon, dans les lieux secs et arides. Elle se cache aussi sous les pierres, de même que dans la terre, qu'elle fouit avec facilité en faisant usage des deux petits lobes qu'on remarque aux angles du prothorax. Angers : la Chalouère, Saint-Laud, ainsi qu'à Sainte-Gemmes-sur-Loire, la forêt de Fontevrault.

GROUPE DES THYRÉOCORIDES.

G. Coptosoma (de Lapl.). — *Coptosome*.

1. C. Globus, Fab. *(Tetyra); Scutellera globus*, Latr. — Longueur : 3 mill. — Noir, avec les bords de l'abdomen ferrugineux ; écusson plus large que long. Forêt de Fontevrault : sur les plantes ainsi que sur les taillis de chêne. Juillet, septembre. — Très-rare.

GROUPE DES ODONTOSCELIDES.

G. Coreomelas (Wil. Ad. Trans). — *Coréomèle.*

1. C. Scarabæoides, Lin. *(Cimex); Scutellera scarabæoides,* Latr. — Longueur : 3 à 4 mill. — Angers : Les champs, près les Fourneaux ; au printemps, sur les fleurs du *Ranunculus arvensis,* L. — Rare.

G. Odontocelis (de Lapl.). — *Odontocéle.*

1. Fuliginosa, Lin. *(Cimex); Scutellera fuliginosa,* Latr. — Longueur : 7 mill.

VAR. B. (*Tetyra litura,* Fab.). — Var. C. (*Tetyra dorsalis,* Fab.). — Angers : les rochers de Saint-Nicolas ; Martigné : les environs du Château des Noyers. — Rare.

Tribu des Pentatomines.

Ecusson triangulaire ne couvrant qu'une partie de l'abdomen.
La plupart des espèces comprises dans cette tribu répandent une odeur particulière, mais repoussante, qui se communique aux doigts lorsqu'on les touche.

GROUPE DES ASOPIDES.

G. Picromerus (Amiot et Serv., *H. n. d. Ins.*). — *Picromère.*

1. P. Bidens, Lin. *(Cimex).* — Longueur : 10 à 11 mill. — Rare. Nous l'avons rencontré plusieurs fois, soit isolément, soit en réunion de plusieurs individus de la même espèce, et toujours sur des buissons de ronces. Angers, près des Fourneaux ; Segré.

G. Arma (Hahn., *Dic. Wans. ins.*). — *Arma.*

1. A. Custos, Fab. *(Cimex); Pentatoma custos,* Latr. — Longueur : 15 mill. — Se tient sur certains arbres et arbustes. Angers : sur les bouleaux des bois de la Haie. — Rare.

2. A. Lurida, Fab. *(Cimex); Pentatoma lurida,* Latr. — Longueur : 14 mill. — Habite les mêmes lieux que l'espèce précédente.

G. Zicrona (Am. et Serv., *Hist. n. d. ins.*). — *Zicrone.*

1. Z. Cœrulea, Lin. *(Cimex); Pentatoma cœrulea,* Latr. — Longueur : 7 mill. — D'un bleu verdâtre sans taches. Sur les plantes herbacées, ainsi qu'à terre. Angers, Segré, Baugé, Saumur.

2. Z. Punctata, Lin. *(Cimex).* — Longueur : 10 mill. — Très-rare. Trouvée une seule fois sur le trèfle incarnat cultivé, près de la forêt de Monnaie, arrondissement de Baugé.

GROUPE DES CYDNIDES.

G. Brachypelta (Am. et Serv., *H. n. d. ins.*). — *Brachypelte.*

1. B. Tristis, Fab. *(Cydnus) ; Pentatoma tristis,* Latr. — Longueur : 10 mill. — Lieux sablonneux, à terre, quelquefois enterré au pied des plantes. — Assez rare.
2. B. Nigrita, Fab. *(Cydnus).* — Longueur : 4 à 5 mill. — A terre, dans les champs sablonneux. Mouliherne. — Très-rare.

G. Cyrtomenus (Amyot et Serv.). — *Cyrtomène.*

1. C. Picipes, Fall., Monog. des Cimicides. — Longueur : 4 mill. — Pris à terre à la Guerouas de Martigné. — Rare.
2. C. Flavicornis, Fab. *(Cydnus).* — Longueur : 4 mill. — Angers : rochers de Saint-Nicolas ; forêt de Fontevrault. — Rare.

G. Cydnus (Fab., *Syst. Rhyng.*). — *Cyne.*

2. C. Aterrimus, Millet. — Longueur : 8 à 9 mill. — Entièrement d'un noir velouté. Pris à Aubigné. — Très-rare.

GROUPE DES SÉHIRIDES.

G. Sehirus (Amyot et Serv.). — *Séhire.*

1. S. Albomarginellus, Fab. *(Cimex); Pentatoma albomarginella,* Latr. — Longueur : 6 à 7 mill. — Lieux secs et arides ; Angers , rochers de Saint-Nicolas, forêt de Fontevrault. — Rare.
2. S. Albomarginatus, Fab. *(Cimex); Pentatoma albomarginata,* Latr. — Longueur : 4 à 5 mill. — Habite les mêmes lieux que la précédente. — Rare.

G. Tritomegas (Amyot et Serv.). — *Tritomegas.*

1. T. Bicolor, Lin. *(Cimex); Pentatoma bicolor,* Latr.; *Punaise noire à taches blanches,* Geoff. — Longueur : 7 mill. — Sur les plantes potagères, ainsi que sur les arbres fruitiers dont il suce les jeunes pousses, et même, dit-on, les fruits.
2. T. Biguttatus, Lin. *(Cimex); Pentatoma biguttata,* Latr. — Longueur : 5 mill. — Sur les fleurs des prairies, etc.

GROUPE DES SCIOCORIDES.

G. Sciocoris (Fallen, *Mon. Cim. Suec.*). — *Sciocore.*

1. S. Umbrinus, Wolff (*Cimex*). — Longueur : 5 à 7 mill. — A
terre : forêt de Fontevrault.

G. Doryderes (Amyot et Serv.). — *Dorydère.*

1. D. Marginatus, Fab. (*Acanthia*); *Pentatoma aparines*, Latr.
F. — Longueur : 7 mill. — Rare. Vit sur le *Gallium aparine*. On le
rencontre aussi sur d'autres plantes ; le 17 mai, nous l'avons rencontré
sur le vesceau, à la Chalouère, ainsi que près de la Baumette, mais dans
cette localité gisant sous des pierres, sous lesquelles il se retire pour
passer ainsi l'hiver. — Assez rare.

G. Eurydema (Lap. de Castelneau). — *Euridème.*

1. E. Ornata, Lin. (*Cimex*); *Pentatoma ornata* et *P. festiva*,
Latr. — Longueur : 8 à 10 mill. — Var. *B. Herbaceum*, Herr. —
Var. *C. Festivum*, Lin. — Var. *D. Orantiaca.* — Var. *E. Rubicundus*,
Amyot et Serv. — Sur les choux et autres crucifères, l'Erysimum offi-
cinale, etc.

G. Pentatoma (Oliv., *Encycl. méth.*). — *Pentatome.*

1. P. Juniperina, Lin. (*Cimex*); *Pent. Junip.*, Latr. —Longueur :
12 mill. — Sur le genévrier. Forêt de Fontevrault.
2. P. Dissimilis, Fab. (*Cimex*); *Cimex prasinus*, De Géer. —
Longueur : 12 mill. — Très-répandue. Elle présente un grand nombre de variétés de couleurs.
3. P. Baccarum, Lin. (*Cimex*); *P. Baccarum*, Latr. — Longueur :
12 à 14 mill. — Commune sur les buissons, les champs de vesceau, de
trèfle, etc.
4. P. Confusa, Westv.; *Cimex baccarum*, Fab. — Longueur :
15 mill. — Rare. Les environs d'Angers, sur les plantes.
5. P. Anthemetha, Amy., *Méth. mono.*; *P. Helianthemi*, L.
Duf. — Longueur : 7 à 8 mill. — Sur le *Marrubium vulgare*, à la
Guerouas de Martigné, côteau des Noyers. Prise au mois de juillet. —
Rare.
6. P. Sphacelata, Fab. (*Cimex*). — Longueur : 12 mill. — Sur
les arbres, les luisettes des bords de la Loire, les bois de la Haie, près
d'Angers; Saint-Augustin.

7. P. Melanocephala, Fab. (*Cydnus*). — Longueur : 6 à 7 mill. — Vit habituellement sur le *Stachys sylvatica*.

8. P. Perlata, Fab. (*Cydnus*). — Longueur : 6 mill. — Espèce méridionale, prise sur l'herbe d'un pré situé au sud du jardin de la ferme des Saulières, commune de Tiercé. — Rare.

G. Ælia (Fab., *Syst Ryng.*). — *Ælie.*

1. Acuminata, Lin. (*Cimex*); *Pentatoma acuminata*, Latr. — Longueur : 10 mill. — Commun sur les graminées pendant l'été.

2. Inflexa, Wolff (*Cydnus*). — Longueur : 5 à 6 mill. — Assez rare. Sur les graminées et autres plantes. La forêt de Fontevrault, Aubigné. Tout l'été.

G. Mormidea (Amyot et Serv.).

1. M. Nigricornis, Fab. (*Cimex*); *Pentatoma nigricornis*, Latr. — Longueur : 12 à 15 mill. — Sur les arbres et les buissons des bois, ainsi que sur les plantes herbacées.

Cette espèce présente plusieurs variétés indiquées par M. Amyot. (*Méth. mono.*).

Var. A. **Nigricornis,** Fab. (*Cimex*). — Var. *B. Varia*, Fab. (*Cimex*). — Var. *C. Lunula*, Fab. (*Cimex*). — *D. Obtusa*, Amyot. — Var. *E. Eryngii*, Germ. — Généralement peu répandue, si ce n'est dans la forêt de Fontevrault, où elle abonde pendant l'été.

GROUPE DES RHAPHIGASTRIDES.

G. Rhaphigaster (Delaporte de Castelneau). — *Rhaphigastre.*

1. R. Punctipennis, Illig. (*Cimex*); *Cimex griseus*, Fab.; *Pentatoma grisea*, Latr., vulg* *Punaise de bois.* — Longueur : 15 mill. — Odeur repoussante de punaise des plus prononcée, et qui se communique aux fruits et autres corps qu'elle touche. — Des plus répandue et que l'on rencontre de mars à novembre.

2. R. Purpuripennis, De Géer (*Cimex*). — Longueur : 13 à 15 mill. — Très-commun sur le *Genista Scoparia*, L. Angers : rochers de Saint-Nicolas; forêt de Fontevrault, arrondissement de Saumur.

G. Acanthosoma (Curtis, *Brit. Entom.*). — *Acanthosome.*

1. A. Hœmorrhoïdale, Lin. (*Cimex*); *Pentatoma hœmorrhoïdalis*, Latr. — Longueur : 15 mill. — Sur les arbres, les haies et les buissons. Angers, Segré, Saumur. — Rare.

1. A. Hœmatogaster, Burm.; *Cimex dentatus*, De Géer. — Longueur : 12 mill. — Sur les bouleaux, les saules. Les bouleaux de la grande allée des bois de la Haie, près Angers ; de mai à octobre.—Rare.

3. A. Betulæ, De Géer. — Longueur : 8 mill. — Sur les bouleaux avec l'espèce précédente. — Rare.

FAMILLE DES LYGÉIDES.

Corps plus ou moins élancé ; écusson petit.

Tribu des Ligéines.

Antennes insérées au-dessous des yeux, avec le dernier article qui est fusiforme. Leurs couleurs sont rouges et noires, ou bien grisâtres.

Les insectes de cette tribu vivent aux dépens des végétaux.

G. **Lygæus** (Fabricius). — *Lygée.*

1. L. Equestris, Lin. (*Cimex*); *L. equestris*, Fab. — Longueur : 14 mill. — Lieux rocailleux, à terre ainsi que sur les plantes. Angers, Saumur, Cholet, Baugé, Segré.

2. L. Saxatilis, Lin. (*Cimex*): Fab. — Longueur : 10 à 11 mill. — Sur les plantes des rochers, etc. Rochers de Servières, commune de Beaulieu.

3. L. Punctum, Fab. — Longueur : 8 mill. — Lieux arides, souvent à terre. Buttes de Rivet, commune des Ponts-de-Cé.

4. L. Punctatoguttatus, Fab. — Longueur : 5 à 6 mill. — Lieux secs, arides. Tout l'été. Nous avons rencontré cette espèce en juin, sur les buttes de Rivet, vivant en famille sur la Digitale (*Digitalis purpurea*, L.).

5. L. Familiaris, Fab. — Longueur : 10 mill. — Rare. A terre ainsi que sur les plantes. Angers, forêt de Fontevrault.

6. L. Melanocephalus, Fab. — Longueur : 7 mill. — Lieux secs et arides, à terre ainsi que sur les plantes. Forêt de Fontevrault, celles de Baugé. Angers : mon jardin, le 10 août. — Rare.

7. L. Incertus, M.—Sous ce numéro nous mentionnons une lygée qui se rapproche beaucoup de la précédente, dont la corie des hémyélytres est rouge avec une tache discoïdale, triangulaire noire. Les pattes sont de cette dernière couleur ; est-ce une espèce nouvelle? Sa longueur est de 7 mill.

GROUPE DES ASTEMMIDES.

G. Astemma (Latr., *Fam. nat.*). — *Astemm.*

1. A. Aptera, Lin. (*Cicada*)*; Lygæus apterus,* Latr. — Longueur : 10 à 11 mill. — Cette espèce, que l'on rencontre partout, rarement se trouve-t-elle avec des ailes inférieures.

GROUPE DES RHYPAROCHROMIDES.

G. Heterogaster (Schilling., Beitr., *Zur. entom.* — *Hétérogaster.*

1. H. Urticæ, Fab. (*Lygæus*)*; Lygæus urticæ,* Latr. — Longueur : 8 mill. — Vit en sociétés nombreuses sur les fleurs de l'*urtica dioica,* Lin., au mois de juillet.
2. H. Thymi, Wolff (*Lygæus*). — Longueur : 5 mill. — Lieux secs et arides, souvent à terre. Rare. Forêt de Fontevrault.

G. Polyacanthus (Delap. de Cast., *Ess. de class.*).

1. P. Echii, Fab. (*Lygæus*). — Longueur : 8 mill. — Sur la Vipérine (*Echium vulgare,* L.). Angers, etc.

G. Rhyparochromus (Curtis., *Brit. ent.*). — *Rhyparochrome.*

1. R. Rolandri, Lin. (*Cimex*)*; Lygæus Rolandri,* Fab. — Longueur : 8 mill. — Sur les plantes. Angers, Saumur, — Rare.
2. R. Pini, Lin. (*Cimex*)*; Lygæus pini,* Fab. — Longueur : 6 à 7 mill. — A terre, ainsi que sous les écorces. Avril et octobre. — Assez répandu.
3. R. Margine punctatus, Wolff (*Pachymerus*). — Longueur : 8 mill. — Lieux secs, sur les plantes, etc.
4. R. Linceus, Fab. (*Lygeus*)*; Pachymerus vulgaris,* Schill. — Longueur : 7 à 8 mill. — A Saumur, sur le *Nepeta cataria,* L., l'*Origanum vulgare,* L. ; et sous les écorces,. dans la forêt de Fontevrault, etc.
5. R. Pedestris, Panz. (*Lygæus*). — Longueur : 6 mill. — Sous les écorces. Dans les forêts, etc. Baugé, Cholet, Angers. — Rare.

G. **Beosus** (Amyot et Serv.). — *Béose.*

1. B. Luscus, Fab. (*Lygœus*); *Lygeus quadratus*, Panz. — Sur les plantes et sous les écorces. Angers, Baugé, etc.

G. **Pterometus** (Amyot et Serv.). — *Ptéromète.*

1. P. Hemipterus, Schill. (*Pachymerus*); *Pachymerus staphili-formis*, Hahn. — Longueur : 3 à 5 mill. — Le 10 juin 1848, nous rencontrâmes cette espèce, réunie en grand nombre sur les épis du *Festuca fluitans,* plante qui couvre en partie l'un des trous maréca-geux des Buttes de Rivet, situées commune des Ponts-de-Cé. Ces petits insectes sont très-agiles et courent avec rapidité.

G. **Cymus** (Hahn, Die Wanz., *insecte*). — *Cyme.*

1. C. Claviculus, Fall. (*Lygœus*). — Longueur : 3 mill. — Lieux sablonneux ; au printemps.

G. **Cymodema** (Spinola, *Ess.*). — *Cymodème.*

1. C. Tabida, Spin. — Longueur : 3 mill. — Angers : les champs de Saint-Martin, le 15 mai, sur les fleurs du *Matricaria camomilla.* L. Espèce méridionale.

GROUPE DES ANTHOCORIDES.

G. **Anthocoris** (Fallem., *Monogr. Cim.*). — *Anthocore.*

1. A. Sylvestris, Lin. (*Cimex*), et *C. nemorum*, Lin. ; *Lygœus fasciatus,* Fab. — Longueur : 3 à 4 mill. — Les bois, etc.

Tribu des Mirines.

Dernier article des antennes très-grêle. Les insectes de cette tribu ont le corps mince, étroit et allongé. Ils voltigent et courent avec prestesse sur les végétaux.

GROUPE DES PYRRHOCORIDES.

G. **Pyrrhocoris** (Fab., *syst. Rhyng.*). — *Pyrrhocore.*

1. P. Apterus, Lin. (*Cimex*); *Ligœus apterus*, Fab. — Rarement avec des ailes. Cette espèce, des plus commune, se réunit ordinaire-ment en sociétés plus ou moins nombreuses.

— 190 —

GROUPE DES MYRIDES.

G. Miris (Fabricius, *syst. Rhyng.*). — *Miris.*

On rencontre sur l'herbe et les fleurs des prairies la plupart des insectes de ce genre.

1. M. Lævigatus, Lin. (*Cimex*); *M. Lævigatus*, Fab. — Longueur : 8 mill. — Commun dans les prairies.

2. M. Calcaratus, Fall. — Longueur : 7 mill. — Ib.

3. M. Erraticus, Lin. (*Cimex*); *Miris lateralis*, Fab. — Longueur : 6 à 7 mill. — Ib.

4. M. Virens, Lin. (*Cimex*); *Miris virens*, Fab. — Longueur : 10 mill. — Juillet, octobre. Ib.

5. M. Histrionicus, Lin. (*Cimex*). — Longueur : 7 mill. — Les bois, les champs.

6. M. Striatus, Scop. — Longueur : 11 mill. — Les prairies.

7. M. Populi, Lin. (*Cimex*). — Longueur : 9 mill. — Les champs, les jardins.

8. M. Albomarginatus, Fab. — Longueur : 7 mill. — Sur les fleurs. Août, octobre.

9. M. Erythromelas, Hahn. — Longueur : 7 à 8 mill. — Espèce méridionale.

10. M. Binotatus, Fab. — Longueur : 7 mill.

11. M. Sexpunctatus, Fab. — Longueur : 10 à 15 mill. — Les bois. Elle présente plusieurs variétés.

12. M. Lypocoris, Amyot. — Longueur : 9 mill.

13. M. Vandalicus, Ross. — Longueur : 7 mill.

14. M. Roseomaculatus, De Géer; *Miris ferrugatus*, Fab. — Longueur : 7 à 8 mill.

15. M. Bipunctatus, Fab., et *M. quadripunctatus*, Fab. — Longueur : 7 à 8 mill.

GROUPE DES CAPSIDES.

G. Phytocoris (Fallen., *Mon. cim. suec.*) — *Phytocore.*

1. P. Striatus, Lin. (*Cimex*). — Longueur : 7 à 8 mill. — Sur le genista tinctoria, L. Cette espèce présente plusieurs variétés

2. P. Dolabratus, Lin. (*Cimex*); *Miris lateralis*, Fab. — Longueur : 10 mill. — Les bois.

3. P. Pabulinus, Lin. (*Cimex*)*; Miris pabulinus,* Fab. — Longueur : 6 à 7 mill.

4. P. Gothicus, Lin. (*Cimex*). — Longueur : 6 mill.

5. P. Striatellus, Fab. (*Lygœus*). — Longueur : 9 mill. — Espèce méridionale.

6. P. Pratensis, Lin. (*Cimex*)*; Miris pratensis et M. campestris,* Fab. — Longueur : 7 mill. — Cette espèce présente plusieurs variétés.

7. P. Pastinacæ, Fall. — Longueur : 4 mill.

G. Capsus (Fabricius, *Syst. Rhyng.*). — Capse.

1. C. Trifasciatus, Lin. (*Cimex*)*; Capsus elatus,* Fab. — Longueur : 7 à 8 mill. — Sur les plantes, dans les bois.

2. C. Ater, Lin. (*Cimex*)*; Capsus tyrannus et C. Flavicollis,* Fab. — Longueur : 4 mill. — Les bois, les prairies, sur les fleurs.

3. C. Capillaris, Fab. — Longueur : 6 mill. — Les jardins, etc.

4. C. Tricolor, Fab.

Nota. — Cette espèce est regardée comme une variété de la précédente.

5. C. Magnicornis, Fab.; *C. heterotomus,* Amyot : *Méth. mono.* — Longueur : 3 mill. — Sur le genista tinctoria, où cet insecte vit en famille. Été. Angers, Segré, Craon, etc.

G. Heterotoma (Latreille, *Fam. nat.*).— Hétérotome.

1. H. Spissicornis, Fab. (*Capsus*). — Longueur : 5 mill. — Sur les plantes. Juillet, août.

Tribu des Coréines.

Antennes insérées sur la même ligne que les yeux ; corps ovale.

GROUPE DES HOMÉOCÉRIDES.

G. Verlusia (Spinola). — Verlusie.

1. V. Quadrata, Fab. (*Coreus*)*; Coreus quadratus,* Latr. — Longueur : 10 mill. — Sur l'urtica dioica, la petite oseille, etc. Angers, Saint-Augustin, etc.

G. Syromastes (Latreille., *Précis d. car. gén.*).—*Syromaste.*

1. S. Marginatus, Lin. (*Cimex*) : *Coreus marginatus,* Fab., Latr. — Longueur : 12 à 15 mill. — Sur l'ortie dioïque, diverses espèces de patiences, etc. — Commun.

2. S. Cinnameus, Nobis. — De la taille du précédent.

NOTA. — Cette espèce nous ayant paru nouvelle, nous avons cru devoir la présenter avec une description. Corps étroit; tête petite, triangulaire. Sur le genévrier de Virginie.

G. Enoplops (Amyot et Serv.). — *Enoplops.*

1. Scapha, Fab. (*Coreus*) ; *Coreus Scapha,* Latr. — Longueur : 13 à 16 mill. — Sur différentes plantes. Rare. Angers, Segré, Craon.

G. Atractus (Lap., Amyot., *Meth. monony.*) — *Atracte.*

1. A. Cinereus, Lap. (*Atractus*) ; *Coreus laticornis,* Schill. — Longueur : 8 mill.

G. Camptopus (Amyot et Serv.)—*Camptope.*

1. C. Lateralis, Germ.; *Alydus geranii,* L. Duf. — Longueur : 12 mill. — Le 4 août, à Fourneux, commune de Dampierre, ainsi qu'à Champigny-le-Sec : en société sur des fleurs de *l'Origanum vulgare,* L. — Très-rare. Espèce méridionale.

G. Alydus (Fabricius, *Syst. Rhyng.*).

1. A. Calcaratus, Lin. (*Cimex*) ; *Alydus calcaratus,* Fab. — Longueur : 10 mill. — Été et automne, à terre. Angers : rochers de Saint-Nicolas, Segré : sur des talus de fossés exposés au sud.

G. **Stenocephalus** (Latreille., *Fam. nat.*). — *Sténocéphale.*

Race des Nodicornes.

GROUPE DES CORÉIDES.

G. **Neides** (Latreille, Gen.).

1. N. Tipularia, Latr.; *Cimex tipularia*, Lin.; *Berytus tipularius*, Fab. — Longueur : 10 mill. — Corps allongé, étroit ; une corne entre les antennes ; cuisses en massue. Au printemps, sur le gazon. Angers, Segré, etc. — Rare.

G. **Phyllomorpha** (De Lap. d. Cast.). — *Phyllomorphe.*

1. P. Laciniata, Vill. (*Cimex*) ; *Coreus paradoxus*, Wolff., Latr. — Longueur : 8 mill. — Lieux secs et arides, Angers : les buttes de Saint-Nicolas ; celles de Saint-Augustin, aux Petites-Perrières, commune des Ponts-de-Cé. Buttes du Puy-Ridet, commune des Ulmes. Très-rare et très-remarquable espèce, qui est grisâtre, épineuse, et dont le prothorax et l'abdomen sont relevés en lobes sur les côtés.

G. **Coreus** (Fabricius, *Syst. Rhyng.*). — *Corée.*

1. C. Hirticornis, Fab.; *Coreus denticulatus*, Scop. — Longueur : 10 mill. — Sur les buissons de ronces, les champs de trèfle, etc. Angers : les Fourneaux ; Saint-Augustin ; Saint-Barthélemy ; Baugé ; Saumur, etc.

G. **Gonocerus** (Latr., *Fam. nat.*). — *Gonocère.*

1. G. Insidiator, Fab. (*Coreus*). — Longueur : 15 mill. — Haies et buissons. Rare. Angers, Aubigné, etc.

2. G. Gracilicornis, Herrs., Sch., Var. : *Chalacus*, Amyot; *Syst. mon.*

GROUPE DES RHOPALIDES.

G. **Therapha** (Amyot et Serville). — *Théraphe.*

1. T. Hyociami, Lin. (*Cimex*); *Lygæus hyociami*, Fab. — Longueur : 10 mill. — Sur la jusquiame ainsi que sur beaucoup d'autres plantes. Cet insecte répand une agréable odeur de thym.

13

G. Rhopalus (Schilling., *Brit. Zur. entom.*). — *Rhopale.*

1. R. Crassicornis, Lin. (*Cimex*); *Coreus capitatus* et *C. crassi-cornis*, Fab.; Amyot (*méth. mon.*) admet les variétés suivantes :
A. *R. Crassicornis.* — B. *R. Capitatus*, Fab. — C. *R. Parum-punctatus*, Syill. — D. *R. Pratensis*, Fall. — E. *R. Tigrinus*, Herr., Sch. — Sur les fleurs de diverses espèces de plantes; depuis avril jus-qu'en octobre. Angers, Saumur, etc. Nous avons rencontré les variétés A, B et C, sur les fleurs de la lavande et du phlomis fructicosa, au jar-din des plantes d'Angers.

FAMILLE DES REDUVIIDES.

Tête rétrécie en arrière, de manière à figurer une espèce de cœur, yeux globuleux. Le plus grand nombre des espèces vit aux dépens des animaux dont ils sucent le sang ; les autres sont phytophages.

Tribu des Aradines.

Tête avancée et presqu'en pointe.

GROUPE DES PHYMATES.

G. Phymata (Latreille, *Gen. Crust. et Ins.*). — *Phymate.*

Antennes terminées par un article plus gros. Les insectes de ce genre vivent aux dépens d'autres insectes, qu'ils saisissent avec leurs pattes antérieures terminées en forme de serres.

1. P. Crassipes, Latr.; *Syrtis crassipes*, Fab. — Longueur : 6 mill. — Les bois; se tenant sur les branches des arbres ainsi que sur les fleurs, etc. Juillet, août. A Aubigné : les Boisneaux; la forêt de Fontevrault. — Rare.

GROUPE DES TINGIS OU MEMBRANEUX.

G. Tingis (Fab., *Syst. Ryng.*). — *Tingis.*

1. T. Piri, Latr., Serv.; vulg[t] *Tigre.* — Longueur : 2 mill. — On rencontre très-souvent cet insecte vivant en société sous les feuilles des poiriers en espalier. Il cause souvent de grands dommages à ces arbres par rapport à sa grande multiplication. Nous avons vu ces insectes, après avoir dévoré le parenchyme des feuilles d'un poirier, se répandre sur un pommier et un rosier voisins, auxquels ils firent subir le même sort. De juillet à octobre.

2. T. Echii, Fab. — Longueur : 2 mill. — Sur la vipérine (*Echium vulgare*, L.). Tout l'été.

G. Monanthia (Lepelt. de Saint-Fárg. et Serv.). — *Monanthie.*

1. M. Clavicornis, Lin. (*Cimex*); *Tingis clavicornis*, Fab. — Longueur : 2 mill. — Sur la vipérine, la germandrée (*Teucrium scorodonia*, L.). Juillet, août. — Rare.

2. M. Cardui, Lin. (*Cimex*); *Tingis cardui*, Fab. — Longueur : 2 mill. — Sur les têtes du chardon ordinaire (*Carduus lanceolatus*, L.), ainsi que de la sarrète (*Serratula tinctoria*, L.). Eté.

GROUPE DES ARADIDES.

Les insectes de ce groupe vivent sous les écorces en suçant le sang des animaux qu'ils y rencontrent.

G. Aradus (Fabricius, *Syst. Ryng.*). — *Arade.*

1. A. Betulæ, Lin. (*Cymex*); *Aradus betulæ*, Fab., Latr. — Longueur : 8 mill. — Sous les vieilles écorces, dans les bois, les champs, etc. Eté.

G. Piestosoma (De Lap. de Cast.). — *Piestosome.*

1. P. Depressus, Fab. (*Aradus*). — Longueur : 4 à 5 mill. — Sous les vieilles écorces.

GROUPE DES LECTICOLES.

G. Acanthia (Fabricius, *Syst. Ryng.*). — *Acanthie.*

1. A. Lectularia, Lin. (*Cimex*); *Aradia lectularia*, Fab., Latr. — Longueur : 5 mill. — Vulg¹ *Punaise des lits.* — Longueur : 5 mill. — Insecte aptère, vivant aux dépens de l'homme, en lui suçant le sang. Son odeur est repoussante. Originaire d'Amérique, et apporté en Angleterre vers l'année 1666.

GROUPE DES PIRATIDES.

G. Pirates (Péirater, Serv., *Ann. sc. nat.*, 1831). — *Pirate.*

1. P. Stridulus, Fab. (*Reduvius*); *Reduvus siridulus*, Latr. — Longueur : 12 à 13 mill. — A terre ou sous des pierres, dès le printemps. Avec son bec acéré, cet insecte pique douloureusement.

VAR. B. Indépendamment de la couleur rouge du dessus et du dessous de l'abdomen, ainsi que de la tache noire qui garnit l'extrémité de cette dernière partie, la variété dont il est question est plus forte dans toutes ses parties que n'est le type de l'espèce.

G. Metastemma (Amyot et Serv.). — *Métastemme.*

1. M. Guttula, Fab. (*Reduvius*); *Nabis guttula,* Latr. — Longueur : 11 mill. — Sur les plantes.

2. M. Brachelytrum, Léon Duf. — Longueur : 11 mill. — Sur les plantes.

3. M. Staphylinus, Léon Duf.; *M. lucidulum,* Spin. — Longueur : 6 mill.

G. Nabis (Latreille, *Gen.*). — *Nabis.*

1. N. Aptera, Fab. (*Reduvius*). — Longueur : 10 mill. — Sur les haies et les buissons, etc.

2. N. Subaptera, De Géer. (*Cimex*). — Longueur : 10 mill. — Ib.

3. N. Fera, Lin. (*Cimex*); *Miris ferus,* Fab. — Longueur : 6 à 7 mill. — Sur l'herbe des prairies. Tout l'été.

Tribu des Reduviines.

Insectes carnassiers, de forme svelte et allongée. L'étranglement entre la tête et le prothorax est très-prononcé.

G. Reduvius (Fab.; *Cimex,* Lin.). — *Reduve.*

1. R. Personatus, Fab.; *Cimex personatus,* Lin. — Longueur : 16 mill. — A l'état de larve ou de nymphe, cet insecte se tient dans la poussière qui, en le masquant ainsi, le dissimule parfaitement. On le rencontre dans les maisons malpropres, faisant la chasse à la punaise des lits, dont il suce les parties liquides. Sa piqûre est très-douloureuse.

GROUPE DES HARPACTORIDES.

G. Harpactor (De Lap. de Cast.). — *Harpactor.*

1. H. Cruentus, Fab. (*Reduvius*); *Reduvius cruentus,* Latr. — Longueur : 15 à 18 mill. — N'ayant pas rencontré nous-même cette espèce, nous l'indiquons cependant, mais avec toute réserve.

2. H. Hæmorrhoidalis, Fab. (*Reduvius*). — Longueur : 12 à 15 mill. — Juillet, août. Les coteaux de Servières, commune de Beaulieu ; les Buttes de Rivet, commune des Ponts-de-Cé ; la forêt de Fontevrault.

3. H. Ægyptius, Fab. (*Reduvius*); *Reduvius Ægyptius*, Latr. — Longueur : 8 à 9 mill. — De mai à octobre. A terre, comme les précédentes. Angers : les Fourneaux, Saint-Laud, près le Clon. Le dessus de l'abdomen présente une tache oblongue, d'un rouge vif, qui s'étend sur trois anneaux. — Rare.

GROUPE DES STENOPODIDES.

G. Pygolampis (Germar., *Mag. der. ent.*). — Pygolampe.

1. P. Pallipes, Fab. (*Gerris*), et *Gerris denticollis*, Fab.; *Pygolampis bifurcata*, Germ. — Longueur : 15 mill. — Forêt de Fontevrault. Eté. — Très-rare.

GROUPE DES EMÉSIDES.

G. Plœaria (Scopoli, Delic., *Fl. et Fau., ins.*). — Plearie.

Corps long linéaire ; pieds longs et grêles.

1. P. Vagabunda, Lin. (*Cimex*) ; *Gervis vagabundus*, Fab.; *Ploaria vagabunda*, Latr. — Longueur : 4 mill. — Les champs, les bois, etc. — Rare.

Tribu des Hydrométrines.

Corps affilé, muni de longues pattes grêles. Sur les étangs et autres eaux stagnantes.

GROUPE DES HYDROMÉTRIDES.

G. Hydrometra (Latreille, *Genera.*). — Hydromètre.

1. H. Stagnorum, Lin. (*Cimex*); *H. stagnorum*, Latr. — Longueur : 12 mill. — Sur les eaux stagnantes qu'ils parcourent en marchant ou courant sur les eaux.

GROUPE DES GERRIDES.

G. Gerris (Fab., *Syst. Rhyng.*). — Gerris.

Les Gerris ont le corps plus épais et les pattes antérieures plus courtes que chez les insectes du genre précédent, dont ils ont d'ailleurs l'habitude de se promener, mais en nageant sur les eaux.

1. G. Paludum, Fab. (*Hydrometra*)*; G. paludum,* Latr. — Longueur : 12 à 15 mill.

2. G. Rufoscutellatus, Latr.

3. G. Lacustris, Lin. (*Cimex*)*; Hydrometra lacustris,* Fab. — Longueur : 7 à 8 mill.

Nota. — Les nᵒˢ 1 et 2 ne sont peut-être que des variétés du *G. Lacustris.*

4. G. Najus, De Géer; *Gerris canalium,* L. Duf. — Longueur : 8 à 10 mill.

GROUPE DES VÉLIDES.

G. Velia (Latreille, *Genera*). — *Vélie.*

Pieds plus courts que chez les genres précédents.

1. V. Currens, Fab. (*Hydrometra*)*; Velia currens,* Latr. — Longueur : 6 mill. — Aptère. Vit en société sur l'eau des fontaines, qu'il parcoure avec vélocité. A Angers : fontaine sur la rive gauche de l'étang de Saint-Nicolas, etc.

Tribu des Saldines.

Tête à peine rétrécie en arrière, portant de gros yeux très-proéminents.

G. Salda (Fabricius). — *Salde.*

1. S. Striata, Fab. — Elytres d'un blanc transparent avec des raies blanches. Nous n'avons pas rencontré cet insecte.

FAMILLE DES NÉPIDES.

Les Népides sont des insectes carnassiers, vivant dans les eaux stagnantes. Ces insectes ont les antennes très-courtes, logées dans des cavités au-dessous des yeux. Les uns ont le corps ovale, aplati, les autres, long et effilé.

Tribu des Népines,

Pieds antérieurs ravisseurs.

GROUPE DES NÉPIDES

G. Nepa (Linné, *Syst. nat.*). — *Nèpe.*

Corps ovale, aplati, terminé chez la femelle par deux soies réunies.

1. N. Cinerea, Lin., Fab. — Longueur : 22 mill. — Les eaux stagnantes, marécageuses. — Commune.

G. Ranatra (Fab., *Syst. Rhyng.*). — *Ranatre.*

Corps allongé, linéaire, cylindrique, terminé chez la femelle par deux soies réunies.

1. R. Linearis, Lin., Fab. — Longueur : 36 mill. — Les eaux stagnantes avec les nèpes.

GROUPE DES NAUCORIDES.

G. Naucoris (Geoffroy, *His. des ins.*). — *Naucore.*

Corps ovale, déprimé, terminé par trois soies réunies chez la femelle.

1. N. Cimicoïdes, Lin. *(Nepa)*; Fab. — Longueur : 16 mill. — Les eaux stagnantes avec les nèpes.

2. N. Maculata, Fab.; N. *aptera*, L. du F. — Longueur : 10 mill. — Avec la précédente.

Tribu des Notonectines.

Pieds antérieurs simples, non ravisseurs.

GROUPE DES CORISITES.

Ecusson nul ; bec très-court.

G. Corisa (Amyot et Sev., *Corixa*, Geoff., Oliv., Latr.). — *Corise.*

1. C. Geoffroyi, Leach ; *C. striaca*, Panz. — Longueur : 7 mill. — Les eaux stagnantes, marécageuses. — Commune.

2. C. Striata, Lin. *(Notonecta)*. — Longueur : 7 mill. — Ib.

3. C. Coleoptrata, Fab. *(Sigara)*. — Longueur : 3 mill. — Ib.

GROUPE DES NOTONECTITES.

Ecusson distinct.

G. Ploa (Plea Leach., Stephens, *Cat. ins. Anal.*). — *Ploa.*

1. P. Minutissima, Fab. *(Notonecta)*; *Notonecta minutissima*, Latr.

G. **Notonecta** (Linné, *Syst. nat*). — *Notonecte.*

Corps oblong , convexe ; bec en cône allongé et articulé ; les quatr
pieds antérieurs coudés. Ils nagent ordinairement sur le dos.

1 N Glauca, Lin., Fab. — Longueur : 15 mill. — Les eaux stagnantes, marécageuses. Elle présente plusieurs variétés.

VAR. B. **N. Pallida,** Amyot. ⎫
VAR. C. **N. Marmorata,** Fab. ⎪
⎬ Avec le type de l'espèce.
VAR. D. **N. Furcata,** Fab. ⎪
VAR. E. **N. Maculata,** Fab. ⎭

SECTION DES HOMOPTÈRES.

Les Hémiptères qui composent cette section ont le bec grêle, variable
en longueur et replié sur la partie inférieure du thorax ; les quatre
ailes semblables, membraneuses dans toute leur étendue. Ils vivent
tous aux dépens des végétaux.

FAMILLE DES CICADIDES OU DES CIGALES.

Les insectes de cette famille ont le corps gros, trapu, de gros yeux
et de petites antennes terminées par une soie grêle, trois ocelles et de
grandes plaques sous l'abdomen des mâles, recouvrant un appareil
musical. L'abdomen de la femelle est terminé par une tarière dentée
en scie.

G. **Cicada** (Linné, *Syst. nat.*). — *Cigale.*

Caractères de la famille.

1. C. Tomentosa, Oliv.; *C. picta,* Fab.—Longueur : 25 à 30 mill.
— On rencontre cet insecte dans certains vignobles du canton de
Saumur, à l'époque de la floraison de la vigne, c'est-à-dire vers la fin
de juin. Aux Ulmes, où cet insecte, connu sous le nom de *Tartarie,*
est assez répandu, il est un dicton populaire qui consiste à dire :
qu'aussitôt que la Tartarie chante la vigne est en fleur. Cette espèce se
retrouve aux environs de Saumur, dans les vignes de Chacé, de Saint-
Cyr, etc.

2. C. Argentata, Oliv.; *Mesammira,* Amyot. — Longueur : 15
à 19 mill.; envergure : 4 1/2 centim. — Une petite tache blanche sur le
vertex ; une petite tache de même couleur sur le prothorax ; deux

petites taches roussâtres, virguliformes sur le thorax, qui est noir ; cuisses antérieures renflées, munies en dessous de trois pointes noires ; ailes à nervures vertes ; abdomen brun, ses anneaux bordés de blanchâtre ; dessous de l'abdomen d'un blanc jaunâtre. La tarière de la femelle est de la longueur de l'abdomen.

Insecte très-défiant, se laissant difficilement approcher. Les vignes des coteaux de Servières, situées près le Pont-Barré, commune de Beaulieu, où on la rencontre dès la mi-juin, ainsi que dans les vignes de Champigny-le-Sec, et près les fours à chaux de cette localité.

Nota. — Les Cigales sont des insectes qu'on ne rencontre habituellement que dans les pays chauds, le midi de la France, etc. Il est donc intéressant de faire remarquer que deux espèces de ce genre se trouvent habituellement sur certains points du département de Maine-et-Loire. Ce fait que nous avons constaté depuis un grand nombre d'années, nous a fourni le sujet de certaines observations que nous avons consignées dans une notice relative à la géographie entomologique, publiée, en 1847, par la société d'agriculture, sciences et arts d'Angers.

FAMILLE DES FULGORIDES.

Tribu des Fulgorines.

Antennes insérées dans des fossettes au-dessous des yeux.

GROUPE DES PSEUDOPHANIDES.

G. Pseudophana (Burmeister, Gen. insect.). — Pseudophane.

1. P. Europæa, Lin. (Fulgora) ; Fulgora europæa, Fab. — Longueur : 8 mill. — Verte ; front légèrement avancé en cône, avec des lignes élevées en dessus et en dessous. Ailes transparentes, à nervures vertes ; trois lignes élevées sur le prothorax. Le 1er juillet, sur un frêne, situé près du Pont-Barré, commune de Beaulieu. Le 4 août, forêt de Fontevrault, ainsi qu'aux bois de Brézé. — Très-rare.

G. Cixius (Latreille, Précis d. Car. génér.). — Cixie.

1 C. Nervosus, Lin. (Cicada) ; Flata nervosa, Fab.; Fulgora nervosa, Oliv. — Longueur : 6 à 8 mill. — Été et automne. Sur les saules (luisettes) des bords de la Loire ainsi que des luisettes du canal des Fourneaux, près Angers ; aux Buttes de Rivet, commune des Ponts-de-Cé, sur d'autres plantes. — Rare.

2. C. Leporinus, Lin. (*Cicada*). — Longueur : 7 à 8 mill. — Sur les luisettes du canal des Fourneaux, près Angers, en juin. — Cet insecte n'est peut-être qu'une variété du précédent.

GROUPE DES DELPHACIDES.

G. Asiraca (Latreille, *Préc. de Car. gén.*). — *Asiraque.*

1. A. Clavicornis, Fab. (*Delphax*). — Longueur : 3 mill. — Sur les plantes.

G. Delphax (Fabricius, *Syst. Rhyng.*). — *Delphax.*

1. D. Flavescens, Fab. — Longueur : 6 mill. — Rochers de Servières.

2. D. Variegata, Millet. (*Congr. scient. de Rennes*). — Longueur : 6 mill. — Une ligne longitudinale blanchâtre sur le prothorax, se prolongeant sur la tête et le bec ; à partir du dessus de la tête jusqu'à l'extrémité du bec, cette ligne est bordée de chaque côté d'une ligne noire. Ailes supérieures d'un noir brillant et cristallin, opaque, bordées en partie de jaunâtre sur les bords externe et interne, cette bordure ne se prolongeant pas sur le dernier tiers de l'aile. Pattes antérieures et intermédiaires annelées de noir et de blanc jaunâtre ; les postérieures, de cette dernière couleur, ont les cuisses marquées de noir. Sur les carex et les roseaux des marais de l'Authion (M. et L.). Nous avons retrouvé cette espèce, sur les mêmes plantes, près du château de la Rigaudière, situé canton de Réthier, Ille-et-Vilaine.

GROUPE DES ISSIDES.

G. Issus (Fabricius, *Syst. Rhyng.*). — *Isse.*

1. I. Coleoptratus, Fab. (*Fulgora gibbosa*), Oliv. — Longueur : 6 mill. — Été. Sur les plantes.

VAR. B. **I. Dilatatus,** Fourc.

2. I. Apterus, Fab.; *Hyteropterum immaculatum,* Amyot et Serv. — Sur l'artemisia campestris : Forêt de Fontevrault et ses environs. Tout l'été.

GROUPE DES TETTIGOMÉTRIDES.

G. Tettigometra (Latreille, *Hist. nat. ins.*). — *Tettigonomètre.*

1. T. Virescens, Panz. (*Fulgora*). — Longueur : 4 mill. — Sur le chêne, etc.

VAR. B. **T. Dorsalis,** Latr.

Tribu des Membracides.

Antennes insérées au-devant des yeux; prothorax étendu en partie sur le corps.

GROUPE DES HOPLOPHORIDES.

G. Gargara (Amyot et Serv., *Hist. nat.*). — *Gargare.*

1. G. Genistæ, Fab. (*Centrotus*); *Membracis genistæ,* Oliv. — Longueur : 4 mill. — Bois de la Haie et côteaux de Saint-Nicolas, près Angers; sur le genêt à balais, *Genista scoparia,* Dc.; la forêt de Fontevrault et à Aubigné (les Boisneaux), sur l'*erica scoparia.*

GROUPE DES CENTROTIDES.

G. Centrotus (Fabricius, *Syst. Rhyng.*). — *Centrote.*

1. C. Cornutus, Lin. (*Cicada*); *C. cornutus,* Fab.; *Membracis cornuta,* Oliv. — Longueur : 8 mill. — Sur la fougère (*Pteris aquilina,* L.). Buttes de Rivet, commune des Ponts-de-Cé; les bois de la Haie, les rochers de Saint-Nicolas, près Angers, etc. Eté.

GROUPE DES ULOPIDES.

G. Ulopa (Fallen, *Mon. Cicad. Syst.*). — *Ulope.*

1. U. Obtecta, Fall.; *U. Ericetorum,* Lep. et Serv. — Espèce méridionale. Forêt de Fontevrault, sur la bruyère à balais (*Erica scoparia,* L.).

Tribu des Cercopines ou des Cicadelles.

Antennes insérées au-devant des yeux, mais le prothorax de forme ordinaire. Le plus grand nombre ayant les pattes renflées sautent avec facilité.

GROUPE DES CERCOPIDES.

G. Triecphora (Amyot et Serv.). — *Triecphore.*

1. T. Sanguinolenta, Lin. (*Cicada*); *Cercopis sanguinolenta,* Fab. — Longueur : 9 mill. — Sur les plantes. Saint-Barthélemy, Trélazé, Sainte-Gemmes-sur-Loire. Moins répandue que l'espèce suivante. Juin, juillet.

2. T. Vulnerata, Germ. (*Cercopis*); *Tettigonia sanguinolenta*, Tign.; *Cicada sanguinolenta*, Panz. — Longueur : 9 à 10 mill. — Sur les plantes, les blés. Juin, juillet. — Commun.

GROUPE DES APHROPHORIDES.

G. Aphrophora (Germar., *Mag. des ent.*). — *Aphrophore.*

À l'état de larve et de nymphe, les insectes de ce genre, en piquant avec leur bec les tiges et les feuilles de diverses plantes, produisent une écume blanche, floconneuse, connue vulgairement sous le nom de *Crachat de coucou*, dans laquelle elles se tiennent cachées, se dérobant ainsi à l'action du soleil, comme aux yeux des oiseaux.

1. A. Spumaria, Germ.; *Cicada spumaria*, Lin.; *Cercopis spumaria*, Fab. — Longueur : 10 mill. — D'un gris-cendré, avec deux bandes obliques blanchâtres sur chaque aile supérieure. Sur les tiges et les feuilles des saules ainsi que d'autres plantes.

2. A. Bipunctata, Millet. — Longueur : 11 à 12 mill. — D'un roux pâle ou roux fauve uniforme, avec un gros point blanc ou blanchâtre sur chaque aile supérieure. Ile de Saint-Jean-de-la-Croix, non loin du port Thibault, sur le salix alba. Nous avons retrouvé cette espèce en Bretagne, près du château de la Rigaudière. — Rare.

3. A. Rustica, Fab. (*Cercopis*); *A. Salicina*, Tign.; *Cicada spumaria*, De Géer. — Longueur : 10 à 12 mill. — D'un gris-cendré uniforme, sans bandes ni poils sur les ailes supérieures. Sur le salix alba; île de Saint-Jean-de-la-Croix. Espèce méridionale. — Rare.

G. Ptyelus (Le Pelt. et Serv., *Encycl.*). — *Ptyèle.*

1. P. Bifasciatus, Lin. (*Cicada*). — Longueur : 6 à 7 mill. — Sur le genêt à balais, etc. Été et automne.

2. P. Lineatus, Lin. (*Cicada*). — Longueur : 7 mill. — Sur les plantes. Été.

3. P. Lateralis, Lin. (*Cicada*). — Longueur : 7 mill. — Sur les plantes. Été.

Var. B. **P. Leucocephala**, L. (*Cicada*). Sur les plantes. Été.

G. Lepyronia (Amyot et Serv., *Hist. nat.*). — *Lépironie.*

1. L. Coleoptrata, Lin. (*Cicada*); *Cercopis angulata*, Fab. — Longueur : 5 mill. — Sous les arbres, pendant l'été. — Partout.

— 205 —

GROUPE DES TETTIGONIDES.

G. Tettigonia (Geoffroy, *Hist. des Ins.*). — *Tettigone.*

1. T. Viridis, Lin. (*Cicada*); *Cicada viridis,* Fab. — Longueur : 8 à 9 mill. — Sur l'herbe des prairies fraîches, humides. Angers : les prairies des Fourneaux; celles de la Baumette, etc., Segré, Saumur.

VAR. B. D'un bleu-cendré, avec les nervures des ailes supérieures noires. — Ib.

2. T. Arundinis, Germ. — Longueur : 8 à 9 mill. — Sur l'*Arundo fragmites,* L.

3. E. Melanchloa, Amyot, *Méth. monon.* — Longueur : 8 à 9 mill.

G. Evacanthus (Le Pelt. et Serv., *Encycl.*). — *Evacanthe.*

1. E. Interruptus, Lin. (*Cicada*); *Cicada interrupta,* Fab. — Longueur : 5 mill. — Nous avons rencontré cette espèce dans l'arrondissement de Segré; à Thorigné, Sceaux, la Chapelle-Hulin, etc., et toujours sur le chèvrefeuille. — Rare.

GROUPE DES SCARIDES.

G. Ledra (Fabricius, *Syst. Rhyng.*). — *Lèdre.*

1. L. Aurita, Lin. (*Cicada*); *L. aurita,* Fab.; *Membracis aurita,* Oliv. — Longueur : 15 mill. — Sur le chêne, le saule, le coudrier. Juillet, août, septembre. Angers : les environs d'Eventard, Château-Gonthier, Craon. — Rare et curieuse espèce.

G. Penthimia (Germar., *Magas. der. ent.*). — *Penthimie.*

1. P. Atra, Fab. (*Cercopis*); *Cercopis æthiops,* Panz. — Longueur : 4 à 5 mill. — Les bois, les forêts, sur les arbres, les buissons, etc. Été.

VAR. B. *Cercopis hœmorrhoa,* Fab.; *Cicada hœmorrhoa,* Panz.

VAR. C. *Cercopis sanguinicollis,* Fab.; *Cicada thoracica,* Panz.

Le type de l'espèce et les deux variétés : forêt de Fontevrault.

GROUPE DES IASSIDES.

G. Eupelix (Germar., *Magas. der. ent.*). — *Eupelix.*

1. E. Cuspidata, Fab. (*Cicada*). — Longueur : 5 mill.

G. Acocephalus (Germar. *Magas. der. ent.*). — *Acocéphale.*

1. A. Costatus, Panz. (*Cicada*). — Longueur : 7 à 8 mill. — Les prés aux environs du village de Miaudy, commune d'Aubigné. Juillet.

2. A. Striatus, Fab. (*Cicada*). — Longueur : 7 mill. — Angers : les prairies, etc.

G. Selenocephalus (Germar., *Magas. der. ent.*).—*Sélénocéphale.*

1. S. Obsoletus, Germ. — Longueur : 7 à 8 mill. — Sur les arbres. La forêt de Fontevrault ; à Aubigné : les Boisneaux. Juillet.

G. Bythoscopus (Germ., *Magas. der. ent.*).—*Bythoscope.*

1. B. Lituratus, Fall. ; *B. Varius*, Germ. — Longueur : 7 mill.

G. Macropis (Lewis, *Trans. of the entom.*).—*Macropis.*

1. M. Lanio, Lin. (*Cicada*) ; *Iassus lanio*, Fab. — Longueur : 8 mill. — Les champs, les bois, les forêts : sur le chêne. — Assez rare.

G. Pediopsis (Burmeister, *Hand. der. ent.*).— *Pédiopsis.*

1. P. Virescens, Fab. (*Cicada*). — Longueur : 4 mill.

1. P. Quadrinotatus, Her. Sch. — Longueur : 6 mill.

G. Iassus (Fabricius, *Systh. Rhyng.*). — *Iasse.*

1. I. Atomarius, Fab. (*Cercopis*). — Longueur : 6 à 8 mill. — Commun dans les prairies.

2. I. Mixtus, Fab. (*Cercopis*); *I. plebeius,* Fall. — Longueur : 6 à 7 mill. — Ib.

G. Athysanus (Burmeister, *Gen. ins.*). — *Athysane.*

1. A. Argentatus, Fab. (*Cercopis*); *Iassus interstitialis*, Germ. — Longueur : 6 mill.

G. Typhlocyba (Germar., *Mag. der ins.*). — *Typhlocyba.*

Ce genre très-nombreux en espèces et toutes de petite taille, renferme des insectes qu'on rencontre pendant l'été et à l'automne, sur les arbres et arbustes dont ils piquent les feuilles avec leur bec. Leurs ocelles sont situées en dessous de la tête.

1. T. Carpini, Fourc. ; *Cercopis picta* et *C. Urticœ*, Fab. — Longueur : 4 mill. — Sur le charme et autres espèces d'arbres, dès le printemps.

2. T. Striola, Fall. — Longueur : 5 mill.

3. T. Quadrinotata, Fab. (*Cercopis*). — Longueur : 5 mill.

4. T. Sexnotata, Fall. — Longueur : 3 à 4 mill.

5. T. Pulchella, Heer. — Longueur : 3 mill. — Sur les malvacées.

6. T. Jedidia, Amy., *Meth. mon.* — Longueur : 4 mill.

7. T Tiliæ, Fall. (*Cicadella*). — Longueur : 3 à 5 mill. — Sur le tilleul et autres arbres.

8. T. Nitidula, Fab. (*Cercopis*). — Longueur : 3 à 5 mill.

9. T. Flammigera, Fourc. — Longueur : 3 à 5 mill. — Sur l'herbe.

10. T. Chloopala, Amy., *Meth. mon.* — Longueur : 4 à 5 mill.

11. T. Ulmi, Lin. (*Cicada*). --- Longueur : 3 mill. — Sur l'orme et autres arbres.

12. T. Rosæ, Burm. ; *Cicada rosœ*, Lin. --- Longueur : 4 mill. — D'un jaune verdâtre, sans taches. Sur les rosiers, les roses tremières, dont il pique en dessous les feuilles de ces plantes.

FAMILLE DES APHIDIDES OU DES PUCERONS.

La famille des Aphidides se compose d'insectes mous, très-petits, dont les antennes sont sétacées ou filiformes, et de 6 à 11 articles ; leurs tarses sont de deux articles. Tous vivent du suc des végétaux, et sont compris dans une seule tribu, celle des Aphidines, et dont les caractères sont ceux de la famille.

Tribu des Aphidines.

GROUPE DES PSYLLIDES.

G. Psylla (Geoffroy, *Hist. des ins.*). — *Psylle.*

1. P. Alni, Lin. (*Chermes*). — Longueur : 3 à 5 mill. — Sur l'aulne.

2. P. Pyri, Lin. (*Chermes*). — Longueur : 2 à 2 1/2 mill. — Sur le poirier.

3. P. Urticæ, Lin. (*Chermes*). — Sur les orties.

4. P. Buxi, Lin. — Très-petit insecte, dont les larves rougeâtres, à tête noire, habitent la pointe des bourgeons du buis qu'elles rassemblent en un bouton globuleux.

5. P. Fraxini, Lin. (*Chermes*). — Sur le frêne.

6. P. Genistæ, Latr. — Sur le genêt à balais.

G. Livia (Latreille). — *Livie.*

1. L. Juncorum, Latr. ; *Psilla juncorum*, Latr. — Longueur : 2 mill. — Très-répandue dans les prairies marécageuses où se trouve le *juncus articulatus*, dont cette espèce fait son habitation.

GROUPE DES APHIDIENS.

G. Aphis (Linné, *Syst. nat. puceron.*). — *Puceron.*

Les insectes du genre aphis (*Puceron*), si nombreux en espèces, et dont le nom de chacune d'elles est presque toujours celui de la plante qui les nourrit et leur sert d'asile, ont pour caractère générique d'avoir les antennes plus longues que le prothorax, de 7 articles, dont le dernier terminé par deux soies, ainsi que deux cornes ou mamelons à l'extrémité de l'abdomen.

Animaux si remarquables, d'ailleurs, par la manière dont ils se reproduisent, ainsi que par leur grande et rapide fécondité.

A l'automne, les deux sexes ailés s'accouplent, et bientôt la femelle pond et fixe ses œufs sur les tiges des plantes propres à la nourriture de chaque espèce, qui n'éclosent qu'au printemps suivant, mais en ne produisant toutefois que des femelles aptères, qui bientôt après mettent au jour des petits vivants et non des œufs. De cette production il en résulte un grand nombre de générations semblables ; et ce n'est qu'à l'automne que se trouvent des mâles et des femelles, mais celles-ci ovipares, qui recommencent, comme précédemment, la manière de se reproduire. (Voyez, à ce sujet, les observations de Réaumur, de Bonnet et celles de Barbini.

Kaltenbach, dans sa monographie des pucerons, en indique ou décrit plus de 160 espèces. Koh, dans sa monographie, publiée en 1857, en indique et figure 204 espèces. Voici celles qui ont été rencontrées dans notre département :

1. A. Rosæ, Lin. — Longueur : 2 à 3 mill. — En abondance sur les rosiers.

2. A. Sonchi, L. — Sur les laitrons, la laitue, les romaines.

3. A. Millefolii, Fab. — Longueur : 3 mill. — Sur l'herbe à mille-feuilles (*Achillea millefolium*, L.).

4. A. Platanoidis, Schranks. — Longueur : 2 mill. — Sur le platane.

5. A. Urticæ, Schranks. — Sur l'urtica dioica, le framboisier.

6. A. Jacea, Lin. — Sur la jacée (*Centaura jacea*, L.).

6 bis. A. Capreæ, Kaltemb. — Sur le salix caprea et autres, l'é-racleum spondylium, l'imperatora sylvestris, le pastinaca sativa, le conium maculatum, etc.

7. A. Serratulæ, Lin. — Sur la serratula tinctoria.

8. A. Absinthi, Lin. — Sur l'absinthe.

9. A. Solidaginis, Fab. — Sur la verge d'or.

10. A. Pieridis, Fab. — Sur divers hieracium.

11. A. Grossulariæ, Kaltemb. — Sur les groseilliers, le cassis.

12. A. Pisi, Kaltemb. — Sur les pois cultivés et autres légumineuses.

13 A. Phaseoli, Passer (*Tychen*). — Sur les racines des haricots, des choux.

14. A. Papaveris, Kaltemb. — D'un noir mat. Sur les pavots, les fèves de marais, le seneçon, les datura, les haricots, les melons, les concombres, les artichauts, les ombellifères, etc.

15. A. Tanaceti, Lin. — Longueur : 1 à 2 mill. — Sur la tanaisie.

16. A. Pruni, Fab. — Longueur : 1 à 3 mill. — Sur les pruniers.

17. A. Padi, Lin. — Longueur : 2 mill. — Sur les mérisiers.

18. A. Sambuci, Lin. — Longueur : 2 mill. — Sur le sureau.

19. A. Oxiancanthæ, Schranks. — Longueur : 1 à 3 mill. — Sur les pommiers.

20. A. Brassicæ, Lin. — Longueur : 5 mill. — Sur les choux.

21. A. Populi, Lin. — Longueur : 1 à 3 mill. — Sur les peupliers.

22. A. Vitellinæ, Schranks. — Sur les osiers.

23. A. Avellanæ, Schranks. — Sur le coudrier (*Corylus avellana*).

24. A. Nymphæ, Lin. — Sur les nymphea et lutea, alisma plantago, potamogeton natans, etc.

25. A. Tutomi, Schranks. — Sur le butomus umbellatus.

26. A. Avenæ, Fab. — Sur l'avoine.

27. A. Cardui, Lin. — Sur les chardons.

28. A. Saliceti, Schranks. — Sur les saules.

29. A. Cerasi, Schranks. — Sur les cerisiers.

30. A. Aceris, Fab. — Sur l'érable.

31. A. Tiliæ, Lin. — Sur le tilleul.

32. A. Alni, Fab. — Sur les pétioles des feuilles d'aulne.

33. A. Quercus, Lin. — Noir, velu, gros. Sur le chêne.

34. A. Longirostris, Fab. — Sur les écorces.

35. A. Fagi, Lin. — Sur le hêtre.

36. A. Persicæ, Kaltenbach. — Sur le pêcher. C'est à cette espèce, croit-on, qu'il faut attribuer la cloque du pêcher.

37. A. Pyrastri, Boisd. — Sous les feuilles du poirier.

38. A. Dianti, Schranks. — Se rencontre sur presque toutes les plantes herbées et quelques-unes de nature ligneuse, que l'on conserve dans les serres d'orangeries.

39. A. Radicum, Kirby.—Sur les racines des graminées dans les prés, ordinairement en compagnie de fourmis, avec lesquelles ils vivent en bonne intelligence, bien que ceux-ci les sucent avec avidité.

40. A. Trivialis, Passerini.—Sur les racines du poa trivialis, du blé, du *Cynodon dactylon,* de plusieurs *festuca.*

41. A. Verbasci, Schranks. — Sur les verbascum.

GROUPE DES MYZOXYLIDES.

G. **Myzoxylus** (Blot, *Soc. d'agr. et de com. de Caen.*). — *Myzoxyle.*

* *Antennes de cinq articles.*

1. M. Mali, Blot; *Lachnus lanigerus,* Illig.; vulg[t] *Puceron lanigère,* L. — Cette espèce, dépourvue de cornicules, et qui est d'un brun rougeâtre, se recouvre presque complétement d'une sécrétion cotonneuse blanche, qui indique sa présence sur l'écorce et dans les plaies du tronc, des branches qu'elle déforme, ainsi que sur les racines superficielles des vieux pommiers. Elle est très-répandue dans le nord de l'Anjou, où l'on cultive en grand le pommier à cidre, et nuit à la culture de cet arbre.

2. M. Laricis, Hart; *Psylla laricis,* Macq., *Soc. des Sc. de l'Ille,* 1819 ; Amyot et Serv. — Longueur : 5 mill. — Sur le mélèze. Avril, août.

** *Antennes de six articles.*

3. M. Bursarius, Blot; *Aphis bursarius,* Lin. — Longueur : 2 mill. — Dans des galles ou bourses, sur les tiges et les feuilles du peuplier noir (*Populus nigra,* Lin.). Bords de la Loire, etc.

4. M. Ulmi, De Géer ; *Aphis ulmi,* Lin. — Longueur : 1 à 2 mill. — D'un vert foncé, luisant. Dans les bourses ou vésicules que ces insectes font naître en piquant de leur bec les feuilles de l'orme.

✱✱✱ Antennes de trois articles.

5. M. Quercus, B. de Fonsc.; *Lachnus quercus.* — Longueur : 6 à 7 mill. — Grande espèce, allongée, velue, d'un brun luisant. De juillet à août : sur le chêne.

Nota. — Quant au *Phylloxera vastatrix* (Phylloxère des racines de la vigne), il n'est pas à notre connaissance que cet insecte, qui occasionne la terrible maladie de la vigne, ait été rencontré dans notre département, bien que nous ayons fait des recherches à cet égard ; elles n'ont peut-être pas été suffisantes ?

GROUPE DES ALEYRODIDES.

G. Aleyrodes (Latreille).—*Aleyrode.*

1. A. Chelidonii, Latr.; *Phalœna tinea proletella,* Lin. — Longueur : 2 mill. — Aspect d'une très-petite phalène d'un blanc pur. Sur l'éclaire (*Chelidonium majus,* Lin.), ainsi que sur les choux cultivés (*Brassica oleracea,* Lin.), sur lesquels cet insecte abonde dans certaines années.

GROUPE DES ORTHEZIDES.

G. Dorthezia (Bosc.). — *Dorthézie.*

1. O. Urticæ, Lin. (*Alphis*) ; *Dorthezia characias,* Bosc.; *Coccus dubius,* Fab. — Longueur : 2 à 3 mill. — Sur l'ortie, les euphorbia pilosa et characias, certains geraniums, le genêt à balais. Nous avons rencontré cette espèce sur cette dernière plante, au sommet des rochers de Servières, situés près le Pont-Barré, commune de Beaulieu.

———

FAMILLE DES COCCIDIDES OU DES GALLINSECTES.

La famille des Coccidides se compose de très-petits insectes qui n'ont qu'un seul article aux tarses, et dont les mâles seuls sont ailés, mais ne portant que deux ailes.

Ces insectes sont divisés en deux genres seulement : les kermès et les cochenilles, et constituent la tribu des Coccidines, dont les caractères sont ceux de la famille.

Tribu des Coccidines.

Deux genres seulement, comme nous l'avons déjà dit, constituent cette tribu : le genre kermès et le genre coccus. La femelle des kermès se colle sur les plantes qu'elle envahit sans changer de place, tandis que celle des coccus reste libre de ses mouvements et se reproduit sur les plantes sans s'y fixer comme le fait celle des Kermès.

G. Chermes (*Kermes*, Geoff.; *Coccus*, Lin., Fab., Latr.). — *Kermès*.

Les femelles se fixent sur les feuilles ou les tiges de certaines plantes, grandissent et prennent des formes globuleuses, lenticulaires ou ovales ; et c'est sous cette espèce de carapace qu'elles pondent et terminent ensuite leur vie. Plusieurs espèces s'enveloppent en outre plus ou moins d'une concrétion soyeuse et floconneuse.

Nous ne mentionnerons ici que les espèces propres à notre pays ; celles qu'on rencontre dans les serres étant toutes étrangères, ne peuvent trouver leur place ici.

1. K. Vitis, Lin.; *Coccus vitis*, Latr. — La femelle a le corps en ovale allongé, rougeâtre.

On la rencontre sur le tronc ou les vieilles branches de la vigne, enveloppée plus ou moins d'un duvet blanc qui indique ainsi sa présence.

2. K. Persicæ, Geoff.; *Kermès oblong du pêcher*, Geoff. — Femelle oblongue : sur le pêcher.

3. K. Rotundatus persicæ, ; *Kermès rond du pêcher*, Geoff. — Ib.

4 K. Hesperidum, Lin. (*Coccus*); *Coccus hesperidum*, Fab. — De forme ovale. Sur les tiges et les feuilles de l'oranger.

5. K. Variegatus, Oliv. ; *Lecanium quercus*, Burm. — La femelle se transforme en globule panachée de 9 à 10 mill. de diamètre : sur le chêne. Angers. — Assez répandu.

6. K. Rosæ, Bouché. — Il se présente sous la forme d'une croute blanche, écailleuse, recouvrant les tiges et les branches de rosiers cultivés dans les jardins.

7. K. Buxi, Petite espèce lenticulaire, en réunion sur la partie supérieure des feuilles du buis. Son diamètre dépasse rarement un millimètre.

8. K. Coryli, Lin. (*Coccus*). — Sur le coudrier, les noisetiers.

9. K. Tiliæ, Lin. (*Coccus*). — Sur le tilleul.

10. K. Lauri, Bouché. — Cette espèce envahit non-seulement le laurier-rose, mais encore des plantes de pleine terre, comme l'*Arbutus unedo*, etc.

G. Coccus (Linné, Fab.). — *Cochenille.*

Ce genre voisin du précédent en diffère plus particulièrement par les caractères suivants :

Les femelles ne se fixant pas en se collant sur les plantes, dont elles font de leur suc leur nourriture, peuvent se déplacer pendant toute leur vie. Elles nuisent beaucoup aux plantes qui les nourrissent; elles sécrètent un liquide, qui, en se desséchant, devient pulvérulent ou cotonneux, sous lequel elles déposent leurs œufs. Le mâle seul est ailé, mais ne porte que deux ailes.

Un grand nombre d'espèces vivant sur des plantes de serres ne peuvent nous occuper ici. Une seule appartient à notre pays :

1. C. Phalaridis, Lin.—Cette espèce se tient sur certaines graminées, ou sur le long de leur tige, dans de petits flocons cotonneux blancs, dans lesquels les femelles ont déposé leurs œufs. — Rarement observée.

FIN DES HÉMIPTÈRES.

ORDRE DES THYSANOPTÈRES.

HALIDAY.

Ici se présente un certain nombre de petits insectes de 1 à 2 millimètres de longueur, que MM. Amyot et Serville avaient réunis, dans
un appendice, à l'ordre précédent ; mais un savant anglais, M. Haliday (*The ent. magas.*), qui a fait de ces insectes une étude appro-
fondie, les a compris dans un ordre particulier sous le nom de
THYSANOPTÈRES, ordre qui lui a fourni deux familles, plusieurs tribus
et un certain nombre de genres.

Tous les insectes de cet ordre ou appendice étaient, dans le principe, compris dans un seul genre, le genre *Trips*, Lin., et dont voici
les principaux caractères : Insectes allongés, étroits, pédiculiformes à
leur état de larve ; de 1 1/2 à 2 mill. de longueur ; ailes finement
frangées de poils couchés ; tarses terminés par un seul article vésiculeux, servant à fixer l'insecte sur les fleurs ou les plantes sur lesquelles on les rencontre.

FAMILLE DES TUBULIFÈRES (Haliday).

G. **Hoplothrips** (Amyot et Serville, *Histoire des ins.*). — *Hoplothrips*.

1. H. Corticis, De Géer (*Thrips*) ; *Thrips ulmi*, Fab. — Sous les
écorces.

FAMILLE DES TÉRÉBRANTS (Haliday).

Tribu des Sténoptères.

G. **Cericothrips** (Haliday, *The entom. mag.*). — *Céricothrips*.

1. C. Staphylinus, Halid. — Communément sur les ajoncs.

G. Limothrips (Haliday, *The Entom. mag.*). — *Limothrips.*

1. L. Physapus, Kirb.; Lin.; *L. cerealium,* Halid. — Longueur :
2 mill. — Sur les blés, dont il ronge les grains avant leur maturité. —
Sa couleur brune, ses antennes et ses tarses annelés de blanc le font
aisément reconnaître.

G. Physapus (De Géer., *Act. Holm*).—*Physapus.*

1. P. Obscurus, Mull. — Sur les blés, comme le précédent.
2. P. Ater, De Géer; *P. vulgatissima,* Halid. — Sur les ombellifères.

G. Thrips (Linné). — *Thrips.*

1. T. Fuscipennis, Halid. — Sur différentes espèces de rumex.
2. T. Urticæ, Fab. —Sur les fleurs de renoncules, de thalictrum,
etc.
3. T. Discolor, Halid. — Sur les fleurs des crucifères.
4. T. Cerealium, — La larve vit dans les épis de blé dont
elle suce les grains nouvellement formés, ce qui arrête leur développement.
5. T. Decora, — La couleur vermillon de la larve fait facilement découvrir cet insecte, qui, comme le précédent, vit aux dépens
des blés.

FIN DES THYSANOPTÈRES.

ORDRE DES RHIPIPTÈRES.

Les deux ailes antérieures, les deux ailes postérieures grandes et plissées longitudinalement et comme un éventail. A l'état de larve, ces très-petits insectes qui ont l'air d'un ver apode, ovalaire, sont parasites et vivent sur le corps des guêpes ou autres insectes hyménoptères.

Cet ordre présente deux genres seulement : le G. Xenos et celui des Stylops.

G. Xenos.

Abdomen corné, avec l'anus charnu rétractyle.

1. X. Vesparum, Rossi. — Vit en parasite sur les guêpes.

G. Stylops.

1. S. Melittæ, Kirby. — Vit en parasite sur les andrennes.

NOTA. Ces deux insectes nous ont été indiqués, mais nous n'avons pas eu l'occasion de les rencontrer.

FIN DES RHIPIPTÈRES.

ORDRE DES DIPTÈRES.

L'ordre des Diptères, l'un des plus nombreux en espèces, et dont le nom indique suffisamment que les insectes qui le composent sont munis de deux ailes. Voici d'ailleurs les principaux caractères qui le constituent :

Corps à téguments légèrement coriaces; une trompe formant une gaîne univalve, ouverte en dessous, renfermant un suçoir composé de deux, quatre ou six soies, ce qui indique assez que ces insectes sont essentiellement suceurs. Yeux grands; ordinairement trois ocelles. Abdomen composé de quatre segments distincts; deux ailes membraneuses avec des nervures formant des cellules; deux balanciers et quelfois des cuillerons.

Pour nous guider dans l'ordre des Diptères, nous avons suivi l'ouvrage bien remarquable de M. Macquart, *Suites à Buffon*, auquel nous avons emprunté la majeure partie des descriptions; et pour donner une idée de l'ensemble de cette classification, nous l'avons présenté dans le tableau synoptique ci-après.

Leurs mœurs et leurs habitudes sont des plus variées, comme nous le verrons en parlant des familles auxquelles ils appartiennent.

Un petit nombre rend des services à l'agriculture, comme celui des taquines, dont les larves vivent comme celle des ichneumons dans le corps de certaines chenilles; tandis que d'autres, de la famille des muscides, semblent être destinés à veiller à la salubrité publique, en absorbant les matières animales et végétales fluides ou en décomposition qui peuvent corrompre l'air que nous respirons.

L'ordre des Diptères est séparé d'abord en deux grandes divisions ou sections : les NÉMOCÈRES et les BRACHOCÈRES, ensuite par familles, tribus, genres et espèces.

CLASSIFICATION DES DIPTÈRES

DIVISIONS.	FAMILLES.	TRIBUS.
DES NÉMOCÈRES. Antennes filiformes ou sétacées ; corps ordinairement allongé, menu. Trompe variable en longueur, à suçoir de six articles.	**F. DES CULICIDES.** Trompe longue , menue , avancée, ordinairement droite. Ant. filiformes, plumeuses chez les mâles, poilues chez les femelles.	NOTA. — La famille des Culicides ne comporte pas de tribus.
	F. DES TIPULAIRES. Trompe courte, épaisse, terminée par deux grandes lèvres. Suçoir de deux soies.	des TIPULAIRES CULICIFORMES. des TIPULAIRES TERRICOLES. des TIPULAIRES FONGICOLES. des TIPULAIRES GALLICOLES. des TIPULAIRES FLORALES.
	F. DES TABANIENS. Corps large ; tête déprimée ; trompe saillante, à lames terminales, allongées ; munie de six soies lamelliformes.	La famille des Tabaniens ne comporte pas de tribus.
	F. DES NOTACANTHES. Trompe retirée dans la bouche ; lèvres terminales épaisses ; 3e art. des antennes annelé ; écusson ordinairement muni de pointes.	des SICAIRES. des XYLOPHAGIENS. des STRATIOMYDES.
DES BRACOCÈRES Antennes courtes, de 3 articles au plus, le 3e ordinairement accompagné d'un style. Suçoir de six, quatre ou deux soies.	**F. DES TANYSTOMES.** Trompe coriace, menue, allongée ; lèvres terminales peu distinctes.	des ASILIQUES. des HYBOTIDES. des EMPIDES. des VÉSICULEUX. des BOMBYLIERS. des ANTHRACIENS.
	F. DES BRACHYSTOMES. Trompe courte , membraneuse ; lèvres terminales épaisses ; 3e art. des antennes simple ou en palette.	des XYLOTOMES. des LEPTIDES. des DOLICHOPODES. des SYRPHIDES.
	F. DES ATHÉRICÈRES. Suçoir renfermé dans la trompe ; dernier article des antennes patelliforme.	des SCÉNOPINIENS. des CÉPHALOPSIDES. des LONCHOPTÉRINES. des PLATYPÉZINES. des CONOPSAIRES. des MYOPAIRES. des ŒSTRIDES. des MUSCIDES.
	F. DES PUPIPARES. Point de trompe labiale ; suçoir composé de deux soies insérées sur un pédicule commun ; ant. d'un seul article.	des CORIACÉS. des PHTHIROMYIES.

(Colonne verticale à gauche : **DIPTÈRES.**)

1re DIVISION : NÉMOCÈRES.

Les Diptères qui composent cette division ont le corps ordinairement allongé, menu, la tête petite, les antennes filiformes ou sétacées ; les pieds longs et grêles ; les ailes allongées, ordinairement étroites.

FAMILLE DES CULICIDES (Latreille).

Trompe longue, menue, avancée, ordinairement droite, terminée par deux petites lèvres ; palpes droits, souvent allongés, de cinq articles ; antennes filiformes, plumeuses chez le mâle, poilues chez la femelle ; ocelles nuls ; ailes couchées dans le repos.

La femelle, seule, fait pénétrer sa trompe dans la chair des animaux et sans épargner l'espèce humaine, afin d'y puiser le sang dont elle fait sa nourriture ; mais, en agissant ainsi, elle verse en même temps dans la plaie qu'elle a faite un suc vénéneux, irritant et qui occasionne des démangeaisons on ne peut plus désagréables. A défaut de sang, les femelles, comme les mâles, vivent du suc des fleurs.

Le jour paraissant les incommoder, c'est le soir et pendant la nuit qu'ils se mettent en mouvement, soit pour chercher leur proie ou bien pour se réunir souvent en grandes troupes dans les airs pour s'accoupler. Les larves vivent dans les eaux ; mais les œufs qui les précèdent, sont préalablement déposés à leur surface.

G. Culex (Linné, Fabricus, Latreille, etc.). — *Cousin.*

Palpes plus longs que la trompe chez les mâles, très-courts chez la femelle.

1. C. Pipiens, Lin., Fab.; *Cousin commun.*—Longueur : 5 à 7 mill. — Prothorax d'un brun jaunâtre ; abdomen d'un gris pâle ; ailes sans taches. Habite le bord des eaux stagnantes, les bois, etc. S'introduit dans les habitations de l'homme.

2. C. Ornatus, Hoffm. — Longueur : 7 mill. — Prothorax d'un blanc jaunâtre, avec deux bandes noires ; un point blanc aux genoux. Dans les bois. — Rare.

3. C. Nemorosus, Meig.—Longueur : 8 mill. — Abdomen brun, annelé de blanc. Prothorax à deux lignes brunes. Les bois.

4. C. Annulatus, Fab., Meig. — Longueur : 7 à 9 mill. — Brun ; prothorax avec des lignes noires ; pieds annelés de blanc. A l'automne.

G. Anopheles (Meigen).

Palpes de la longueur de la trompe dans les deux sexes.

1. A. Maculipennis, Hoffm., Meig. — Longueur : 7 mill. — Ailes à cinq points bruns. — Commun.

FAMILLE DES TIPULAIRES (Latreille).

Trompe courte, épaisse, terminée par deux grandes lèvres ; suçoir de deux soies ; palpes recourbés, ordinairement de quatre articles.

Cette famille, divisée en cinq tribus, se compose du genre *Tipula*, Lin. Elle renferme un grand nombre de genres et d'espèces ; et c'est à des animaux qui en font partie qu'il faut attribuer ces danses aériennes nocturnes, qui ont été remarquées par un grand nombre de personnes.

Tribu des Tipulaires Culiciformes.

Antennes filiformes, ordinairement plumeuses chez les mâles, poilues chez les femelles et insérées sur un disque élevé. Larves aquatiques. A l'état parfait : ins. nocturnes se répandant dans les airs en troupes nombreuses.

G. Corethra (Meigen ; *Chironomus*, Fab.). — *Corèthre.*

Antennes de 14 articles, tous garnis de longs poils verticillés et diminuant en pointe, chez le mâle, et courts chez la femelle.

1. C. Plumicornis, Meig. — Longueur : 7 mill. — D'un brun roussâtre ; mais la tête et le thorax brunâtres. — Commun au bord des eaux.

2. C. Culiciformis, Meig. — Longueur : 5 mill. — D'un gris brunâtre. Ib.

3. C. Pallida, Meig. — Longueur : 6 mill. — Blanchâtre ; cuisses ponctuées de noir. Ib.

G. Chironomus (Meigen, Fab., Latr.) — *Chironome.*

Antennes de 13 articles, chez le mâle, tous garnis de longs poils diminuant progressivement ; de 6 articles, chez les femelles, garnis de petits poils verticillés ; ailes ponctuées de noir.

1. C. Plumosus, Meig.; *Tipula plumosa*, Lin. — Longueur : 10 à 12 mill. — Thorax verdâtre, à bandes cendrées ; abdomen annelé de noir ; pieds fauves, tarses noirs ; ailes blanches, ponctuées de noir. — Très-commun autour des eaux stagnantes.

2. C. Annularius, Meig.; *Tip. annularia*, Deg. — Longueur : 10 mill. — Thorax cendré à bandes noirâtres ; abdomen cendré, avec une ligne dorsale noire. — Commun.

3. C. Prasinus, Meig. — Longueur : 14 à 15 mill. — D'un vert herbacé ; thorax pâle, à bandes obscures ; ailes ponctuées de noir et trois points de cette couleur à chaque segment de l'abdomen. — Rare.

4. C. Pedellus, Meig.; *Chir. cantans,* Fab. — Longueur : 7 à 8 mill. — Thorax vert, à bandes noires ; abdomen vert, mais les trois derniers segments noirs. — Rare.

5. C. Leucopogon, Meig. — Longueur : 2 mill. — D'un noir mat ; antennes à poils blancs ; ailes d'un blanc bleuâtre. — Commun au printemps sur les bourgeons des saules bordant la Loire.

6. C. Tremulus, Meig. — Longueur : 3 à 4 mill. — Thorax jaune ; abdomen noir, mais les deux premiers segments fauves avec le bord blanchâtre ; pieds noirs, jambes blanches.

G. Tanypus (Meigen ; *Chironomus,* Fab.). — *Tanype.*

Antennes de 14 articles garnis de longs poils ; tous garnis de longs poils qui diminuent progressivement. Ailes couchées en toit, ordinairement velues et tachetées.

1. T. Choreus, Meig. — Longueur : 5 à 7 mill. — Thorax blanchâtre à bandes brunes ; abdomen noirâtre, ses segments bordés de blanc ; ailes tachées de noir vers le centre.

G. Ceratopogon (Meigen, Latr.; *Chironomus,* Fab.).—*Cératopogon.*

Tête prolongée inférieurement en museau ; antennes de 13 articles, les 8 premiers, chez les mâles, garnis de longs poils formant un pinceau dirigé obliquement en dehors ; ailes velues.

1. C. Communis, Meig. ; *Chironomus communis,* Fab. — Longueur : 4 à 5 mill. — D'un noir mat ; extrémité des antennes blanche. — Commun.

2. C. Lucorum, Meig. — Longueur : 2 à 3 mill. — Thorax noir ; abdomen noirâtre, panache des antennes noir. Les bois humides.

Tribu des Tipulaires Terricoles.

Tête sphérique, prolongée en museau ; antennes filiformes ou sétacées, de 13 ou 16 articles. Abdomen de huit segments distincts, terminé en massue chez les mâles, et par une tarière cornée, chez les femelles. Larves terrestres.

G. Ptychoptera (Meigen, Fab., Latr.; *Tipula,* Lin.). — *Ptychoptère.*

Antennes filiformes, de 16 articles. Trompe à lèvres allongées et inclinées.

1. P. Contaminata, Meig., Fab. — Longueur : 8 mill. — Noire. Côtés du thorax à duvet argenté. Abdomen à deux bandes, chez les mâles, remplacées par deux taches fauves chez la femelle. Ailes à trois demi-bandes transversales et quatre points noirs. — Commune.

G. Ctenophora (Meig., Fab , Latr.; *Tipula*, Lin.). — *Ctenophore.*

Antennes pectinées chez le mâle, de 13 articles : le 3e et suivants accompagnés de rameaux latéraux à deux, trois ou quatre branches.

❀ *Antennes des mâles à quatre rangs de rameaux.*

1. C. Pectinicornis, Meig.; *Tip. pectinicornis,* Lin. — Longueur : mâle, 12 mill. ; femelle, 17 mill. — Antennes ferrugineuses, à rameaux bruns ; prothorax ferrugineux avec deux taches noires ; abdomen ferrugineux, marqué d'une bande dorsale noire, avec une petite bande transversale jaune sur chaque segment, etc.

❀❀ *Antennes des mâles à trois rangs de rameaux.*

2. C. Atrata, Meig.; *Tipula ichneumonea,* Deg. — Longueur : mâle, 12 mill. ; femelle, 19 mill. — Noir, anus fauve, chez le mâle ; base de l'abdomen fauve, et une longue tarière chez la femelle. — Commun.

❀❀❀ *Antennes des mâles à deux rangs de rameaux.*

G. Tipula (Linné, Fab., Meig.). — *Tipule.*

Antennes filiformes, quasi sétacées, de 13 articles. — On rencontre les espèces de ce genre dans les prairies dont le sol est humide. La femelle y dépose ses œufs au moyen de sa longue tarière.

1. T. Gigantea, Schell., Meig. — Longueur : mâle, 26 mill. ; femelle, 36 mill.—Cendrée. Thorax à trois bandes brunes ; une bande testacée en avant des ailes. Abdomen avec une ligne dorsale brunâtre et une bande de chaque côté de cette même couleur.
Cette espèce, commune dans les près frais ou humides, est, pour nos contrées, la plus grande de toutes celles de la famille des Tipulaires.

2. T. Oleracea, Lin., Fab. — Longueur : mâle, 20 mill. ; femelle, 28 mill. — D'un cendré légèrement roussâtre ; museau et antennes ferrugineux ; thorax marqué d'une bande brunâtre ; ailes légèrement teintes de cette couleur, avec le bord extérieur noirâtre. Très-commune dans les prés. On la rencontre aussi dans les jardins, où la larve vit aux dépens des racines d'un certain nombre de plantes.

3. T. Pruinosa, Hoffm., Meig. — Longueur : mâle, 12 à 13 mill. ; femelle, 16 à 17 mill. — Ressemble beaucoup à la précédente, mais l'abdomen, d'un gris foncé, est soyeux. Les bois aquatiques, en juin.

4. T. Hortensis, Hoffm. , Meig. — Longueur : 15 à 18 mill. — Palpes jaunes ; abdomen jaunâtre, à bandes dorsales et transversales brunes. Dans les jardins.

5. T. Vernalis, Meig. — Longueur : 15 à 18 mill. — Ressemble beaucoup à la précédente, mais le 1er article seulement des palpes jaunes ; abdomen du mâle à base ferrugineuse, ensuite brun, avec une bande dorsale et une de chaque côté obscures ; abdomen de la femelle, d'un jaune pâle, à bandes brunes. Ailes blanchâtres, avec le bord et l'extrémité grisâtres. Avril et mai. Les prairies.

6. T. Ochracea, Meig. ; *T. lunata,* Fab. — Longueur : mâle, 15 mill. ; femelle, 28 mill. — Ferrugineuse ; thorax à bandes brunâtres, peu marquées, côtés variés de gris ; abdomen à trois bandes brunâtres, bord des segments blancs. — Commune dans les prés.

G. Pachyrina (Macquart ; *Tipula,* Meigen.). — *Pachyrine.*

Antennes filiformes de 13 articles garnis de soies à la base, moins toutefois les 1er, 2e et 13e qui en sont dépourvus. Corps luisant, jaune et noir.

1. P. Crocata, Macq. ; *Tipula crocata,* Lin. — Longueur : mâle, 15 mill. ; femelle, 18 mill. — Front et côtés de la face orangés ; un point noir au bord des yeux ; prothorax luisant, d'un jaune citron, avec deux lignes jaunes élargies antérieurement ; abdomen velouté, avec trois bandes safranées.

Nous avons rencontré ce bel insecte dans les landes humides des Pommeraies, dans le canton de Pouancé, commune de la Chapelle-Hullin.

2. P. Maculosa, Macq. ; *Tipula maculosa,* Hoffm. , Meig. — Longueur : mâle, 12 mill. ; femelle, 15 mill. — Jaune ; palpes et antennes noires ; thorax à trois bandes noires ; abdomen à taches noires hémisphériques.

G. Limnophila (Macquart ; *Limnobia,* Meig.). — *Limnophile.*

Articles des palpes d'égale longueur ; antennes de 16 articles.

1. L. Picta, Macq. ; *Limnobia picta,* Meig. — Longueur : 12 à 14 mill. — Brunâtre ; antennes fauves, brunes à la base ; pieds jaunes ; deux anneaux noirs aux cuisses ; ailes jaunâtres, tachetées de brun. Les bois aquatiques de Baugé.

G. Symplecta (Meigen, Suppl.). — *Symplecte.*

1er article des palpes plus court et plus menu que les suivants ; les 2e et 3e un peu en massue. Antennes filiformes, de 16 articles.

1. S. Punctipennis, Saint-Farg. (*Helobia*) ; *Limnobia, id.,* Meig. — Longueur : 5 mill. — Cendré ; palpes et antennes noires ; abdomen d'un gris-brunâtre ; ailes obscurément ponctuées. — Commun.

G. Trichocera (Meigen, Latr.; *Tipula*, Lin.). — *Trichocère.*

1. T. Hyemalis, Meig. ; *Tipula, id.*, Deg. — Longueur : 5 à 6 mill. — Tête et thorax gris, ce dernier à quatre bandes brunes. Tarière noire ; ailes brunes, sans taches. Automne et pendant l'hiver. Vole en troupes plus ou moins nombreuses.

G. Anisomera (Latreille, Meigen). — *Anisomère.*

Antennes sétacées de 6 articles velus ; jambes terminées par deux pointes courtes.

1. A. Nigra, Macq. ; *Hexatoma nigra*, Latr. — Longueur : 10 mill. — Noires ; front muni de deux tubercules. Ailes légèrement obscures. Landes humides de la Chapelle-Hullin ; avec le *Pachyrina crocata.*

Tribu des Tipulaires Fongicoles.

Cette tribu, qui renferme un assez grand nombre de genres et d'espèces : ces dernières, pour la plupart, de très-petite taille, et vivant à l'état de larve, pour le plus grand nombre, dans les champignons des bois. N'ayant pas été remarquée convenablement dans nos contrées, c'est-à-dire pour en bien préciser les espèces, nous nous abstiendrons donc d'en parler ici.

Tribu des Tipulaires Gallicoles.

Les insectes qui composent cette tribu ont la trompe peu saillante, les antennes longues, de 12 à 24 articles, à poils verticillés. Ocelles nulles.

Les femelles déposent ordinairement leurs œufs sur les jeunes bourgeons des plantes dont les feuilles de certaines espèces se réunissent ainsi : après l'éclosion, en une espèce de galle plus ou moins arrondie, dans l'intérieur de laquelle une ou plusieurs larves se trouvent logées. D'autres occupent des fleurs qu'elles difforment pour atteindre le même but, tandis qu'il en est d'autres encore qui font naître une espèce de gonflement sur les tiges de certains arbustes, etc.

G. Cecidomyia (Latreille, Meigen; *Tipula*, Linné). — *Cecidomyie.*

Tête hémisphérique. Antennes ordinairement de 24 articles, chez les mâles; de 14, chez les femelles.

1. C. Grandis, Meig. — Longueur : 8 mill. — Noirâtre; bord des segments de l'abdomen pâle; pieds d'un brun testacé; ailes grisâtres. Les bois. Dès le mois de mai.

2. C Salicina, Meig., Fab. — Longueur : 5 mill. — Noirâtre velu; ailes légèrement obscures et velues. Sur les bourgeons des saules. Dès le printemps. — Commune.

3. C. Palustris, Meig.; *Tipula palustris,* Lin. — Longueur : 3 mill. — D'un brun rougeâtre; *Vulpinus pratensis,* Lin. — Thorax blanchâtre, avec trois bandes rouges. Au mois de mai : sur les épis du *Vulpinus pratensis,* Lin.

4. C. Nigra, Meig., Macq. — Longueur : 1 1/2 mill. — Noire, avec le bord des segments de l'abdomen rougeâtre. La femelle dépose ses œufs dans les bourgeons à fleurs du poirier, et c'est à la présence des larves qui en résultent, dont la couleur est ou jaune ou d'un blanc rougeâtre, et que l'on rencontre, vers le mois d'avril, dans l'intérieur des poires déformées en calebasse, qu'il faut attribuer la chute de ces fruits.

5. C. Verbasci, Vallot, Macq. — Grisâtre; balanciers très-grands. La larve se développe et vit solitairement dans la corolle de *divers verbascum,* dont la corolle s'arrondit au lieu de s'épanouir.

6. C. Loti, Meig.; *Tipula loti,* Deg. — Noire. Les larves vivent en société dans les fleurs du *Lotus corniculatus,* Lin., qui se gonflent en vésicules. — Commune.

NOTA. Quant à la *Cecidomya tritici* dont les larves mangent le pollen des fleurs du froment, nous n'avons pas eu l'occasion de l'observer.

G. Lasioptera (Meigen, Latreille). — *Lasioptère.*

Les 2 premiers articles des palpes épais, en massue; ailes velues, etc.

1. L. Berberina, Meig.; *Tipula berberina,* Schr. — Rougeâtre; antennes de 20 articles. La larve vit dans les excroissances du *Berberis vulgaris,* Lin.

2. L. Obfuscata, Hoffm., Meig., Macq. — Longueur : 2 mill. — Brunâtre; pieds bruns, à reflets blancs; 1er article des tarses long. Les larves vivent dans les tiges des ronces et celles des framboisiers.
Très-petit insecte, dont on constate la présence, plutôt par les tiges de ronces et des framboisiers perforées au centre d'un renflement des tiges dont il est question, plutôt que par l'insecte parfait, dont l'exiguité le fait échapper à la vue. — Commun.

G. Psychoda (Latreille, Meigen). — *Psychode.*

Corps court, épais, velu; antennes de 14 ou de 15 articles; ailes inclinées en toit, larges, frangées. On les rencontre sur les immondices, les murs, ainsi que sur les fleurs.

1. P. Phalœnoides, Latr., Meig. — Longueur : 4 mill. — D'un noir cendré brunâtre; ailes à franges grises. Sur les fleurs et sur les murs.

2. P. Palustris, Meig. — Longueur : 5 mill. — Noirâtre, à poils blancs; franges des ailes, noirâtres, blanches à leur extrémité. Dès le printemps, sur les plantes des marais.

15

3. P. Fusca, Macq. — Longueur : 4 mill. — Noire, à poils bruns; ailes noirâtres, courtes et épaisses. Sur le tronc des arbres.

Tribu des Tipulaires Florales.

Palpes ordinairement de 4 articles; antennes monoliformes ou perfoliées, plus courtes que la tête et le prothorax réunis, et ordinairement de 9 articles.

Les pieds courts et les ailes plus larges les différencient des tribus précédentes; et presque tous sont armés de manière à se faire redouter comme le font les cousins.

G. Rhyphus (Latreille, Meigen). — *Rhyphe.*

2° article des palpes épais; antennes subulées, de 16 articles.

1. R. Fuscatus, Meig.; *Musca nigricans,* Lin. — Longueur : mâle, 9 mill.; femelle, 7 mill. — Cendré; prothorax à trois bandes noires; abdomen brun chez le mâle, d'un jaune brunâtre chez la femelle; ailes à stigmate noirâtre, avec un point allongé et deux taches obscures. — Commun.

2. R. Fenestralis, Meig.; *Sciara cincta,* Fab. — Longueur : 7 mill. — Abdomen ferrugineux chez la femelle; une tache sous le stigmate et une autre à l'extrémité des ailes. On le rencontre fort souvent aux fenêtres.

G. Simulium (Latreille, Meig.; *Ragio,* Fab.). — *Simulie.*

Antennes cylindriques de 11 articles. Yeux ronds; point d'ocelles.

1. S. Maculatum, Meig.; *Ragio columbaschensis,* Fab. — Longueur : 2 à 3 mill. — Abdomen à taches dorsales noires. Eté. Les bois voisins des eaux.

G. Bibio (Geoffroy, Meigen; *Hirtea,* Fabricius.). — *Bibion.*

Tête du mâle grosse, presque entièrement occupée par les yeux; tête petite et inclinée chez la femelle; antennes perfoliées de 5 articles; yeux velus chez les mâles, nus chez la femelle, etc. Les larves vivent dans les bouses de vaches.

Les espèces de ce genre sont peu agiles, volent rarement, et on les rencontre souvent immobiles sur les plantes.

1. B. Hortulanus, Meig., *Tipula hortulana,* Lin. — Longueur : mâle, 6 mill.; femelle, 8 mill. — Le mâle est noir et à poils blancs; la femelle est d'un rouge vermillon, mais la tête, le prothorax et les flancs sont noirs. Dès le mois d'avril. — Commun.

2. B. Marci, Meig.; *Tipula Marci,* Lin.; vulg! *Mouche de Saint-Marc.* — Longueur : 11 à 13 mill. — Noir, à poils blancs. Très-commun. Paraît vers la saint Marc (25 avril). — Très-commun partout.

2e DIVISION : BRACHOCÈRES (Macq.).

Les Diptères, très-nombreux, qui composent cette division, ont la tête ordinairement large et peu allongée, égalant l'épaisseur du thorax ; la trompe variable en longueur et en épaisseur ; les antennes courtes, de 3 articles au plus, le 3e ordinairement accompagné d'un style ; les ailes larges, etc.

Ils sont séparés en trois subdivisions dont le nom indique le nombre de soies renfermées dans la trompe, savoir : les *Hexachœtes* ayant six soies dans la trompe ; les *Tetrachœtes* ayant quatre soies dans la trompe, et les *Dichœtes* ayant seulement deux soies dans la trompe.

1re SUBDIVISION : HEXACHŒTES (Suçoir de six soies).

FAMILLE DES TABANIENS (Meigen).

Corps large, tête déprimée, trompe saillante, à lèvres terminales allongées, munie de six soies lamelliformes chez le mâle et de quatre seulement chez la femelle. Moitié inférieure des yeux à facettes, plus petite chez les mâles. Ceux-ci, dans cette famille, vivent du suc des fleurs ; et ce sont les femelles, avides de sang, qui se gorgent de celui des animaux.

G. Tabanus (Linné, Fab., Latr.. Meig.). — *Taon.*

3e article des antennes allongé, dilaté à sa base ; point d'ocelles. Les insectes de ce genre sont avides du sang des animaux et s'en repaissent ; mais ce n'est bien que de juin à septembre qu'ils sont redoutables aux animaux domestiques.

On rencontre les espèces de ce genre dans les bois et les pâturages.

1. T. Morio, Latr., Fab.; *T. ater* et *T. nigrita,* Meig. — Longueur : 18 mill. — Noir, avec des poils gris sur le thorax et des poils blancs sur les côtés du 2e segment de l'abdomen.—N'est pas très-rare.

2. T. Bovinus, Lin., Fab., Latr. — Longueur : 28 mill. — D'un brun noirâtre ; prothorax à poils jaunâtres et bandes noirâtres ; bord postérieur des segments de l'abdomen fauve ; taches dorsales triangulaires blanchâtres. — Commun.

3. T. Fulvus, Meig. — Longueur : 16 mill. — Brun ; couvert d'un duvet jaune, épais et luisant ; yeux vert pomme ; antennes fauves ; pieds ferrugineux ; tarses antérieurs noirs ; ailes à bord extérieur jaune.

4. T. Tropicus, Lin., Fab. — Longueur : 16 à 19 mill. — Yeux à trois arcs pourprés ; prothorax noir, avec trois lignes et côtés gris ; abdomen noir ; les quatre premiers segments ferrugineux sur les côtés, chez le mâle ; des taches blanches, dorsales et bords des segments jaunâtres, peu distincts chez la femelle. — Commun dans les bois.

5. T. Autumnalis, Lin., Fab. — Longueur : 18 à 20 mill. — Noirâtre ; prothorax gris, velu, à quatre bandes brunes ; plusieurs rangs de taches le long de l'abdomen, blanches. — Commun à l'automne.

6. T. Rusticus, Fab., Meig. — Longueur : 14 à 16 mill. — D'un gris noirâtre, à poils jaunâtres ; antennes ferrugineuses à extrémité brune ; abdomen de la femelle à quatre rangs de taches brunes. — Commun.

G. Hæmatopota (Meigen, Latr.; *Tabanus*, Lin.). — *Hæmatopote.*

Face à lignes enfoncées de chaque côté, velue chez le mâle ; ailes couchées en toit.

1. H. Pluvialis, Meig., Latr., Fab. — Longueur : 10 à 11 mill. — Noirâtre ; yeux verdâtres, avec la partie inférieure pourpre, à lignes sinuées, jaunâtres ; prothorax avec trois lignes blanchâtres ; les trois premiers segments de l'abdomen fauves sur les côtés ; ailes d'un gris brunâtre, tachées de blanchâtre. — Commun.

G. Hexatoma (Meig., Latr.; *Heptatoma*, Fab.). — *Hexatome.*

Antennes allongées, à divisions formant 6 articles presque cylindriques. Ailes couchées en toit.

1. H. Bimaculata, Meig.; *Heptatoma*, id., Fab. — Longueur : 14 mill. — Noir ; couvert d'un duvet roux ; abdomen avec une tache d'un blanc bleuâtre de chaque côté du 2e segment. Rare. Pris aux environs d'Angers.

G. Chrysops (Meigen, Latr.; Fab.; *Tabanus*, Lin.). — *Chrysops.*

Face à callosités de chaque côté ; 1er et 2e articles des antennes velus ; yeux d'un vert doré, à taches et lignes pourpres. Des ocelles ; ailes fort écartées.

1. C. Cæculiens, Meig., Latr.; *Tabanus*, Lin. — *Chr. aveuglant.* — Longueur : 9 mill. — Noir. Côtés et dessous du thorax à poils jaunes ; 2e segment de l'abdomen à taches fauves de chaque côté, chez le mâle ; 1er segment de l'abdomen à taches jaunes de chaque côté, chez la femelle, le 2e jaune à deux lignes noires ; ailes à grande tache hyaline vers le milieu.

Les insectes de cette espèce, dont on admire la beauté des yeux, deviennent pendant l'été des êtres insupportables pour les chevaux, qu'ils tourmentent pendant les chaleurs de l'été, en se jetant sur leurs yeux pour en faire sortir, il faut le croire, des humeurs dont ils savent profiter.

2. C. Marmoratus, Meig.; *Tabanus,* Geoff. — Longueur : 9 mill. — Palpes jaunes ; prothorax d'un gris jaunâtre, à trois bandes noires ; abdomen jaune, les deux premiers segments avec deux taches noires, les 3e et 4e à base noire interrompue.

2e subdivision : TETRACHŒTES (Suçoir de quatre soies).

FAMILLE DES NOTACANTHES (Latreille).

Trompe ordinairement retirée dans la bouche ; 3e article des antennes annelé ; style nul ou apical ; écusson ordinairement terminé par des pointes.

Tribu des Sicaires.

Corps épais ; tête moins large que le thorax ; palpes cylindriques ; antennes plus courtes que la tête ; 3e article à trois ou huit divisions, sans style.

G. **Cœnomyia** (Latreille, Meigen). — *Cœnomyei.*

Thorax épais ; écusson à deux pointes ; abdomen large ; jambes terminées par des pointes.

1. C. Ferruginea, Latr.; *Tabanus bidentata,* et *sicus ferrugineus,* Fab. — Longueur : 16 à 18 mill. — Ferrugineuse ; prothorax avec deux bandes de duvet blanchâtre ; abdomen avec quelques taches noires. Vole lourdement. Pris le 6 juin dans les prés tourbeux de la Bouillant, commune de la Chapelle-Hullin, arrondissement de Segré.

Tribu des Xylophagiens.

Corps allongé ; 3e article des antennes sans style.

G. **Subula** (Megerle ; *Xylophague,* Meigen). — *Subule.*

Corps étroit ; 1er article des antennes aussi court que le 2e ; écusson mutique.

1. S. Maculata, Megerle ; *Xylophagus maculatus,* Fab. — Longueur : 13 mill. — Noir ; front blanc et jaune ; écusson jaune ; abdomen conique ; le 2e segment à tache jaune ; bord extérieur des ailes jaune.

G. Beris (Latreille, Meig.; *Stratiomys*, Fab.). — *Béris.*

Corps étroit ; palpes petits ; les 2 premiers articles des antennes égaux, le 3e allongé, subuliforme ; écusson à quatre, six ou huit pointes.

1. B. Vallata, Fort., Meig.; *Stratiomys clavipes*, Fab. — Longueur : 5 mill. — Noir ; écusson à six pointes ; jambes intermédiaires noires et jaunâtres.

Tribu des Stratiomyides, Latreille.

Corps ordinairement large, rarement allongé ; abdomen déprimé, souvent arrondi ; 3e article des antennes, le plus souvent de cinq ou six anneaux ; yeux à facettes plus grands dans leur moitié supérieure. Larves aquatiques, ou bien vivant dans le bois en décomposition, etc.

G. Stratiomys (Geoffr., Fab., Latr.; *Musca*, Lin.). — *Statiomyie.*

Trompe très-courte comprimée ; 1er article des antennes beaucoup plus long que le 2e ; le 3e quasifusiforme, à cinq divisions ; style nul ; écusson à deux pointes. Larves aquatiques.

1. S. Chamœleo, Fab., Latr. — Longueur : 15 mill. — Noire ; abdomen avec des taches latérales, triangulaires, jaunes, et une tache semblable sur l'anus ; écusson fauve, muni de deux pointes. Très-bel insecte, qu'on rencontre dès le mois de mai, sur les fleurs de l'aubépine.

G. Odontomyia (Latreille ; *Stratiomys*, Fab.), — *Odontomyie.*

Trompe menue ; 3e article des palpes peu renflé ; 3e article des antennes presque fusiforme, à cinq divisions, sans style ; écusson à deux pointes. Larves aquatiques.

1. O. Furcata, Latr., Gen.; *Stratomys ornata*, Meig.—Longueur : 16 à 18 mill. — Noire, à poils jaunâtres ; écusson fauve, à bord antérieur et extrémité des pointes noirs ; abdomen à taches latérales fauves, presque contiguës. La femelle a sur le front deux taches en forme de *c*, opposées.

2. O. Tigrina, Latr., Gen.; *Stratiomys id.*, Fab., Meig. — Longueur : 8 à 10 mill. — Noire ; thorax à duvet jaune et poils gris ; ventre fauve, bordé de noir ; pointes de l'écusson jaunes.

3. O. Hydroleo, Latr., Gen.; *Stratiomys id.*, Fab., Meig. — Longueur : 10 à 12 mill.—Noire ; face carénée ; joues et antennes, balanciers et abdomen verts, ce dernier avec une tache noire au milieu. — **Assez commun.**

G. **Oxycera** (Meigen, Latr.). — *Oxycère.*

3ᵉ article des antennes ovale, à quatre divisions ; style sétiforme, de 2 articles ; yeux velus chez le mâle.

1. O. Pulchella, Meig., Besch., et *O. Hypoleo,* Meig., Kl. — Longueur : 6 à 8 mill. — Noire ; prothorax à bande jaune, interrompue de chaque côté ; écusson jaune ; 3ᵉ et 4ᵉ segments de l'abdomen à tache jaune, oblique, de chaque côté ; le 5ᵉ, à tache triangulaire au milieu. Prairies marécageuses de la Baumette.

G. **Ephippium** (Latr.; *Clitellaria,* Meig.; *Stratiomys,* Fab.). — *Ephippie.*

3ᵉ article des antennes subulé, à cinq divisions; style biarticulé ; yeux velus ; abdomen très-large ; écusson à deux pointes.

1. E. Thoracicum, Latr.; *Strationis ephippium,* Fab. — Longueur :   . — Noire ; prothorax couvert d'un duvet épais, d'un rouge sanguin ; écusson noir, à deux pointes épaisses, velues et relevées ; une pointe à la base des ailes. Très-bel insecte que l'on rencontre ordinairement sur le tronc des vieux chênes.

G. **Sargus** (Fabricius, Latreille, Meig.). — *Sargue.*

3ᵉ article des antennes lenticulaire ou sphérique, de quatre divisions; style long, inséré à la base de la quatrième division ; écusson mutique ; abdomen allongé, rétréci du sommet à la base.

Les insectes de ce genre sont remarquables par leur corps allongé paré de couleurs métalliques bleues, vertes ou violettes, selon les espèces. On les rencontre sur les haies, les buissons, les plantes. Leurs larves vivent dans le bois pourri.

1. S. Cuprarius, Fab., Latr. — Longueur : 8 à 10 mill. — D'un vert doré ; abdomen luisant, cuivreux à la base, violet à son extrémité. — Commun.

G. **Chrysomyia** (Macquart; *Sargus,* Fab., Latr.). — *Chrysomyie.*

3ᵉ article des antennes ovalaire ou lenticulaire, de quatre divisions ; style terminal; corps moins allongé que dans le genre précédent; écusson mutique ; abdomen court, ovale, une fois aussi large que le thorax.

1. C. Formosa, Meig. (*Sargus*); *S. auratus* et *S. Xanthopterus,* M. M. Fab. — Longueur : 8 à 10 mill. — Yeux velus ; thorax d'un vert métallique ; abdomen doré chez le mâle, violet à reflets verts chez la femelle ; ailes légèrement roussâtres.

2. C. Polita, Fab. (*Sargus*); *Musca polita,* Lin. — Longueur : 5 mill. — D'un vert métallique, un peu cuivreux chez le mâle et à reflets bleus ; ailes hyalines.

FAMILLE DES TANYSTOMES (Latreille).

Trompe menue, allongée, coriace; 3e article des antennes simple ; style terminal ou nul.

Tribu des Asiliques, Latr., Meig.

Tête fort déprimée ; trompe robuste, peu longue ; face barbue; abdomen ordinairement cylindrique, déprimé.

Les insectes de cette tribu, comme ceux des Tabaniens, se rendent quelquefois redoutables aux animaux domestiques en se repaissant de leur sang , ce qui ne les empêche pas de s'emparer des insectes, qu'ils prennent au vol, afin d'en faire aussi leur nourriture, mais en les suçant seulement. On les rencontre dans les bois, les champs, les pâturages, volant pendant le soleil le plus ardent.

G. Laphria (Meigen, Latr., Fab.). — *Laphrie.*

3e article des antennes oblong, obtus, sans style distinct; cuisses souvent renflées, jambes arquées.

1. L. Gilva, Meig., Latr., Fab.; *Asilus id.*, Lin. — Longueur : 30 à 32 mill. — Face blanche; moustache noire ; thorax à poils gris ; abdomen couvert d'un duvet fauve.

2. L. Atra, Fab.; *Asilus id.*, Latr.; *Asilus ater*, Lin. — Longueur : 16 à 18 mill. — Moustaches noires; barbes blanches; prothorax à deux lignes grises, nues, peu marquées ; abdomen à reflets violets; ailes brunâtres. Pris le 15 juillet , à la Guerouas de Martigné. — Rare.

G. Dioctria (Meigen, Latr., Fab. ; *Asilus*, Lin.). — *Dioctrie.*

Antennes plus longues que la tête, insérée sur une élévation ; 1er et 2e article allongés; style de 2 articles courts et obtus ; abdomen allongé, grêle ; cuisses et jambes velues.

1. D. OElandica, Meig., Fab., Latr. — Longueur : 20 mill. — Noire; prothorax à deux lignes pâles, peu marquées, avec deux bandes jaunes sur les côtes; abdomen renflé à son extrémité postérieure ; pieds fauves. Baugé. — Rare.

G. Dasypogon (Meigen, Fab ; *Asilus*, Lin). — *Dasypogon.*

Les 2 premiers articles des antennes courts, le 3e allongé, comprimé, légèrement renflé au centre; style court, menu, conique, souvent de 2 articles distincts ; abdomen allongé, de même épaisseur dans son étendue; l'anus de la femelle garni d'un rang de pointes.

1. D. Punctatus, Meig., Fab., Latr. — Longueur : 23 à 25 mill. — Noir à reflets bleus; des lignes arquées aux épaules et à la base des ailes; abdomen à taches latérales blanchâtres et souvent peu distinctes sur les 2e, 3e et 4e segments ; le 4e et le 5e sont testacés ; ailes noirâtres, à reflets violets. Grand et bel insecte, pris le 24 juillet, à terre, à la Guerouas de Martigné. — Très-rare.

2. D. Teuton, Meig., Fab.; *Asilus id.*, Lin. — Longueur : 20 à 21 mill. — Noir ; une bande de duvet doré de chaque côté du thorax; pieds fauves; tarses noirs, articles jaunâtres. Rare. Pris dans le Pré-Fond de la métairie de Labouillant, commune de la Chapelle-Hullin, arrondissement de Segré.

G. Asilus (Linné, Fab., Meig.). — *Asile.*

Style sétacé, un peu allongé, de 2 articles ; abdomen allongé, rétréci postérieurement.

1. A. Crabroniformis, Lin., Fab., Latr., A. Frêlon. — Longueur : 23 à 25 mill. — Tête jaune; antennes noirâtres, ferrugineuses à la base ; thorax d'un jaune tirant au brun ; les trois premiers segments de l'abdomen noirs, avec un point blanc de chaque côté du 2e et 3e; les autres segments jaunes ; ailes jaunâtres, le côté interne bordé de taches noirâtres; pieds fauves. — Commun.

2. A. Forcipatus, Lin., Latr., *Dasypogon id.*, Fab. — Longueur : 15 à 16 mill. — D'un cendré roussâtre; face d'un jaune pâle; moustache noire en dessus, fauve en dessous; front d'un gris obscur; antennes noires ; pieds noirâtres ; ailes grisâtres.

G. Gonypes (Latreille; *Dasypogon*, Fab.). — *Gonype.*

Palpes d'un seul article ; style pubescent; abdomen très-allongé; cuisses postérieures en massue.

1. G. Cylindricus, Latr.; *Dasypogon tipuloides*, Fab. — Longueur : 10 à 13 mill. — D'un gris obscur; abdomen à bande dorsale brune ; pieds jaunes, les postérieurs fort longs; cuisses et jambes à bande longitudinale obscure ; ailes plus courtes que l'abdomen.

Tribu des Hybotides, Meigen.

Tête petite, sphérique; thorax fort élevé; abdomen mince et allongé ; pieds ordinairement allongés.

G. Hybos (Meigen, Fab., Latr.). — *Hybos.*

Antennes de 2 articles, le dernier ovale conique; cuisses postérieures épaisses et épineuses.

1. H. Funebris, Meig., Fab. — Longueur :   mill. — Noire; face à reflets blancs; ailes brunâtres; stigmate obscur. Sur les herbes, les haies, etc. — Commun.

Tribu des Empides, Latreille.

Tête petite, sphérique, séparée du thorax par une espèce de cou; trompe perpendiculaire, ordinairement menue, allongée; thorax élevé; abdomen allongé, menu, plus étroit que le thorax; pieds longs.

A ces caractères, M. Macquart ajoute, en parlant des mœurs et des habitudes des insectes de cette tribu : « C'est dans les airs que les » insectes de cette tribu se livrent le plus souvent à leurs chasses » ainsi qu'à leurs amours. Ils se réunissent en troupes nombreuses » qui, dans les belles soirées d'été, tourbillonnent comme les cousins » auprès des eaux; ils s'abattent ensuite sur les buissons, les taillis, » et la plupart se trouvent accouplés. »

Devons-nous rapporter à ces insectes et à quel genre ces groupes nombreux de Diptères qui, pendant le jour et dès la matinée, se réunissaient ainsi, et qui, dans nos pérégrinations, nous suivaient dans leur vol, en se montrant, toutefois, à des hauteurs variables, mais toujours dans la perpendiculaire de notre corps; paraissant prendre, d'ailleurs, notre chapeau de paille pour point de mire en cette circonstance. Nous avons essayé de nous emparer de quelques-uns de ces insectes, afin de reconnaître leur identité, mais toujours inutilement, s'éloignant aussitôt, et verticalement, lorsqu'ils apercevaient le filet dirigé contre eux.

Ce fait bien remarquable de suivre les personnes dans leur marche, et avec une telle persévérance, a également été remarqué par un professeur d'histoire naturelle, attaché à l'institut de Combrée, M. l'abbé Ravain.

G. Empis (Linnée, Fab., Latr.). — *Empis.*

Trompe plus longue que la tête; 3e article des antennes conique, comprimé; style court; pieds postérieurs allongés; deux cellules sous-marginales aux ailes.

1. E. Tessellata, Fab., Meig. — Longueur : 13 à 15 mill. — Cendré; prothorax à trois bandes noires; abdomen marqueté de noir; ailes brunâtres, à base ferrugineuse. — Commun.

2. E. Opaca, Fab.; *E. rufipes*, Fab. — Longueur : 10 à 12 mill. — Cendré; prothorax à quatre bandes noires; abdomen noir; luisant, à base cendrée. Paraît dès le premier printemps, et disparaît dès la mi-mai.

3. E. Livida, Lin., Fab., Latr. — Longueur : 9 mill. — Prothorax d'un gris jaunâtre, à trois bandes noires; abdomen d'un brun livide, noirâtre chez le mâle, brunâtre chez la femelle. — Commun.

4. E. Pennipes, Lin., Fab. — Longueur : 5 mill. — D'un noir peu luisant ; trompe de la longueur du corps ; pieds fort longs ; cuisses et jambes postérieures pennées. — Commune sur les saules, la cardamine des prés.

G. Rhamphomyia (Hoffm., Meig., Latr. ; *Empis*, Fab.). — *Rhamphomyie.*

Caractère du genre précédent, mais une cellule sous-marginale aux ailes.

1. R. Sulcata, Meig. ; *Empis id.*, Fab. — Longueur : 7 à 8 mill. — Noire ; front gris, prothorax grisâtre, à trois bandes noires ; cuisses et jambes postérieures canaliculées et garnies de pointes. — Commun dès la fin de mars sur les fleurs du saule-marseau.

G. Hilara (Meigen, Latr.). — *Hilare.*

3e article des antennes subuliforme ; 1er article des tarses antérieurs ordinairement dilaté chez le mâle ; cellules sous-marginales aux ailes.

1. H. Globulipes, Meig. ; *Empis maura*, Fab. — Longueur : 5 mill. — Noir, luisant ; prothorax à reflets cendrés et trois bandes noires ; 1er article des tarses antérieurs quasi globuleux. — Commun.

Tribu des Vésiculeux, Latreille.

Tête excessivement petite en comparaison du corps qui est gros ; yeux occupant toute la tête ; thorax fort élevé ; abdomen fort épais, vésiculeux, transparent, formé de cinq segments distincts.

Les insectes de cette tribu, par leur tête très-petite et disproportionnée avec le corps qui est très-gros, semblent constituer un état anormal chez les diptères.

G. Ogcodes (Latreille ; *Henops*, Fab. ; *Musca*, Lin.). — *Ogcodes.*

Point de trompe apparente ; antennes de 2 articles, très-petites, insérées au bas de la tête ; abdomen plus large que le thorax.

1. O. Gibbosus, Latr. ; *Henops id.* Fab. ; *Musca gibbosa*, Lin. — Longueur : 7 à 8 mill. — Noir ; abdomen blanc ; bord antérieur des segments noirs ; pieds d'un fauve pâle, cuisses noires. Sur les fleurs. Très-rare. Capturé à Terre-Fort, commune de Saint-Hilaire-Saint-Florent, arrondissement de Saumur, par M. Courtiller, qui nous l'a communiqué.

G. Acrocera (Meigen, Latr.; *Henops*, Fab.). — *Acrocère.*

Point de trompe apparente; antennes de 2 articles, insérées sur le front; abdomen plus large que le thorax, sphérique.

1. A. Sanguinea, Latr.; *Henops globulus*, Fab. — Longueur : 8 mill. — Tête et thorax noirs, ce dernier à point blanc aux épaules; une ligne blanchâtre de chaque côté avant l'écusson; abdomen sanguin, marqué d'une tache médiane noire.

Tribu des Bombyliers, Latr.

Tête plus basse et plus étroite que le thorax qui est élevé, convexe; palpes d'un seul article distinct; trompe dirigée en avant, variable en longueur, selon les genres. Les insectes de cette tribu ont le vol très-rapide et planent au-dessus des fleurs dont ils font leur nourriture, mais sans s'y reposer.

G. Bombylius (Linné, Fab., Meig.). — *Bombyle.*

Trompe longue; base saillante, épaisse; abdomen court et élargi, velu; ailes étroites. Ces insectes, en volant, font entendre un bourdonnement.

1. B. Major, Lin., Fab.; *B. Bichon.* — Longueur : 9 à 12 mill. — Noir, à poils jaunes; ailes à bande brune, sinuée au bord extérieur. — Commun.

2. B. Medius, Latr., Meig. — Longueur : 10 mill. — Noir, à poils fauves; une ligne médiane, dorsale, de duvet blanc, sur le prothorax; ailes à base et bord extérieur bruns. Les champs, etc., dès le commencement du printemps. — Commun.

3. B. Minor, Lin., Fab. — Longueur : 9 mill. — Noir, à poils jaunâtres; ailes à base et bord extérieur jaunâtres.

4. B. Cruciatus, Fab., Latr. — Longueur : 11 mill. — Tête et thorax à poils jaunes ou grisâtres, tachés de noir chez la femelle; abdomen à poils jaunes ou grisâtres; cuisses et jambes jaunâtres; base des ailes brunes. Angers : au jardin fruitier, etc.

Tribu des Anthraciens, Latr.

Tête ordinairement arrondie en avant; trompe ordinairement courte et dirigée en avant; palpes insérés sur la base de la trompe; thorax plan; ailes grandes, écartées, couvertes en partie, dans leur longueur, d'une teinte opaque, noire ou noirâtre.

G. Anthrax (Scopoli, Fab., Latr., Meig.). — *Anthrax.*

Face ordinairement unie ; trompe courte; 3ᵉ article des antennes ordinairement court et à base sphérique ; yeux réniformes séparés ; corps noir, velouté, souvent orné de bandes argentées ; et leurs ailes, en partie obscure et partie transparente, donnent à ces jolis insectes inoffensifs un faciès qui leur est particulier. On les rencontre sur les fleurs dès le printemps.

✳ *Ailes hyalines ; base à saillies bordées de soies noirâtres.*

1. A. Flava, Hoffm.; *A. hottentota*, Latr. — Longueur : 14 à 16 mill. — Noir; à poils fauves; une touffe de poils noirs de chaque côté des 5ᵉ et 6ᵉ segments de l'abdomen, ainsi qu'à l'extrémité du 7ᵉ; cuisses à duvet jaune; bord des ailes un peu brunâtre, avec une tache de duvet jaune à leur base. — Commun.

2. A. Circumdenta, Hoffm., Meig.; *A. hottentota*, Fab.; *Musca id.*, Lin. — Longueur : 13 mill. — Ressemble beaucoup au précédent, mais bord postérieur des yeux blancs; abdomen à bandes de poils jaunes; son extrémité à poils blancs; ailes d'un brunâtre pâle; bord extérieur d'un brun rougeâtre. Sur les fleurs en ombelles, etc.

3. A. Venusta, Meig. — Longueur : 14 à 15 mill. — Ressemble beaucoup au Flava; mais la bande du 4ᵉ segment de l'abdomen peu distincte; anus à poils blancs et trois touffes noires; base de l'aile argentée. — Rare.

✳✳ *Ailes plus ou moins noires ; base sans saillie ni soies distinctes.*

4. A. Semiatra, Hoffm.; *A. morio*, Latr.; *Musca id.*, Lin. — Longueur : variable de 8 à 15 mill. — Thorax à poils fauves antérieurement, ainsi que la base de chaque côté de l'abdomen ; moitié antérieure des ailes noire, l'autre moitié en zigzag, et la partie postérieure hyaline.

5. A. Sinuata, Fall., Meig.; *A. morio*, Fab.; Latr.; *Musca id.*, Lin. — Longueur : 7 à 15 mill. — Style des antennes terminé par une touffe de poils noirs; 1ᵉʳ segment de l'abdomen à poils blancs de chaque côté; le 3ᵉ et les suivants, à lignes transversales de duvet blanc; ailes d'un brun noirâtre, plus foncé à la base des cellules; bord intérieur hyalin, sinué profondément. — Commun.

6. A. Varia, Fab., Meig. — Longueur : 5 à 10 mill. — Noir; abdomen à touffe blanche de chaque côté; les trois derniers segments blancs, à tache dorsale noire; ailes hyalines, avec trois demi-bandes transversales noirâtres. Prise dans l'île de Saint-Jean-de-la-Croix, avec une autre qui n'en est peut-être qu'une variété.

FAMILLE DES BRACHYSTOMES (Macquart).

Trompe courte et membraneuse, à lèvres terminales, épaisses ; 3ᵉ article des antennes simple, souvent en palette; style dorsal; abdomen ordinairement de cinq segments distincts. Cette famille renferme plusieurs tribus.

Tribu des Xylotomes, Meigen.

Trompe rétrécie dans la bouche; style des antennes apical; abdomen conique.

G. Thereva (Latreille, Meig.). — *Thérève.*

Palpes cylindriques, terminés par un renflement arrondi; style court, de 2 articles.

1. T. Plebeia, Latr.; *Bibio id.*, et *Strigata*, Fab.; *Musca plebeia*, Lin. — Longueur : 12 à 14 mill. — Thorax d'un brun grisâtre à bandes obscures et poils noirâtres chez le mâle; d'un jaune brunâtre, à bandes obscures chez la femelle; abdomen noir, à poils noirâtres; segments à bord postérieur jaune, etc., chez le mâle; bord postérieur blanchâtre et une bande ardoisée intermédiaire, chez la femelle; ailes hyalines. — Commun.

Tribu des Leptides, Meigen.

Trompe ordinairement saillante, à lèvres terminales allongées; antennes insérées vers la base de la tête; poitrine proéminente; jambes intermédiaires et postérieures terminées par deux pointes.

G. Leptis (Fabricius, Meig,, Latr.). — *Leptis.*

Tête déprimée; palpes ordinairement couchées; thorax à tubercule distinct; abdomen transparent. Les Leptis se reposent souvent sur le tronc des arbres exposés au soleil en se plaçant verticalement, mais toujours la tête en bas.

1. L. Scolopacea, Meig., Fab.; *Rhagio id.*, Lat.; *Musca id.*, Lin. — Longueur : 14 à 16 mill. — Prothorax ardoisé, à bandes obscures ; abdomen ferrugineux, à taches dorsales et bandes sur les côtés, noires, de même que le 7ᵉ segment; pieds jaunes; extrémité des ailes brunes. — Commun.

2. L. Tringaria, Meig.; *L. Vanellus*, Fab.; *Rhagio id.*; Latr. — Longueur : 11 à 14 mill. — Ferrugineux; prothorax à bandes noirâtres ; abdomen à taches dorsales noires; les trois derniers segments de cette couleur et à bord jaune; ailes jaunâtres. Les bois, etc.

G. Vermileo (Macquart; *Leptis*, Fab.) — *Verlion*.

Tête un peu déprimée, à cou distinct; 1ᵉʳ article des palpes relevé, le dernier conique, dirigé horizontalement; thorax élevé; abdomen étroit, très-allongé et déprimé; larve vivant à la manière de celle du myrméléon.

1. V. Degeerii, Macq.; *Leptis vermileo*, Fab.; *Rhagio id.*; Latr. — Longueur : 11 à 12 mill. — Thorax d'un gris jaunâtre, avec quatre bandes brunes ou fauves; abdomen mince, allongé, renflé au sommet, de deux fois la longueur du thorax et de la tête réunis; marqué sur chaque segment d'une bande transversale étroite, noire; pattes fauves.

Nota. Si nous indiquons cette curieuse espèce, qui n'a pas, que nous sachions, été rencontrée en Anjou, c'est plutôt pour marquer la place qu'elle occupe dans l'échelle zoologique que pour tout autre motif; car nous ne pensons pas que la larve qui vit à la manière de celle des myrméléons, mais pendant trois années, puisse se soustraire à nos hivers froids, humides ou glacials, et ainsi privée de tout mouvement et de nourriture, car les insectes dont elle se nourrit sont à cette époque dans un engourdissement complet.

G. Chrysopila (Macquart; *Leptis*, Meig.). — *Chrysopile*.

Corps ordinairement velu; abdomen conique, de longueur médiocre; tête large, palpes relevés; thorax sans tubercule distinct; poitrine proéminente; pieds très-grêles. On les rencontre ordinairement sur les plantes herbacées.

1. C. Aurata, Macq; *Leptis aurata*, Meig.; *Atherix atrata, aurata et tomentosa*, Fab., S. Antl. — Longueur : 7 à 9 mill. — Noir, à poils dorés ou jaunes pâles; thorax nu, d'un gris brun, à bandes noires; jambes testacées. Les prés humides, dès le mois de mai.

2. C. Diadema, Macq. — Longueur : 6 mill. — Comme le précédent, mais noir et gris; pieds et cuillerons jaunes; ailes hyalines. Ib.

Tribu des Dolichopodes, Latreille.

2ᵉ article des palpes déprimé, membraneux, recouvrant la base de la trompe; abdomen cylindrico-conique; pieds allongés; ailes couchées. Les insectes qui composent cette tribu, tous de petite taille, se font remarquer par l'éclat de la couleur d'un vert métallique, nuancé de diverses couleurs dont ils sont ornés. On les rencontre dans les bois, les prairies, etc.

G. Rhaphium (Meigen, Latreille.). — *Raphium*.

3ᵉ article des antennes subulé, fort allongé, comprimé; appendices de l'abdomen filiformes.

1. R. Longicorne, Meig. — Longueur : 7 mill. — D'un vert métallique obscur ; face blanche, front bleu ; antennes noires, de la longueur de l'abdomen, chez le mâle, peu allongées chez la femelle ; pieds noirs. Les bois marécageux, sur les herbes.

2. R. Caliginosum, Meig. — Longueur : 2 mill. — D'un vert olivâtre obscur ; face d'un blanc argenté ; front bleu. — Sur les herbes, au printemps.

G. Porphyrops (Meig., Latr.). — *Porphyrops.*

3º article des antennes comprimé, pointu ; style terminal, pubescent ; yeux velus.

1. P. Riparius, Meig. — Longueur : 5 mill. — D'un vert obscur ; face grise, à reflets blancs ; front d'un vert doré ; abdomen cuivreux ; pieds fauves, cuisses noire. — Bord des eaux.

G. Chrysotus (Meig., Latr.). — *Chrysote.*

3e article des antennes rond ; style terminal, velu vers l'extrémité. Organe copulateur du mâle replié dans une rainure du ventre ; pieds peu allongés.

1. C. Neglectus, Meig. — Longueur : 3 mill. — D'un vert doré ; face blanchâtre ; antennes noires ; pieds d'un fauve clair ; moitié postérieure des cuisses antérieures noires. Sur les haies.

2. C. Copiosus, Meig. — Longueur : 3 mill. — Semblable au précédent, mais cuisses noires ; jambes antérieures fauves ; les postérieures fauves ou noirâtres.

3. C. Cupreus, Macq. — Longueur : 2 1/2 mill. — D'un vert cuivreux ; pas de reflets rouges à la partie postérieure du thorax et à l'écusson ; abdomen non cuivreux chez la femelle ; pieds noirs ; hanches antérieures d'un jaune pâle ; ailes brunâtres. — Commun au mois de mai, sur les haies.

G. Psilopus (Megerle, Meig., Latr.), — *Psilode.*

Face large ; palpes munis d'une soie ; 3e article des antennes ordinairement rond ; yeux le plus souvent velus chez le mâle ; abdomen long et menu ; appendices filiformes ; pieds fort longs et grêles.

1. P. Platypterus, Meig.; *Dolichopus id.,* Fab. — Longueur : 6 mill. — Vert, à duvet gris ; face et front blancs ; antennes jaunes ; 3e article obscur ; abdomen à longs poils chez le mâle ; pieds jaunes ; 3e et 4e articles des tarses intermédiaires blancs, le 5e noir, chez le mâle. — Commun.

G. Dolichopus (Latreille, Fab., Meig.; *Musca*, Lin.). — *Dolichope.*

3ᵉ article des antennes cordiforme; style dorsal, pubescent; appendices de l'abdomen lamelliformes, ciliés; pieds longs, jambes munies de soies.

1. D. Chœrophylli, Meig. — Longueur : 5 mill. — Vert; face jaune; antennes noires, courtes, pointues; lamelles noires; pieds ferrugineux. — Commun sur les fleurs du cerfeuil.

2. D. Ungulatus, Latr., Fab.; *Musca id.*, Lin. — Longueur : 6 mill. — Vert; face blanche; antennes noires; abdomen à reflet gris; lamelles jaunâtres; pieds fauves. — Commun.

Tribu des Syrphides, Latreille.

Lèvre supérieure large, voûtée, échancrée; palpes renflés à l'extrémité; abdomen allongé, déprimé. On les divise en longicornes et en brévicornes.

A leur état parfait, on les rencontre ordinairement sur les fleurs dont ils se nourrissent.

Ces insectes, dont le jaune sur un fond de diverses nuances fait la parure, sont nombreux en genres et en espèces.

G. Chrysotoxum (Meigen, Latreille). — *Chrysotoxe.*

Antennes insérées sur une saillie conique du front, un peu plus longues que la tête; les deux premiers articles allongés, cylindriques.

1. C. Bicinctum, Meig., Latr.; *Mulio bicinctus*, Fab. — Longueur : 11 mill. — Noir; face jaune à bande noire; prothorax à deux lignes blanchâtres; écusson bordé de jaune; abdomen large, le 2ᵉ et le 4ᵉ segment à bande jaune, le 5ᵉ à deux lignes jaunes en chevron; pieds fauves; base des cuisses noires. — Commun.

2. C. Arcuatum, Meig., Latr.; *Mulio arcuatus*, Fab. — Longueur : 12 mill. — Semblable au précédent, mais écusson jaune, à tache noire; 2ᵉ, 3ᵉ, 4ᵉ et 5ᵉ segments de l'abdomen à bande jaune, arquée, interrompue. — Commun.

3. C. Fasciolatum, Meig.; *Milesia vespiformis*, Fab.—Longueur : 11 à 14 mill. — Comme le précédent, mais velu, ainsi que les yeux; écusson brunâtre, bordé de jaune; bord postérieur des 3ᵉ et 4ᵉ segments de l'abdomen, jaune; ailes jaunes.

G. Volucella (Geoffroy, Latr.; *Syrphus*, Fab). — *Volucelle.*

Corps large, épais; face prolongée en pointe; une proéminence au milieu; 3ᵉ article des antennes oblong; style cilié en dessus et en dessous; yeux velus chez le mâle.

16

1. V. Zonaria, Meig.; *Syrphus inanis*, Fab.—Longueur : 20 mill. — Corps oblong, face et front jaunes; antennes fauves ; thorax châtain ; abdomen fauve ; 2e et 3e segments à bande noire; pieds châtains, cuisses noires. Sur les fleurs. Les larves, dans les nids de guêpes, vivant aux dépens de ces hyménoptères.

2. V. Pellucens, Meig., Lat.; *Syrphus id.*, Fab. — Longueur : 16 mill. — Noire ; corps court, presque nu ; face, front et antennes fauves ; 2e segment de l'abdomen blanc, transparent ; ailes à grande tache noire au milieu. Sur les fleurs de l'aubépine.

3. V. Bombylans, Meig., Latr.; *Syrphus id.*, Fab. *V. Bourdon.* — Longueur : 14 à 16 mill. — Noire ; corps velu ; face et front jaune ; 3e article des antennes brunâtre ; écusson jaunâtre ; moitié postérieure de l'abdomen à poils fauves ; ailes à tache brune. Sur les fleurs. Les larves dans les nids des bourdons, vivant aux dépens de ces hyménoptères.

G. Eristalis (Latreillle, Fab.). — *Eristale.*

Corps épais; face à proéminence ; antennes insérées sur une saillie du front ; 3e article presque orbiculaire ; style nu ou plumeux ; yeux velus ; cuisses minces. Les larves des Eristales, ainsi que celles des Hélophiles, connues sous le nom de *Vers à queue de rat*, vivent dans les eaux croupissantes.

❋ *Style des antennes plumeux.*

1. E. Intricarius, Meig., Fab.; *Syrphus bombyliformis*, Fab. — Longueur : 9 à 12 mill. — Velu ; face brune chez le mâle, grise chez la femelle ; antennes brunes, style fauve ; thorax et abdomen noirs, à poils fauves ; écusson fauve. 1er segment de l'abdomen blanc ; les 2e, 3e et 4e à tache fauve de chaque côté ; le 4e blanchâtre ; ailes à tache brune. — Commun.

2. E. Nemorum, Fab., Meig.; *Elophilus id.*, Latr.—Longueur : 12 mill. — Face jaunâtre à bande noire ; antennes noires ; thorax à poils fauves ; abdomen noir ; 2e et 3e segments à taches latérales fauves, quelquefois étroites ou nulles ; pieds noirs, jambes antérieures jaunes, noirâtres à l'extrémité. Les bois.

3. E. Arbustorum, Fab., Meig. ; *Elophilus id.*, Latr. — Longueur : 7 à 11 mill.—Semblable au précédent, mais la face d'un blanc jaunâtre sans bande noire ; taches fauves du 2e segment de l'abdomen non échancrées au bord postérieur ; une bande cuivreuse au milieu des 3e et 4e segments. — Commun.

❋❋ *Style des antennes, nu. Ailes velues.*

4. E. Floreus, Fab., Meig. ; *Elophilus id.*, Latr. ; *Syrphus id.*, Fab. — Longueur : 11 à 14 mill. — Face jaune à bande noire; antennes noires ; thorax d'un jaune blanchâtre ; abdomen noir à bandes jaunes ; pieds noirs ; jambes fauves, noires à leur extrémité. Sur les fleurs.

✱✱✱ *Yeux velus.*

5. E. Tenax, Meig. ; *E. tenax*, Fab. ; *Elophilus id.*, Latr. — 14 à 16 mill. — Face jaunâtre, à bande noire ; front jaune à tache noire ; thorax noir, à poils roussâtres ; écusson brunâtre ; abdomen noir, à poils jaunes, et taches latérales fauves ; pieds noirâtres, genoux blanchâtres.

G. Helophilus (Meig , Latr.; *Eristalis*, Fab.). — *Hélophile.*

Face à proéminence ; antennes insérées sur une saillie du front ; 3e article presque orbiculaire ; yeux séparés ; abdomen déprimé ; cuisses épaisses ; jambes arquées, ordinairement terminées par une pointe. Leurs larves, comme celles des Eristales, sont connues sous le nom de *Vers à queue de rat*, et vivent, comme ces dernières, dans les eaux croupissantes.

1. H. Pendulus, Meig., Latr. ; *Eristalis id.*, Fab. — Longueur : 16 mill. — Face et front jaune à bande noire ; antennes noirâtres, style fauve ; prothorax jaune à trois bandes noires ; abdomen large, noir, à bandes et taches jaunes et fauves ; pieds noirs, jambes fauves. — Commun.

G. Merodon (Latreille, Fab., Meig.). — *Merodon.*

Corps épais, et à peu près d'égale largeur dans toute son étendue ; antennes insérées sur une saillie du front ; 3e article ovoïde ; style biarticulé ; yeux velus ; cuisses postérieures épaisses, ordinairement terminées par une dent ; jambes arquées.

1. M. Equestris, Fab., Meig. — Longueur : 14 mill. — Face et front grisâtres ; antennes noires ; thorax à poils ferrugineux antérieurement, noirs postérieurement ; écusson et abdomen à poils ferrugineux ; pieds noirs ; jambes postérieures tuberculées, et terminées par une pointe recourbée, chez le mâle.

G. Rhingia (Scopoli, Fab., La'r.). — *Rhingie.*

Tête prolongée en bec conique ; trompe cylindrique, menue ; antennes insérées sur une saillie du front ; 3e article lenticulaire ; abdomen ovale, large.

1. R. Rostrata, Scop. ; *Conops id.*, Lin. — Longueur : 9 mill. — Face ferrugineuse ; vertex noir ; prothorax noir ou gris, à trois bandes brunes ; abdomen ferrugineux ; 1er segment noirâtre chez le mâle, à tache noire chez la femelle ; 2e à tache noire ; pieds ferrugineux. — Commun.

G. Milesia (Latreille, Fab., Meig.). — *Milésie.*

Tête fort déprimée ; antennes insérées sur une élévation du front ; 3e article orbiculaire ; jambes postérieures un peu arquées et comprimées en carène. Les larves vivent dans le détritus du bois pourri.

✻ *Cuisses postérieures unidentées.*

1. M. Crabroniformis, Latr., Meig. — Longueur : 20 mill. — Face à duvet soyeux ; antennes fauves ; prothorax divisé en deux parties : la partie antérieure, jaune, portant deux gros points carrés, noirs, séparés par une ligne médiane, de même couleur, qui se prolonge sur la 2e partie, qui est d'un fauve brunâtre, avec deux lignes noires à l'aplomb des deux points carrés, indiqués précédemment. Base de l'abdomen, bord des segments, et ligne dorsale interrompue, bruns ; 2e et 3e segments à bande brunâtre ; cuisses et tarses fauves ; jambes jaunâtres ; ailes d'un jaune roussâtre sur la côte. Grand et très-bel insecte, qu'on rencontre, pendant l'été, sur les fleurs en ombelles, et de préférence sur celles du fenouil (*Feniculum officinale*, Allioni). Angers, Saint-Gemmes-sur-Loire, Beaulieu, Aubigné, etc.

✻✻ *Cuisses mutiques.*

2. M. Vespiformis, Meig., Foll. ; *M. apiformis*, Latr., Fab. — Longueur : 16 mill. — Face et front jaunes, l'une et l'autre à bande noire ; antennes fauves ; prothorax noir, à une bande transversale et une bande longitudinale de chaque côté, ainsi qu'un point au bord postérieur, jaunes ; abdomen jaune ; 1er segment noir, 2e, 3e et 4e à bande noire, le 5e fauve ; pieds fauves : les antérieurs fauves, à genoux fauves. Forêt de Fontevrault. — Rare.

G. Syrphus (Fab., Latr., Meig., *Scæva, Eristalis et Milesia*, Fab.). — *Syrphe.*

Face à proéminence ; antennes insérées sur une saillie du front ; 3e article ovalaire ; style un peu pubescent ; yeux ordinairement nus. Les syrphes sont nombreux en espèces. Les larves d'un grand nombre, vivant au milieu des pucerons, qu'elles dévorent, doivent, sous ce rapport, être respectées des horticulteurs. A leur état parfait, on rencontre ces insectes sur les fleurs, les buissons, etc.

✻ *Ecusson jaune. Abdomen de la largeur du thorax.*

1. S. Pyrastri, Meig., Latr. — Longueur : 14 mill. — D'un noir bleuâtre ; face d'un blanc jaunâtre ; front brunâtre, vertex noir ; yeux velus ; abdomen avec trois lunules blanches de chaque côté ; pieds fauves ; base des cuisses noire. Sur le poirier, dont les pucerons de cet arbre sont mangés par les larves de cette espèce.

2. S. Balteatus, Macq. ; *S. Nectareus,* Panz. — Longueur : 12 mill. — Thorax vert ; abdomen noir ; 1er segment à tache jaune de chaque côté ; 2e à bande fauve ; 3e et 4e à deux bandes fauves ; 5e fauve ; pieds jaunes. — Commun.

3. S. Ribesii, Meig., Latr. — Longueur : 11 mill. — Thorax vert, sans tache ; abdomen noir, à quatre bandes jaunes, la 1re interrompue, les autres échancrées ; bord extérieur des ailes jaunâtre. Commun, sur les groseilliers, les fleurs en ombelle. Les larves se nourrissent des pucerons des groseilliers.

4. S. Vitripennis, Meig. — Longueur : 9 mill. — Comme le précédent, mais les 2e et 3e bandes de l'abdomen, échancrées ; bord extérieur des ailes hyalin chez la femelle. — Commun.

5. S. Corollæ, Meig. ; *Scæva id.,* Fab. — Longueur : 9 mill. — Face jaune, à reflets métalliques ; thorax vert ; abdomen noir à bandes jaunes, interrompues chez la femelle, la première seulement chez le mâle ; ventre jaune, taché de noir. — Commun.

✱✱ *Ecusson vert. Abdomen plus étroit que le thorax.*

6. S. Scalaris, Latr., Meig. ; *Scæva id.,* Fab. — Longueur : 7 à 9 mill. — Face et front verts ; antennes brunes ; thorax vert ; abdomen noir, à bandes et taches fauves et jaunes ; ventre comme l'abdomen ; pieds fauves à anneau noir, ou jaunes sans anneau ; ailes brunâtres. — Très-commun.

7. S. Mellinus, Latr. ; *Scæva mellinus,* Fab. — Longueur : 7 mill. — Comme le précédent, mais antennes noirâtres ; 2e segment de l'abdomen à pointes fauves ; bandes des 3e et 4e segments plus éloignées l'une de l'autre ; ventre comme le dos ; cuisses et jambes postérieures à anneau noir. — Commun.

8. S. Mellarius, Meig. — Longueur : 9 mill. — Corps très-luisant ; 2e, 3e et 4e segments de l'abdomen fauves à bande largement interrompue ; ventre noir et cuisses complétement fauves chez la femelle. — Très-commun.

9. S. Scutatus, Meig. ; *Scæva albimana,* Foll. — Longueur : 9 mill. — Face verte, à proéminence noire chez le mâle, ordinairement bleue chez la femelle ; antennes brunes à 3 articles fauves en dessous ; abdomen noir à bandes fauves ou blanchâtres ; pieds postérieurs bruns. — Commun.

10. S. Clypeatus, Meig. — Longueur : 7 à 9 mill. — Semblable au précédent ; mais la face sans saillie inférieure ; antennes noires ; 5e segment de l'abdomen vert ; pieds postérieurs fauves ; un anneau noir aux cuisses et aux jambes.

G. Sphærophoria (St-Farg. ; *Syrphus,* Latr.). — *Sphærophorie.*

Trompe menue ; face à proéminence, ayant sa partie inférieure obtuse très-saillante ; 3e article des antennes orbiculaire ; abdomen étroit, très-allongé et demi-cylindrique.

1. S. Scripta, Macq.; *Syrphus id.*, Latr., *Scæva id.*, Fab. — Longueur : 9 à 14 mill. — Face et front jaunes, chez le mâle ; à bandes noires chez la femelle ; thorax d'un vert métallique, à trois lignes dorsales noires ; bande jaune de chaque côté ; écusson de cette couleur ; abdomen noir ; 1er segment vert ; 2e, 3e, 4e et 5e à bandes jaunes ; pieds jaunes.

2. S. Menthastri, Macq.; *Syrphus id.*, Latr., Meig. — Longueur : 9 à 14 mill. — Semblable au précédent, mais la 1re, 2e, 3e et la 4e bande de l'abdomen interrompues.

3e SUBDIVISION : DICHŒTES. (Suçoir de deux soies.)

FAMILLE DES ATHERICÈRES

Suçoir renfermé dans la trompe. Dernier article des antennes, ordinairement patelliforme ; style ordinairement dorsal.

Tribu des Scénopiniens.

Antennes dépourvues de style.

G. Scenopinus (Latr., Fab.; *Musca*, Lin.). — *Scénopine.*

Trompe non saillante ; antennes insérées vers le bas de la tête ; 3e article subulé, sans style ; abdomen allongé ; ailes couchées dans le repos.

1. S. Fenestralis, Latr., Fab. — Longueur : 6 mill. — Noir, glabre ; thorax à reflets verdâtres ; bord postérieur des 3e, 4e et 5e segments de l'abdomen, blancs ; pieds fauves. Sur les murs, au soleil, ainsi qu'aux vitres des appartements.

Tribu des Céphalopsides.

Antennes munies d'un style ; tête très-épaisse ; face étroite, linéaire.

G. Pipunculus (Latr., Meig.). — *Pipuncule.*

2e article des antennes court, cyatiforme, le 3e pointu, oblong ou ovale.

1. P. Campestris, Latr., Meig. — Longueur : 3 à 6 mill. — Noir ; face et front à reflets argentés ; côtés du thorax cendrés ; abdomen luisant, noir, taché de cendré ; pieds noirs ; moitié antérieure des jambes, jaune. Les prairies, sur l'herbe, les buissons.

Tribu des Lonchoptérines.

Corps étroit; tête large, déprimée; trompe courte, épaisse. Un seul genre.

G. **Lonchoptera** (Meigen, Latr.). — *Lonchoptère.*

. Antennes courtes, 3ᵉ article arrondi, comprimé; style apical, tomenteux, de 3 articles. On rencontre les insectes de ce genre sur les herbes dans les lieux aquatiques.

1. L. Riparia, Meig. — Longueur : 4 mill. — Thorax brunâtre, à bandes peu distinctes; abdomen d'un gris brun, jaunâtre vers son extrémité; pieds entièrement jaunes; ailes jaunâtres. Les marais de la Baumette.

Tribu des Platypézines.

Front large; palpes cylindriques ou en massue; tarses postérieurs ordinairement dilatés.

G. **Platypeza** (Meig., Latr., Fab.). — *Platypèze.*

Palpes en massue; abdomen elliptique.

1. P. Fasciata, Meig.; *Dolychopus id.*, Fab. — Longueur : 5 mill. — Grise; segments de l'abdomen à bandes noires; pieds testacés.

Tribu des Conopsaires.

Corps étroit; tête grande; trompe longue, menue, coudée à la base et dirigée en avant. Les larves sont parasites des bourdons; à l'état adulte, on rencontre ces insectes sur les fleurs.

G. **Conops** (Lin., Fab., Latr.). — *Conops.*

Tête épaisse; abdomen allongé, rétréci vers la base, recourbé en dessous ; ocelles nuls.

1. C. Macrocephala, Lin., Fab. — Longueur : 15 mill. — Tête jaune; face à bande noire; vertex noir; thorax de cette couleur; abdomen noir, avec le bord des segments jaune; pieds fauves; base des cuisses noirâtre ; la moitié extérieure des ailes brune. — Commun.

2. C. Flavipes, Lin., Fab., Latr. — Longueur : 11 mill. — Noir; tête fauve ; front à bande noire; épaules jaunes, ainsi qu'une tache de chaque côté du métathorax; écusson bordé de jaune; abdomen avec des bandes étroites jaunes ; pieds jaunes; moitié postérieure des cuisses noire. — Commun.

3. C. Rufipes, Fab., Latr., — Longueur : 11 mill. — Tête fauve; thorax noir, avec deux points blancs en dedans des épaules; abdomen ferrugineux, avec des bandes noires; pieds fauves.

Tribu des Myopaires.

Trompe longue, menue, coudée à sa base et vers la moitié de sa longueur et dirigée en arrière; abdomen recourbé en dessous; ailes couchées.

G. Myopa (Fab., Latr.; *Conops*, Lin.). — *Myope.*

Trompe bicoudée; 3e article des antennes ovalaire; style court; abdomen obtus; le 4e segment dilaté en dessous. A l'état parfait, on rencontre les espèces de ce genre sur les fleurs.

1. M. Dorsalis, Fab., Latr. — Longueur : 13 mill. — Ferrugineuse; face jaune à reflets blancs; dessus du thorax noir; abdomen large, déprimé; bord postérieur et écusson ferrugineux, obscurs; ailes brunâtres, à base jaunâtre. — Commune.

2. M. Ferruginea, Fab., Latr.; *Conops id.*, Lin.—Longueur : 11 mill. — Front fauve; antennes ferrugineuses; thorax à trois larges bandes noires; abdomen étroit et cylindrique, avec le 1er segment ferrugineux comme les autres; les derniers très-recourbés en dessous. — Commune.

3. M. Atra, Fab., Latr.; *M. annulata et femorata*, Fab., S. ant.— — Longueur : 3 à 7 mill. — Langue très-longue; face jaune; front fauve; thorax à duvet gris et bandes noires; abdomen d'un noir luisant chez le mâle, cendré chez la femelle; 2e segment à bande grise; cuisses postérieures fauves, à extrémité noire; ailes jaunâtres à la base. — Commune.

G. Zodion (Latr., Meig.; *Myopa*, Fab.). — *Zodion.*

Trompe coudée à la base et dirigée en avant; style des antennes long.

1. Z. Notatum, Meig.; *Myopa irrorata et tessellata*, Fab. — Longueur : 5 à 7 mill. — Cendré; antennes noires; 2e et 3e segments de l'abdomen à deux points noirs; pieds noirâtres. — Commun.

Tribu des Œstrides.

Corps velu, antennes courtes, insérées dans une cavité de la face; 3e article ordinairement globuleux; abdomen ordinairement en ovale. De grands cuillerons et des ailes écartées.

Les insectes qui se rattachent à cette tribu, vivent, à l'état de larve, aux dépens des grands animaux herbivores, qu'ils poursuivent à outrance et jusqu'à ce qu'ils les aient atteints, pour déposer leurs œufs sur quelques-unes de leurs parties, comme nous le verrons plus loin ; animaux qui les craignent et qui les fuient de toute la vitesse de leurs jambes, mais sans pouvoir leur échapper.

G. Hypoderma (Clark., Latr.; *Œstrus*, Lin., Fab.). — *Hypoderme.*

Trompe indistincte; une petite ouverture bucale en forme d'Y; point de palpes distincts ; 3e article des antennes fort court, transversal.

1. H. Bovis, Clark. (*ŒEst.*)*; Œstrus bovis*, Fab., Latr. ; *ŒE. hœmorrhoidalis*, Lin. — Longueur : 11 à 14 mill. — Prothorax avec cinq lignes longitudinales noires; 3e segment de l'abdomen à poils noirs ; les autres segments à poils d'un jaune pâle. La larve se développe du bœuf, où sa présence fait naître une tumeur purulente, dans laquelle elle trouve sa nourriture; et arrivé au terme de sa croissance, elle se laisse tomber à terre, dans laquelle elle s'enfonce, ou bien va se cacher sous une pierre pour opérer sa métamorphose.

La présence d'un seul de ces insectes dans un troupeau de bœufs ou de vaches leur cause une telle frayeur, que ces animaux s'enfuient avec une grande vitesse; et l'on voit celui qui en est piqué se diriger vers la rivière ou l'étang voisin afin de trouver un refuge au sein des eaux.

G. Cephalemya (Clark., Latr., Fab.; *Œstrus*, Lin.). — *Céphalemyie.*

Corps peu velu; tête grosse et arrondie antérieurement; point ou très-petite cavité bucale; deux petits tubercules ou palpes rudimentaires; antennes à style simple; cuillerons grands.

1. C. Ovis, Clark; *Œstrus id.*, Lin., Fab., Latr. — Longueur : 11 mill. — Face rougeâtre ; front brun, à bande pourprée; antennes noires; thorax grisâtre, à petits tubercules noirs, portant chacun un poil; écusson d'un fauve brunâtre, à tubercules semblables ; abdomen d'un blanc soyeux, à reflets noirs; pieds fauves. La femelle dépose ses œufs sur le bord des narines des moutons, et les larves s'introduisent et vivent dans les sinus frontaux de ces animaux.

Le *Tournis* des moutons, maladie qui les porte à tourner sur eux-mêmes, jusqu'au moment où ils tombent à terre, est due, dit-on, à la présence des larves de cette espèce dans leurs sinus frontaux.

G. Œstrus (Lin., Fab., Latr., Clark.). — *Œstre.*

Point de cavité bucale; deux petits tubercules ou palpes rudimentaires; cuillerons de longueur médiocre; ailes couchées.

1. ŒE. Equi, Clark. (*ŒEstr.*), Latr.; *ŒE. Bovis*, Lin., Fab. — Longueur : 11 mill. — Face fauve à duvet blanchâtre, soyeux; front fauve; antennes ferrugineuses, comprimées, munies d'une soie dirigée en avant ; thorax grisâtre, plus foncé entre les ailes ; abdomen d'un jaune ferrugineux, à segments couverts de taches et de points noirs ; ailes blanchâtres, opaques, à reflets dorés ; traversées, vers le milieu, par une bande flexueuse noirâtre ; deux points de même couleur vers leur sommet ; pattes d'un jaune pâle.

La femelle dépose ses œufs, dit M. Joly, sur les épaules et sur les jambes des chevaux ; les œufs éclosent dans le lieu où ils ont été déposés ; et c'est sous l'état de larves, que le cheval en se léchant, les saisit avec la langue, les avale avec sa nourriture et arrivent ainsi jusqu'à l'estomac. Ces larves, qui sont souvent au nombre de quatre-vingts, ou plus, se cramponnent dans l'estomac des chevaux au moyen de leurs crochets mandibulaires ; elles y vivent ainsi aux dépens du suc gastrique qu'elles s'approprient. Parvenues à leur complet développement, les larves en abandonnant la membrane de l'estomac où elles s'étaient fixées, sont bientôt entraînées par les aliments et les excréments du cheval et tombent à terre, dans laquelle elles se changent en nymphes, pour paraître bientôt avec des ailes, c'est-à-dire dans leur état parfait.

2. OE. Hæmorrhoidalis, Lin., Fab., Fall., Meig. — Longueur : 13 mill. — Face à poils d'un jaune pâle ; front à poils jaunes ; antennes non comprimées, ferrugineuses à la base, noires au sommet ; thorax d'un brun jaunâtre antérieurement, noir et presque nu entre les ailes ; abdomen noir, luisant dans son milieu, avec des poils d'un blanc verdâtre à la base, et d'un fauve doré à son extrémité postérieure ; ailes brunâtres, comme enfumées, sans taches ni bandes ; pieds d'un jaune ferrugineux.

Les œufs sont déposés sur les lèvres de la bouche du cheval, et les larves sont introduites dans l'estomac de la même manière que celles de l'espèce précédente, vivent dans l'estomac ou dans les intestins, et se métamorphosent de la même manière

Tribu des Muscides.

La tribu des Muscides, dont un des principaux caractères est d'avoir les antennes munies, le plus ordinairement, d'un style dorsal, se compose des insectes diptères, dont la forme et le faciès varient selon les groupes auxquelles ils appartiennent, et que M. Macquart caractérisent ainsi :

1º Groupe ou section des Créophiles. Style des antennes de 2 ou de 3 articles ; cuillerons grands ; 1re cellule postérieure des ailes entr'ouvertes ou fermées.

3º Groupe ou section des Anthomisides. Front étroit ; cuillerons médiocres ou petits ; 1re cellule postérieure des ailes toujours ouverte.

3º Groupe ou section des Alcalyptères. Front large ; cuillerons rudimentaires ou nuls.

1re SECTION. CRÉOPHILES.

Les insectes qui composent cette section sont remarquables par leur taille forte, leurs couleurs, la force du corps, la rapidité des mouvements et celle de leur vol. Les deux autres sections allant en décroissant, il en résulte que les insectes qui composent la 3e ou dernière section, sont tous de petite taille et inférieurs aux autres, sous le rapport de leur organisation.

Sous-tribu des Tachinaires.

Trompe ordinairement épaisse; palpes allongés; péristôme bordé de soies ; abdomen ovale ou conique, portant des soies au bord des segments et le plus ordinairement au milieu des 2e et 3e ; pieds munis de soies.

A l'état d'adulte, les Tachinaires se rencontrent sur les fleurs, etc. Les femelles déposent leurs œufs sur diverses espèces d'insectes, et le plus ordinairement sur les chenilles, dans lesquelles les larves pénètrent dans leur corps et y vivent en parasites. Ces insectes, sous ce rapport, doivent être regardés comme utiles à l'agriculture.

G. **Echinomyia** (Duméril., Latr.; *Tachina*, Fab.). — *Echinomyie*.

Corps large, épais; face nue ; yeux nus; abdomen ovale, muni de soies seulement au bord postérieur des segments.

On les rencontre sur les fleurs dès le mois de mars, et vers la fin de l'été sur celles des ombellifères, de préférence. Leurs larves vivent dans les chenilles.

1. E. Grossa, Dum., Latr.; *Musca id.*, Lin. — Longueur : 20 mill. — D., 11 à 12 mill. — Noire ; tête d'un jaunâtre soyeux; bande frontale brune ; 1er article des antennes rouge ; cuillerons noirâtres ; base et bord extérieur des ailes jaunes. Nous avons vu cette grande et grosse espèce plusieurs fois dans les bois de la Haie, situés près d'Angers.

2. E. Fera, Dum., Latr.; *Tachina id.*, Fab.; *Musca id.*, Lin., E. Sauvage. — Longueur : 11 à 14 mill. — D'un testacé pâle; face et front dorés ; thorax noirâtre, à lignes jaunâtres; abdomen à ligne dorsale noire. — Commune sur les fleurs des ombellifères.

3. E. Vernalis, Rob. D., Macq. — Longueur : 9 mill. — D'un testacé pâle ; face argentée ; thorax à lignes cendrées ; abdomen à bande noire ; cuillerons blancs.

Au mois de mai, sur les fleurs de l'aubépine.

4. E. Tessellata, Rob. D.; *Tachina id.* Fab., Meig. — Comme la Fera ; mais face jaunâtre ; front noir, à bande rouge ; thorax noir, à lignes cendrées ; abdomen d'un testacé pâle, à reflets blanchâtres au bord des segments ; cuisses noires ; tarses d'un fauve noir ; cuillerons blancs. — Commune.

5. E. Lurida, Macq.; *E. Cucullicœ*, Rob. D.; *Tachina lurida*, Fab. — Longueur : 13 mill. — Noire à poils fauves ; 2ᵉ et 3ᵉ segments de l'abdomen à taches testacées sur les côtés ; pieds fauves ; cuisses noires ; cuillerons blanchâtres. Parasite de la chenille ou de la chrysalide de la *Cucullia verbasci.*

G. **Micropalpus** (Macquart ; *Tachina*, Meig.). — *Micropalpe.*

Corps large ; palpes courts, menus et terminés par une soie ; yeux velus ; abdomen ovale ; deux soies aux 2ᵉ et 3ᵉ segments.

1. M. Heraclæi, Macq.; *Linnemyia id.*, Rob. D. — Longueur : 12 mill. — Noire, à reflets cendrés ; palpes noirs ; face blanche ; front noir, à bande rouge ; thorax cendré à lignes noires ; abdomen marqueté, un peu de fauve sur les côtés ; cuillerons blancs. Pris sur les fleurs de l'*Heraclœum spondylium*, Lin.

G. **Gonia** (Meigen, Latr.). — — *Gonie.*

Corps large ; tête renflée, vésiculeuse, à soies courtes ; antennes allongées, 3ᵉ article quadruple des autres ; yeux nus ; abdomen ovale, muni de soies seulement au bord postérieur des segments ; pelotes et crochets des tarses très-petits.

1. G. Melanura, Macq.; *Reaumura id.*, Rob. D. — Longueur : 10 à 14 mill. — Tête fauve, à reflets blancs ; thorax grisâtre, à lignes noires ; abdomen ferrugineux, mais les deux derniers segments noirs, chez la femelle. Les environs d'Angers, Macq.

2. G. Gallica, Macq.; *Spallanzania id.*, Rob. D. — Longueur : 14 mill. — Noire ; tête d'un argenté grisâtre ; bande frontale noire ; antennes noires, fauves à la base ; 2ᵉ article du style droit ; thorax à lignes d'un gris cendré ; abdomen à reflets cendrés, pieds noirs. Les environs d'Angers, sur les fleurs.

G. **Thryptocera** (Macquart ; *Tachina*, Meig.). — *Tryptocère.*

Corps étroit ; 2ᵉ article du style allongé ; abdomen cylindrico-conique, muni de soies seulement au bord des segments.

1. T. Abdominalis, Macq.; *Aphria id.*, Rob. D. — Longueur : 8 mill. — Noir ; face argentée ; bande frontale jaunâtre ; thorax légèrement cendré ; base des segments de l'abdomen à reflets blancs, les deux premiers fauves sur les côtés. Pris au mois de septembre à Thorigné, près du ruisseau de la fontaine Saint-Martin.

G. **Nemoræa** (Macquart ; *Tachina*, Meig.). — *Némorée.*

Corps large ; yeux velus ; abdomen ovale, avec ordinairement deux soies au milieu des 2ᵉ et 3ᵉ segments. On les rencontre dans les bois, les prairies, sur les fleurs en ombelle.

1. N. Viridulans, Macq.; *Erigone id.,* Rob. D. — Longueur :
11 mill. — D'un noir légèrement verdâtre.; face et côtés du front un
peu dorés : thorax grisâtre, à lignes noires ; abdomen à trois bandes de
reflets cendrés. En été, sur les fleurs de l'heraclæum spondylium, Lin.

2. N. Silvatica, Macq. ; *Meriana id.,* Rob. D. — Longueur : 13
à 15 mill. — Noire ; face tronquée, d'un jaune brunâtre ; abdomen à
reflets rosés ; les quatre premiers segments à bande antérieure blanche. Au printemps, dans les bois.

G. **Senometopia** (Macquart ; *Tachina,* Meig.). — *Sénométopie.*

Corps assez large ; antennes longues : le 3e article triple du 2e ; abdomen ovale ; des soies ordinairement au bord des segments seulement. On les rencontre sur les fleurs. Les larves vivent en grand
nombre dans le corps des chenilles ou leurs chrysalides.

1. S. Gnava, Macq. ; *Tachina id.,* Meig. — Longueur : 10 mill.
— Noire ; face blanche, à reflets noirâtres ; thorax un peu cendré, à
lignes noires ; abdomen avec des reflets cendrés et une ligne dorsale
noire.

NOTA — Il existe, faut le croire, un certain nombre d'autres espèces
dans nos contrées, mais que nous n'avons pas rencontrées.

G. **Eurigaster** (Macquart; *Tachina,* Meig.). — *Eurigastre.*

Corps large. Les 2 premiers articles des antennes courts, le 3e quadruple au plus du 2e ; ordinairement des soies au milieu des segments.
Les larves vivent dans les chenilles.

1. E. Agilis, Macq. ; *Tachina pallipes,* Meig., Fall. — Longueur :
10 mill. — Antennes ferrugineuses, noires à la base; thorax gris, à lignes
noires ; abdomen d'un gris jaunâtre ; pieds fauves.

2. E. Vulgaris, Macq. ; *Tachina id.,* Meig. — Longueur : 8 à
10 mill. — Noire ; face blanche ; thorax à reflets et à bandes noires ;
abdomen gris, à reflets noirs. — Commune.

G. **Masicera** (Macquart; *Tachina,* Meig.). — *Masicère.*

Corps de moyenne largeur ; abdomen cylindrique, arrondi ; deux
soies au milieu des segments ; 3e article des antennes très-long.
Larves parasites des chenilles.

1. M. Silvatica, Macq. ; *Tachina id.,* Meig. — Longueur : 13
mill. — Noire ; yeux nus ; thorax cendré, à lignes noires ; abdomen à
trois larges bandes marquées de blanchâtre ; 2e segment un peu fauve
sur les côtés. Les bois. — Commune.

G. Metopia (Meigen).—*Métopie.*

Corps de moyenne largeur ou assez étroit ; abdomen cylindrico-conique, ordinairement velu, et souvent des soies au milieu des segments. Larves parasites des chenilles, vivant d'insectes morts, que des
femelles d'hyménoptères fossoyeurs transportent dans leurs nids.

1. M. Leucocephala, Macq. ; *Tachina id.*, Meig. — Longueur :
6 mill. — Cendrée ; face et partie antérieure du front argentées ;
thorax à lignes noires ; 1er segment de l'abdomen noir ; les autres à
trois taches longitudinales, noires, à reflets cendrés. — Commune.

2. M. Vernalis, Macq. ; *Phorocera id.*, Rob. D. — Longueur :
8 à 9 mill. — Noire ; palpes fauves ; face et front blancs ; thorax
cendré, à lignes noires ; abdomen marqueté de blanchâtre. Ailes jaunâtres à la base. Au printemps.

3. M. Fasciata, Macq. ; *Blondelia id.*, Rob. D. — Longueur :
8 à 9 mill. — Face blanchâtre ; thorax cendré, à lignes noires ; abdomen à bandes formées de reflets blanchâtres ; ailes à base un peu jaunâtre. Sur les fleurs de l'Heraclæum spondylium, Lin.

G. Lydella (Macquart ; *Tachina*, Meigen). — *Lydelle.*

Corps étroit ou de largeur médiocre ; face ordinairement bordée de
soies ; abdomen ordinairement cylindrique, avec deux soies au milieu
des segments. Larves parasites des chenilles.

1. L. Bombycivora, Macq. ; *Salia id.*, Rob. D. — Longueur :
13 mill. — Noire ; face et côtés du front argentés ; thorax un peu
cendré, à lignes noires ; écusson fauve ; abdomen avec quelques reflets cendrés. La larve dans le corps ou la chrysalide des Bombyx,
dont on obtient l'insecte parfait.

G. Tachina (Meigen). — *Tachine.*

Corps étroit ou de largeur moyenne ; 2e article des antennes allongé,
le 3e de la longueur ou du double du 2e ; abdomen cylindrico-conique,
et ordinairement point de soies au milieu des segments. Larves vivant
dans les chenilles.

1. T. Larvarum, Meig. ; *T. aurifrons*, Rob. D. — Longueur :
10 à 12 mill. — Noire ; palpes fauves ; face blanche, front étroit,
doré ; thorax cendré, à lignes noires ; abdomen à bandes cendrées, à
reflets bruns, avec une ligne dorsale noire ; ailes à base jaunâtre. —
Commune.

2. T. Floralis, Meig., Fall. ; *Meigenia id.*, Rob. D. — Longueur : 4 à 5 mill. — Noire ; face d'un brun blanchâtre ; thorax d'un
gris obscur, à lignes noires ; abdomen à bandes grises et quatre
taches noires ; cuillerons blancs. Sur les fleurs en ombelle. — Commune.

G. Chrysosoma (Macquart.; *Tachina*, Meigen). —*Chrysosome.*

Corps de largeur médiocre, d'un vert doré ; style des antennes nu, composé de 3 articles ; yeux velus ; soies insérées au milieu des segments.

1. C. Viride, Macq. ; *Tachina viridis*, Meig. — Longueur : 9 mill. — D'un vert doré ; palpes noirs ; pieds noirs ; cuillerons blancs. Forêt de Fontevrault. — Rare.

G. Melanophora (Meigen, Latr.). — *Melanophore.*

Corps ordinairement petit, étroit ; style tomenteux ; abdomen cylindrique, d'un noir luisant ; point de soies au milieu des segments.

1. M. Roralis, Rob. D.; *Tachina id.*, Meig.; *Musca roralis*, Fab., Lin. — Longueur : 5 mill. — Noir ; un peu de fauve sur les côtés du thorax ; cuillerons et ailes noirâtres, ces dernières avec ou sans tache blanchâtre à leur extrémité. Dans les maisons. — Commune.

Sous-tribu des Ocyptères.

Corps étroit ; trompe menue ; 2e article des antennes muni d'une soie ; abdomen allongé, voûté, cylindrique ; des soies au bord des segments. Vol rapide. On les rencontre sur les fleurs. Les larves sont parasites de diverses espèces d'insectes.

G. Ocyptera (Latreille, Fab., Meig.). — *Ocyptère.*

Palpes très-petits ; 3e article des antennes plus long que le second ; abdomen allongé.

1. O. Brassicaria, Fab., Latr. — Longueur : 12 à 14 mill. — Noire ; abdomen rouge, noir à son extrémité. Larves parasites des chenilles du chou.

Sous-tribu des Gymnosomées.

G. Gymnosoma (Meigen.; Latr.; *Tachina*, Fab.). — *Gymnosome.*

Corps large, arrondi ; soies nulles, si ce n'est sur le front et les côtés de la bouche, mais courtes ; antennes longues ; 3e article prismatique.

1. G. Rotundata, Meig.; *Tachina id.*, Fab. ; *Musca id.*, Lin. — Longueur : 8 à 9 mill. — Face jaunâtre ; thorax noir, à duvet fauve ; abdomen lisse, d'un jaune fauve, transparent, avec une ligne médiane dorsale, formée de trois petites taches arrondies, noires ; pieds noirs ; ailes à base ferrugineuse. Ce joli insecte se trouve sur les fleurs de carottes.

G. Cistogaster (Macquart; *Gymnosoma*, Meig). — *Cistogastre.*

Antennes courtes ; 3ᵉ article ovalaire ; 1ᵉʳ article du style court, le 3ᵉ épaissi à la base.

1. C. Globosa, Macq.; *Gymnosoma id.*, Meig.; *Tachina globosa,* Fab. — Longueur : 5 mill. — Face blanche ; côtés du front doré ; thorax noir, à duvet fauve antérieurement; abdomen ferrugineux, à taches dorsales et extrémité noires ; pieds noirs ; cuillerons jaunes ; ailes jaunes à la base. Jolie petite espèce, ressemblant beaucoup à celle du genre précédent, mais dont la taille moitié moins grande l'en distingue aussitôt. Sur les fleurs de carottes.

Sous-tribu des Phasiennes.

G. Hyalomyia (Rob. D.; *Phasia*, Latr., Meig.). — *Hyalomye.*

Corps large, déprimé ; abdomen courbé en dessous; jambes postérieures munies de soies; ailes larges. Ces insectes, à vol léger, se rencontrent sur les fleurs en ombelle, et quelques-uns, selon M. Macquart, se réunissent en troupes nombreuses dans les airs et y font des évolutions semblables à celles des Tipulaires.

1. H. Atropurpurea, Rob. D.; *Phasia id.* Meig. — Longueur : 5 mill. — Face et front à reflets blancs ; antennes noires ; thorax d'un noir velouté à lignes blanchâtres ; abdomen d'un noir pourpré luisant ; cuillerons blancs ; ailes à bord extérieur et demi-bande noirâtre.

Sous-tribu des Sarcophagiens.

Antennes allongées ; style long, ordinairement velu, nu à son extrémité ; abdomen cylindrico-conique, chez le mâle, ovale chez la femelle ; deux soies au bord postérieur des segments. Organe sexuel ordinairement développé, replié en dessous et terminé par une pointe cornée.
A l'état adulte, ces diptères se trouvent sur les fleurs ; les femelles, qui sont vivipares, déposent leurs larves sur les animaux morts.

G. Sarcophaga (Meigen, Latr.; *Musca*, Lin., Fab.). — *Sarcophage.*

3ᵉ article des antennes ordinairement triple du 3ᵉ ; style plumeux, rarement tomenteux.

1. S. Hæmorrhoidalis, Meig. — Longueur : 12 à 15 mill. — Cendrée ; tête jaunâtre ; antennes noires ; thorax à bandes noires ; abdomen noirâtre marqueté régulièrement de reflets cendrés, jaunâtres ; anus rouge ; pieds noirs. — Commun.

2. S. Carnaria, Meig.; *Musca carnaria*, Lin., Fab. — Longueur : 13 à 15 mill. — Noire ; tête jaunâtre ; thorax rayé de gris jaunâtre ; abdomen marqué régulièrement de cendré ; anus noir ; jambes postérieures velues. Commune. Vivipare.

3. S. Arvensis, Macq.; *Phorella id.*, Rob. D. — Longueur : 9 à 10 mill. — D'un noir luisant ; face blanchâtre ; antennes tomenteuses ; thorax cendré, à bandes noires ; abdomen à reflets d'un blanc cendré, disposés sur trois lignes tranversales.

G. Cynomyia (Rob. D.; *Sarcophaga*, Meig.; *Musca*, Lin., Fab.). — *Cynomyie.*

3e article des antennes quatre fois plus long que le second ; styles à poils plus longs en dessus qu'en dessous ; point de soies aux premiers segments de l'abdomen.

1. C. Mortuorum, Rob. D.; *Sarcophaga id.*, Meig.; *Musca id.*, Lin., Fab. — Longueur : 12 mill. — Tête d'un jaune doré ; thorax d'un noir bleuâtre ; abdomen d'un beau bleu violet ; anus et pieds noirs. La femelle dépose ses larves sur les chiens morts, etc.

G. Onesia (Rob. D.; *Musca*, Meig). — *Onésie.*

3e article des antennes triple du 2e ; abdomen ovalaire, non déprimé ; soies du bord des segments de l'abdomen courtes. Leur couleur est d'un vert métallique avec des reflets blanchâtres sur l'abdomen. Vivipares.

1. O. Floralis, Rob. D., Macq. — Longueur : 12 à 13 mill. — Palpes jaunâtres ; face et antennes noires ; thorax d'un noir bleuâtre, un peu cendré ; abdomen d'un vert métallique, à reflets cendrés ; cuillerons brunâtres ; pieds noirs ; ailes légèrement ferrugineuses. Dans les prairies, sur les fleurs.

2. O. Cœrulea, Rob. D., Macq. — Longueur : 12 à 14 mill. — Semblable à l'espèce précédente, la face est blanchâtre et l'abdomen d'un bleu d'azur. Ib.

Sous-tribu des Muscies.

Corps assez large ; front non saillant ; antennes allongées ; style ordinairement plumeux ; abdomen arrondi ou ovalaire ; point de soies au bord des segments de l'abdomen ; tarses à pelottes égales. Les mœurs et les habitudes varient comme les genres, et comme nous aurons occasion de le faire remarquer en parlant de chacun d'eux.

G. Stomoxys (Geoffroy, Fab., Latr.). — *Stomoxe.*

Trompe solide, menue, allongée ; front large ; 3e article des antennes triple du 2e ; style plumeux en dessus seulement. Les stomoxes s'abreuvent du sang des animaux et même de celui de l'homme, dont ils percent la peau avec leur trompe acérée, surtout par un temps chaux, orageux.

17

1. S. Calcitrans, Geoff., Fab., Latr.; *Conops id.*, Lin. — Longueur : 7 mill. — Cendré ; palpes fauves ; face et côtés du front d'un blanc-gris jaunâtre ; thorax à lignes noires ; abdomen à taches brunes ; pieds noirs. Commun dans les champs, les pâturages, et pénètrent dans la demeure de l'homme pour se repaître de son sang.

Nota. — C'est à cet insecte qu'il faut attribuer la cause de ces courses effrénées et que rien n'arrête, que prennent les vaches lorsqu'elles sont tourmentées et piquées par ce tomoxe ; course connue dans les campagnes par l'épithète de *vaches qui mouchent.*

G. Hæmatobia (Rob. D.; *Stomoxys*, Fab.). — *Hæmatobie.*

Palpes aussi longs que la trompe, élargis en massue ; 3e article des antennes double du 2e ; style plumeux en dessus et très-peu en dessous. Les insectes de ce genre, avides du sang des animaux comme ceux du genre précédent. Ils fréquentent les pâturages, mais ne s'introduisent pas dans la demeure de l'homme comme le font les stomoxes.

1. H. Stimulans, Macq.; *Stomoxys id.*, Meig.; *S. irritans id.*, Fab. — Longueur : 6 à 8 mill. — Cendré ; palpes ferrugineux ; face et côtés du front blanchâtres ; thorax à lignes noires ; abdomen à ligne dorsale et taches noires ; pieds noirs. — Commun dans les pâturages.

G. Lucilia (Macquart; *Musca*, Lin. ; Fab , Latr.). — *Lucilie.*

3e article des antennes quadruple du 2e ; style plumeux ; abdomen ordinairement court, arrondi. Les lucilies sont des insectes remarquables par le brillant métallique dont le corps est orné. Ces insectes déposent leurs œufs sur les cadavres, dont les larves se repaissent, ainsi que sur les végétaux morts, selon les espèces.

1. L. Cæsar, Rob. D.; *Musca id.*, Lin., Fab., Latr.; vulg^t *mouche César,* et que tout le monde connaît sous cette dénomination. — Longueur : 7 à 9 mill. — D'un vert doré brillant ; palpes ferrugineux ; face et côtés du front blancs, à reflets noirâtres ; antennes brunes ; pieds noirs. — Commune.

2. L. Pubescens, Rob. D. — Longueur : 8 à 9 mill. — Comme la précédente ; mais d'un vert un peu bleuâtre ; devant du thorax et abdomen à reflets blancs ; 1er segment de l'abdomen et ligne dorsale sur le 2e noirs. Elle recherche les lieux humides.

3. L. Cornicina, Rob. D.; *Musca id.*, Fab., Meig. — Longueur : 9 mill. — Verte. Face et côtés du front blancs, à reflets noirâtres ; joues et bande frontale noires ; palpes de cette couleur. — Commune.

4. L. Splendida, Rob. D.; *Musca id.*, Meig. — Longueur : 7 mill. — Semblable à la précédente, mais d'un vert doré, à reflets bleuâtres ;

joues blanchâtres; 1er segment de l'abdomen et bord des segments noirs, surtout chez le mâle; cuillerons noirâtres.

5. L. Cæsarion, Macq.; *L. viridescens et aurulum*, Rob. D. — Longueur : 7 à 9 mill. — Semblable à la *Cornicina*, mais les joues et les côtés du front sont verts ou bleus. — Commune.

6. L. Cœrulea, Macq.; *Phormia id.*, Rob. D. — Longueur : 11 mill. — Bleue; corps un peu allongé; abdomen à poils très-courts; thorax d'un noir bleuâtre, à reflets cendrés; abdomen un peu verdâtre. — Rare.

7. L. Cadaverina, Macq.; *Musca id.*, Lin., Fab. — Longueur : 5 à 6 mill. — D'un vert doré; palpes noirs; face noire, à côtés argentés; front noir, bordé de blanc; pieds noirs; cuillerons brunâtres.

G. Calliphora (Macq.; *Musca*, Lin., Latr., Meig.). — *Calliphore.*

Face bordée de poils; 3e article des antennes quadruple du 2e; style plumeux; abdomen hémisphérique; couleur bleue sans éclat. Larves vivant dans les cadavres. Les générations se succèdent avec rapidité.

1. C. Vomitoria, Rob. D.; *Musca id.*, Lin., Fab.; *M. Erythrocephala*, Meig. — Longueur : 7 à 14 mill. — Bleue; palpes ferrugineux; face noire au milieu, testacée à l'épistôme et sur les côtés; joues testacées, à poils noirs; abdomen bleu, à reflets blancs; pieds noirs. Cette espèce, connue généralement sous le nom de *Mouche de la viande*, et qui varie pour la taille, s'introduit dans les maisons, où elle devient souvent importune. — Commune.

G. Musca (Lin., Fab, Latr., Meig.). — *Mouche.*

Du grand nombre des espèces du genre *Musca* de Linné qui, pour la plupart, ont servi à la formation d'autres genres, il en est resté seulement quelques-unes pour celui dont la mouche domestique est le type. Ses caractères principaux se réduisent à ceux-ci : épistôme peu saillant; antennes atteignant presque l'épistôme; 3e article triple du 2e; style plumeux; première cellule postérieure des ailes atteignant le bord près de l'extrémité.

Les espèces qui composent ce genre ne sont pas, comme celles du genre précédent, ornées de couleurs brillantes métalliques, se réduisant, pour presque toutes, à celles où dominent la teinte cendrée.

A l'état de larves, les mouches vivent dans les fumiers; mais parvenues à l'état adulte, ces insectes se nourrissent de la sueur des animaux, du suc des plantes, et particulièrement de nos fruits succulents qu'elles sucent avec avidité, ainsi que des substances sucrées qu'elles rencontrent ordinairement dans nos habitations, et dans lesquelles elles s'introduisent, et souvent en grand nombre.

1. M. Domestica, Lin., Fab., Latr., Macq. — Longueur : 7 mill. — Cendrée; face noire, à côtés jaunâtres; yeux d'un brun rougeâtre;

thorax à lignes noires : abdomen marqueté de noirâtre en dessus, d'un blanc sale en dessous ; balanciers blanchâtres ; pattes et antennes noires. Tout l'été et une partie de l'automne (1).

2. M. Bovina, Rob. D. — Semblable à la précédente, mais côtés de la face et du front blancs ; abdomen à bande dorsale noire. Commune. Elle tourmente les bestiaux en se jetant sur les narines, les yeux et les plaies de ces animaux.

3. M Corvina, Fab., Meig. — Semblable à la mouche domestique, mais la face et les côtés du front sont argentés ; abdomen ferrugineux, marqué de blanc, chez le mâle ; 1er segment et ligne dorsale noirâtres, chez la femelle. Recherche les lieux humides. — Commune.

4. M. Carnifex, Macq.; *Byomya id.,* Rob. D. — Longueur : 7 mill. — D'un vert métallique obscur, à léger duvet cendré ; face et

---

(1) Obs. Les larves des mouches, comme nous l'avons déjà dit, vivant dans les fumiers, et ceux-ci se trouvant, depuis un temps déjà considérable, augmentés dans la proportion du nombre des animaux domestiques, que chaque année procure à l'agriculture perfectionnée ; progrès, sans doute que l'on doit admirer; il en est résulté que les mouches depuis un certain nombre d'années, pouvant par ce fait disposer d'une plus grande quantité d'aliments, se sont multipliées dans des proportions telles, que leur importunité est devenue plus grande, non-seulement pour les animaux domestiques, mais encore pour l'homme qu'elles poursuivent sans relâche ; si bien qu'il devient urgent, pour en diminuer le nombre, de trouver un moyen convenable et propre à se débarrasser de ces hôtes incommodes, surtout lorsqu'ils pénètrent dans nos habitations.

Pour atteindre ce but, chacun s'est ingénié, et plusieurs préparations ont été recommandées sous le nom de *Mort aux mouches ;* mais le poison presque toujours, entrant dans ces mixtions, et comme il est prudent de n'employer qu'avec beaucoup de circonspection des moyens dangereux, nous croyons devoir indiquer ici une préparation infaillible à cet égard, et dont l'innocuité, d'ailleurs, doit la faire préférer à tout autre : nous voulons parler de *l'eau de savon,* qui seule peut remplacer sans danger toutes les autres préparations indiquées jusqu'à ce jour.

Pour obtenir un résultat satisfaisant, complet même, voici la manière d'opérer : remplir d'abord, mais en partie seulement, une assiette creuse, ou bien un plat de plus grande dimension, d'une eau fortement saturée de savon ; puis recouvrir le vase d'une feuille de papier percée d'un grand nombre de trous carrés ou en losange, du diamètre à passer le doigt, ce qu'on obtient facilement avec des ciseaux ; puis soutenir ce papier sur le vase au moyen de deux petites baguettes, placées en croix ou autrement ; enfin déposer ce vase dans le lieu de la maison le plus fréquenté par les mouches : la cuisine ou bien le salon à manger, à raison des préparations culinaires qui s'y rencontrent. On peut en outre, pour attirer promptement les mouches, répandre sur le papier troué une légère quantité de sucre en poudre ; et comme on n'en peut douter, le sucre et l'eau de savon convenant fort bien aux mouches, et celles-ci, par l'odeur alléchées, arrivent en grand nombre sur ce piège léger, puis allant et venant, se précipitent par ces ouvertures, tombent ainsi dans l'eau de savon, dans laquelle elles sont bientôt asphyxiées.

Ce moyen de destruction est tellement puissant que par une journée chaude et à la campagne, on peut compter, par chaque assiette ainsi préparée, plus de 300 victimes dues à ce piège infaillible ; mais l'eau de savon se trouvant corrompue par la présence d'un aussi grand nombre de mouches ainsi noyées, doit nécessairement être renouvelée chaque jour.

Il est à penser que d'autres mouches voisines de la mouche domestique, mais ayant ses goûts et ses habitudes, se trouvent comprises dans ce moyen de destruction.

côtés du front argentés ; yeux nus ; segments de l'abdomen bordés de noir ; pieds et antennes de cette dernière couleur ; ailes hyalines, jaunâtres à la base. Sur les bœufs, pendant l'été. Quant au *Musca stercoraria,* Lin., voy. *Scatophaga stercoraria,* Meig.

G. Pollenia (Macq. ; *Musca,* Fab., Meig.). — *Pollénie.*

Antennes courtes, 2ᵉ article onguiculé, 3ᵉ double du 2ᵉ ; thorax duveteux. A l'automne, sur les fleurs, les fruits, les troncs d'arbres, etc.

1. P. Rudis, Rob. D.; *Musca id.,* Fab., Meig. — Longueur : 9 mill. — Noire ; thorax à duvet jaune et reflets cendrés ; abdomen un peu verdâtre, marqueté de cendré ; ailes un peu jaunâtres.

2. P. Floralis, Rob. D., Macq. — Longueur : 6 mill. — D'un noir bleuâtre, mais dont le fond de l'abdomen est verdâtre ; cuillerons et base des ailes fuligineux. Sur les fleurs.

G. Mesembrina (Meigen, Rob. D. ; *Musca,* Lin., Fab.). — *Mésembrine.*

Corps large ; 3ᵉ article des antennes triple ou quadruple du 2ᵉ ; style plumeux ; pieds velus ; cellule médiane des ailes dépassant de beaucoup la base de la première postérieure. C'est aux heures les plus chaudes de la journée qu'on rencontre ces insectes, et le plus ordinairement sur le tronc des arbres. Leurs larves vivent dans les bouses.

1. M. Meridiana, Meig., Rob. D. ; *Musca id.,* Lin., Fab. — Longueur : 11 à 14 mill. — D'un noir luisant ; côtés de la face anguleux et dorés ; cuillerons et base des ailes ferrugineux. — Commune.

2ᵉ SECTION. ANTHOMYSIDES.

Les insectes qui composent cette section nombreuse en genres et en espèces, ont en général pour couleurs : le noir, le gris et le ferrugineux, avec des reflets variés plus ou moins prononcés. Ils se font, en outre, remarquer par leurs cuillerons, dont la grandeur respective diminue progressivement jusqu'aux derniers genres. Leur corps est étroit et la position de leurs ailes est parallèle. Leurs mœurs et leurs habitudes sont variées, selon les genres auxquels ils appartiennent.

G. Aricia (Macq.; *Anthomyia,* Meig.; *Musca,* Lin., Fab.). — *Aricie.*

Style des antennes plumeux ; abdomen ovale, ordinairement muni de soies. Les espèces de ce genre se rencontrent dans les lieux frais, aquatiques, et leurs larves vivent dans le détritus des matières végétales.

1. A. Erratica, Macq.; *Anthomyia id.*, Meig.; *Phaonia viarum*, Rob. D. — Longueur : 11 à 14 mill. — Face et côtés du front gris; antennes noires, ferrugineuses à la base; thorax cendré, à lignes noires; abdomen cendré, à reflets noirâtres; écusson et pieds ferrugineux; cuillerons et ailes jaunâtres. Sur les haies et le tronc des arbres.

2. A. Pallida, Macq.; *Musca id.*, Lin., Fab.; *Anthomyia id.*, Meig. — Longueur : 7 mill. — Face et côtés du front blancs; entièrement ferrugineuse au reste. — Commune.

G. **Spilogaster** (Macquart; *Helina, mydina*, Rob. D.; *Musca*, Lin , Fab.). — *Spilogastre.*

Style des antennes ordinairement à poils courts; abdomen ordinairement oblong, muni de soies; des points sur les 2e et 3e segments.

1. S. Uliginosa, Macq.; *Anthomyia id.*, Meig; *Rohrella punctata*, Rob. D. — Longueur : 7 mill. — Thorax cendré à deux taches noires au milieu et deux au-dessus de la base des ailes; abdomen d'un jaunâtre pâle, transparent, avec quatre taches brunes séparées par une ligne dorsale de même couleur; nervures transversales des ailes bordées de brun. Bel insecte que l'on voit quelquefois sur les vitres des habitations.

G. **Hydrophoria** (Macquart; *Anthomyia*, Meig.). — *Hydrophorie.*

Style des antennes velu; abdomen cylindrico-conique, muni le plus ordinairement en dessous de deux appendices allongés, obtus, velus. On rencontre les insectes de ce genre sur les plantes aquatiques.

1. H. Conica, Macq.; *Musca conica*, Lin. — Longueur : 9 mill. — Grisâtre; face et côtés du front blancs; thorax d'un gris brunâtre, liné de noir; écusson et abdomen d'un gris jaunâtre, ce dernier avec une ligne dorsale noire; cuillerons et ailes jaunâtres. — Commune.

2. H Sagittariæ, Macq., Rob. D. *id.* — Longueur : 8 à 9 mill. — Brune, à reflets cendrés; face argentée; pieds bruns; jambes d'un fauve pâle; ailes claires. Les fossés voisins des rivières, sur la *Sagittaria sagittæfolia*, Lin.

3. H. Nymphæarum, Macq.; *Stagnia id.*, Rob. D. — Longueur : 7 mill. — Noirâtre; front argenté, à bande noire; antennes noires; style à poils plus longs en dessus qu'en dessous; thorax rayé de cendré; abdomen d'un noirâtre légèrement métallique, à légers reflets cendrés; pieds noirs; cuillerons un peu jaunes. Les marais, les étangs, etc. Sur les nymphéacées.

G. Hylemyia (Macquart ; *Hylemydœ*, Rob. D.; *Anthomyia*, Meig.). — *Hylemyie.*

Style des antennes ordinairement plumeux ; abdomen le plus souvent cylindrique ; ses appendices, sous le pénultième segment, sont allongés, obtus; cuillerons petits. Dans les bois, sur les fleurs; les larves, dans les excréments des animaux.

1. H. Sirigosa, Macq.; *Musca id.*, Fab.; *H. Strenua*, Rob. D. — Longueur : 7 à 9 mill. — Cendrée ; face et côtés du front blancs ; palpes et antennes noirs; thorax ligné de noir ; abdomen à ligne dorsale et bord des segments obscurs; pieds noirs ; jambes ferrugineuses; cuillerons et ailes jaunâtres. — Commune.

G. Anthomyia (Meigen ; *Anthomydœ chorellœ*, Rob. D.; *Musca*, Lin., Fab.). — *Anthomyie.*

Abdomen étroit, atténué à l'extrémité ; cuillerons petits ; ailes sans pointe au bord extérieur. On rencontre les insectes de ce genre nombreux en espèces sur les fleurs des synanthérées et des ombellifères. Ils se réunissent souvent en troupes. nombreuses dans les airs, à la manière des tipulaires. Les femelles déposent leurs œufs dans la terre.

1. A. Scalaris, Meig.; *Musca id.*, Fab. — Longueur : 7 mill. — Noire ; face et côtés du front blancs ; thorax un peu cendré, liné de noir ; abdomen cendré ; jambes antérieures totalement noires. — Commune.

2. A. Canicularis, Meig.; *Musca id.*, Lin., Fab. — Longueur : 6 mill. — Noirâtre ; face et côtés du front argentés ; thorax grisâtre liné de brun ; abdomen sans appendices inférieurs, court, cendré, gris, à ligne dorsale noire, et taches d'un jaune transparent sur les côtés.

G. Pegomyia (Macquart ; *Anthomyia*, Meig.). — *Pégomyie.*

Abdomen ordinairement cylindrique, de couleur testacée, à appendices inférieurs ; cuillerons fort petits ; ailes allongées.

À leur état adulte, les ailes allongées et les couleurs ferrugineuses de ces petits insectes les font reconnaître aussitôt. Les larves, mineuses de feuilles, se creusent dans celles-ci des galeries dans leur intérieur, en se nourrissant seulement du parenchyme qu'elles y rencontrent. La jusquiame, l'oseille, les chardons, etc., sont plus particulièrement les plantes dont les feuilles leur servent de nourriture.

Les insectes de ce genre, en raison de leur petitesse, ont été peu observés.

3e SECTION. ACALYPTÈRES.

Style des antennes d'un ou de 2 articles ; front large ; cuillerons nuls ou rudimentaires. Les Acalyptères, dit M. Macquart, « qui terminent l'immense tribu des Muscides, en comprennent le plus grand nombre et forment seuls un de ces groupes zoologiques qui étonnent l'imagination par l'infinité des modifications dans les organes et dans les mœurs, par la profusion avec laquelle les espèces et les individus sont répandus sur le globe. » Mais leur petitesse, pour la plupart, ainsi que leur manière de vivre, cachés dans les bois, les gazons ou sur les plantes aquatiques, les dérobant ainsi à la vue, il en résulte qu'ayant été peu observés dans nos contrées, nous ne pouvons signaler que les espèces sur lesquelles nous n'avons aucun doute.

Sous-tribu des Dolichocères.

Antennes horizontales, allongées ; 2e article velu ; abdomen allongé de 5 articles.

G. Tetanocera (Dumeril, Latr.; *Scatophaga,* Fab.). — *Tétanocère.*

Antennes dirigées en avant, de la longueur de la tête ; jambes intermédiaires ordinairement terminées par des pointes allongées.

1. T. Pratorum, Fall., Meig.; *Flavifrons,* Latr. — Longueur : 7 mill. — Face blanche; front fauve, à trois points noirs de chaque côté ; thorax fauve, à deux larges bandes cendrées ; abdomen gris, à ligne dorsale noire. — Commune dans les bois herbeux.

Sous-tribu des Scatomyzides.

Corps oblong, jaune ou fauve ; abdomen ovalaire, de cinq segments ; jambes intermédiaires terminées par des pointes.

G. Scatophaga (Meigen, Latr.; *Musca,* Lin., Fab.). — *Scatophage.*

Corps velu ; 3e article des antennes allongé ; pieds robustes ; ailes allongées.

1. S. Stercoraria, Meig., Latr.; *Musca id.,* Lin., Fab. — Longueur : 7 à 9 mill. — Face et palpes jaunes; thorax brunâtre ; abdomen à poils fauves ou pâles ; pieds velus ferrugineux ; cuisses d'un gris jaunâtre, à poils fauves ; ailes jaunâtres. Les larves vivant dans les excréments des animaux domestiques. Ce fait indique assez où l'on doit rechercher cet insecte, qui, d'ailleurs, est on ne peut plus répandu.

Sous-tribu des Psilomyides.

Corps allongé ; tête triangulaire ; face nue ; yeux petits ; abdomen allongé, de cinq segments ; jambes intermédiaires terminées par deux pointes.

G. Psilomyia (Latr.; *Psila*, Meig.; *Tephritis*, Fab.). — *Psilomyie.*

Face inclinée en arrière ; 3e article des antennes oblong, comprimé ; thorax nu ; abdomen menu, de 6 articles ; oviducte allongé, rétractyle.

1. P. Rosæ, Macq.; *Psila id.*, Meig.; *Tephritis id.*, Fab. — Longueur : 5 mill. — D'un noir luisant ; tête fauve, ainsi que les palpes et les antennes ; style blanc.
Les larves vivent dans les racines de carottes, et plus particulièrement dans celles à collet vert, en s'y tenant au-dessous du collet.

Sous-tribu des Ortalides.

Tête hémisphérique ; trompe épaisse ; front à poils courts ; abdomen oblong ; jambes intermédiaires terminées par deux pointes ; ailes vibrantes, de couleurs bigarrées.

G. Ortalis (Fall., Latr.; *Musca*, Lin.).—*Ortalide.*

Saillie buccale petite ; épistôme non saillant ; 8e article des antennes ovale, comprimé ; yeux oblongs.

1. O. Cerasi, Meig.; *Tephritis cerasi, mali et morio*, Fab.; *Teph. id.*, Latr.; *Musca id.*, Lin. — Longueur : 3 mill. — D'un noir légèrement métallique ; tête fauve ; bord des yeux blanc ; tarses fauves ; ailes transparentes à quatre larges bandes transversales noires.
Très-commune et en grand nombre sur les cerisiers à fruits doux (guignes et bigarreau), dont la larve se nourrit de leur pulpe.
La larve, après être parvenue à toute sa grosseur, sort du fruit qui l'a nourrie, s'enfonce en terre, pour se changer en nymphe et éclore au mois de mai de l'année suivante.

2. O. Vibrans, Fall., Meig.; *Tephritis id.*, Fab.; *Myodina urticæ*, Rob. D. — Longueur : 6 mill. — D'un noir bleuâtre luisant ; tête fauve ; ailes vibrantes, à cellule médiastine et tache apicale noire. Les bois, sur les herbes.

Sous-tribu des Téphridides.

Front ordinairement muni de soies allongées ; yeux arrondis ; abdomen oblong ; oviducte saillant, solide, tronqué ; ailes vibrantes ; bord extérieur ordinairement muni d'une pointe.

G. Urophora (Rob. D. ; *Tephritis*, Latr., Fab.). — *Urophore*.

Trompe à lèvres épaisses ; 3e article des antennes triple du 2e ; oviducte convexe, ordinairement allongé ; ailes à bandes noires.
Le corps est noir, la tête fauve.

1. U. Centaurea, Macq. ; *Tephritis id.*, Fab. — Longueur : 5 mill. — Thorax à bande jaune en avant des ailes ; pieds fauves ; ailes brunes, à huit taches hyalines ; oviducte très-court. Sur la centaurée.

2. U. Cardui, Macq. ; *Tephritis cardui*, Fab. — Longueur : 6 mill. — Thorax grisâtre, à bande jaune en avant des ailes ; cuisses noires ; jambes intermédiaires sans pointes ; ailes à quatre bandes brunes, réunies en zigzag. Sur les chardons.

3. U. Stilata, Macq. ; *Tephritis id.*, Fab. ; *T. Jacobeæ*, Fall. — Longueur : 5 mill. — Noire ; tête fauve ; thorax cendré à bande jaune en avant des ailes ; écusson et pieds jaunes ; ailes à trois bandes brunes. Sur le *Cirsium lanceolatum*, Scop. ; le *Carduus nutans*, Lin. ; le *Senecio jacobæa*, Lin. — Commun.

4. U. Solstitialis, Macq. ; *Tephritis id.*, Latr. ; *Musca id.*, Lin. — Longueur : 5 mill. — Semblable à l'espèce précédente, mais les ailes à quatre bandes brunes ; les deux antérieures séparées. A l'état de larve, elle vit, dit-on, dans les graines de la bardane.

Sous-tribu des Sepsidées.

Corps étroit ; tête sphérique ; abdomen ordinairement pédiculé, de quatre segments distincts ; le 1er renflé à l'extrémité ; pieds allongés ; ailes vibrantes.
A l'état de larve, les petits insectes qui composent cette tribu vivent dans les fumiers, et ce n'est que parvenus à leur état parfait qu'on les rencontre, et en grand nombre, sur les fleurs dont ils font leur nourriture. Mais ce qui les distingue d'une manière spéciale, c'est d'être doués de la faculté de répandre une odeur agréable de mélisse.

G. Sepsis (Fall., Meig , Latr. ; *Tephritis*, Fab. ; *Musca*, Liu.). — *Sepsis*.

Palpes rudimentaires, consistant en un petit tubercule velu ; cuisses antérieures renflées ; munie d'une dent chez les mâles.
Les insectes de ce genre, qui déposent leurs œufs dans les bouses, se montrent en quantité innombrable sur les fleurs des ombellifères.

1. S. Cynipsea, Fall., Meig. ; *Micropeza id.*, Latr. — Longueur : 3 mill. — D'un noir luisant, à reflets métalliques ; hanches antérieures jaunes ; jambes fauves ; cuisses postérieures à base fauve. — **Commun.**

2. S. Hilaris, Meig. — Longueur : 3 mill. — Semblable au précédent, mais face, hanches antérieures, et tous les tarses fauves.

3. S. Punctum, Fall., Meig. ; *Micropeza id.,* Latr. — Longueur : 5 mill. — Face fauve ; front et antennes noirs ; thorax noir ; abdomen d'un vert doré, mais le 1er segment quelquefois testacé. — Commun.

Sous-tribu des Leptopodites.

Corps filiforme ; abdomen de cinq segments distincts ; pieds très-longs et menus. On rencontre ces insectes dans les bois, sur les fleurs radiées, ainsi que sur le tronc des arbres, etc.

G. Micropeza (Meig., Latr. ; *Calobata,* Fab.). — *Micropèze.*

Corps, pieds et tête allongés, cette dernière cunéiforme ; 3e article des antennes patelliforme. On rencontre ces insectes sur les fleurs des crépis, des séneçons et de genêt, etc.

1. M. Corrigiolata, Meig.; *Calobata filiformis,* Latr. — Longueur : 5 mill. — Noire ; face blanche ; abdomen à incisions blanches ; pieds jaunes ; tarses noirs. — Commune.

2. M. Thoracica, Macq. ; *Phantasma id.,* Rob. D. — Longueur : 5 mill. — Brune en dessus, d'un fauve jaunâtre en dessous ; cuisse à anneau noir. Sur le chrysanthemum leucanthemum.

Sous-tribu des Piophilides.

Abdomen oblong, ordinairement de cinq segments ; pieds ordinairement nus ; jambes terminées par deux pointes ; 3e article des antennes oblong. Les habitudes de ces petits insectes sont diversifiées comme les genres.

G. Drosophila (Fall., Meig.; *Musca,* Lin., Geoff.). — *Drosophile.*

Face carénée entre les antennes, et dont le 3e article est oblong ; thorax élevé ; abdomen ovale, de six segments. Les insectes de ce genre recherchent les liquides et les substances fermentées.

1. D. Cellaris, Macq. ; *Musca id.,* Lin. ; *Musca funebris,* Fab. — Longueur : 3 mill. — Tête d'un brun ferrugineux ; antennes brunes, jaunes à la base ; thorax testacé ; abdomen noir, chaque segment à bande jaune ; pieds ferrugineux ; ailes un peu brunâtres.

Cette espèce, connue vulgairement sous les noms de *Mouche du vin* et de *Mouche du vinaigre,* est commune dans les caves, les celliers, dans lesquels elle est attirée par les liqueurs fermentées dont il est question, et dans lesquelles les femelles vont déposer leurs œufs. Les larves qui en proviennent sont généralement connues sous le nom d'*Anguilles du vinaigre.*

2. D. Graminum, Fall., Meig., Macq. — Longueur : 3 mill. — Face et antennes jaunes ; thorax gris, à trois bandes obscures ; abdomen noir ou noirâtre ; pieds jaunes ; ailes hyalines. Les graminées.

Sous-tribu des Hétéromyzides.

Corps petit ; antennes courtes ; abdomen ordinairement oblong, déprimé, de cinq ou six segments ; pieds nus.

G. Phytomyza (Fall., Meig., Macquart). — *Phytomyze.*

Ouverture buccale petite ; face et front munis de soies ; abdomen allongé de six segments.

1. P. Geniculata, Macq., Meig.—Longueur : 1 mill. — Noire ou noirâtre, pointillée de grisâtre, avec le front et les genoux d'un jaune pâle. Très-commune dans les jardins vers la fin de juillet et en août. Les larves, mineuses des feuilles comme celles des Pegomyia, vivent dans l'intérieur des feuilles, en se nourrissant du parenchyme qu'elles y rencontrent. Leur présence a été remarquée dans les jardins sur les feuilles des choux et autres crucifères, par des rayures blanchâtres et plus ou moins tortueuses, que nous avons reconnues également sur les feuilles de capucines.

FAMILLE DES PUPIPARES.

Point de trompe labiale. Suçoir composé de deux soies insérées sur un pédicule commun ; antennes d'un seul article ; ailes quelquefois rudimentaires ou nulles.

Les insectes qui composent cette famille, dont plusieurs espèces sont aptères, et vivent en parasites sur les mammifères et les oiseaux, se cramponnent sur leur peau au moyen de leurs ongles fourchus, et sur laquelle ils courent avec agilité, même de côté.

Tribu des Coriacés.

Corps large et aplati ; tête ordinairement engagée dans le thorax ; suçoir plus ou moins allongé, dépassant ordinairement les palpes ; antennes d'un seul article, en forme de tubercule ou de valve ; abdomen court, échancré postérieurement ; pieds épais ; ongles des tarses à deux ou trois pointes.

La tribu des Coriacés comprend tous les pupipares, à l'exception des Nyctéribie, genre qui forme en même temps la tribu des Phthiromyiens. Les Coriacés vivent sur les mammifères et les oiseaux.

G. Hippobosca (Linné, Fab., Latr., Meig.). — *Hippobosque.*

Tête entièrement saillante ; antennes à style apical nu ; tarses à ongles bilobés ; ailes obtuses. Les Hippobosques ne pondent pas d'œufs, mais bien des nymphes oviformes, qui ne tardent pas à éclore.

1. H. Equi, Lin., Fab., etc. Vulg¹ *Mouche-araignée, Mouche-quenille.* — Longueur : 7 à 9 mill. — Jaunâtre ; abdomen d'un gris brunâtre ; cuisses et jambes annelées de brun ; ailes un peu roussâtres. Sur les chevaux.

G. Ornithomyia (Latr., Meig.; *Hippobosa*, Lin., Fab.). — *Ornithomyie.*

Tête insérée dans une échancrure du thorax ; suçoir allongé au-delà des palpes ; ceux-ci velus ; antennes en forme de valves velues ; ongles des tarses tridentés ; ailes obtuses. Les insectes de ce genre vivent sur les oiseaux, tels que les éperviers, les pies-grièches, les merles, les alouettes, le rouge-gorge, les mésanges, les perdrix, etc. Ils ne pondent pas d'œufs ; un seul embryon, à la fois, se développe dans le corps de la femelle qui l'expulse à l'état de pupe.

1. O. Avicularia, Meig., Fall.; *Hippobosa id.,* Lin., Fab. — Longueur : 5 à 6 mill. — D'un jaune verdâtre ; trompe et antennes ferrugineuses ; yeux noirâtres ; thorax noirâtre en dessus, à ligne dorsale jaunâtre ; ailes enfumées. Sur les oiseaux.

G. Anapera (Meigen ; *Oxypterum*, Leach.). — *Anapère.*

Tête insérée dans une échancrure du thorax, munie de chaque côté d'une touffe de poils ; palpes velus ; antennes valviformes, ciliées ; pieds velus ; cuisses antérieures et intermédiaires fort épaisses ; ongles des tarses tridentés ; ailes étroites, courtes, obtusement pointues.

1. A. Pallida, Meig.; *Oxypterum pallidum,* Leach. — Longueur : 6 mill. — Ferrugineuse ; abdomen brun ; bord extérieur des ailes ferrugineux. Sur les hirondelles.

G. Stenopteryx (Leach., Meigen; *Ornithomyia*, Latreille ; *Hippobosca*, Lin., Fab.). — *Sténopteryx.*

Tête insérée dans une échancrure du thorax ; suçoir dépassant les palpes ; antennes en forme de valves ciliées ; des ocelles ; abdomen terminé par un oviducte saillant ; pieds velus ; cuisses fort épaisses ; tarses à ongles tridentés ; ailes assez étroites, allongées, arquées, à côte ciliée.

1. S. Hirundinis, Leach, Meig.; *Ornithomyia id.,* Latr.; *Hippobosca id.,* Lin., Fab. — Sur les hirondelles.

G. **Melophagus** (Latr., Meig., Leach.; *Hippobosca*, Lin., Fab.). — *Mélophage.*

Tête dégagée du thorax; palpes tomenteux, allongés, inclinés en dessous; antennes tuberculiformes, nues; yeux petits, étroits; abdomen ovale; pieds velus; ongles des tarses bidentés. Pas d'ailes.

1. M. Ovinus, Latr., Meig.; *Hippobosca id.*, Lin., Fab. — Longueur : 5 mill. — Ferrugineux; abdomen brun. Vit dans la toison des moutons, parmi la graisse dont la laine est imprégnée; ce qui pour tout autre insecte lui occasionnerait la mort, cette manière d'être est pour celui-ci une condition d'existence.

Tribu des Phthiromyes, Latreille.

Tête très-petite, élevée verticalement; antennes incertaines; pieds écartés; cuisses et jambes épaisses, ces dernières à longs poils; tarses allongés, très-courts, très-menus; 1er article très-long et arqué, les autres très-courts; ongles simples. Point d'ailes ni de balanciers.

G. **Nycteribia** (Latr., Meig., Fab.; *Pediculus*, Lin.). — *Nyctéribie.*

Caractères de la tribu.

1. N. Vespertilionis, Latr., Meig., Fab. — Longueur : 5 mill. — D'un brun clair; tête velue; thorax à longues soies; abdomen nu; pieds fauves. Sur les chauve-souris.

2. N. Biarticulata, Encycl., Macq. — Longueur : 5 mill. — Semblable à la précédente, mais tête glabre; abdomen à deux segments, terminés par deux soies coniques. Sur le grand et le petit Fer-à-cheval.

FIN DES DIPTÈRES.

ORDRE DES EPIZOIQUES OU DES PARASITES.

Cet ordre, connu aussi sous la dénomination d'*Anoplures*, se compose d'animaux qui ne subissent aucune espèce de métamorphoses ; dont le corps est plus ou moins aplati, et la tête ne portant que des yeux lisses. Ils sont aptères et munis de trois paires de pattes courtes, d'égale dimension, et terminées par des crochets avec lesquels ils se cramponnent sur les animaux qui leur servent de nourriture et dont ils sucent les humeurs. Pour cet effet, les uns ont une espèce de museau armé d'un suçoir rétractyle ; tandis que les autres présentent deux lèvres membraneuses recouvrant une paire de crochets ; et c'est d'après cette manière de prendre leur nourriture, que ces insectes ont été le plus ordinairement divisés en deux genres principaux : l'un formé des *Poux*, et l'autre comprenant les *Ricins*.

G. Pediculus (Linné). — *Pou.*

Museau armé d'un suçoir rétractyle.

1. P. Humanus corporis, De Géer. — D'un blanc sale ; uniforme. — Sur le corps humain.

2. P. Humanus capitis, De Géer. — D'un cendré foncé, coupé transversalement par des raies brunâtres. — Sur la tête de l'homme dans son enfance.

3. P. Humanus inguinalis, Redi. — Sur les aines de l'homme.

4. P. Eurysternus, Nitz. — Sur le bœuf.

5. P. Vituli, Lin. — Sur le veau.

6. P. Suis, Lin. — Sur le cochon.

G. Ricinus (De Géer.). — *Ricin.*

Bouche composée de deux mandibules en forme de crochets écailleux ; tarses articulés, terminés par deux crochets égaux.

Les nombreux insectes qui se rapportent à ce genre, divisé par Nitzsch en un certain nombre d'autres genres et de sous-genres, et que l'on rencontre vivant en parasites, sur les mammifères et les oiseaux seulement, sont, pour notre pays, présentés en un seul genre, celui des Ricins ; mais divisés en deux sections bien distinctes, savoir : 1° En insectes parasites des mammifères ; 2° En insectes parasites des oiseaux.

Nous allons rappeler ici les noms d'un certain nombre d'espèces observées dans nos contrées; renvoyant au reste à l'ouvrage de Nitzsch : *Hist. des insectes ;* ainsi qu'à celui de Henri Denny : *Monog. anoplo. Britann.*, sur cette matière.

❋ Ricins parasites des mammifères.

Animaux se rapportant plus particulièrement au genre *Trichodectes,* Nitzsch.

1. R. Canis, De Géer., *Trichodectes latus*, Nitzsch. Vulg^t *Passe.* — Sur le chien domestique.

2. R. Vulpis, De Géer., *Trichodectes vulpis*, Denny. — Sur le renard ordinaire.

3. R. Foinæ, De Géer., *Trichodectes retusus*, Nitzsch. — Sur la fouine.

4. R. Meles, *Trichodectes crassus*, Nitzsch. — Sur le blaireau.

❋❋ Ricins parasites des oiseaux.

Insectes se rapportant aux genres *Liothcum* et *Philopterus* de Nitzsch.

5. R. Corvi, *Pou du corbeau*, Lyonet ; *Liotheum sub æquale,* Nitzsch. — Sur le corbeau, la corneille et le freux.

6. R. Vanelli, *Liotheum ochraceum*, Nitzsch. — Sur le vaneau.

7. R. Upupæ, *Pou de la Huppe, Liotheum upupa*, De Ham. — Sur la huppe.

8. R. Ardeæ, *Pou du Héron, Lioth. importunatum*, Nitzsch. — Sur le héron ordinaire.

9. R. Picæ, *Pulex picæ*, Redi ; *Lioth. eurysternum.* — Sur la pie.

10. R. Gallinæ, *Pediculus gallinæ*, Panz. ; *Lioth. pallidum*, Nitz. — Sur le coq.

11. R. Carduelis, *Lioth. carduelis.* — Sur le chardonneret.

12. R. Cypseli, *Lioth. pulicare.* — Sur le martinet.

13. R. Sturni, *Lioth. cucullare.* — Sur le merle ordinaire.

14. R. Canori, *Lioth. phanerostigmaton.* — Sur le coucou.

15. R. Collurio, *Lioth. fulvo-cinctum.* — Sur la pie-grièche-écorcheur.

16. R. Pici, *Lioth. pici.* — Sur le pic-vert.

17. R. Hirudinis, *Lioth. malleus.* — Sur l'hirondelle de cheminée.

18. R. Citrinellæ, *Lioth. citrinellæ.* — Sur le bruant jaune.

19. R. Motacillæ, *Lioth. irascens.* — Sur le pinson.

20. R. Fringillæ, De Géer.; *Lioth. nitidissimum.* — Sur le verdier.

21. R. Orioli, *Lioth. sulphureum*, Nitzsch. — Sur le loriot.

22. R. Reguli, *Physostomum frenatum*, Burm. — Sur le roi- telet ordinaire.

23. R. Communis, *Philopterus communis*, Nitzsch. — Sur les passereaux.

24. R. Latifrons, *Philopt. latifrons*, Nitzsch. — Sur le coucou.

25. R. Garuli, *Philopt. fulvus*, Nitzsch. — Sur le geai.

26. R. Pari, *Philopt. pari*, Nitzsch. — Sur les diverses mésanges.

27. R. Merulæ, *Philopt. merulæ*, Nitzsch. — Sur les merles et les grives.

28. R. Buteonis, *Philopt. platystomus*, Nitzsch. — Sur la buse ordinaire.

29. R. Viscivori, *Philopt. viscivori*, Nitzsch. — Sur la grive de gui.

30. R. Columbi, *Philopt. baculus*, Nitzsch. — Sur les pigeons domestiques.

31. R. Gallinacei, *Philopt. gallinaceus*, Nitzsch. — Sur les poules.

32. R. Modularis, *Philopt. modularis*, Nitzsch. — Sur la fau- vette traîne-buisson.

NOTA. Pour se procurer les diverses espèces de parasites dont il vient d'être question, il faut en faire la recherche sur les animaux vivants, ou bien venant de succomber et encore chauds ; car après que la mort a refroidi leur cadavre, tous ces parasites s'empressent de les abandonner.

FIN DES EPIZOIQUES OU DES PARASITES.

ORDRE DES APHANIPTÈRES.

Antennes lamelleuses, courtes; thorax divisé en trois segments mobiles; bouche présentant un suçoir de trois soies engaînées; six pattes allongées, fortes, à cuisses et jambes renflées et propres au saut. Animaux ovipares, parasites.

G. Pulex (Linné). — *Puce.*

Les caractères de ce genre exclusif sont ceux de l'ordre auquel il appartient.

1. P. Irritans, Lin. — Parasite de l'espèce humaine.
2. P. Felis, Bouché. — Parasite du chat.
3. P. Canis, Curtis. — Parasite du chien.
4. P. Fasciatus, Bosc. — Parasite du rat.
5. P. Musculi, Dug. Ann. — Parasite de la souris.
6. P. Gallinæ, Schrank. — Parasite de la poule domestique.

FIN DES APHANIPTÈRES.

ORDRE DES THYSANOURES.

Cet ordre, qui se compose d'un petit nombre de genres, est ainsi caractérisé : Insectes aptères, sans métamorphoses, ayant trois paires de pattes et le corps garni de fausses pattes ou d'appendices propres au saut.

Ils comprennent deux familles : les *Lépismènes* et les *Podurelles*.

FAMILLE DES LÉPISMÈNES.

L'abdomen, qui est ordinairement terminé par trois filets, présente inférieurement de chaque côté, sur chacun des huit ou neuf de ses anneaux, un appendice triangulaire mobile.

G. Machilis (Fab.). — *Machille.*

Corps sub-cylindrique, accuminé en arrière et terminé par trois filets sétiformes.

1. M. Polypoda, Lin. ; *Lepisma polypoda*, Lin. ; *Mach. brevicornis*, Latr. ; *Mach. brevicornis*, Latr. N. A. M. ; *Forbicina polypoda*, Templ. — Longueur : 9 mill. — D'un fauve pâle à reflets cuivreux. A terre dans les bois, etc.

G. Lepisma (Lin.). — *Lépisme.*

Corps aplati, allongé, écailleux ; antennes et filets de l'abdomen très-longs.

1. L. Saccharina, Lin. ; *Forbicina plana*, Geoff. ; vulg* *petit poisson.* — Corps allongé, pisciforme, argenté. Habite les meubles frais, humides, etc.

FAMILLE DES PODURELLES.

Abdomen terminé par un organe saltatoire, composé de deux filets repliés en dessous et logés, à l'état de repos, dans une espèce d'étui, et avec lesquels ces animaux exécutent des sauts assez élevés.

Les insectes qui composent cette famille, fournissent un grand nombre d'espèces réparties dans un certain nombre de genres.

G. Podura (Lin.). — *Podure* (Ancien genre).

Corps linéaire, cylindrique.

1. P. Villosa, Geoff. ; *Orchesella villosa*, Templ. — Longueur : 5 mill. — Corps allongé, villeux, mélangé de brunâtre et de jaunâtre. Commune. A terre, sous les broussailles, dans les bois, etc.

Obs. Notre pays, sans doute, fournit un certain nombre d'espèces de Padurelles ; mais n'ayant pas eu l'occasion de les examiner, nous nous bornerons donc à la citation de cette seule espèce que l'on rencontre assez communément.

FIN DES THYSANOURES.

ORDRE DES MYRIAPODES.

L'ordre des Myriapodes se compose d'insectes aptères, dont le corps, ordinairement très-allongé, est formé d'un assez grand nombre d'anneaux, portant chacun une ou deux paires de pattes. Ils se distinguent en outre des autres insectes d'abord par leur genre de métamorphose qui consiste seulement dans la formation successive de nouveaux anneaux et des pattes qui y correspondent, puis par le grand nombre de celles-ci; ensuite par les antennes qui, en général, sont courtes; servent à les faire séparer en deux classes bien distinctes: les *Chilognates* et les *Chilopodes*.

Pour faciliter l'étude des Myriapodes, nous rappelons, dans le tableau suivant, les caractères propres à faire distinguer les deux familles ainsi que les genres qui s'y rapportent.

FAMILLES.		GENRES.
F. DES CHILOGNATES. Corps allongé, couvert de téguments coriaces; antennes courtes, de 7 articles d'égale grosseur et renflées au bout; pattes courtes.	Corps long, cylindrique, crustacé, sans appendice postérieur, pouvant s'enrouler en spirale; anneaux courts, portant 2 paires de pattes.	JULUS.
	Corps long, linéaire, aplati, sans appendices à l'anus; anneaux complets, quadrangulaires, rugueux et portant chacun 2 paires de pattes.	POLYDESMUS.
	Corps ovalaire, convexe en dessus, concave en dessous, composé de 11 à 12 segments, portant 32 à 44 pattes, et pouvant se contracter en boule.	GLOMERIS.
F. DES CHILOPODES. Corps plus ou moins allongé, déprimé, membraneux, couvert de plaques dorsales; antennes de 14 art. au moins, amincies vers le bout; pattes moyennes ou très-longues; les deux dernières plus longues que les autres, sont dirigées en arrière.	Corps allongé, formé de 21 à 42 et plus d'anneaux égaux entre eux et sans recouvrement, portant chacun une paire de pattes; des épines se font remarquer sur les cuisses des deux pieds de derrière.	SCOLOPENDRA.
	Corps allongé, formé de 17 anneaux alternativement plus petits et plus grands en dessus, sub-égaux en dessous; 15 paires de pattes et autant d'écussons dorsaux.	LITHOBIUS.
	Corps de longueur moyenne, formé de 20 anneaux, portant 8 plaques en dessus et 15 demi-anneaux en dessous et une paire de pattes à chaque anneau; antennes et pattes très-longues, ces dernières d'inégale longueur.	SCUTIGERA.

(côté: MYRIAPODES)

— 278 —

FAMILLE DES CHILOGNATES (Voy. le tableau).

Cette famille se compose d'animaux *très-lents* dans leur démarche, à raison, sans doute, de leurs pattes courtes, bien que très-nombreuses, qui ne leur permettent pas de s'étendre au loin. Ils vivent de matières animales ou végétales plus ou moins décomposées.

G. **Julus** (Linné). — *Jule.*

1. J. Sabulosus, Lin., Geoff. — Une pointe ou épine saillante à l'anus. 84 paires de pattes. — Longueur : 35 mill. — A terre dans les bois, des lieux frais, marécageux.

2. J. Terrestris, Lin.; *J. à 200 pattes*, Geoffr. — Une pointe saillante à l'anus sub-recourbée en dessous. — Longueur : 30 mill. — A terre ou sous les pierres, dans tout l'arrondissement de Saumur où le sol est calcaire ; il est moins répandu ailleurs.

G. **Polydesmus** (Latreille). — *Polydème.*

1. P. Complanatus, De Géer., Lin., Latr. — Deux ou trois séries de tubercules aplatis, sur le dessus des anneaux, et des carènes. — Longueur : 2 mill. — Les bois, sous les feuilles mortes, les pierres, etc. Lieux humides des bois de la Haie, etc.

G. **Glomeris** (Latreille). — *Glomeris.*

Les Gloméris ont l'aspect d'un cloporte lorsqu'ils sont roulés en boule.

1. G. Limbata, Latr.; *Julus limbatus*, Oliv.; *Oniscus zonatus*, Panz. — Le Glomeris marmorata est regardé comme étant le mâle de cette espèce. Il présente plusieurs variétés. On le rencontre à terre ou sous les pierres. Nous l'avons remarqué à Gennes et communes voisines, ainsi qu'aux environs de Saumur, etc., mais seulement où le sol est calcaire. — Longueur : 18 mill.

FAMILLE DES CHILOPODES.

Cette famille comprend des animaux *très-vifs* dans leur démarche ; ayant les pattes plus longues que celles des insectes de la famille précédente, ils courent avec facilité. Ils vivent d'insectes adultes ainsi que leurs larves. On les rencontre souvent en terre ou dans des lieux obscurs qui leur servent de retraite, et sous la mousse, etc.

G. Scolopendra, *Partim* (Linné). — *Scolopendre.*

1. S. Electrica, Latr. — Elle est fauve, mince, déliée et atteint jusqu'à 90 mill. de longueur. On la rencontre dans les jardins, les champs, souvent dans la terre, ainsi que dans les bois sous les feuilles, les pierres et parmi la mousse. —Très-répandue.
Elle est, dit-on, quelquefois lumineuse pendant la nuit.

G. Lithobius (*Scolopendra partim,* De Géer ; *Lithobius,* Leach.). — *Lithobie.*

1. L. Forcipatus, *Scolop.*, De Géer ; *Scolopendre à 30 pattes,* Geoff. — D'un roux ferrugineux en dessus, grisâtre en dessous ; antennes pilifères. Un peu moins longue, mais plus large et plus épaisse que la scolopendre électrique, dont elle a les habitudes, et que l'on rencontre dans les mêmes lieux. — Très-commune.

G. Scutigera (Lamarck). — *Scutigère.*

1. S. Coleoptrata, Fab. ; *Scolopendre à 28 pattes.* — Insecte nocturne ou crépusculaire, très-vif et bien remarquable par ses longues pattes qui se brisent facilement lorsqu'on veut s'en emparer. On le rencontre dans les lieux obscurs des habitations. Nous l'avons remarqué un grand nombre de fois dans ce département.

NOTA. — Les pattes qui se brisent facilement, se reproduisent comme celles des crabes en pareille circonstance.

FIN DES MYRIAPODES.

TROISIÈME CLASSE DES ANIMAUX ARTICULÉS

ou

CLASSE DES CRUSTACÉS.

Les crustacés sont des animaux articulés, aptères, ovipares, munis d'un ou de deux yeux, soit sessiles, soit pédiculés, ainsi que de deux ou quatre antennes. Ils sont pourvus d'un cœur et de branchies, mais celles-ci très-variables dans leurs formes et la position qu'elles occupent. Leur corps est nu et recouvert d'une enveloppe tégumentaire, de nature calcaire ou cornée. Tous sont ovipares, et la femelle, après avoir pondu ses œufs, les porte pendant un certain temps, ou sous son abdomen, et retenus alors par de fausses pattes appropriées pour cet usage, ou bien renfermés dans une espèce de poche dans laquelle ils éclosent, tandis que pour d'autres elle les dépose immédiatement au fond de l'eau ou bien sur des pierres ou autres corps durs.

Le plus grand nombre des crustacés vit dans les eaux salées, d'autres dans les eaux douces et quelques-uns sur la terre et à l'air libre.

Ces animaux ont beaucoup de rapport avec les insectes, et quelques-uns, de l'ordre des *Isopodes*, sont même compris dans cette classe par quelques naturalistes. Mais leur développement, qui s'opère sans métamorphose, ou bien celle-ci est fort incomplète ; et leur respiration qui s'effectue au moyen de branchies plus ou moins modifiées et exceptionnelles pour les espèces terrestres, sont des causes puissantes qui servent à les séparer des insectes dont la respiration a lieu au moyen de trachées indiquées par les stigmates dont le corps est garni sur les côtés.

Pour la classification des crustacés de Maine-et-Loire, nous suivrons la méthode de Latreille, adoptée pour le travail de Cuvier : le *Règne animal*, en y joignant les observations ou modifications apportées par divers auteurs : MM. Leach, Lamark, Duméril, Desmarets, Milne-Edwards, Chenu, etc., auxquels, d'ailleurs, nous emprunterons souvent les caractères qu'ils ont énoncés dans leurs savants ouvrages.

Les crustacés sont séparés par Leach et Desmarets en deux sous-classes ou grandes divisions bien tranchées : les MALACOSTRACÉS et les ENTOMOSTRACÉS, crustacés que M. Milne-Edwards sépare en trois classes, savoir : 1° en *crustacés broyeurs ;* 2° en *crustacés suceurs ;* et 3° en *crustacés xyphosures.*

Tous les crustacés de Maine-et-Loire se trouvent en quelque sorte compris dans la première de ces classes, la deuxième n'en recélant, pour l'Anjou, qu'une seule espèce, et la troisième aucune pour le même pays.

Nous allons examiner successivement les différents crustacés de Maine-et-Loire que nous avons reconnus dans ce département. Bien que peu nombreux en espèces, ces animaux n'en présentent pas moins beaucoup d'intérêt, soit par les formes qui leur sont particulières, soit par les mœurs et les habitudes qui les concernent et les distinguent des autres animaux ; et pour en faciliter l'étude, nous énoncerons ici les caractères propres à les faire distinguer des animaux des autres classes : moyen convenable pour engager à en faire l'étude.

TABLEAU SYNOPTIQUE DES CRUSTACÉS DE MAINE-ET-LOIRE.

CLASSES.	SOUS-CLASSES.	ORDRES.	FAMILLES.	SECTIONS.	GENRES.
CRUSTACÉS BROYEURS.	MALACOSTRACÉS.	DÉCAPODES.	MACROURES.	HOMARDIENS.	ASTACUS.
				SALICOQUES.	HIPPOLYTE.
		AMPHIPODES.	CRÉVETTINES.		GAMMARUS.
		ISOPODES.	ASELLIDES.		ASELLUS.
			CLOPORTIDES.		PHILOSCIA.
					ONISCUS.
					PORCELLIO.
					ARMADILLO.
	ENTOMOSTRACÉS.	COPÉPODES.	CYCLOPIDÉES.		CYCLOPS.
		OSTRAPODES.	VÉNÉRIDÉES.		CYPRIS.
		CLADOCÈRES.	CYPRIDÉES.		DAPHNIA.
					POLYPHEMUS.
					LYNUS.
		PHYLLOPODES.	LAMELLIPÈDES.		APUS.
					LEPIDURUS.
					BRANCHIPUS.
CRUSTACÉS SUCEURS.		PŒCILOPES.	ARGULIDÉES.		ARGULUS.

CLASSE DES CRUSTACÉS BROYEURS.

Les crustacés qui composent cette classe ont la bouche armée de mâchoires et de mandibules propres à la mastication, et ce sont eux dont l'organisation est en même temps la plus compliquée et la plus parfaite. Tous les animaux qui s'y rattachent sont compris dans les deux sous-classes des *Malacostracés* et des *Entomostracés*.

Les uns vivent dans les mers, d'autres dans l'eau douce, et quelques-uns seulement sur la terre et à l'air libre.

SOUS-CLASSE PREMIÈRE, OU PREMIÈRE DIVISION.

MALACOSTRACÉS. — Malacostraca (Latr.).

Quatre antennes non branchiales ; bouche composée de mandibules, de plusieurs mâchoires recouvertes par des pieds-mâchoires tenant lieu de lèvre supérieure ; mandibules souvent palpigères ; dix à quatorze pattes uniquement propres à la locomotion ou à la préhension ; corps tantôt recouvert par un têt calcaire, plus ou moins solide, sous lequel la tête est confondue, tantôt divisé en anneaux avec la tête distincte (Desm.).

ORDRE DES DÉCAPODES
DECAPODA (Latr.).

Tête confondue avec le tronc ; celui-ci pourvu d'une carapace qui recouvre toute sa partie antérieure, et qui se replie en ses bords latéraux pour envelopper les branchies, qui sont de forme pyramidale et feuilletées. Dix pattes ; deux yeux pédonculés, mobiles ; mandibules palpigères.

FAMILLE DES MACROURES. — Macrouri (Latreille).

Queue au moins aussi longue que le tronc, étendue et seulement courbée en dessus à son extrémité postérieure, qui est garnie d'appendices flabelliformes. Quatre antennes très-longues, les intermédiaires divisées en deux ou trois filets, les extérieures ordinairement les plus longues ; quatre ou cinq paires de fausses pattes placées sous la queue dans les deux sexes ; organes de la génération des mâles placés à la base de la dernière paire de pattes ; ceux des femelles situés à la partie inférieure de la troisième paire. Latr.

SECTION DES HOMARDIENS, Latr.

Les quatre antennes placées sur une même ligne, les intermédiaires divisées en deux filets ; les extérieures simples, grandes, ayant le premier article de leur pédoncule muni d'une écaille spinifère ; pieds de la première paire plus gros que les autres, inégaux, didactyles. Leak.

G. Astacus (Gronow). — Écrevisse.

Antennes antérieures aussi longues que le corps, sétacées, multiarticulées, supportées par un pédoncule formé de trois gros articles ; carapace demi-cylindrique, terminée antérieurement par un rostre non comprimé, épineux ; queue terminée par cinq grandes lames natatoires, ciliées sur leurs bords.

1. A. Fluviatilis, Fabr., Latr., Lamark., Desm.; *Cancer astacus*, Linn. ; l'écrevisse ordinaire.—Dessus d'un brun verdâtre foncé ; rostre armé d'une petite dent de chaque côté ; pinces chagrinées. — Longueur : 6 — 20 cent.

Habite les ruisseaux et petites rivières de l'arrondissement de Baugé — rarement ailleurs — dont les eaux roulent sur le calcaire, car sans cette matière tenue en dissolution dans les eaux, les écrévisses ne pourraient renouveler chaque année la carapace dont elles sont revêtues. Elles vivent de matières animales, et elles se tiennent dans des trous, où bien sous des pierres, des racines d'arbres, etc.

Cet animal, dont il est fait une grande consommation, vit au-delà de vingt années ; sa croissance continue pendant tout le temps de son existence et se manifeste à chaque changement de carapace. Mais, par le temps qui court, il est bien rare de rencontrer de très-vieilles écrévisses, celles-ci étant prises, n'importe à quel âge et partout où elles se présentent. Pour obvier à ce grave inconvénient, il serait bien convenable que la pêche en fût réglée comme celle qui concerne les poissons.

SECTION DES SALICOQUES.

Antennes extérieures placées au-dessous des intermédiaires, pourvues à leur base et en dehors d'une large et grande écaille ; second article de l'abdomen presque toujours élargi de chaque côté en avant et en arrière. Latr.

G. Hippolyte (Leach). — *Hippolyte.*

Antennes sétacées, les supérieures ou intermédiaires les plus courtes, bifides, supportées par un pédoncule de trois articles ; antennes extérieures ou inférieures plus longues que le corps, pourvues à leur base d'une écaille allongée, unidentée en dehors vers son extrémité ; pieds des deux premières paires didactyles, les autres terminés par un ongle simple ; carapace pourvue en avant d'un rostre très-comprimé, plus ou moins coupé en dents de scie sur ses bords ; abdomen arqué ; lames natatoires de la queue allongées, surtout l'intermédiaire qui est garnie de petites épines à son extrémité.

1. H. Desmarestii, Millet, H. Desmarets. *Mémoire de la S. d'agr. sc. et arts d'Angers*, t. I, p. 55, pl. I, f. *a, b,* 1831, et *Indic. de M. et L.*, Atlas, pl. LI, f. 1, *a, b.* — *Caridina Desmarestii*, Joly, *Ann. des sc. nat.*, t. XIX, p. 34, 1843 ; et que l'auteur caractérise ainsi :

« *Rostrum rectum, compressum, sublanceolatum, supra et infra* » *serrulati, prœitum squammorum, antennis exterioribus, qui sunt* » *longioribus quem corporem ; filamenti antenni intermedii dimidium* » *longioribus quem antennis exterioribus ; corpus perlucidus hyali-* » *nus longus 27 à 33 millim.* »

Corps transparent, hyalin, couvert, ainsi que les lames natatoires de la queue, de très-petits points verts, quelquefois rougeâtres, qu'on ne distingue bien qu'à la loupe ; abdomen composé de six anneaux arqués vers le troisième article, et terminé par cinq lames natatoires, dont les quatre extérieures sont courbées, frangées à leur extrémité et plus larges que l'intermédiaire, qui est droite, plus courte que les autres, et portant à son extrémité plusieurs petites épines comme réunies ; quatre petites épines sur la partie antérieure du test ; yeux noirâtres, mais leur pédicule de la couleur du corps ; antennes blanchâtres, ainsi que les pieds ; les pinces des pieds antérieurs petites, et le dernier article des pieds-mâchoires extérieurs terminé par un faisceau de poils.

Les œufs, et qu'on remarque en automne, sont elliptiques, d'un sixième de ligne de diamètre ; et une femelle, que nous examinâmes, était garnie de deux cents œufs ou plus.

Cette espèce, dont on se procure facilement des individus, en visitant les herbes apportées au bord du rivage par le filet du pêcheur, habite les eaux de la Maine, de la Mayenne, de la Sarthe, du Loir, de l'Authion, du Thoüet et du Layon, où elle y est assez répandue.

OBSERVATIONS.

Le genre Hippolyte, de Leach, adopté par M. Desmarets, dans ses *Considérations générales sur la classe des crustacés*, compris dans la famille des *Macroures*, section des *Salicoques* (1), ne renfermait avant la découverte que nous avons faite de ce nouveau crustacé, que des espèces marines. Nous pourrions même étendre cette observation à la section entière, car le *Symethus fluviatilis* de Rafinesque, signalé dans son précis de découvertes et de travaux somiologiques, publié en 1814, avait fait naître dans l'esprit de quelques naturalistes plus que des doutes à ce sujet, et surtout si l'on fait attention à cette note de M. Desmarets, consignée dans l'ouvrage précité et qui est ainsi conçue : « On ne connaît aucun crustacé macroure de la division des » *Salicoques* vivant dans les eaux douces, et aucun qui présente les » caractères que nous venons d'énoncer. » Desm., p. 116 (2). Cependant, l'espèce, parfaitement caractérisée, qui fait le sujet de cet article, ne doit plus laisser de doute à cet égard, l'ayant observée nous-même dans les différentes rivières du département de Maine-et-Loire, où elle vit réunie ordinairement en société, mais qui se disperse au moindre danger pour se réfugier soit au fond des eaux, sous les pierres ou dans la vase, soit parmi les plantes aquatiques où on les rencontre en grand nombre.

En terminant cet exposé, nous devons, dans l'intérêt de la science, signaler aux naturalistes deux autres espèces de crustacés, également de la section des Salicoques et peut-être du même genre, que nous avons rencontrées dans la rivière d'Erdre, à quelques kilomètres de Nantes, mais dont quelques parties brisées dans le voyage nous ont ôté les moyens d'en préciser les caractères distinctifs.

---

(1) Bien que la longueur relative des deux premières paires de pattes ne soit pas indiquée exactement dans l'énoncé des caractères du genre Hippolyte et comme nous l'indiquait M. Desmarets dans la lettre qu'il nous adressa à l'occasion de ce crustacé : « Cette espèce, disait-il, doit nécessairement se rattacher à ce genre.

(2) Cette circonstance, jointe peut-être à d'autres considérations, a pu déterminer M. Joly à former un genre nouveau aux dépens de notre espèce, en rencontrant ce crustacé dans le canal du Midi, à Toulouse.

ORDRE DES AMPHIPODES.

AMPHIPODA (Latr.).

Tête distincte du tronc et formée d'une seule pièce ; yeux sessiles ; mandibules pourvues d'un palpe ; trois paires de mâchoires ; corps sans carapace, comprimé latéralement, divisé en sept anneaux mobiles ; quatorze pattes, les antérieures souvent terminées par une serre munie d'un seul doigt ; branchies vésiculeuses, situées à la base intérieure des pieds, excepté ceux de la paire postérieure ; queue de 6 à 7 articles portant en dessous cinq paires de fausses pattes filiformes, divisées en deux branches très-mobiles. Latr.

FAMILLE DES CRÉVETTINES. — Crevettini (Latr.).

Petits crustacés à corps allongé, comprimé latéralement, arqué et propre aux sauts, formé de segments crustacés, transverses ; quatre antennes, composées chacune de quatre filets styliformes. Ces animaux sautent, et ils nagent sur le flanc.

G. Gammarus (Fabr.). — Crevette.

Quatre antennes sétacées, disposées sur deux rangs, les supérieures plus longues que les autres.

1. G. Pulex, Fabr., Latr., Desm., pl. XLV, f. 8 ; *Crevette des ruisseaux*, Geoff., pl. XXI, f. 6 ; *Cancer pulex*, Lin. — Les antennes les plus longues dépassant la moitié de la longueur du corps qui est composé de treize segments, la tête comprise pour un, et le dernier est terminé par trois paires d'appendices, allongés, bifurqués et ciliés ; une saillie arrondie, peu prononcée entre les antennes ; yeux noirs. — Longueur : 12 à 15 mill. ; diamètre : 4 à 5 mill.

Le mâle, beaucoup plus grand que la femelle, porte celle-ci entre ses pattes pendant tout le temps que dure l'accouplement, et la transporte ainsi dans tous les lieux qu'il parcoure.

Animal carnassier, d'un roux ferrugineux, très-commun dans tous les petits cours d'eau claire, ainsi que dans les fontaines et même dans certains puits. Il se tient au fond de l'eau couché sur le côté ou nageant dans cette position.

FIN DES AMPHIPODES.

ORDRE DES ISOPODES

ISOPODA (Latr.).

Tête distincte, non accolée au premier segment du corps ; des mandibules sans palpes ; trois paires de mâchoires ; corps sans tête, déprimé, divisé en trois ou sept segments, le dernier terminé sans appendices ; dix à quatorze pattes simples ; queue formée d'anneaux portant des branchies ; yeux grands ; ordinairement quatre antennes.

SECTION DES PTÉRYGIBRANCHES, Latr.

Branchies en forme d'écailles vasculaires, ou de bourses membraneuses placées sous la queue ; quatorze pattes ; quatre antennes sétacées.

FAMILLE DES ASELLIDES (Latreille).

Quatre antennes apparentes ; queue stylifère, dernier segment de celle-ci plus grand que ceux qui le précèdent.

G. Asellus (Geoff.). — Aselle.

Quatre antennes apparentes, sétacées, inégales, les deux supérieures plus courtes et de 4 articles ; les deux inférieures beaucoup plus longues et de 5 articles ; yeux petits, latéraux, simples ; corps oblong, déprimé, formé de sept segments, portant chacun une paire de pattes ; queue d'un seul article, grand et arrondi, portant deux appendices fourchus ; quatorze pattes terminées par un crochet simple.

1. A. Vulgaris, Latr., Lamark ; *Aselle d'eau douce*, Geoff., pl. XXII, f. 2 ; Desm., pl. XLIX, f. 1 et 2. — Longueur : 12 à 15 mill., diamètre : 5 à 6 mill.

Ce crustacé, d'un brun verdâtre, est très-commun dans les eaux douces, stagnantes. Au printemps, le mâle, qui est beaucoup plus grand que la femelle, s'empare de celle-ci pour l'accouplement, comme le fait celui du *Gammarus pulex* à l'égard de sa femelle et le conserve ainsi pendant une dizaine de jours, au bout desquels la femelle se trouve chargée d'une certaine quantité d'œufs renfermés dans une poche placée sous son ventre ; les petits naissent dans ce sac, d'où ils sortent par une fente qu'ils y pratiquent.

FAMILLE DES CLOPORTIDES (Latreille).

Quatre antennes, mais deux seulement sont apparentes : les deux intermédiaires, étant très-petites et presqu'imperceptibles. Corps ovale, aplati en dessous, convexe en dessus, divisé en treize segments, dont les sept premiers portent chacun une paire de pattes, et les six autres forment une espèce de queue. Les organes de la respiration sont renfermés dans certaines écailles placées sous la queue, qui est terminée par quatre appendices, dont les latéraux sont biarticulés ; yeux composés, sessiles.

Les crustacés de notre pays, qui font partie de cette famille, sont tous terrestres, et quelques-uns ont la faculté de se rouler en boule lorsqu'ils craignent quelque danger.

* *Corps ne pouvant se rouler en boule.*

A. Antennes extérieures composées de 8 articles.

G. Philoscia (Latr.).— *Philoscie.*

Les deux antennes extérieures très-apparentes, nues ou découvertes à leur base ; quatre appendices styliformes, presqu'égaux et saillants à la queue : les deux appendices extérieurs étant un peu plus longs.

1. P. Muscorum, Latr., Lamark, Desm. ; *Cloporte des mousses,* Oliv. ; *Oniscus muscorum,* Cuv. ; *Journ. d'h. nat.,* t. II, pl. xxvi, f. 6, 7 et 8.

D'un brun cendré en dessus, avec des petits traits et des petits points gris ou jaunâtres ; dessous blanchâtres. Taille et aspect d'un cloporte. Commun dans les bois un peu humides, sous les pierres et sous la mousse, ainsi que parmi les feuilles tombées à terre et en partie décomposées.

[G. Oniscus (Linn.).— *Cloporte.*

Antennes extérieures seules apparentes, coudées, recouvertes à leur base par les rebords latéraux de la tête : celle-ci engagée dans le bord antérieur des premiers segments du corps ; quatre appendices à la queue, les deux latéraux très-forts, coniques et biarticulés ; les deux intérieurs situés au dessus des premiers, grêles, cylindriques et d'un seul article.

1. O. Asellus, Linn., Fabr., Latr., Desm., pl. xlix, f. 5. ; *Cloporte ordinaire,* Geoff., t. II, p. 670, pl. xxii, f. 1 ; *Oniscus murarius,* Cuv., *Journ. d'hist. nat.,* t. II, p. 22, pl. xxvi, f. 11, 12 et 13.

Légèrement rugueux en dessus, et particulièrement sur la tête ; d'un gris foncé en dessus, avec les bords plus clairs ; une série de points

jaunes formant deux bandes longitudinales sur le dos. — Longueur :
15 à 18 mill.; diamètre.

Très-commun au pied des murs ainsi que sous les pierres. Il aime les lieux salpêtrés, les caves où, d'après les observations de M. Lucas (1), ce cloportide rongerait la partie des bouchons qui dépasse le goulot des bouteilles.

B. Antennes extérieures formées de 7 articles.

G. Porcellio (Latr.; *Oniscus*, Linn.). — *Porcellion*.

Caractères des cloportes, mais les antennes de 7 articles seulement.

1. P. Scaber, Latr., P. rude; *Oniscus granulatus,* Lamark; *Cloporte ordinaire,* var. C., Geoffr.; *Oniscus asellus,* Panzer, fasc. 9, f. 21.
Dessus du corps rude, granuleux, tantôt d'un cendré noirâtre uniforme, tantôt d'un jaune clair et varié de gris plus ou moins foncé; quatrième et cinquième articles des antennes striés dans leur longueur.

2. P. Lævis, Latr., P. lisse; *Oniscus lævis,* Lamark; *Cloporte ordinaire,* var. B., Geoff. — Corps lisse; appendices de la queue plus grands; sa couleur est d'un cendré-noirâtre, plus ou moins nuancé de gris jaunâtre. Sous les pierres.

** *Corps pouvant se rouler en boule.*

G. Armadillo (Latr.). — *Armadille.*

Antennes extérieures coudées, formées de 7 articles, insérées sous le bord antérieur de la tête; yeux granuleux; corps bombé et comme arqué; appendices de la queue non saillants.

1. A. Vulgaris, Latr., A. vulgaire; *Oniscus armadilla,* Lin.; Cuv., *J. d'hist. nat,* t. II, p. 23, pl. XXVI, f. 14 et 15 (1792); *O. cinereus,* Panz., F. G., fasc. 62, n° 22.
D'un gris cendré, sans taches, cette couleur plus pâle sur le bord des anneaux. Habite le long des murs, sous les pierres, ainsi que sous les feuilles tombées à terre dans les bois. — Très-répandu.

2. A. Pustulatus, Dum., A. pustulé; *Armadillo variegatus,* Latr.; *Oniscus pulchellus,* Panz., F. G., fasc. 62, f. 21; Desm., *Crust.,* pl. XLIX, f. 6 et 7.
Ordinairement d'un gris-cendré, quelquefois noirâtre ou bleuâtre en dessus, avec de petites taches irrégulières blanchâtres ou jaunâtres disposées par bandes longitudinales; la couleur jaunâtre plus apparente que les autres.
Commun dans les lieux obscurs, frais ou ombragés des bois, etc.

(1) *An. de la S. E. de Fr.,* tome VIII, p. 56, 1860.

19

SOUS-CLASSE SECONDE, OU SECONDE DIVISION.

ENTOMOSTRACÉS. — Entomostraca (Latr.).

Corps nu ou recouvert soit en totalité, soit en partie, par un têt univalve ou bien formé d'une ou de deux plaques de nature cornée, souvent membraneuse; bouche composée de mandibules, avec ou sans palpes; deux paires de mâchoires en feuillets, auxquelles sont quelquefois annexées les branchies; yeux sessiles (1), souvent réunis en un seul (2); pieds garnis, soit d'appendices branchiaux, soit de petits feuillets ou bien de cils propres à la natation; organes sexuels placés à l'extrémité postérieure de la poitrine ou bien à l'origine de la queue; métamorphoses incomplètes; des mues nombreuses. On les rencontre dans les eaux stagnantes, où leur très-petite taille, leur exiguité pour le plus grand nombre (3), les fait dérober à la vue.

Leur nourriture consiste en animalcules ainsi qu'en particules végétales dues à la décomposition des plantes et qui abondent dans les eaux stagnantes.

---

(1) Les *Branchipes* exceptés, dont les yeux sont pédonculés.
(2) Linné avait réuni dans un seul genre, sous la dénomination de *Monoculus*, tous les crustacés munis d'un seul œil (deux yeux réunis en un seul), formant maintenant des ordres, des familles et des genres.
(3) Les *Apus*, les *Lepidurus* et *Branchipus* sont des crustacés de grande taille.

FIN DES ISOPODES.

ORDRE DES COPÉPODES (M. Edw.).

Tête arrondie antérieurement et faisant corps avec l'extrémité antérieure du tronc ; un seul œil, sessile, au milieu du front ; têt formé d'une seule pièce ; corps terminé par une queue longue et bifide.

FAMILLE DES CYCLOPIDÉES (Leach).

Quatre antennes simples ; pattes natatoires non membraneuses, au nombre de huit, et garnies de poils simples.

G. Cyclops (Muller). — Cyclope.

Corps ovale, conique ou allongé ; quatre antennes simples, ciliées, de 4 articles ; tête arrondie, d'une seule pièce, réunie au corps et sans étranglement ; deux mandibules sans palpes ; un seul œil au milieu du front ; une queue longue et bifurquée.

Les Cyclopes sont de très-petits crustacés, quasi microscopiques, dont les femelles sont faciles à reconnaître par la présence d'une ou de deux bourses ovifères, qu'elles portent en arrière de leur corps, et dans lesquelles les œufs éclosent. Ces œufs sont de couleur brune, ou verte. Ils sont communs dans les eaux douces des mares, des fossés, etc., où l'on rencontre certaines espèces dès le mois de février ; et ils sont si peu sensibles au froid, qu'on les voit même quelquefois au travers de la glace qui recouvre les fossés, nager avec vélocité.

1. C. Vulgaris, Leach ; C. commun ; *Monoculus quadricornis*, Lin. ; *Monocle à queue fourchue*, Geoffr. ; *Mon. quadricornis rubens*, Jurine ; *Mono.*, p. 1, pl. I, pl. II, pl. III ; Desm., *Crust.*, pl. LIII, f. 1, 2, 3 et 4.

Quatre antennes, les antérieures trois fois plus longues que les postérieures.

Tête et corps en ovale renflé, le dernier composé de quatre anneaux ; queue composée de sept anneaux, le sixième bifurqué, chaque branche composée de deux anneaux est terminée par une espèce de digitatation formée de quatre soies raides et de deux longueurs différentes.

Cette espèce, que l'on rencontre dès le mois de février dans toutes les eaux claires des mares et des fossés, présente plusieurs variétés de taille (*6 à 9 douzièmes de ligne*), ainsi que de couleurs, telles que : fauve ou rougeâtre, blanchâtre ou grisâtre, verte ou verdâtre, et même brunâtre, avec ou sans taches.

A ces diverses variétés, déjà connues, nous y joignons cette autre, que nous avons rencontrée aux environs d'Angers, à l'est de cette ville, variété bien remarquable, à laquelle, à raison du caractère qu'elle présente (1), nous avons cru devoir donner un nom significatif en la désignant sous celui de *C. Oculus-ignis*, M. Nous l'avons, d'ailleurs, indiquée sous ce nom dans l'*Indicateur de Maine-et-Loire*, t. I, p. 245.

(1) Œil d'un rouge vif et éclatant comme celui d'un rubis qui la fait distinguer aussitôt de toute autre variété.

ORDRE DES OSTRAPODES

OSTRAPODA (Straus).

Yeux sessiles, réunis en un seul au milieu du front. Animal renfermé entre un double bouclier assez semblable à une coquille bivalve, qui s'ouvre au moyen d'une charnière située sur le dos.

FAMILLE DES VÉNÉRIDÉES.

Deux antennes filiformes, insérées en dessous de l'œil (œil unique), longues, sétacées et terminées par un pinceau de poils ; pattes natatoires au nombre de six, dont quatre seulement sortent du têt.

G. Cypris (Mull.). — Cypris.

Corps réuni à la tête, ne présentant aucune trace de segments, terminé par une queue molle, incluse comme le corps, repliée en dessous et terminée par deux filets qui dépassent la coquille (le têt) pour se diriger en arrière ; le têt bivalve et qui renferme ces diverses parties, est de forme un peu oblongue, bombé sur la charnière, et légèrement échancré en dessous ; l'œil est gros, noir et sphérique.

Ces très-petits crustacés, assez nombreux en espèces, et qui présentent en naissant la forme qu'ils conserveront toujours, se rencontrent dans les eaux douces avec les cyclopes dont ils partagent le genre de vie.

1. C. Ornata, Mull., C. ornée ; *Monoculus ornatus*, Jur. ; *Monocl.*, pl. xvii, f. 1 à 4 ; Desm., *Crust.*, pl. lv, f. 2 et 3.

Coquille comme réniforme, d'un jaunâtre plus ou moins verdâtre, marquée de plusieurs bandes d'un vert foncé, placées transversalement sur le dos et qui se divisent, en s'arquant sur les côtés ; l'œil est très-apparent. — Longueur : 1 ligne et $\frac{9}{12}$ de ligne. — C'est la plus grande des espèces connues. On la rencontre assez fréquemment, surtout au printemps.

2. C. Conchacea, Desm. ; C. blanche-lisse ; *Monoculus conchaceus*, Linn. ; *Monocle à coquille longue*, Geoffr. ; *Cypris detecta*, Mull. ; *Entom.*, pl. iii, f. 1.

Coquille réniforme, comprimée, blanchâtre et lisse. — Longueur : $\frac{15}{12}$ de ligne. — Elle nage sur le côté et se tient de préférence dans la fange des marais.

3. C. Pubera, Mull., *Entom.*, pl. v, f. 1 à 5 ; C. à duvet ; *Monoculus puber*, Jur.; *Monocl.*, p. 171, pl. xviii, f. 1 et 2.

Coquille bombée dans son milieu, comprimée au reste ; un léger sinus au-dessus de l'œil ; d'un vert d'algue-marine très-claire, légèrement teinte de rose postérieurement ; couverte de poils distants les uns des autres, et marquée de deux bandes obliques plus colorées et qui naissent près de l'œil.

4. C. Marginata, Straus, C. bordée ; *Mém. du Mus.*, t. VII, pl. i, f. 20 à 22 , Desm.

Coquille légèrement échancrée en dessous, bombée aux deux extrémités, verte, à marge blanchâtre, plus large en avant qu'en arrière et couverte de poils raides très-apparents. — Longueur : 1 mill.

5. C. Picta, Straus, C. peinte ; *Mém. du Mus.*, t. VII, pl. i, f. 17 , Desm.

Coquille non échancrée en dessous, un peu bombée en arrière, couverte de poils longs, épars, excepté sur le dos qui est nu ; couleur verte, avec trois bandes grises qui se terminent en pointe en dessous. — Longueur : $\frac{6}{10}$ de mill.

6. C. Fusca, Straus, C. fauve ; *Mém. du Mus.*, t. VII, pl. i, f. 16.

Coquille réniforme, plus étroite en avant, de couleur brune ; antennes pourvues de 15 soies. — Longueur : $\frac{2}{3}$ de mill.

Obs. La majeure partie des espèces que nous venons d'indiquer se trouve dans les eaux stagnantes, quelquefois marécageuses, des trous de carrières abandonnées, au canton des *Petites-Perrières*, paroisse de Sorges, commune des Ponts-de-Cé.

FIN DES OSTRAPODES.

ORDRE DES CLADOCÈRES (M. Edw.).

Tête séparée du corps par un étranglement ; un seul œil, sessile ; têt formé de deux pièces ; pattes natatoires membraneuses, paraissant remplir les fonctions de branchies.

FAMILLE DES CYPRIDÉES (Leach).

Deux grandes antennes ou rames branchues, servant seulement à la natation, insérées aux deux côtés du cou. Dix pattes, chaque paire variée de forme, destinées les unes à la préhension, d'autres remplissant les fonctions de branchies, etc.

Cette famille, qui renferme trois genres, se présente ainsi pour notre département.

G. Daphnia (Mull.). — Daphnie.

Corps en oval allongé, comprimé sur les côtés, compris dans un têt ou coquille bivalve, et ordinairement atténué en pointe postérieurement ; tête moyenne, distincte du corps par un étranglement, plus ou moins prolongée en forme de bec infléchi, pointu ou obtus, et pourvue d'un seul œil sphérique entouré d'un certain nombre d'aréoles transparentes qui se détachent sur le fond noir de l'œil. Deux grandes antennes ou rames branchues et propres à la natation sont insérées aux deux côtés du cou.

La transparence des téguments qui recouvrent le corps laissent apercevoir, non-seulement les œufs, qui varient en nombre, selon les espèces auxquelles ils appartiènnent, mais encore les organes intérieurs.

Les Daphnies nagent sur le dos avec célérité, vivent en grandes troupes dans les eaux stagnantes, et certaines espèces en nombre si considérable que tous les individus semblent se toucher.

1. D. Pulex, Latr., D. puce ; *Monoculus pulex*, Linn.; *Perroquet d'eau*, Geoffr.; *D. pulex*, Desm., *Crust.*, pl. LIV, f. 3, 4 et 5.

De couleur rouge au printemps, rose en été et d'un blanc verdâtre dans les autres saisons. Tête moyenne, infléchie, non séparée du dos en dessus, soit par un sillon transversal ou bien un étranglement. Têt atténué en pointe postérieurement. — Longueur : une ligne.

Les œufs, au nombre de 6-18 pour chaque ponte et selon la saison et que l'on voit au travers des téguments qui les recouvrent, sont d'un beau vert.

Dans toutes les eaux stagnantes.

2. D. Magna, Straus., D. géante; *Mém. du Mus.*, t. V, pl. XXIX, f. 21 et 22.

Dos arqué ainsi que le bord des valves ; têt terminé par une longue pointe mince et épineuse. Desm. — Près de deux lignes de longueur.

Obs. — Cette espèce, la plus grande du genre et sans aucun doute très-remarquable par sa taille, aurait été rencontrée aux environs d'Angers; mais n'ayant pas eu l'occasion de remarquer nous-même ce crustacé, nous ne pouvons rien affirmer sur l'identité de ce fait, qui d'ailleurs n'a rien que de très-probable.

G. Polyphemus (Muller). — *Polyphème.*

Corps court, arqué, légèrement comprimé, arrondi postérieurement, transparent, couvert d'un têt s'ouvrant en dessous ; œil très-grand, formant à lui seul, en quelque sorte, une tête distincte du thorax et entièrement recouverte par le têt. Deux petits barbillons sortent de la coquille au-dessous de l'œil; deux grands bras bifurqués, chaque branche garnie de soie d'un seul côté ; queue grêle bifurquée et relevée sur le dos ; huit pattes apparentes, hors de la coquille.

1. P. Stagnorum, P. des étangs, Desm., *Crust.*, p. 365, pl. LIV, f. 1 et 2 ; *P. oculus*, Mull., *Ent.*, pl. XX, f. 1 et 5 ; *Monoculus pediculus*, Linn.; Monocle à queue retroussée, Geoffr.; *Cephaloculus stagnorum*, Lamark.

Ce petit crustacé, seul de son genre, dont la taille est de $\frac{11}{24}$ de ligne, prend la couleur des Daphnies-puces dont il a un peu les allures en nageant comme elles sur le dos, vit en grandes troupes dans l'eau des étangs et des marais.

Lynceus (Muller). — *Lyncée.*

Corps arrondi, comprimé, renfermé comme celui des Daphnies dans un têt de même nature et d'arrangements semblables ; tête disposée comme celle des Daphnies, mais portant deux points noirs, un petit en avant, et un plus gros en arrière, considérés comme des yeux par la plupart des naturalistes ; deux grandes antennes ou rames branchues analogues à celles des Daphnies ; une petite queue pointue, ordinairement repliée sous le ventre et renfermée dans le têt, mais laissant voir, en dehors du têt, sa pointe terminée par deux petites soies ; dix pattes terminées par des soies, et accompagnées, à leur base, par des écailles barbues ou branchiales.

On voit à travers leur corps, dans la région dorsale, les œufs de chaque ponte, tantôt seuls, tantôt au nombre de deux.

De tous les entomostracés connus, les Lyncées sont les plus petits, et leur ressemblance est telle avec les Daphnies qu'ils semblent ne s'en distinguer essentiellement que par les *deux points noirs* dont il vient d'être question ; mais ces deux points noirs sont-ils suffisants pour bien caractériser un genre qui semble être lié à celui des Daphnies, dont ils paraissent plutôt n'en devoir former qu'une section ? On les rencontre d'ailleurs dans les eaux douces et stagnantes avec les Daphnies dont ils ont les mœurs et les habitudes.

1. L. Roscus, L. rose, Desm., *Crust.*, p. 376, pl. LIV, f. 8 et 9.; *Monoculus roseus*, Jur., *Mon.*, p. 150, pl. xv, f. 4 et 5.

De couleur rose, avec l'intestin d'un brun-jaunâtre et les deux œufs paraissant dans la région dorsale tantôt roses, tant verts ou bruns ; un filet des antennes ou rames branchiales plus long que les autres, égale la longueur du corps. — Longueur : $\frac{5}{24}$ de ligne.

2. L. Aduncus, L. crochu, Desm., *Crust.*, p. 377 ; *Monoculus aduncus*, Jur., *Monocl.*, p. 152, pl. xv, f. 8 et 9.

Tête prolongée en avant, courbée, pointue et terminée comme le bec d'un oiseau de proie ; bras ou antennes très-courts et bifurqués comme à l'ordinaire, mais ne présentant pas un grand filet plus long que les autres, attaché à la branche supérieure de ces antennes ; intestin décrivant deux circonvolutions dans son parcours ; têt lisse, tronqué à ses deux extrémités ; deux œufs couleur de bistre. — Longueur : un quart de ligne. — Habite les mêmes lieux que les Daphnies.

FIN DES CLADOCÈRES.

ORDRE DES PHYLLOPODES (M. Edw.).

Les crustacés de cet ordre, pour notre département, se montrent dans trois genres : *les Apus, les Lepidurus et les Branchipus*. Les deux premiers genres fournissent des crustacés munis d'une carapace ; tandis que ceux du troisième genre en sont privés. Tous ces animaux, en outre, sont remarquables par leur grande taille, — si on les compare, toutefois, aux autres entomostracés, — ainsi que par le grand nombre de pattes branchiales dont ils sont pourvus. On les rencontre dans les eaux stagnantes des mares, des fossés, etc.

FAMILLE DES LAMELLIPÈDES.

Trois yeux sessiles, lisses, et deux très-petites antennes : G. *Apus* et *Lepidurus ;* ou bien deux grands yeux réticulés, à réseau, et deux antennes assez longues situées au sommet de la tête : G. *Branchipus*.

Pattes branchiales en grand nombre, servant à la respiration et à la natation.

✻ *Tête et corps recouverts d'une carapace membraneuse.*

G. Apus (Scop.). — *Apus.*

« Tête confondue avec le corps et recouverte comme lui par une carapace ou vaste bouclier membraneux, ovalaire, bombé, caréné dans sa partie moyenne, échancré postérieurement, et portant sur sa partie antérieure trois yeux simples, lisses, très-rapprochés et placés comme en triangle (1). Pattes de la première paire, grandes, rameuses, pourvues de 3 ou 4 grosses soies articulées, dont deux très-longues ; les autres pattes, au nombre de soixante paires environ, sont branchiales en même temps que natatoires ; mais celles de la onzième paire sont pourvues d'une capsule à deux valves renfermant les œufs qui sont sphériques et d'un beau rouge. Queue terminée par deux très-longs filets, sétacés, multiarticulés. »

Tous les individus que l'on rencontre portant des œufs et qu'ils

---

(1) Les deux yeux antérieurs sont les plus grands, un peu en forme de croissant et très-rapprochés l'un de l'autre ; le troisième, plus petit, ovale, est placé en arrière des premiers.

déposent au fond de l'eau dans la vase (1), l'on peut croire que les *Apus* sont des animaux hermaphrodites ; ou bien les mâles, jusqu'à ce jour inaperçus, féconderaient-ils les femelles pour plusieurs générations successives ? Les œufs, paraît-il, pouvant se conserver plusieurs années dans la vase, même desséchée, avant que d'éclore, donnent à penser pourquoi l'on ne rencontre pas chaque année dans les mêmes lieux ces animaux d'ailleurs si remarquables.

Les *Apus* vivent dans les eaux des fossés plus ou moins boueux, dans des flaques d'eau peu étendues, et réunis souvent en grand nombre. Ils nagent de différentes manières, mais ordinairement en se tenant sur le dos.

1. A. Cancriformis, Cuv., *A. cancriforme* ; *Limulus palustris*, Mull., Lamark. ; *Binocle à queue en filets*, Geoffr., t. II, pl. II, f. 4 ; *Apus cancriformis*, Desm., *Crust.*, pl. LII, f. 1.

Carapace en ovale allongé, carénée en dessus ; de nature cornée et de couleur d'un vert olivâtre. — Longueur totale du corps et de la queue : 45 mill. ; celle des filets de cette dernière, d'un quart plus grande. — Parmi les Entomostracés de Maine-et-Loire, c'est le plus grand de tous.

Habite les mêmes lieux que ceux où l'on rencontre le *Lepidurus productus*, auquel il ressemble beaucoup, mais moins répandu que lui. Nous croyons devoir indiquer ici les principales localités de ce département où nous l'avons remarqué ; telles sont les communes de Beaulieu, Beaufort, Nueil-sous-Passavant, Tancoigné, Saint-Clément-de-la-Place, Thorigné, ainsi que les landes de Bécon, les Boires de la Loire, situées entre Saint-Jean-des-Mauvrais et Saint-Sulpice, etc.

G. Lepidurus (Leach ; *Lepidurus*, Desm.). — *Lépidure.*

Le genre *Lepidurus*, institué par Leach, ne présentant à bien prendre qu'un seul caractère important pour le séparer de celui des *Apus*, celui que peut donner la *présence d'une lame allongée, horizontale et de forme ovalaire un peu tronquée et échancrée au bout, que l'on remarque entre les deux filets terminaux de la queue*, il en est résulté que la plupart des naturalistes n'ont pas adopté ce nouveau genre, dont la seule espèce, d'ailleurs, qui le constitue, présente un faciès, des mœurs et des habitudes semblables à ceux des *Apus*.

1. L. Lepidurus productus, Leach, Lépidure prolongé ; *Apus productus*, Latr. ; *Limulus productus*, Lamark ; *Monoculus apus*, Linn.; *Lepidurus productus*, Desm., *Crust.*, p. 360, pl. LII, f. 2. — Lon-

---

(1) En 1842, le 24 avril, nous fûmes témoins de la manière dont s'y prit un *Apus cancriformis* pour se débarrasser de ses œufs. Cet animal, en agitant son corps, forma bientôt dans la vase une légère cavité, dans laquelle il se maintint pendant la durée de la ponte, qui s'effectua par des mouvements répétés de droite et de gauche, ainsi qu'en se tournant et à plusieurs reprises dans cette espèce de nid. Les œufs, qui sont sphériques, d'un millimètre environ de diamètre, et du plus beau rouge de corail, se trouvant alors répartis sur un certain nombre de points et ainsi disséminés dans la vase

gueur totale du corps et de la queue : 40 mill. ; celle des filets de cette dernière, d'un quart moins grande. — Carène dorsale prolongée postérieurement en pointe.

Habite les fossés aquatiques, les petites flaques d'eau, comme fait l'*Apus productus*, mais on le rencontre plus fréquemment.

Pocé, Rochefort-sur-Loire; les fossés des prairies de Champ-Fleuri, non loin des moulins à vent, commune des Ponts-de-Cé, etc., etc.

✳✳ *Tête et corps nus, sans carapace.*

G. **Branchipus** (Lamark, Latr.). — *Branchipe*.

Tête et corps sans carapace, ce dernier, très-mou, transparent, mince et allongé, mais paraissant plus épais qu'il n'est réellement à raison des onze paires de pattes branchiales et natatoires tout à la fois qui le garnissent en dessous et sur les côtés. Tête munie de deux ou de quatre antennes filiformes, droites, flexibles et terminées, chacune, par un petit pinceau de poils très-courts ; elle est en outre munie de deux gros yeux latéraux, pédonculés, mobiles, à réseau, et d'un troisième, mais petit, lisse, sessile et paraissant comme un point noir entre les antennes. Sur le front sont deux espèces de cornes, beaucoup plus grandes et très-avancées chez les mâles. Queue de la longueur du corps, composée de six ou neuf anneaux, dont le dernier est terminé par deux filets ou lames étroites, d'un beau rouge vif éclatant et ciliés sur leurs bords. La femelle présente en outre une espèce de poche conoïde, transparente, située à l'origine de la queue et qui reçoit les œufs.

Ces jolis et curieux animaux, au nombre de deux espèces et que l'on rencontre dès le mois de février, vivent dans les eaux stagnantes des fossés, des petites flaques d'eau, où ils nagent en se tenant renversés sur le dos. Il est facile de les conserver vivants en les déposant dans des bocaux remplis de l'eau des mares ou des fossés où ils ont vécu.

1. B. Stagnalis, Latr.; *B. des étangs; Cancer stagnalis*, Linné; *Branchipus stagnalis*, Desm., p. 389.

Quatre antennes ; cornes du mâle horizontales ; nageoires de la queue larges et d'un beau rouge vif éclatant; œufs bleus et dont on distingue la couleur au travers le tégument ou poche conoïde qui les renferme.—Longueur : 22 mill.—On le rencontre assez fréquemment.

2. B. Paludosus, Latr., *B. des marais; Cancer paludosus*, Mull., Prodr... tab. 48; f. 1-8; *Branchipus paludosus*, Desm., p. 389, pl. LVI, f. 2-5.

Deux antennes; cornes du mâle perpendiculaires; nageoires de la queue filiformes et d'un beau rouge vif éclatant; œufs jaunâtres.

Un peu moins grand que le précédent, auquel il ressemble beaucoup et que l'on rencontre plus fréquemment.

CLASSE DES CRUSTACÉS SUCEURS.

Les animaux de cette classe se rapportent aux crustacés parasites dont la bouche se compose *d'un bec tubulaire armé de suçoirs.* Le plus grand nombre vit dans les mers, aux dépens des poissons dont ils sucent les humeurs; une seule espèce, de la famille des *Argulidées,* Leach, se rencontre dans les eaux douces de notre pays où elle vit aux dépens des épinoches, des têtards, de grenouilles et autres batraciens.

FIN DES PHYLLOPODES.

ORDRE DES PŒCILOPES (Latreille).

Tête confondue avec le tronc; têt ou partie antérieure du corps en forme de bouclier; antennes simples, courtes et au nombre de quatre; douze pattes, dont les deux premières en ventouse.

FAMILLE DES ARGULIDÉES (Leach).

Les crustacés qui composent cette famille, ont la bouche remplacée par une espèce de bec renfermant un suçoir; yeux séparés, sessiles; douze pattes, les deux premières en ventouse; les deux suivantes, petites et portant chacune deux crochets à leur extrémité, enfin les huit dernières destinées à la natation, sont terminées chacune par deux doigts ciliés sur les bords.

G. Argulus (Muller). — *Argule.*

Têt presque membraneux, demi-transparent, déprimé, généralement ovalaire, un peu émarginé de chaque côté antérieurement, couvrant le corps très-amplement, mais n'y adhérant qu'en partie; tête non séparée du corps par un cou; deux yeux hémisphériques, sessiles et à facettes, apparaissant tant en dessus qu'en dessous et placés en avant; quatre antennes insérées sur la face inférieure de l'animal et près des yeux; l'abdomen est terminé par une queue courte, lamellaire, horizontale et divisée en deux lobes arrondis à son extrémité. Une seule espèce appartient à ce genre.

1. A. Foliaceus, Jurine fils, *A. Foliacé; Monoculus foliaceus,* Lin.; *Binocle du gastéroste,* Geoff., p. 661; *Ozolus gasterostei,* Latr., *Hist. nat. des Crust.,* t. IV, p. 29; *Argulus foliaceus,* Desm., *Crust.,* p. 331, pl. L, f. 1, *a, b, c, d.*

Corps déprimé, et comme en ovale, d'un vert jaunâtre clair, demi-transparent, recouvert par un large têt ou bouclier demi-transparent, de la couleur de l'animal, et dont la forme est quasi-orbiculaire étant seulement un peu prolongé en avant.

Le mâle, de 5 mill. de longueur, est moins grand que la femelle, qui s'en distingue encore par deux points noirs situés à la base de la queue. Les œufs, qui sont blanchâtres, sont déposés sur des corps durs.

Ce petit crustacé, qui s'attache au moyen de ses ventouses et des crochets de ses pattes antérieures, à différentes espèces d'animaux pour en sucer les humeurs, n'est pas ainsi toujours cramponné à sa victime ; on le rencontre aussi nageant, mais toujours dans les eaux stagnantes qui recèlent des têtards de batraciens, des gastérostes (*épinoches*), même dans celles des étangs où l'on nourrit des carpes, des tanches, sur lesquelles ce crustacé choisit les parties molles pour s'y fixer.

OBSERVATIONS.

Nous terminerons ici ce que nous avons à dire sur les crustacés de ce département en faisant remarquer que les animaux dont il est question, étant, parmi les articulés, ceux qu'une espèce d'indifférence semble devoir condamner à l'oubli le plus complet, bien que leurs formes, remarquables et si peu semblables à celles que présentent les autres animaux ; de même que leurs mœurs, leurs habitudes qui les distinguent encore, présentent l'intérêt le plus varié et le plus attrayant. Pour les bien faire connaître, nous avons cru devoir donner un grand développement aux caractères généraux et particuliers qui servent à les faire distinguer, et dans l'espoir d'atteindre ce but nous avons emprunté aux auteurs qui ont écrit sur cette matière les principaux caractères qu'ils ont énoncés dans leurs ouvrages, si remarquables d'ailleurs, et auxquels nous avons cru devoir ajouter nos propres observations.

A ces moyens d'études, il faut ajouter ceux que peuvent présenter ces animaux eux-mêmes, mais vivants. Ainsi, pour étudier avec plus de facilité et se faire une idée exacte de certains crustacés et particulièrement ceux connus sous le nom collectif d'*entomostracés*, et qui ont pour habitacles les mares et les fossés inondés, on peut en réunir un certain nombre dans un ou plusieurs bocaux en verre blanc que l'on a rempli préalablement d'eau claire, en prenant de préférence celle dans laquelle on a rencontré ces animaux : tous vivront ainsi pendant des mois entiers, sans autre nourriture que les matières animales et végétales tenues en suspension qu'ils rencontreront dans cette eau ; quelques espèces mêmes, comme les Daphnies, par exemple, y multiplieront, ce que nous avons été à même d'observer. Mais pour bien réussir dans cette expérimentation, il faut préserver l'eau des bocaux de toute altération, en prenant la précaution d'y déposer une certaine quantité de lentilles ou d'étoiles d'eau, qui en surnageant et en végétant ainsi rempliront parfaitement cette condition, en même temps que ces plantes, en donnant un abri salutaire aux animaux de ces bocaux, ne gêneront en rien l'œil de l'observateur.

NOTA. — Quant à la classe des Cirropodes, celle-ci ne comprenant que des animaux marins, qui pour notre pays ne présentent que des fossiles, qui d'ailleurs ont trouvé leur place dans la *Paléontologie de Maine-et-Loire*, nous ne pouvons donc les admettre dans ce présent travail.

DEUXIÈME CLASSE DES ANIMAUX ANNELÉS

ou

CLASSE DES ARACHNIDES.

Les animaux de la classe des Arachnides ont pour caractère d'avoir le thorax réuni à la tête pour ne former qu'un seul tronçon ; laquelle se manifeste, d'ailleurs, par la présence des yeux, variables en nombre, et diversement disposés sur sa partie supérieure et antérieure, ainsi que par les organes de la bouche placés en dessous. A ces deux parties réunies en un seul tronçon, comme il vient d'être dit, et portant le nom de *Céphalothorax*, sont attachées huit pattes ambulatoires, de 7 articles chacun, terminés par un ou plusieurs crochets. L'abdomen, formé d'une seule pièce et de consistance molle, à raison du tégument de même nature qui le recouvre, est attaché au thorax par un ligament court, de nature cartilagineuse. Leur respiration qui est aérienne, s'accomplit au moyen de trachées ; enfin, ces animaux sont privés d'ailes et d'élytres, ainsi que d'antennes.

Cette classe est divisée d'abord en deux sections : celles des Pulmonaires et des Trachéennes ; ensuite en cinq ordres, savoir : les Aranéides, les Pédipalpes, les Tétracères, les Olètres et les Acariens.

Nous n'avons à nous occuper ici que des Aranéides, des Olètres et des Acariens, les Pédipalpes et les Tétracères ne présentant pas d'espèces de ces ordres propres à nos contrées.

ORDRE DES ARANÉIDES.

Cet ordre, qui correspond au genre *Aranea*, de Linné, est un des plus remarquables, non-seulement des Arachnides, mais encore des ordres des autres animaux invertébrés, tant par leur organisation que par l'instinct transformé, en quelque sorte, en intelligence réfléchie des animaux qui le composent.

Les caractères qui constituent cet ordre sont, d'avoir : 1° un tégument peu résistant ; 2° une segmentation peu apparente ; 3° le corps divisé en deux tronçons, dont l'antérieur nommé céphalothorax (*la tête et le thorax réunis en un seul tronçon*) ; 4° des yeux simples, au nombre de six à huit, et différemment disposés, selon les genres ; 5° des palpes antennes terminées en crochets venimeux ; 6° une pièce buccale unique ; 7° huit pattes locomotrices ; 8° jamais d'ailes ; 9° des glandes spéciales secrétant un fluide soyeux ; 10° un système nerveux logé dans le céphalothorax ; 11° de ne subir aucune métamorphose ; de sorte que l'Aranéide, en sortant de l'œuf, est arrivée à l'état qu'elle doit garder pendant toute sa vie.

Les Aranéides sont ovipares ; la femelle enveloppe ses œufs dans un cocon soyeux (1) ; et lorsqu'ils sont éclos, ce n'est qu'après le premier changement de peau des animaux qui en proviennent que ceux-ci peuvent se procurer leur nourriture, qui consiste en insectes de plusieurs ordres, tels que lépidoptères, hyménoptères et surtout en diptères ; s'emparant des uns et des autres, soit au moyen des toiles qu'ils se filent, soit à la course ou bien par les sauts que certaines espèces exécutent on ne peut mieux, mais selon les genres auxquels ils appartiennent.

Quant aux toiles, dont le plus grand nombre des aranéides se sert pour capturer sa proie, il est à remarquer qu'elles ne sont à l'usage que des individus qui les filent, soit mâles, soit femelles ; et si l'on rencontre la femelle et le mâle sur la même toile, ce n'est qu'à l'époque de l'accouplement ; et l'on a reconnu que les mâles des épéires ainsi que ceux des tégénaires, après l'accouplement, n'échappaient pas à la voracité des femelles, qui les sucent, comme elles font d'ailleurs des insectes qui font leur nourriture habituelle.

Les Aranéides sont appelées, comme beaucoup d'autres animaux, à maintenir l'harmonie ou l'équilibre des êtres, en limitant, pour la part qui leur incombe, le nombre prodigieux des insectes de la création ; ne rendant, d'ailleurs, à l'homme que des services, au nombre desquels est celui de délivrer les étables des mouches qui importunent les ani-

---

(1) La femelle du pholcus phalangioïdes ne fait point de cocon, elle aglutine seulement ses œufs et les porte avec elle jusqu'à leur éclosion.

maux domestiques, fait qui m'autorise à dire aux agriculteurs : ne détruisez pas les toiles d'araignées de vos étables, vos animaux s'en trouveront mieux !

Cet ordre est divisé par *familles, tribus, genres et espèces*, et comme l'a mis en pratique M. E. Simon dans son ouvrage sur les Aranéides, divisions que nous suivrons ici ainsi que celles établies par le savant naturaliste, M E. Blanchard, dans son ouvrage ayant pour titre : Métamorphoses et instincts des insectes. Mais pour les descriptions des genres et celles des espèces, nous rappelerons ici celles que nous ont procurées les ouvrages de M. le baron Walckenaer— *Traité des Aptères,* suites à Buffon — ainsi que de l'illustre Latreille — *Hist. nat. des crustacés et des insectes,* mais en les réduisant de beaucoup, afin de ne pas nuire à la diffusion de cette faune en la rendant trop volumineuse. Mais pour qu'elle n'en souffre pas, nous aurons soin de rappeler les figures de la Faune française dont le baron Walckenaer, d'ailleurs, ne manque pas de faire usage.

TABLEAU SYNOPTIQUE DES ARANÉIDES DE MAINE-ET-LOIRE

FAMILLES.	TRIBUS.	GENRES.
DES SCYTOTIFORMES (E. S.). Pattes très-longues et déliées comme celles des Faucheurs.	DES SCYTODIENS. 6 yeux groupés par paires.	SCYTODA.
	DES PHALANGOIDIENS. 6 ou 8 yeux ; 3 dans chacun des groupes latéraux.	PHOLCUS.
DES DRASSIFORMES (E. S.). Yeux variables en nombre, placés sur le devant du corselet (un seul genre en est dépourvu). Corselet plus étroit en avant qu'en arrière, glabre et luisant.	DES SÉGESTRIENS. 6 yeux rapprochés, en 3 groupes.	SEGESTRIA. DYSDERA.
	DES DRASSIENS. 6 ou 8 yeux égaux, brillants ; abdomen déprimé, ovale, allongé ; 2 stigmates ; pattes courtes et fortes.	MACARIA. PYTONISSA. DRASSUS. ARGIRONETA. CLUBIONA. AMAUROBIUS.
	DES ANYPHÆNIENS. 8 yeux en 3 groupes ; abdomen globuleux à 2 stigmates.	ANYPHÆNA.
DES THÉRÉDIFORMES (E. S.). Yeux égaux, séparés en 3 groupes, dont un, l'intermédiaire, est de 4 yeux. Corselet petit ; abdomen gros et très-renflé ; mandibules et palpes petites ; pattes longues et fines.	DES THÉRIDIENS. 8 yeux égaux, sur 2 lignes ; toile en réseau, lâche.	THERIDIO. DICTYNA.
	DES LINYPHIENS. 8 yeux inégaux, sur 2 lignes équidistantes ; toiles à mailles irrégulières.	MICRYPHANTUS. TEGENERIA. AGELENA. LINYPHIA.
DES ÉPÉIRIFORMES (E. S.). 8 yeux égaux, brillants, séparés en 3 groupes ; abdomen renflé, de forme triangulaire en dessus. Grande toile formée par des fils en rayons divergents, traversés par d'autres fils, mais circulaires.	DES NUCTOBIENS. 8 yeux inégaux, sur 2 lignes ; abdomen globuleux.	NUCTOBIA.
	DES TÉTRAGNATIENS. 8 yeux égaux, petits, écartés ; corps long, étroit.	TETRAGNATA.
	DES ÉPÉIRIENS. 8 yeux disposés en 3 groupes : les intermédiaires en carré, plus ou moins régulier.	SINGA. EPEIRA. NÉPHILA.
DES SALTIFORMES (E. S.). 8 yeux, dont 2 quatre fois plus gros que les autres. Corps court et large.	Sans tribu.	ATTA. CYRTONOTA. HELIOPHANA. SALTICA.
DES LYCOSIFORMES (E. S.). 8 yeux, dont 2 plus gros, placés au milieu du front. Abdomen grêle ; corselet grand et bombé en avant. Aranéides vagabondes.	DES LYCOSIENS. 8 yeux sur 3 lignes ; cocon attaché aux filières.	TROCHOSA. LYCOSA.
	DES OCYALIENS. Corps étroit, allongé, cylindrique ; membres fins, allongés, divergents.	DOLOMEDES. OCYALA.
DES THOMISIFORMES (E. S.). Corselet déprimé, cordiforme ; abdomen ordinairement triangulaire. Aranéides latérigrades (marchant de côté comme les Crabes).	DES PHYLODROMIENS. Pattes fines, terminées par de petites pelotes adhérentes.	SPARASSA. PHYLODROMA.
	DES THOMISIENS. Pattes fines, terminées par 2 simples petites griffes.	THOMISA.

FAMILLE DES SCYTODIFORMES (E. Simon).

Mâchoires longues; mandibules courtes; corselet globuleux; pattes fines et très-allongées comme celles des faucheurs.

Tribu des Scytodiens.

Six yeux groupés par paires sur le devant du corselet; mandibules très-petites.

G. Scytoda (Latreille). — *Scytode.*

Corselet très-bombé, globuleux, arrondi, plus élevé que l'abdomen; abdomen globuleux. Araignée marchant lentement, tendant de longs fils au lieu de toiles. Animaux vivant dans l'intérieur des habitations, etc.

1. S. Thoracica, Latr., Walck. — Longueur : 10 mill. — D'un blanc jaunâtre et comme argenté; mandibules, corselet et abdomen marqués de raies ou petites lignes noires ondulées. Elle vit dans les maisons. On la rencontre encore sur les murs des habitations. Prise à Aubigné autour du bourg. — Rare.

Tribu des Phalangoïdiens.

Six ou huit yeux; trois dans chacun des groupes latéraux, etc.; mandibules verticales.

G. Pholcus (Walckenaer). — *Pholque.*

Huit yeux, presque égaux entre eux, groupés par deux et par trois; abdomen très-long, tronqué postérieurement; pattes très-longues et menues, diminuant de longueur par paires, à partir de la première paire; corselet petit, déprimé, circulaire. Les aranéides de ce genre tendent des fils irréguliers, formant un réseau sur lequel elles se tiennent le plus ordinairement. Elles agglomèrent leurs œufs, sans les envelopper d'un cocon, et les portent ainsi dans leurs mandibules jusqu'à leur éclosion.

1. P. Phalangioïdes, Walck., *Hist. nat. des Aranéides*, pl. x; *Araignée à longues pattes*, Geoff. — Longueur : 10 à 11 mill. — D'un blanc plus ou moins grisâtre ou jaunâtre; les pattes fines et très-longues sont livides, rembrunies à leurs deux principales articulations et entourées chacune d'un anneau blanc. On la rencontre communément dans les endroits peu fréquentés des habitations, ordinairement au milieu d'un réseau lâche, ayant les pattes ramassées, attendant ainsi patiemment qu'une mouche vienne se placer sur ce rets, qu'elle secoue alors vivement avant de s'en emparer.

FAMILLE DES DRASIFORMES (E. Simon).

Corselet petit ou moyen, plus étroit en avant qu'en arrière, glabre et luisant; abdomen ovale ou oblong, étroit et très-long, surtout chez les femelles, terminé par six filières disposées en faisceaux; pattes courtes et robustes; yeux variables en nombre, dont deux principaux au milieu plus gros que les autres; abdomen variable dans sa forme.

Tribu des Ségestriens.

Six yeux, dont deux médians sur une ligne transversale; quatre stigmates; pattes fortes, la première paire est la plus longue.

G. Segestria (Walckenaer). — *Ségestrie.*

Six yeux rapprochés; deux de chaque côté, l'un au-dessus de l'autre; deux médians sur une ligne transversale.

Les aranéides de ce genre se construisent dans les trous des murs, les cavités souterraines, etc., de longs tubes de soie attenant à une petite toile dont le tissu est serré.

1. S. Senoculata, Walck., *Tabl.*, p. 48, pl. v, f. 51 et 52. — Longueur : 14 à 16 mill. — Le mâle plus grand et plus gros que la femelle; abdomen allongé, cylindroïde, d'un gris clair, velu, avec une bande longitudinale sur le dos, formée par de petits triangles noirs. Nous l'avons rencontrée sur les débris des carrières d'ardoise de Trélazé, dans des trous, entre des pierres, et dans lesquels elle se tient en embuscade.

Nota. C'est à ce genre qu'appartient la TARENTULE : *Segestria florentina*, Rossi; *Segestria perfida*, Walck.; espèce méridionale, si célèbre par les histoires débitées sur son compte, et que nous n'avons pas rencontrée dans nos contrées.

G. Dysdera (Walckenaer). — *Dysdère.*

Six yeux presque égaux entre eux, rapprochés sur la partie antérieure du corselet et disposés sur deux lignes; les postérieurs au nombre de quatre et contigus, les deux antérieurs sont disjoints et écartés; pattes de longueur moyenne, la paire antérieure plus allongée que la paire postérieure.

Les aranéides de ce genre se tiennent dans des sacs allongés ou dans des tubes de soie, sous les pierres ou dans les cavités des murs.

1. D. Erythrina, Walck., *Tabl. des Aran.*, pl. v, f. 49 et 50. — Longueur : 14 mill. — Corselet grand; palpes et pattes glabres, luisantes, d'un rouge vif; abdomen en ovale allongé, d'un rouge pâle ou gris jaunâtre.

Elle est avide de fourmis, qu'elle détruit en grand nombre ; et c'est près ou dans les fourmilières même qu'elle établit sa demeure, se trouvant protégée par le grand sac dont son corps est enveloppé.

Tribu des Drassiens.

Deux stigmates; yeux ordinairement au nombre de huit, égaux, brillants; pattes courtes et fortes; la quatrième paire la plus longue; abdomen déprimé, en ovale allongé.

G. Macaria (Koch, E. Simon; *Drassus*, Walck.). — *Macarie.*

Huit yeux égaux, très-petits, disposés sur deux lignes courbes parallèles; corselet grand, arrondi postérieurement et terminé en pointe; abdomen étroit et allongé; pattes longues, la quatrième paire dépassant les autres en longueur; couleurs métalliques bronzées ou argentées; cocon hémisphérique, placé dans les herbes. On rencontre les espèces de ce genre sous les pierres, etc.

1. M. Festiva, Walck.; *Drassus fulgens*, *Faune parisienne*. — Longueur : 6 à 8 mill. — Abdomen en ovale allongé, bombé, grossissant vers sa partie postérieure, et pointu à l'anus; de couleurs bronzées métalliques et portant de petits chevrons dorés; pattes noires à la base, et jaunes à l'extrémité. Cette espèce, dit Walckenaer, place son cocon en forme de coupe, d'environ 5 mill. de diamètre et muni d'un opercule, soit dans les herbes, soit dans les cavités des pierres, sous l'une des deux tentes qu'elle se construit; et c'est sur la seconde qui est voûtée, que la femelle place son cocon d'une blancheur éclatante, et sur lequel la femelle se tient jusqu'à ce que les quinze à vingt œufs rouges qu'il renferme soient éclos. On rencontre cette espèce ordinairement sur l'herbe ou les buissons ainsi que sous les pierres dès le printemps.

G. Pythonissa (Koch, E. Simon; *Drassus*, Walck.). — *Pythonisse.*

Huit yeux presque égaux entre eux, sur deux lignes divergentes et courbées en sens inverse; corselet moitié moins long que l'abdomen, qui est ovalaire; fortement déprimé en dessus et à filières saillantes; pattes courtes et renflées; la quatrième paire la plus longue. Aranéides nocturnes, s'établissant dans les caves, les lieux sombres, cachés.

1. P. Lucifuga, Walck. (*Drassus Lucifugus*), *Tabl. des Aranéides*, pl. v, f. 46 et 47. — Longueur : 16 mill. — Abdomen en ovale allongé d'un noir de taupe satiné, déprimé et élargi à sa partie postérieure, marqué quelquefois, chez le mâle, de quatre taches d'un noir plus foncé, carrées; corselet et pattes d'un brun rougeâtre; les cuisses sont d'un rouge plus clair; cocon de contexture peu serrée, épaisse et très-blanche. Cette grande espèce habite les caves et autres lieux sombres.

2. P. Nocturna, Walck. (*Drassus nocturna*); *Pytonissa variana*, Koch. — Longueur : 14 mill. — Abdomen d'un noir satiné, avec ou sans lignes et taches blanches; corselet d'un brun rougeâtre; pattes et cuisses noires, renflées.

Cette espèce, aux formes lourdes et ramassées, habite les caves; on la rencontre également sous l'écorce des vieux arbres.

G. Drassus (Walck.). — *Drasse.*

Yeux un peu inégaux, sur deux lignes; l'antérieure courbée, la supérieure droite. Les aranéides de ce genre, couvertes d'un duvet soyeux, fauve clair uniforme, se filent sous les pierres ou les écorces de vastes coques de soie blanche, au milieu desquelles elles déposent leurs œufs enveloppés d'un cocon léger et transparent.

1. D. Lapidicolens, Walck., *Tabl. des Aran.*, pl. v, f. 48; *Clubiona lapidicola*, Hahn., Walck. — Longueur : 16 mill. — Abdomen ovale, très-allongé, d'un gris uniforme, avec un trait ovale brun sur le dos; corselet d'un rouge pâle. On rencontre cette espèce sous les pierres où elle file une toile en nappe adhérente à la pierre et au sol sur lequel elle repose. Des fils aboutissent à cette toile et y arrêtent les insectes même d'assez grosse taille. Son cocon qui est rond et aplati est toujours recouvert de feuilles sèches. — Commun.

G. Argyroneta (Walck.). — *Argyronète.*

Huit yeux égaux, placés sur une avance antérieure du corselet, sur deux lignes parallèles dont la supérieure un peu plus allongée; corselet étroit, pointu en avant; pattes allongées, la quatrième paire la plus longue.

Aranéides aquatiques, construisant leur coque, leur toile dans l'eau et nageant l'abdomen enveloppé dans une bulle d'air; elles s'y accouplent, déposent leurs œufs dans un cocon d'un blanc éclatant qu'elles placent au milieu d'un ballon d'air qu'elles fixent et qu'elles fortifient avec des fils de soie, et dans l'intérieur duquel on les rencontre. Une seule espèce connue.

1. A. Aquatica, Walck.,   — Longueur : 7 à 8 mill. — Elle est d'un brun terne uniforme. Son abdomen est recouvert d'un duvet qui le rend imperméable. On la rencontre dans les étangs, les grandes flaques d'eau, les petites rivières. Nous l'avons rencontrée dans les eaux des carrières abandonnées du Pré-Pigeon, près d'Angers, ainsi qu'en d'autres lieux.

G. Clubiona (Walck.). — *Clubione.*

Huit yeux sur deux lignes rapprochées sur le devant du corselet, l'antérieure légèrement courbée; mâchoires étroites et allongées; corselet ovalaire, grand et bombé en avant; abdomen soyeux et velouté; pattes fortes, allongées et propres à la course.

Les Clubiones construisent sous l'écorce des arbres, les feuilles des
végétaux ainsi que le dessous des pierres, des coques de soie très-
blanches, d'où elles sortent pour chasser aux insectes.

1. C. Holocericea, Latr., Walck., *Aranéides de France*, pl. vii,
f. 8. — Longueur : 10 mill. — Abdomen ovale, allongé, s'amincissant
à sa partie postérieure; recouvert en dessus de poils courts, soyeux,
d'un gris satiné, variant du vert pâle au jaunâtre; pattes recouvertes
de poils gris, soyeux. Elle construit un sac de soie blanche, avec une
ouverture; et c'est dans cette cellule que la femelle pond et renferme
ses œufs dans un cocon de soie, large et aplati, et qu'elle retient constamment sous son corps. — Commune dans les jardins, etc.

2. C. Amarantha, Latr., Walck. — Longueur : 12 mill. — Cette
espèce se distingue facilement de la précédente par son abdomen de
couleur amaranthe. On la rencontre parmi les feuilles des arbres.

3. C. Corticalis, Walck. — Longueur : 10 à 12 mill. — Abdomen
allongé, étroit, cylindrique, brun, avec une ligne longitudinale plus
foncée, bordée de jaune et de rougeâtre sur les côtés, entrecoupée à
sa partie postérieure par des chevrons transversaux alternativement
noirs et jaunes. On la rencontre sous les vieilles écorces, ainsi qu'au
centre des feuilles d'arbres qu'elle rapproche et maintient ainsi avec
ses fils; et c'est dans ces lieux qu'elle dépose son cocon, mais entre
deux toiles blanches.

G. Amaurobius (Koch.; *Clubiona et Drassus*,Walck.).—*Amaurobie.*

Huit yeux, les quatre antérieurs disposés en un carré régulier; les
deux latéraux, rapprochés et élevés sur un mamelon; corselet arrondi
et renflé à sa partie antérieure. On les rencontre dans des lieux
obscurs, les caves, les trous des murs, ainsi que sous les pierres, où
elles y construisent des tubes soyeux plus ou moins allongés.

1. A. Atrox, E. S.; *Clubiona atrox*, Walck.; *Aran. de Fr*., pl. vii,
f. 5 et 6. — Longueur de la femelle : 11 mill.; du mâle : 8 à 9 mill.
— Brune; corselet bombé antérieurement; abdomen marqué d'une
large tache quadrangulaire noire, bordée de jaune pâle.
On la rencontre dans les caves, les trous des murs. La femelle renferme ses œufs, qui sont blancs, et de la grosseur d'un pois, dans un
cocon de soie blanche.

2. A. Ferox, E. S.; *Clubiona ferox*, Walck., *Aran. de Fr*., f. 12.
—Longueur : 15 mill.—D'un noir satiné obscur; abdomen présentant
à sa partie supérieure et antérieure une petite ligne jaune entourée de
chevrons de même couleur. On la rencontre particulièrement dans les
caves et autres lieux obscurs.

G. Anyphæna (Kock.; *Clubiona*, Walck.). — *Anyphœne.*

Huit yeux, quatre intermédiaires formant un carré, et deux de chaque
côté rapprochés entre eux. Pattes, mâchoires, terminées par une longue

pointe recourbée chez les mâles ; abdomen renflé, globuleux, jaune ou vert ; corselet luisant, glabre, jaune ou rouge ; première paire de pattes la plus longue.

1. A. Nutrix, Walck.; *Clubiona nutrix*, Walck.; *Tabl. des Aran. de Fr.*, pl. v, f. 43 et 44. — Longueur : 16 à 17 mill. — Corselet, pattes et mandibules d'un jaune orangé ou rougeâtres ; ces dernières ont l'extrémité noire ; abdomen d'un jaune verdâtre avec une bande grise dorsale. Elle établit sa demeure dans les épis lâches de diverses graminées, dont elle rabat la pointe au moyen de ses fils pour en former une espèce de globe ovoïde d'un tissu serré, blanc, et dont l'ouverture se trouve placée inférieurement. Cette espèce, qui est assez rare, habite les champs, les bois, etc.

2. A. Erratica, Walck.; *Clubiona erratica*, Walck. — Longueur : 16 mill. — Abdomen en ovale allongé, avec deux larges bandes d'un jaune clair sur le dos, séparées par une ligne d'un vert foncé, qui s'élargit postérieurement.

Cette espèce se renferme dans des feuilles d'arbres qu'elle roule en cornet, et dans lequel elle dépose ses œufs. Ce cornet est tapissé en dedans comme en dehors d'une soie fine, blanche et serrée.

FAMILLE DES THÉRIDIFORMES.

Corselet très-petit, pointu et élevé en avant ; abdomen très-gros ; palpes et mandibules petits ; pattes longues et fines.

Tribu des Théridiens.

Huit yeux égaux, sur deux rangs ; première paire de pattes la plus longue ; toile en réseau lâche.

G. **Théridio** (Walckenaer). — *Théridion*.

Huit yeux ; quatre au milieu formant un carré, deux de chaque côté, très-rapprochés ou se touchant, ordinairement blancs et entourés d'un petit cercle noir ; corselet petit, cordiforme ; abdomen globuleux, bombé et très-gros. Toile en fils écartés, placée dans les lieux sombres ainsi que sur les feuilles des arbres.

1. T. Sisiphum, Walck. — Longueur : 7 mill. — Abdomen renflé, varié de noir, de rouge et de blanc, montrant sur le dos de petites lunules blanches et rouges. On rencontre cette espèce ordinairement sur sa toile, qui est d'un tissu lâche et dont elle occupe le centre. Son cocon est composé d'une soie rougeâtre formant un tissu très-serré. — Commun.

2. T. Nervosum, Walck. — Longueur : 3 mill. — Abdomen arrondi, bombé, marqué de petites lignes noires en forme de nervures. Cette espèce est assez répandue dans les bois. On la rencontre au sommet des hautes herbes et particulièrement sur les bruyères, vivant au sommet de sa toile dans une retraite en forme de dôme, recouverte de feuilles sèches. Son cocon, de 2 mill. de diamètre, est de couleur verdâtre. — Commun.

3. T. Civile, Lucas. — Longueur : 3 mill. — Corselet noir ; abdomen arrondi, déprimé en dessus, gris et portant en dessus, sur une ligne médiane, de petits triangles noirâtres. On reconnaît facilement sa présence, à la petite toile de 25 à 30 mill. dont elle tapisse l'extérieur des constructions en tuffeau de nos maisons ; car c'est au centre de cette toile que ce petit théridion se tient en embuscade et saisit les petits insectes dont il fait sa nourriture. On le trouve aussi dans les maisons.

4. T. Triangulifer, Walck. — Longueur : 5 à 6 mill. — Abdomen renflé, déprimé en dessus, luisant, d'un brun foncé tirant sur le violet, marqué en dessus de trois lignes formées de petits triangles blancs. Elle établit sa toile, formée de fils lâches, dans l'intérieur des maisons, des meubles abandonnés ; mais ce qui lui est propre, c'est qu'elle pond ses œufs depuis le printemps jusqu'à l'automne, qu'elle enveloppe dans des cocons globuleux, formés d'une bourre de soie blanche et qu'elle place successivement les uns auprès des autres.

G. Dictyna (Koch.; *Drassus et Theridio*, Walck.). — *Dictyne*.

Huit yeux presque égaux ; quatre intermédiaires formant un quadrilatère ; les latéraux rapprochés entre eux ; corselet petit, voûté, carré ; abdomen ovale, renflé chez la femelle ; pattes courtes et fines, la première paire est la plus longue. Taille minime, ne dépassant pas 2 millimètres de longueur. Toile fine, à tissu serré ou lâche, blanche, construite sur la surface des feuilles, etc.

1. D. Benigna, Koch.; *Theridio benigna*, Walck. — Longueur : 2 mill. — Abdomen noir ou noirâtre, avec des poils courts ferrugineux sur le dos et une figure en carré noire, proche le corselet.

Cette petite aranéide, qui est très-commune, se rencontre dans les jardins, les vergers, sur les feuilles, les fleurs et les fruits des arbres ou arbrisseaux peu élevés. C'est sur ces diverses parties qu'elle établit son nid, qui consiste en une toile composée de fils lâches, qui se croisent dans tous les sens, et au centre de laquelle l'aranéide se tient prête à se saisir des insectes dont elle fait, en les suçant, sa nourriture. Elle s'établit ainsi dans les grappes de raisins qu'elle défend des mouches et des guêpes ; car aussitôt qu'il se présente un de ces insectes pour en sucer les grains, il est bientôt pris, sucé et ainsi sacrifié à son appétit. — Très répandu.

2. D. Viridissima (*Drassa*), Walck. — Taille de la précédente. — Cette petite espèce que l'on distingue facilement à sa belle couleur verte pictée de blanc sur l'abdomen, vit sur les feuilles du chêne, du rosier, de la vigne, etc., dont elle relève les bords en y tissant sa toile, formant un toit aplati, sous lequel elle se tient et fait sa demeure. — Commune.

Tribu des Linyphiens.

Huit yeux inégaux ou presque égaux, sur deux lignes équidistantes. Toiles en nappes.

G. Micryphantus (Koch). — *Micryphante.*

Huit yeux un peu inégaux, brillants, disposés sur deux lignes. — Très-petites aranéides dépassant rarement 1 ou 2 mill.; de couleur noire ou rouge, et luisante.

1. M. Formivorus, Koch.; *Argus formivorus,* Walck. — Corps lisse, d'un noir brillant et comme vernissé; pattes jaunes, luisantes. On rencontre cette espèce dans les bois, sous les pierres où elle file une toile qui la recèle. Elle vit particulièrement des fourmis qu'elle trouve sur son passage.

G. Tegenaria (Walck.). — *Tégénaire.*

Huit yeux placés au devant du corselet, disposés sur deux lignes faiblement courbées en avant; corselet grand, cordiforme; abdomen ovale, globuleux, plus long que le corselet; taille grande, forte; toile en forme de nappe, d'un tissu serré, à deux ouvertures, que cet aranéide sait tisser dans les lieux obscurs.

1. T. Domestica *(Aranea,* Lin.); *T. domestica,* Walck., *Tabl. des Aran.,* pl. vi, f. 53 et 54. — Longueur : 16 à 18 mill. — Couleur d'un cendré rougeâtre; mais dans le jeune âge, cette espèce présente sur l'abdomen des taches jaunâtres bordées de noir, ainsi qu'une bande médiane rougeâtre sur le dos; pattes longues, la première paire la plus allongée. On la rencontre dans les lieux plus ou moins obscurs des maisons, etc.

Nota. — C'est surtout de cette espèce d'aranéide, nous dit Latreille, que le célèbre astronome Lalande se faisait un jeu, il faut le croire, d'avaler de suite plusieurs individus.

2. T. Civilis, Walck. — Longueur : 10 à 14 mill. — Ressemble beaucoup à la précédente; mais sa taille moins grande, son abdomen brun, marqué de petites lignes ondulées jaunes, et sa quatrième paire de pattes plus longues que les autres, l'en distingue facilement. Habite les mêmes lieux que la précédente.

3. T. Agrestis, Walck., F. Fr., pl. viii, f. 3. — Longueur : 14 à 17 mill. — Abdomen brun, avec une grande tache carrée, plus foncée à sa partie supérieure, ainsi que des taches triangulaires rangées longitudinalement jusqu'à l'anus. On la rencontre dans les champs. La femelle dépose ses œufs, enveloppés d'un ou de plusieurs cocons sphériques de 10 mill. environ de diamètre, sous les pierres, et qu'elle abandonne sans les surveiller d'aucune manière. — Commune.

G. Agelena (Walck.). — *Agélène.*

Huit yeux peu inégaux sur le devant du corselet, groupés ainsi sur trois lignes : l'antérieure formée de deux yeux, l'intermédiaire de quatre et la supérieure de deux ; abdomen gros, ovalaire ; filières longues ; pattes robustes et allongées. Grande toile en entonnoir, avec une retraite tubiforme pour l'aranéide qui la file sur les herbes et les buissons, ou bien en autres lieux.

1. A. Labyrinthica, Schœff. , Walck. ; *Aranea labyrinthica,* Lin., Fab., Latr. — Longueur : 17 à 18 mill. — Fauve ou rougeâtre, avec les pattes et le corps très-velus ; abdomen portant sur son milieu une série de triangles d'un fauve clair. Cette espèce file une grande toile de la forme d'un entonnoir, dont le centre, enfoncé, se prolonge en un tube soyeux, long et cylindrique, souvent recourbé, et dans lequel se tient cette aranéide. Cette toile qui enveloppe les herbes des prairies ainsi que les blés, est remplacée, après la récolte des foins et des blés, par une autre toile, de même facture, mais placée en d'autres lieux. Le cocon est gros, rond et suspendu par la femelle en travers du tube de sa toile. — Commun.

G. Linyphia (Walck.). — *Linyphie.*

Huit yeux presque égaux entre eux, les intermédiaires postérieurs plus écartés entre eux que ne le sont les intermédiaires antérieurs ; yeux latéraux rapprochés ; pattes allongées, fines ; la première paire la plus longue. Aranéides sédentaires formant une toile à tissu serré, horizontal, surmontée d'une autre toile à réseaux irréguliers, formés par des fils tendus qui se croisent en tous sens. L'aranéide se tient ordinairement sous la toile horizontale dans une position renversée.

1. L. Montana, Walck., *Tabl. des Aran.*, pl. VII, f. 65 et 66. — Longueur : femelle, 7 mill. ; mâle, 5 mill. — D'un brun rouge, cette couleur plus foncée sur le corselet ; l'abdomen présente une large tache brune découpée et échancrée sur ses bords ; pattes longues, de couleur uniforme. La femelle dépose ses œufs sous une grosse pierre, les enveloppe d'un cocon sphérique, aplati, et qu'elle surveille constamment. Les bois, les champs, les jardins, etc. Commune. Elle présente plusieurs variétés.

2. L. Triangularis, Walck., *Faune parisienne,* t. II, p. 214. — Longueur : femelle, 6 mill. ; mâle, 4 mill. — Cette espèce qui est souvent confondue avec la précédente, s'en distingue surtout par son corselet marginé, ayant sur ses côtés un rebord formant comme une espèce de rigole tout autour, dont la couleur est d'un jaune pâle, tandis que toute la partie bombée est d'un rouge brun ; pattes de couleur uniforme. On la rencontre sur les buissons, dans les bois ou leur voisinage.

3. L. Resupina, Wider ; *L. resupina,* Walck. , *Hist. nat. des ins. ; Araignée montagnarde,* Latr. — Longueur : 7 à 9 mill. — Cette espèce ressemble beaucoup à la L. montagnarde, dont elle se distingue aussitôt par ses pattes annelées de taches brunes. C'est elle qui étend ordinairement sa toile sur les bruyères et autres arbustes peu élevés et qu'elle habite en se tenant en [dessous, mais toujours renversée, ce qui lui a valu son nom.

FAMILLE DES EPEIRIFORMES (E. S.).

Huit yeux égaux, brillants, séparés en trois groupes ; face antérieure du corselet large, carrée et déprimée ; abdomen renflé, mais rarement globuleux, de forme triangulaire en dessus. Son tégument, plus épais que dans les autres familles, se couvre souvent de tubercules spiniformes. Pattes fortes, robustes et de moyenne longueur.

Les aranéides de cette famille qui ne vivent qu'une année et ne font qu'une ponte, n'atteignent les belles couleurs dont elles sont ornées qu'au mois de septembre. C'est donc à cette époque qu'il faut se les procurer pour bien les étudier.

Tribu des Nuctobiens, E. S.

Yeux antérieurs du carré intermédiaire plus gros que les yeux postérieurs du même carré ; abdomen globuleux, lisse ; pattes fines : la première paire la plus longue. Les espèces de ce genre, démembrement de celui des **Épéires**, vivent dans les lieux cachés, obscurs des maisons et autres lieux. Sont nocturnes.

G. Nuctobia (E. Sim. ; *Epeirea,* Walck.). — *Nuctobie.*

Huit yeux inégaux, sur deux lignes courbées en sens inverse, placés sur le bord du front, dont quatre au milieu, plus gros, disposés en carré ; abdomen arrondi, lisse. Aranéides nocturnes et dont les mâles diffèrent des femelles par les couleurs.

1. N. Callophylla, Walck. (*Epeira callophylla,* F. Paris, f. 40). — Longueur : 9 mlll. — Abdomen ovale, cylindrique, déprimé, brun, avec la figure d'une feuille arrondie festonnée, d'une couleur plus foncée sur le dos et vers la pointe. Toile orbiculaire, de moyenne

grandeur et à mailles très-écartées, et au sommet de laquelle l'aranéide construit un tube de soie dans lequel elle se tient pendant le
jour ; et ce n'est que la nuit qu'elle occupe le centre de sa toile. On
rencontre cette espèce dans l'intérieur des maisons, les écuries, les
étables et autres lieux abrités.

2. N. Inclinata. Walck. (*Epeira inclinata*, F. Paris.); *Aranea
reticulata*, Linn. — Longueur : 9 mill. — Abdomen ovale, d'un blanc
plus ou moins jaunâtre ponctué de noir, marqué d'une figure en partie
festonnée en lozange, et en fer de lance proche le corselet, avec un
triangle blanc placé dans son milieu. Cette espèce, qui est commune
dans les jardins, les bois, etc., file une toile orbiculaire, *inclinée à
45 degrés*, et presque jamais verticalement ni horizontalement. Elle
présente plusieurs variétés.

Var. A. — Abdomen varié de blanc, de jaune et de noir.

Var. B. — Abdomen varié de vert, de rouge et de jaune.

Var. C. — Abdomen varié de jaune et de vert.

3. N. Acalypha, Walck. (*Epeira acalypha*, Walck., F. Paris.). —
Longueur : 5 mill. — Abdomen en ovale allongé, blanchâtre, luisant,
avec trois lignes longitudinales de points noirs sur la partie postérieure du dos, et quatre autres de même couleur, séparées, proche le
corselet. Elle varie par rapport au nombre de ces points. Toile verticale. — Commune sur l'herbe des prés, des bois, les arbustes des
jardins, etc.

Tribu des Tétragnatiens.

Huit yeux petits, écartés, sur deux lignes également distantes.
Corps très-étroit et fort long ; pattes très-fines et d'une grande longueur.

G. Tetragnata (Latreille). — *Tétragnate.*

Mandibules très-longues ; abdomen très-allongé, étroit et cylindrique, quelquefois filiforme ; pattes d'une extrême finesse et d'une
très-grande longueur, surtout celles de la première paire.

1. T. Extensa, Walck., F. Paris.; *Aranea extensa*, Fab.; *Araignée étendue*, Geoff. — Longueur : 12 mill. — L'abdomen allongé,
menu, cylindrique, aminci graduellement vers l'anus, et bombé sur le
dos, chez la femelle, est d'un vert argenté, réticulé de rouge et de
vert ou de jaune sur le dos ; le dessous de cette partie est noir ou vert
foncé dans le milieu et bordé sur les côtés de deux lignes d'un jaune
pâle, festonnées. — Le mâle diffère de la femelle par son abdomen
plus petit et plus étroit, et non bombé en dessus, ainsi que par le premier article des mandibules, muni d'une petite épine, dont la femelle
est dépourvue.

Cette espèce, aux formes grêles et élancées, lorsqu'elle est au repos, se montre toujours les quatre pattes antérieures allongées et dirigées en avant et les postérieures en arrière. C'est ainsi qu'on la rencontre dans sa toile le plus ordinairement ; mais à l'époque de l'acouplement, la femelle construit une toile plus ou moins horizontale.

Si cette aranéide, qui présente plusieurs variétés, dont les jaunâtres et les verdâtres sont les plus communes, recherche le bord des eaux, c'est pour y capturer les cousins, les tipules, ainsi que les éphémères dont elle fait sa nourriture habituelle.

Tribu des Epéiriens.

Huit yeux disposés par trois groupes ; l'intermédiaire formé de quatre yeux, présente un carré plus ou moins régulier ; abdomen anguleux ; pattes courtes et grosses.

G. Singa (Koch. ; *Epeira*, Walck.). — *Singa.*

Abdomen élevé, long, cylindrique, étroit en avant, un peu élargi vers la partie postérieure, où il se prolonge en tubercule unique, après lequel l'abdomen est tronqué.

1. S. Conica, Walck. (*Epeira*), *F. parisienne.* — Longueur : 7 mill. — Corselet petit, noir, pointu, bombé ; palpes et pattes jaunes ; tête noire ; abdomen d'un blanc grisâtre, mélangé de noir, d'orangé et de vert ; la région de l'anus porte deux taches rouges à sa base ; l'abdomen est en outre renflé et arrondi près du corselet.

Cette espèce, qui présente plusieurs variétés bien tranchées, se file dans les bois une toile verticale que l'on reconnaît aussitôt à la suspension, à l'un de ses fils, des cadavres d'insectes déjà sucés par l'aranéide et ainsi placés comme serait un leurre ou appas pour attirer d'autres insectes.

Au nombre des variétés de cette espèce, il en est une : la variété à lozange et à grandes taches d'un rouge ferrugineux, que nous avons rencontrée dans la forêt d'Ombrée, canton de Pouancé.

G. Epeira (Walck.). — *Epéire.*

Huit yeux à peu près égaux, divisés en trois groupes, et dont les latéraux, comme les autres, ne sont pas élevés sur des tubercules ; corselet grand, déprimé, arrondi en arrière ; abdomen très-élevé, surtout à sa partie antérieure ; vu de profil, il s'élève d'abord verticalement, puis s'abaisse successivement jusqu'à l'anus, où il se termine en pointe ; vu en dessus, il présente la forme d'un triangle, dont les angles, touchant le thorax, sont ordinairement tuberculeux. — Les aranéides de ce genre, nombreux en espèces, ont en général pour couleur une teinte jaune, avec des taches brunes, rouges, noires ou blanches.

Elles se construisent de grandes toiles régulières qu'elles placent verticalement, et au centre desquelles chacune d'elles se tient ou bien se retire dans une coque, comme aussi entre les feuilles qu'elles rapprochent entre elles au moyen de quelques fils soyeux.

Les espèces de ce genre sont, sans contredit, les plus belles de l'ordre des aranéides. On les rencontre dans les bois, les champs, les jardins, etc., où leurs grandes toiles barrent le passage.

1. E. Diadema, Rœsel (*Aranea*); *Araignée à croix papale,* Geoff.; *Epeira diadema,* Walck., *Aran. de France,* pl. x, f. 3. — Longueur : 14 à 15 mill. — L'abdomen en ovale allongé, avec deux éminences latérales peu ou point apparentes à sa partie antérieure, est d'un jaune plus ou moins rougeâtre ou noirâtre, et marqué de petites taches blanches disposées en croix, d'où le nom vulgaire de *porte-croix,* donné à cette espèce bien remarquable, qui présente plusieurs variétés, dont une, qui a l'abdomen noir ou noirâtre avec des taches jaunes, se montre quelquefois.

Les œufs, en très-grand nombre, et de couleur jaune, sont enveloppés dans un cocon globuleux, d'un tissu serré, recouvert d'une bourre lâche, jaunâtre, que la femelle, vers la fin de l'automne, dépose sous une pierre ou tout autre lieu, et qui n'écloront qu'au printemps.

2. E. Scalaris, Fab. (*Aranea*); *E. Scalaris,* Walck., F. P., pl. vi, f. 3. — Longueur : 15 mill. — Abdomen ovoïde, blanc ou jaune citron, avec un paralellogramme brun festonné à sa partie dorsale postérieure et deux points noirs au-dessus sur le milieu du dos. Cette grande et l'une des plus belles espèces de la famille des aranéides, se construit une large toile verticale, dans les jardins, les bois, ainsi que sur les bords boisés et buissonneux des étangs, des ruisseaux ; mais ne faisant pas de coque, elle se retire sous les feuilles qu'elle rapproche et roule en cornet près de sa toile. Elle présente plusieurs variétés, dont l'une, avec l'abdomen d'un jaune-citron, et la tache noire de l'abdomen, se montre avec des pattes blanches, annelées de rouge.

3. E. Apoclisa, Walck., *F. Paris.,* et *Hist. nat. des aran.,* 5, f. 1 et 2.; *Araignée à feuille coupée,* Geoffr. — Longueur : 8 mill. — Abdomen ovale, allongé, brun, entouré en dessus d'une large bande blanche festonnée, divisée par deux autres également blanches, en croix, non festonnées ; celle en travers très-large ; la longitudinale, formant un triangle à la partie supérieure, est accompagnée de chaque côté, à sa partie postérieure, de trois à quatre lignes de même couleur. Cette espèce, au reste, qui est très-répandue, présente un certain nombre de variétés, dont les deux premières sont aussi communes que que le type de l'espèce.

VAR. A. — Abdomen brun ; bande festonnée et bandes en croix, blanches.

VAR. B. — Abdomen brun ; bande festonnée et bandes en croix, d'un rouge ferrugineux.

Cette espèce, qui recherche le bord des eaux, construit une toile verticale. Son cocon, globuleux, d'un tissu serré, est fortifié extérieurement de divers détritus.

4. E. Umbratica, Savigny, Walck. — Longueur : 13 mill. — Abdomen arrondi, déprimé, d'un brun jaunâtre, portant un oval brun découpé sur les bords, et six points enfoncés, ronds, disposés par paires longitudinalement. On rencontre cette espèce dans les lieux ombragés, obscurs, où elle étale sa large toile, qu'elle n'habite que la nuit, pour y prendre les lépidoptères nocturnes dont elle fait sa nourriture ; ce qu'on ne peut mettre en doute par la présence, sur sa toile, de ces insectes déjà sucés. Pendant le jour elle se retire dans des lieux obscurs, sous l'écorce des arbres, etc.

5. E. Cucurbitina, Walck., *Tabl. des Aran.* ; *Aranea viridis*, Lister. — Longueur : 7 à 9 mill. — Abdomen gros, ovale, arrondi, d'un beau vert pistache, avec quatre ovales plus jaunes que le fond, qui se joignent à l'anus, mais accompagnés de points noirs. Au-dessus de la réunion des ovales est une tache d'un rouge très-vif qui ne se fait remarquer qu'après avoir acquis tout son développement. Corselet couleur d'ambre jaune foncé ; pattes vertes. Le mâle est plus petit que la femelle. Cette espèce, qui est commune dans les bois, les jardins, construit une petite toile horizontale, au centre de laquelle l'aranéide se tient, mais en dessous et renversée.

G. Nephila (Leach). — *Nephile*.

Huit yeux, les deux antérieurs du carré plus gros et plus rapprochés que les supérieurs ; les latéraux plus ou moins distants, toujours élevés sur des tubercules ; abdomen ovalaire, allongé, non tuberculeux ; corselet court, aussi large en avant qu'en arrière.

1. N. Fasciata, Leach ; *Epeira fasciata*, Walck. ; *Aran. de Fr.*, pl. IX, f. 2. — Longueur de la femelle : 20 à 22 mill. ; du mâle, 16 mill. — Corselet couvert de poils argentés ; abdomen jaune bariolé par des bandes transversales brunes ou noires.

Cette espèce bien remarquable et la plus grande des aranéides de France, se file une grande toile verticale qu'elle fixe aux rameaux des broussailles des bois taillis, ainsi qu'aux brondes (*erica scoparia*, L.) ; mais ne se construit pas de coque soyeuse près de sa toile, se contentant de rouler ensemble plusieurs feuilles sous lesquelles elle s'abrite et se tient en embuscade.

Si cette aranéide est bien remarquable par elle-même, elle l'est aussi par son cocon ayant la forme d'un ballon renversé, tronqué et denticulé dans son petit bout, qui est fermé d'un opercule. Ce ballon, de 25 à 27 mill. de hauteur, d'un tissu serré, solide, de couleur grisâtre et maculé par de petits traits noirs, et qui renferme les œufs, est suspendu verticalement, la pointe en haut, entre les branches des arbustes sus-indiqués.

Nous avons fréquemment reconnu la présence de cette espèce, plutôt par son remarquable cocon de forme insolite que par l'aranéide elle-même, qui se dissimule on ne peut mieux dans le paquet de feuilles sous lequel elle se retire, mais qu'on pourrait retrouver au besoin en suivant le fil conducteur qu'elle a placé en travers de sa toile comme moyen de communication. On la rencontre dans les taillis ou bois de Vernée, situés au canton de Châteauneuf, ainsi que dans l'arrondissement de Saumur où, dans cette partie du département, elle semble préférer les brondes, ces grandes bruyères qui y sont on ne peut plus multipliées, plutôt qu'à tout autres broussailles.

FAMILLE DES SALTIFORMES (E. S.).

Yeux inégaux, placés sur le devant, les côtés et la partie dorsale du céphalothorax, dont deux yeux quatre fois au moins plus gros que les autres ; corps court et large ; abdomen petit, terminé par trois paires de filières ; pattes courtes, propres à la course et au saut. Ces animaux ne construisant pas de toiles, pourvoient à leur nourriture le plus ordinairement en sautant sur les insectes qu'ils rencontrent dans leurs pérégrinations, se retirant la nuit dans quelque anfractuosité convertie en cellule, qu'ils ont préalablement garnie de soie à l'intérieur.

Ils sont tous de petite taille, dépassant rarement six à huit millimètres de longueur. On les rencontre partout, à terre, sur les murs, le tronc des arbres, etc., cherchant ainsi les insectes dont ils font leur nourriture, qu'ils prennent à la course ou en sautant sur eux, et comme nous venons de le faire remarquer.

NOTA. — Les insectes qui composent cette famille n'ont pas été distribués par tribus.

G. Attus (Walck.). — Atte.

Huit yeux sur trois lignes ; la ligne antérieure un peu courbée, formée de quatre yeux, dont les latéraux sont plus petits que les intermédiaires ; tous figurant un quadrilatère ouvert postérieurement et arrondi à sa partie antérieure ; pattes plus courtes que la longueur du corps qui est couvert de petites écailles semblables à celles des ailes des lépidoptères.

Les espèces qui composent ce genre sont très-multipliées et se font remarquer par la variété de leur livrée.

1. A. Quinquepartitus, Walck. — Longueur : 7 mill. — Corselet noir, bordé de blanc, avec deux accents circonflexes sur la pente inclinée de la tête ; abdomen divisé par une raie blanche, bordée de chaque côté par une ligne mince rougeâtre, accompagnée de deux bandes noires plus larges que la raie blanche ; pattes rouges, avec les anneaux bruns. — Commune.

2. A. Pubescens, Walck. — Longueur : 7 mill. — Abdomen ovale, déprimé, pointu vers l'anus, mélangé de gris et de noir sur les côtés, avec quatre points gris sur le dos, plus marqués que les autres, et en carré.

2. A. Coronatus, Walck., *Faune parisienne.* — Brune; abdomen bordé d'une ligne blanche, ayant le milieu d'un fauve doré lavé de brun. Les bois.

4. A. Frontalis, Walck., *Faune parisienne.* — Longueur : 7 mill. — Jaune, avec une grosse tache noire sur le front et de petites lignes noires brisées sur l'abdomen. Le mâle est d'un tiers moins grand que la femelle. Nous n'avons pas rencontré cette espèce.

5. A. Cruciferus vel **Crucifigerus,** Walck. — Longueur : 7 mill. — Noire; abdomen entouré d'une ligne blanche et portant une petite croix formée de points blancs. — Commune.

6. A. Tardigradus, Walck. — Longueur : 9 à 11 mill. — Abdomen égalant deux fois la longueur du corselet. De couleur grise et variée de brun, de roux et de noir. On la rencontre souvent sur les murs, les troncs d'arbres, etc.

G. Cyrtonota (E. Simon). — *Cyrtonote.*

. Yeux du genre précédent; dos du corselet élevé en talus ; corps noir recouvert d'écailles microscopiques blanches, jaunes, rouges ou vertes. Mœurs et habitudes du genre précédent, dont celui-ci est un démembrement.

1. C. Scenica, Walck. (*Attus*). — Longueur : 4 à 5 mill. — Corselet noir luisant, avec une ligne blanche sur les côtés, et au centre deux gros points de même couleur; abdomen d'un brun fauve, avec trois chevrons blancs disjoints. Espèce très-commune, même autour des habitations, soit sur les murs, les arbres, etc.

G. Heliophana (Koch.). — *Heliophane.*

Yeux du genre *Attus;* corselet élevé, plus long que large; abdomen ovalaire, allongé, étroit, deux fois aussi long que le corselet ; une dent cornée au-dessous des palpes, chez les mâles surtout. Mœurs et habitudes des Attes.

1. H. Caprea, Walck. (*Attus*). — Longueur : 5 mill. — Abdomen d'un vert cuivré, brillant, bordé d'une ligne blanche et marqué de six taches de même couleur sur son milieu.

Le corselet présente des lignes blanches transversales et longitudinales. Le mâle plus petit que la femelle, est entièrement d'un noir bronzé. — Commune dans les champs, les jardins, etc.

G. Saltica (Latreille). — Saltique.

Huit yeux comme dans le genre précédent, mais ici, néanmoins, le placement de la seconde ligne des yeux est plus rapproché de l'antérieure; abdomen à pédicule très-long, cylindrique. Mœurs et habitudes des Attes, dont ce genre, d'ailleurs, n'en est qu'un démembrement.

1. S. Formicaria, Walck. (*Attus*). — Longueur : 5 à 6 mill. — Corselet noir, relevé en bosse; abdomen allongé, fusiforme; moitié antérieure d'un fauve rougeâtre, avec deux chevrons disjoints, de couleur brune; moitié postérieure noire; pattes rougeâtres très-longues chez le mâle, qui est plus petit que la femelle. — Commun partout.

FAMILLE DES LYCOSIFORMES (E. Simon).

Huit yeux : deux plus gros et plus brillants placés au milieu du front; les autres plus petits et plus ternes sont rangés en avant et sur les côtés; pieds disposés pour la course et pour le saut. Ne construisant pas de toiles, les espèces de cette famille appartiennent aux araignées vagabondes de Walckenaer.

Tribu des Lycosiens.

Yeux sur trois lignes bien séparées; pattes robustes. Femelles traînant leur cocon qui est globuleux, attaché à leurs filières et portant leurs petits sur leur dos.

G. Trochosa (Koch.). — Trochosie.

Deux yeux beaucoup plus gros que les autres, placés dans la ligne supérieure sur le dessus de la tête. Corselet grand, cordiforme; pattes courtes.

1. T. Agretyca, Walck. (*Lycosa*). — Longueur : 14 à 16 mill. — D'un fauve rougeâtre; corselet bordé d'une large bande plus foncée; abdomen noirâtre, avec une petite ligne jaune sur sa partie antérieure. Le mâle est moins grand que la femelle. Les champs, les jardins, les chemins, sous les pierres. — Commune.

G. Lycosa (Walck.). — Lycose.

Deux yeux beaucoup plus gros que les autres placés sur la seconde ligne; corselet élevé en cône tronqué; pattes-mâchoires courtes, dernier article chez le mâle, un peu renflé. Aranéides chasseuses et vagabondes, ne construisant ni coque, ni toile; mais dans leur jeunesse tendant seulement quelques fils, que le vent emporte souvent avec elles. Pendant l'hiver, les lycoses se retirent sous les écorces et sous les pierres, etc. Ce genre se compose de grandes et de petites espèces. Ce sont les lycoses et les tamises qu'on trouve en si grande quantité à terre dans les bois, etc.

1. L. Campestris, Walck., *Aran. de Fr*. — Longueur : 10 à 11 mill. — Grisâtre; corselet avec une ligne médiane d'un fauve rougeâtre, divisée en plusieurs branches; abdomen marqué d'une raie fauve, légèrement bordée de noir, ainsi que de deux lignes de points noirs et fauves ; dessous de l'abdomen d'un fauve doré. Son cocon est d'un vert bleuâtre ou bien jaunâtre. Les champs, les bois.

OBSERVATIONS. Walckenaer (*Hist. nat. des ins. aptères; Suites à Buffon*, t. I, p. 310, année 1837.) fait remarquer que : « Lister dit qu'il a vu en octobre, aux » environs de Cantorbéri, les jeunes de cette espèce naviguer dans l'air, avec plu- » sieurs autres de différents genres. Tantôt, dit-il, elles se servaient d'un seul fil, » tantôt elles en éjaculaient plusieurs, brillants comme la queue d'une comète. » Ces fils, peu de temps après avoir été éjaculés, devenaient luisants, et les ara- » néides qui n'émettaient qu'un seul fil le rompaient et le ramassaient en petits flo- » cons blancs au-dessus de leur tête, puis, se confiant au souffle du zéphyr, s'éle- » vaient à une grande hauteur et se perdaient dans les nuages. » Lister, p. 80.
Pour corroborer ce qui vient d'être dit et arriver à de nouvelles observations concernant le vol des araignées, nous devons constater ici un nouveau pas, mais un pas de géant bien propre à faire avancer la science en ce qui concerne cette matière ; nous voulons parler du mémoire relatif à ce sujet, qui a été présenté à l'Académie des Sciences, le 18 mars 1867, par le R. P. J.-M. Babaz, et ayant pour titre : LE VOL DES ARAIGNÉES ET LES FILS DE LA VIERGE, mémoire consigné, en outre, dans les *Etudes religieuses et historiques* des Pères Jésuites, n° 59, novembre 1869.
Dans cet exposé, le P. Babaz reconnaît que certaines espèces de Lycoses et de Tomises, mais à l'état de jeune âge, entre autres la *Lycose vorace* et la *Tomise bufo*, Walck., sont celles qu'il a observées pratiquant ces voyages aériens si remarquables, d'ailleurs ; et que pour parvenir à cet état de chose, l'araignée prend une position inclinée, puis « darde un fil prompt comme l'éclair, d'une finesse et d'une » ténuité extrême, et aussitôt s'élève en l'air et disparaît..... »
Les *fils de la Vierge*, dit encore le P. Babaz, dont la chute, par les temps les plus calmes, ne se montre jamais en été, mais souvent au printemps et à l'automne, et dure quelquefois des journées entières.....

2. L. Vorax, Walck., *Aran. de Fr*. — Longueur : 10 à 13 mill. — Abdomen, avec une tache dorsale, allongée, ovale, pointue à sa partie postérieure, brune ou d'un fauve brun et entourée de fauve clair ; plus, deux bandes longitudinales sur les côtés, faisant suite aux bandes de même couleur, qu'on remarque sur le corselet, où elles forment un ovale allongé.
Cette espèce, qui présente un certain nombre de variétés, habite de préférence les lieux arides et sablonneux.

3. L. Saccata, Walck., *Aran. de Fr*. — Longueur : 10 à 13 mill. — Abdomen brun, avec deux rangées de points alternativement noirs et fauves. — Commune partout : les jardins, les champs, les bois, etc.

4. L. Saccigera, Walck. — Longueur : 7 à 8 mill. — Cette espèce, très-voisine de la précédente, s'en distingue d'abord par les bandes noires et jaunes de son prothorax, et ensuite par ses pieds annelés. — Commune.

5. L. Piratica, Walck., *Aran. de Fr.* — Longueur : 9 mill. — Abdomen d'un brun fauve en dessus, entouré de chaque côté d'une raie blanche un peu azurée, avec deux taches oblongues, peu marquées, d'un blanc azuré, disposées longitudinalement ; ventre d'un gris uniforme. Son cocon, qui est sphérique, contient une grande quantité d'œufs. Cette espèce habite le bord des eaux, d'où elle s'élance sur la plaine liquide à la poursuite des insectes qui lui fournissent ses aliments. Elle semble même se complaire sur les eaux qu'elle surnage, où on la voit ainsi, immobile et les pattes étendues, attendant, de la sorte, une proie plus facile à capturer. — Commune.

6. L. Paludicola, Walck., *Aran. de Fr.* — Longueur : 8 mill. — Abdomen ovoïde, grossissant à sa partie postérieure, d'un brun de suie ou fauve uniforme sur le dos, avec trois touffes de poils fauves près du corselet ; ventre fauve. Son cocon, aplati, d'un blanc pâle, est entouré d'un cercle blanc. Cette espèce est commune au printemps sur les bords des étangs et des fossés ainsi que dans les bois marécageux, mais au mois de juin dans ces derniers lieux.

Tribu des Ocyaliens.

Yeux plus ou moins inégaux et rapprochés ; corps étroit, allongé et cylindrique ; pattes fines, longues et divergentes.

G. Dolomedes (Walck.). — *Dolomède.*

Huit yeux inégaux entre eux, placés sur trois lignes : quatre sur la ligne antérieure et deux sur chacune des deux autres. Aranéides chasseuses, courant après leur proie, mais construisant une toile à l'époque de la ponte pour y placer leur cocon.

1. D. Fimbriatus et **Dol. Marginatus**, Walck., *Tabl. des Aran. de Fr.*, pl. II, f. 19 et 20.; *Aranea virescens*, Lin. — Longueur : 16 à 18 mill. — Abdomen allongé, ovalaire, d'un brun rougeâtre, bordé d'une large bande blanche ou jaunâtre ou grisâtre, avec deux rangées de points blancs sur le dos. Les œufs sont enfermés dans un cocon ovale que la femelle ne quitte que lorsque les petits sont éclos.

Cette espèce, qui varie beaucoup, habite le bord des étangs et des marais et court avec vitesse sur la surface de l'eau, qui ne leur mouille ni le corps ni les pattes, et comme le font les lycoses paludicoles et pirates, en pareille occasion.

G. Ocyala (Savigny, Koch ; *Dolomedes*, Walck.). — *Ocyale.*

Huit yeux inégaux, disposés sur deux lignes, dont l'antérieure, de quatre yeux, est courbée; corselet court, large et cordiforme; abdomen étroit, cylindrique.

1. O. Mirabilis, Walck.; *Dolomedes mirabilis,* Walck., *Aran. de Fr.*, pl. IV, f. 1. — Longueur : 12 à 15 mill. — Abdomen en ovale pointu, d'un fauve blanchâtre, présentant, en dessus, une large bande d'un fauve carmélite tirant fort souvent au violet. Le corselet est bordé d'une ligne très-fine formée de poils blancs. On la rencontre à terre dans les bois, courant avec rapidité sur les feuilles sèches, se mêlant aux Lycoses, mais dont la femelle se distingue de celles-ci par son cocon, qui est sphérique, de la grosseur d'un grain de groseille, et qu'elle *maintient sous son corselet* jusqu'au moment où les œufs écloront ; tandis que les Lycoses, comme nous l'avons déjà vu, attachent leurs cocons à leurs filières.

Cette espèce n'est pas rare dans les bois.

FAMILLE DES THOMISIFORMES (E. Simon).

Cette famille se rapporte à la grande division des araignées latérigrades de Walckenaer. Les espèces qui s'y rapportent ont le corselet déprimé et cordiforme, les membres robustes et allongés, mais dont la locomotion se fait de côté comme celle des crabes. Elle est divisée en deux tribus.

Tribu des Philodromiens.

Yeux égaux ; corps oblong ; pattes fines, terminées par de petites pelotes adhérentes propres à marcher sur les surfaces lices. Leur démarche, rapide, est ou droite ou latérale.

G. Sparassa (Walck.). — *Sparasse.*

Huit yeux presque égaux disposés sur deux rangs légèrement courbés ; sternum très-petit, en forme de croissant ; aranéides coureuses, construisant de grandes coques sur les feuilles, ou bien sous les pierres pour y déposer leurs œufs.

1. S. Smaragdulus, Walck., *Aran. de Fr.*, pl. VII, f. 4. — Longueur : 14 mill. — La femelle est d'un vert tendre dans toutes ses parties. Le mâle (*Sparasse rose,* Walck., *Aran. de Fr.*, pl. VII, f. 3) ressemble à la femelle dans son premier âge ; mais lorsqu'il est parvenu à celui d'adulte, son abdomen, en dessus, est rayé de cinq bandes alternativement jaune clair et pourpre : le corselet, les pattes et les palpes restent verts comme dans le premier âge. Cette espèce se montre le plus ordinairement pendant l'été, soit dans les bois, les jardins, etc.

G. Philodroma (Walck.). — *Philodrôme.*

Huit yeux égaux et petits, disposés sur deux lignes légèrement courbées, mais inégales dans leur longueur ; corselet presque circulaire et
tronqué en avant. Aranéides chassant à terre ou sur les arbustes peu
élevés ; tendant des fils et construisant leur cocon à l'extrémité des
tiges.

1. P. Cespiticolis, Walck. — Longueur : 3 à 4 mill. — D'un blanc
jaunâtre ; corselet entouré d'une large bordure rousse ; abdomen brun
dans le milieu, avec deux rangs de petites taches blanches. Sur les
buissons, au bord des eaux, etc.

Tribu des Thomisiens.

Huit yeux, étalés ; corps cancériforme, très-élargi, déprimé et court ;
démarche toujours latérale, à la manière des crabes.

G. Thomisa (Walck.). — *Thomise.*

Yeux petits, égaux, sur deux lignes, l'antérieure un peu courbée en
avant ; corselet cordiforme, déprimé ; abdomen triangulaire ou cordiforme, rarement arrondi, élargi à sa partie postérieure, plus étroit
proche le corselet ; cocons aplatis. Aranéides chasseuses, ne tendant
que de longs fils solitaires. On les rencontre sur les plantes, les
gazons, etc.

1. T. Truncatus, Walck., *Aran. de Fr.*, pl. vi, f. 6 ; *Aranea
horrida*, Fab. — Longueur : 8 à 9 mill. — Abdomen déprimé en
pyramide tronquée, quadrangulaire, dont la base est vers l'anus, d'un
brun uniforme ou bien roussâtre ; les deux paires de pattes antérieures quatre fois aussi longues et aussi larges que les postérieures.
Habite les champs, les bois, etc. — Rare.

2. T. Citreus, Walck., *Tabl. des Aran. de Fr.*, pl. iv, f. 34 et
35, Fab. — Longueur : 10 mill. — Abdomen bombé, très-élargi à sa
partie postérieure qui est arrondie, d'un jaune verdâtre, avec ou sans
bandes rouges longitudinales, selon les variétés ; pattes verdâtres.
Le mâle diffère de la femelle par sa moindre taille qui ne dépasse pas
6 mill., mais dont l'abdomen est entouré d'une portion de cercle
rouge, jaune ou brun foncé sur la partie antérieure. On rencontre
cette très-belle espèce sur les fleurs, et souvent sous les capitules des
plantes ombellifères, attendant ainsi qu'il se présente sur ces fleurs
des insectes dont ils font, en les suçant, leur nourriture. — Commun.

3. T. Diana, Walck., *Aran. de Fr.*, pl. vi, f. 7, et *T. delicatulus*,
Walck., le M. — Longueur : 5 mill. — Abdomen de la femelle pyriforme, déprimé, élargi à sa partie postérieure, sans tubercule, de
couleur jaune, entouré sur le dos, à sa partie postérieure, d'un crois-

sant rouge, et ayant à sa partie antérieure une tache de même couleur, qui se réunit quelquefois à celui-ci pour former une bande rouge entourant l'abdomen. Le mâle, dont l'abdomen est de couleur vert d'eau, présente toujours sur cette partie une bande rouge qui l'entoure. Sur les fleurs et autres plantes basses.

4. T. Rotundatus, Walck., *Aran. de Fr.*, pl. vi, f. 4. ; *Aranea globosa*, Fab. — Longueur : 6 mill. — Corselet et pattes noires ; abdomen arrondi, portant en dessus une large bande longitudinale, médiane noire, présentant de chaque côté une découpure anguleuse, divisée en quatre parties, et terminées chacune par une pointe aiguë, reposant sur un fond d'un rouge vif, jaune ou orangé, selon les variétés ; le dessous est noir. Cette belle espèce se rencontre assez communément sur les fleurs.

FIN DES ARANÉIDES.

ORDRE DES HOLÈTRES.

L'ordre des Holètres se compose d'animaux qui ont pour caractères d'avoir le thorax et l'abdomen d'égale largeur à leur insertion, de manière à ne présenter qu'une seule masse. Il ne comprend que deux familles seulement : les *Phalangides* et les *Chéliférides*.

FAMILLE DES PHALANGIDES.

Céphalothorax d'une seule pièce en dessus ; deux yeux sur le vertex ; abdomen contracté, multiarticulé ; mandibules palpiformes ; huit pattes onguiculées et le plus ordinairement de grande longueur.

Cette famille, pour notre pays, ne présente qu'un seul genre, connu de tout le monde sous le nom de *Faucheur*. Les animaux qui le composent se font surtout remarquer par la longueur exceptionnelle de leurs pattes. On les rencontre partout.

G. Phalangium (Omni auct.). — *Faucheur*.

Corps ovoïde ou orbiculaire ; abdomen libre ; huit pattes égales, très-longues et comme filiformes. Animaux ovipares, à respiration trachéenne, vivant du suc des insectes qu'ils rencontrent dans leurs courses vagabondes.

1. P. Cornutum, Walck. ; *Ph. opilio,* Linn. ; *le Faucheur,* Geoff. — Longueur : 6 à 8 mill. — Corps ovale, testacé ou cendré en dessus, blanchâtre en dessous ; palpes longs ; mandibules cornues chez le mâle ; cuisses armées de piquants ; une bande noirâtre, longitudinale, située sur le dos de la femelle. Très-commune. On le rencontre sur les murs, les troncs d'arbres, etc. — Walckenaer indique plusieurs autres espèces, mais que nous n'avons pas observées.

FAMILLE DES CHÉLIFÉRIDES.

Corps multiarticulé, et dont les anneaux ou segments sont semblables entre eux, de forme scorpioïde, mais sans prolongement, en queue, de l'abdomen, lequel est arrondi postérieurement ; antennes nulles, remplacées par deux palpes terminés en pince. — Très-petits animaux rangés autrefois parmi les scorpions, à raison de leurs pinces ; ayant, dans leur démarche, les allures des crabes, c'est-à-dire de pouvoir marcher en avant, de côté et en rétrogradant. Ils sont ovipares et carnassiers, et à respiration trachéenne.

G. Chelifer (Geoffroy). — *Chélifer.*

Deux yeux seulement placés sur le bouclier, céphalothorax, lequel est marqué d'un sillon transversal. Les Chélifères, connus aussi sous le nom de *Pinces*, sont de très-petits animaux dont l'aspect est celui des scorpions, mais sans queue et sans aiguillon. On les rencontre soit à terre dans les lieux ombragés des bois parmi les détritus, soit sous l'écorce des vieux arbres, ou bien dans les maisons au sein des vieux livres, etc.

1. C. Cancroïdes, Walck. ; *Phalangium cancroïdes*, Lin. ; *Chelifer fuscus*, Geoff. — Longueur : 4 mill. — D'un brun obscur, plus pâle en dessous ; palpes forts, légèrement velus ainsi que les pattes. La femelle tient ses œufs ramassés et collés sous son abdomen.

Cette espèce n'est pas rare dans les bois de la Haie, côté de l'étang Saint-Nicolas, parmi les détritus de la terre de bruyère, etc. On la rencontre également dans les bois de la commune de Gennes, etc.

FIN DES HOLÉTRES.

ORDRE DES ACARIDES OU ACARIENS.

Abdomen ni annelé ni pédiculé ; organes de la bouche en forme de suçoir ; yeux variables en nombre : un, deux, quatre ou nuls. Tous ou presque tous sont des animaux de très-petite taille, ayant huit pattes ; mais un grand nombre naissent avec six seulement. Animaux à trachées, vivant à l'air libre ou bien dans les eaux ; leur respiration s'établissant au moyen de deux stigmates placés bilatéralement à la naissance inférieure de l'abdomen, il en résulte, pour ceux qui vivent dans les eaux, qu'ils sont obligés de venir à la surface pour opérer leur respiration.

Cet ordre est divisé en familles, genres et espèces, et comme l'indique le tableau ci-après :

TABLEAU
des familles, des genres et des espèces de l'ordre des Acariens.

FAMILLES.	GENRES.	ESPÈCES.
DES TROMBIDIDES, ou TROMBIDIEI (Duges). Palpes ravisseurs.	TROMBIDIUM (Latreille).	HOLOSERICEUM.
DES HYDRACHNIDES, ou HYDRACHNEI (Duges). Palpes ancreurs.	HYDRACHNA (Muller).	HOLOSERICEA. CRUENTA. GEOGRAPHICA.
DES GAMMASIDES, ou GAMASEI (Duges). Palpes filiformes.	GAMASUS etc. (De Géer).	COLEOPTRATORUM. MUSCARUM. TETRADACTYLIS. LIBELLULÆ.
	DERMANISCUS (Duges).	NATRIX. HELICIS.
DES ACARIDES, ou ACAREI (Dug.). Palpes adhérents.	TYROGLYPHUS (Latreille).	SIRO. FARINÆ. DESTRUCTOR.
	GLICIFAGUS (Hering.).	PRUNARUM.
	ACARUS (Geoffroy, Linné).	TELARIUS. ULICIS. TILIARUM. VITIS.
	LEPTUS (Latreille).	AUTUMNALIS.
	SARCOPTES (Latreille).	SCABIEI.

NOTA. Les animaux que Duges comprend dans la famille *Ixorides*, faisant partie de l'ordre des Parasites, nous croyons devoir renvoyer le lecteur à cette dernière division. Voy. *Parasites.*

FAMILLE DES TROMBIDIDES (Leach ; *Trombidiei*, Duges).

Palpes ravisseurs ; pattes courtes, non ciliées, et propres à la marche.
Animaux terrestres.

G. Trombidium (Latr.). — *Trombidion*.

Bouche munie de mandibules et de mâchoires visibles ; deux yeux
petits ; huit pattes propres à la marche. Larves exapodes.

1. T. Holocericeum, Rœsel, Lister, Latr., *Tique rouge, satinée,
terrestre*, Geoffr.; *Acarus holocericeum*, Lin. — Longueur : 3 mill. —
Abdomen presque carré, rétréci en arrière et un peu échancré, d'un
beau rouge satiné. Très-commun dès le printemps, soit à terre, soit
sur les murs et les arbres fruitiers. On le rencontre souvent sur le
poirier, à la recherche des très-petits animaux dont il fait sa nourriture.

FAMILLE DES HYDRACHNIDES (*Hydrachnei*, Duges).

Palpes ancreurs ; pattes longues, les postérieures ciliées ou revêtues
de poils, propres à la natation. Les hydrachnides, vivant dans l'eau,
viennent prendre l'air à la surface en grimpant sur les plantes qu'elles
rencontrent.

G. Hydrachna (Muller, Duges ; *Mites aquatiques de de Géer*). — *Hydrachne*.

Palpes à pointe aiguë et épineuse ; bec long ; pieds onguiculés et
ordinairement ciliés. La majorité des espèces vit dans les eaux douces,
stagnantes, soit d'animalcules, soit de débris de végétaux. Beaucoup
sont parasites dans leur jeune âge, vivant aux dépens des larves des
dytiques, népes, ranatres, etc.

1. H. Holocericea, Rœsel ; *Acarus aquaticus*, Lin.; *Tique rouge,
satinée, aquatique*, Geoffr. ; *Limnochares holocericea*, Latr. — Bec cylindrique, allongé ; corps mou ; yeux rapprochés ; pieds ambulatoires,
servant à marcher au fond de l'eau ; le corps ovale, soyeux, aplati,
obtus à sa partie postérieure, d'un beau rouge satiné, est à peu près
de la taille de celui du Trombidion, dont il porte le nom. — Très-
commun.

2. H. Cruenta, Mull. ; *Acarus aquaticus globosus*, De Géer. —
Longueur : 3 à 4 mill. — Sub-ovale et comme globuleux, d'un rouge
vineux, tirant sur le brun marron ; yeux en deux paires, réniformes,

d'un rouge foncé. Les œufs, qui sont d'un brun rouge, sont déposés par la femelle dans l'intérieur des tiges des potamogétons.

3. H. Geographica, Muller, Koch. — Très-petite espèce sphérique, noire, avec quatre taches rougeâtres et des points de couleur jaune ; une tache rougeâtre à la partie moyenne inférieure ; palpes rouges, aigus ; pattes plus courtes que le corps, noires, terminées de rouge.

FAMILLE DES GAMASIDES *(Gamasei,* Duges).

Palpes filiformes ; mandibules médiocres, en pinces didactyles, non denticulées.

G. Gamasus (Latreille). — *Gamase*

Mâchoires didactyles, plus ou moins allongées ; corps sub-ovale, plus ou moins coriace.

1. G. Coleoptratorum, Lin. *(Acarus) ; Mite des coléoptères,* Geoffr. ; *Carpais coleoptratorum,* Latr. — Longueur : 1 mill. environ. — Corps ovale, déprimé, un peu coriace sur le dos ; pattes ambulatoires, les antérieures et les postérieures, les plus longues. On rencontre les individus de cette espèce, vivant ordinairement en société sur les *Géotrupites,* sur lesquels ils courent avec rapidité.

Nota. — Par analogie de mœurs et d'habitudes — et non à leurs places — celle de vivre aux dépens de certains insectes, nous citerons ici, savoir :

1° L'*Acarus muscorum,* De Géer., Fab. ; *Mite rouge des mouches,* Geoff. — De la grosseur d'un point, d'un beau rouge vif ; avec deux points d'un rouge ponceau de chaque côté de l'abdomen. Sur les mouches et en nombre quelquefois considérable.

2° *Trichodactylus osmiœ,* L. Duf. — De la grosseur d'un point, d'un roux pâle, mais la région postérieure du corps et les pattes sont d'un roux plus foncé. On remarque cette espèce réunie en grande quantité sur le corselet de l'*Osmia bicornis,* ainsi que sur le *Xylocopa violacea,* Latr.

3° Quant au *Trombidium libellulœ,* De Geer., qui est globuleux, très-petit, rouge, avec les pattes courtes, et qui vit sur les Libellules, nous ne l'avons pas encore rencontré dans nos contrées.

G. Dermanyssus (Duges). — *Dermanysse.*

Cinquième article des palpes le plus petit ; mandibules du mâle en pinces, à onglet fort long ; celles de la femelle ensiformes. Corps mou ; pieds antérieurs les plus longs. Parasite de divers animaux.

1. D. Natricis, P. Gerv., et *D. Helicis.* P. Gerv. (*Poux du lima-çon,* Lionet).

Nota. — Ces deux parasites, l'un vivant sur le *Coluber natrix* (la couleuvre à collier), et l'autre sur l'*Helix pomatia* (l'Hélice vigne-ronne), nous ayant été signalés, nous avons cru devoir les indiquer ici.

FAMILLE DES ACARIDES (*Acarei,* Duges).

Palpes adhérents ; bouche en forme de bec ou suçoir. Animaux de très-petite taille, et qu'on ne peut bien examiner qu'à l'aide du microscope.

G. Tyroglyphus (Latreille). — *Tyroglyphe.*

Corps ovoïde, mou, étranglé entre la 2e et la 3e paire de pattes par une rainure transversale ; pattes courtes, au nombre de 8, mais seulement de 6 en naissant. Les petits animaux de ce genre connus aussi sous les noms de *Mite,* de *Siron,* etc., se nourrissent de substances animales en décomposition, ou bien du suc des végétaux. Ils croissent si rapidement qu'il en résulte qu'au bout de quelques jours, ils peuvent se reproduire et se trouver ainsi en société nombreuse qui s'accroît en si grand nombre qu'il devient impossible de les compter. Le *Tyroglyphus farinæ,* de Géer, connu vulgairement sous le nom de *Mitron,* dans nos contrées, se trouve en quantité dans la farine déjà fabriquée depuis un certain temps, et dont la présence se manifeste par l'odeur désagréable qui lui est particulière et qu'il répand : odeur qui se communique non-seulement à la farine qui lui sert d'asile, mais encore au pain qui en résulte ; c'est pourquoi, si l'on veut éviter du pain ainsi *mitroné,* il ne faut employer, pour faire de bon pain, que de la farine nouvellement confectionnée.

1. T. Siro. Latr. ; *Acarus domesticus,* Lin. ; *Ciron du fromage,* Geoff. — Extrêmement petit, ovoïde, blanchâtre, sans bandes grises, mais ayant deux petites soies à l'extrémité de l'abdomen. En grand nombre sur le fromage un peu fait.

2. T. Farinæ, De Géer (*Acarus.*) ; *Tyrogl. farinæ,* P. Gervais, vulgt *Mitron.* — Par rapport à cette espèce, voyez ce que nous en avons dit en parlant du genre tyroglyphus.

3. T. Destructor, Schrank., vulgt *mite des collections d'insectes :* nom significatif indiquant assez que cette très-petite acaride vit aux dépens des collections d'insectes.

G. Glycifagus (Héring). — *Glycifague.*

Corps mou, non divisé en deux parties par une ligne transversale, comme dans le genre précédent.

1. G. Prunorum, Héring. — C'est à cette espèce qu'il faut rapporter les très-petits acariens qui abondent dans l'efflorescence blanche qui entoure les prunes desséchées au four, et que l'on confectionne ainsi dans la vallée de la Loire, commune de Montsoreau, etc.

C'est, il faut le croire, et par analogie, qu'il faut rapporter à ce genre l'*Acarus passularum*, de Héring, qui vit sur les figues desséchées que le commerce apporte dans ce département comme en tout autre lieu.

G. Acarus (Linné). — *Mite.*

Le genre *Acarus* des anciens auteurs et si nombreux en espèces, a été tellement démembré et divisé pour former d'autres genres, qu'il ne lui en reste plus maintenant pour le constituer qu'un nombre fort restreint. Celles des espèces que nous allons examiner vivent du suc des végétaux qu'elles y puisent au moyen de leur suçoir. Toutes sont d'une taille microscopique ; se filent une toile analogue à celle de certaines espèces d'araignées, mais sur la plante de prédilection que chaque espèce a choisie, et en prenant le dessous des feuilles pour établir son domicile.

1. A. Telarius, Fab. ; le *Tisserand d'automne*, Geoff. ; *Trombidium telarium*, Herm. — Corps ovalaire, jaunâtre, avec une tache d'un jaune orangé de chaque côté du dos ; la tête terminée par un petit bec ; et ses pattes, au nombre de huit, et terminées par de petites griffes, sont, ainsi que l'abdomen, ciliées par de petites soies raides. M. le Dr Boisduval, dans son remarquable *Essai d'entomologie horticole*, donne une figure grossie de ce petit acarus.

C'est à cette espèce nommée *la Grise* par les jardiniers, que ceux-ci croient devoir attribuer l'espèce de chlorose qui se manifeste sur les feuilles de diverses plantes qui alors paraissent souffrir de quelque altération.

2. A. Ulicis, Millet. — Corps ovalaire, sans étranglement, un peu plus large antérieurement, avec deux bandes noires, comme rugueuses, une de chaque côté, mais se réunissant postérieurement ; le dessus du corps porte quatre rangs de poils blancs, roides, non rapprochés ; les huit pieds sont rouges et ciliés de poils blancs ; le dessous du corps est rouge.

Cette espèce, quasi microscopique, atteignant à peine un demi-millimètre de longueur, et que nous croyons nouvelle, vit en société tellement nombreuse qu'il est, en quelque sorte, impossible de compter les individus qui la composent. Elle se tient sous une toile blanche d'une grande étendue, d'un tissu fin et très-serré et filée en commun au tour comme au-dessus des pousses supérieures des ajoncs (*Ulex europæus*, Lin.) qui leur servent de nourriture, les préservant ainsi de la pluie, du soleil et du vent. Mais au bout d'un certain temps, les pousses des ajoncs qui ont nourri ces acarus, se trouvant épuisées par un si grand nombre de succions, il en résulte que cette société se trouvant dans la nécessité de se transporter sur de nouveaux ajoncs, ce qu'elle exécute, mais en prenant préalablement la précaution de tapisser de soie la distance qu'elle doit parcourir pour arriver au but qu'elle se proposait d'atteindre : ce que d'ailleurs nous avons été à même de constater dans l'arrondissement de Segré, et particulièrement sur les ajoncs couvrant les talus de fossés des landes défrichées et si nombreuses que l'on rencontre entre les bourgs de Feneu et de Sceaux, etc.

Nota. — Ce qui nous porte à regarder cet acarus comme espèce particulière, c'est en considérant que celui-ci a l'instinct de choisir et de s'attacher toujours à la même plante pour vivre et y établir sa demeure. Dans le principe, nous avions cru qu'il pouvait appartenir au *Tetranychus lintearius*, L. Dufour ; mais ce dernier, vivant en petit nombre sous le dessous des feuilles de différentes espèces d'arbustes, qu'il tapisse il est vrai d'une toile, mais celle-ci petite et d'un tissu lâche, nous a fait abandonner ce projet, et avec d'autant plus de raison que nous n'avons jamais rencontré, dans nos contrées, le *Tetranychus* en question.

3. A. Tiliarum, Herm., Turpin, P. Gervais. — Abdomen elliptique, ponctué sur les côtés, d'un jaune pâle, transparent ; tête conique. Vit en société à la surface inférieure des feuilles du tilleul à grandes feuilles, ainsi que de la rose trémière (*Altea rosea*, Lin.).

4. A. Vitis, Boisduval (*Ess. sur l'entom. horticole*). — Acarus extrêmement petit, d'un vert jaune, transparent, vivant en famille sous la face inférieure des feuilles de la vigne, qu'il tapisse préalablement d'un tissu soyeux, très-lâche, et dont la présence se manifeste, vers la fin de l'été, par de larges marbrures qui garnissent le dessus des feuilles.

G. Leptus (Latreille). — *Lepte.*

Caractères des Acarus, mais n'ayant que six pattes.

1. L. Autumnalis, Latr.; *Acarus autumnalis*, Duges, Chaw.; *Trombidium autumnale*, P. Gerv.; *Vulg^t Rouget*. — Petit acaride, qui n'est bien visible qu'au moyen d'une très-forte loupe. Sa forme est un ovoïde un peu allongé ; sa tête est munie d'un suçoir ou suçoir : sa couleur, qui est rouge, lui a valu le nom de Rouget, sous lequel il est connu de tout le monde. Il se tient sur les gazons ainsi que sur un grand nombre de plantes, vivant de leur suc, mais qu'il abandonne lorsqu'il trouve l'occasion de se placer sur la peau des personnes, et dans laquelle il s'enfonce et produit des démangeaisons les plus vives, qui portent à gratter jusqu'au sang, mais que l'on apaise, dit Latreille, par une lotion d'eau et de vinaigre. La basine, pour le même usage, est employée avec succès.

Cette espèce est commune depuis juillet jusqu'aux premières gelées.

G. Sarcoptes (Latreille). — *Sarcopte.*

Huit pattes courtes, terminées par de longs filets ; les deux paires antérieures sont grosses, coniques et vesiculigères.

1. S. Scabiei, Latr., Walck., de Géer ; *Acarus exulcerans*, Lin. — Extrêmement petit, de couleur blanchâtre. Vit dans les galles de l'homme, dont cette espèce est l'origine. Sa présence dans ces galles occasionne de grandes démangeaisons.

CINQUIÈME CLASSE DES ANIMAUX ARTICULÉS

ou

CLASSE DES ANNÉLIDES

ou

VERS A SANG ROUGE

ORGANISATION DES ANNÉLIDES.

La classe des Annélides, dit M. Milne-Edwards, dans ses *Eléments de Zoologie*, « se compose de tous les animaux articulés dépourvus de membres articulés et dont le sang est coloré en rouge. » Ces animaux présentent dans leur constitution : 1° Un corps mollasse, allongé, vermiforme, formé de segments ou de rides; se montrant souvent sans tête, sans yeux et sans antennes; mais la bouche est subterminale, soit simple, orbiculaire ou labiée, soit en trompe, souvent maxillifère;

2° Une moëlle longitudinale, noueuse, et un système nerveux peu développé, consistant en une chaîne simple ou double, formée de très-petits ganglions étendus dans toute la longueur;

3° Une peau molle, mais ordinairement munie de mamelons sétifères, rétractiles, disposés par rangées latérales et servant à la locomotion; ces mamelons sétifères remplaçant les pieds;

4° Les Annélides sont nues (1) ou bien habitent dans des tubes;

5° L'appareil digestif est formé d'un intestin droit, tantôt simple, tantôt garni d'un nombre plus ou moins considérable de *cecums* situés de chaque côté;

6° La plupart des annélides vivent en suçant le sang ou les humeurs des autres animaux;

7° Le sang, presque toujours rouge, est quelquefois à peine coloré;

8° La respiration, rarement aérienne, est généralement aqueuse;

9° Les organes du toucher (2) et du goût sont les seuls que l'on

---

(1) Les Annélides sont nues, sans soies quelconques, ou munies de soies sans mamelons, ou bien encore offrant sur les côtés des rangées de mamelons surmontées de soies.

(2) Les filaments qui garnissent la tête de certaines espèces d'Annélides sont analogues aux cirrhes et aux tentacules de certains animaux, et paraissent être des organes de tact.

22

puisse bien apprécier; car est-il bien certain que les petits points noirs que l'on remarque sur la tête de quelques espèces soient bien des yeux?

10° Enfin, ces animaux sont hermaphrodites, mais ont besoin d'un accouplement réciproque, vivent tous dans l'eau, excepté les Lombrics qui passent leur vie dans la terre.

CLASSIFICATION DES ANNÉLIDES.

Cuvier et Lamarck divisent les Annélides en trois ordres, mais cette classe d'animaux en admet maintenant quatre, reconnus par les naturalistes, et que M. Milne-Edwards présente ainsi :

1° ANNÉLIDES ERRANTES OU DORSIBRANCHES.
2° ANNÉLIDES TUBICOLES.
3° ANNÉLIDES TERRICOLES.
4° ANNÉLIDES SUCEURS.

Le département de Maine-et-Loire ne présente d'Annélides que dans les deux derniers ordres seulement. Nous allons citer les espèces qu'il nous a été possible d'examiner.

TABLEAU SYNOPTIQUE

DE LA

CLASSIFICATION DES ANNÉLIDES DE MAINE-ET-LOIRE.

CLASSES.	ORDRES.	FAMILLES.	SECTIONS.	GENRES.
	TERRICOLES. (Corps allongé, sans ventouse à ses extrémités).	ECHIURÉES.		LUMBRICUS. NAIS. STYLARIA. TUBIFEX.
			ALBIONIENNES.	PISCICOLA.
ANNÉLIDES.	SUCEURS. (Corps ayant une ventouse à chacune de ses extrémités).	HIRUDINÉES.	BDELLIENNES.	BRANCHIOPDELLA. NEPHELIS. TROCHETA. AULASTOMA. HÆMOPIS. HIRUDO.
			SIPHONIENNES.	GLOSSIFONIA.

ORDRE DES ANNÉLIDES TERRICOLES

ou

DES ABRANCHES SÉTIGÈRES.

———

Les Annélides de cet ordre ont le corps cylindrique, aminci aux extrémités et garni seulement de plusieurs rangées de soies qui leur tiennent lieu de pieds ; leur tête n'est pas bien distincte, et elles n'ont ni yeux, ni antennes, ni mandibules, ni cirrhes, ni branchies extérieures. Elles vivent dans la terre, dans la vase, dans l'eau (M. Edw.).

———

FAMILLE DES ECHIURÉES.

Corps ayant des soies en saillie au dehors (Lamarck).

G. Lumbricus (Linn.). — Lombric.

Corps allongé, serpentaire, cylindrique, à anneaux garnis de très-petites pointes dirigées en arrière.

1. L. Terrestris, Linn.; *L. terrestre* ; vulg¹ *Achée.* — Corps rougeâtre, composé d'anneaux étroits et fort rapprochés et imitant des rides ; montrant, vers le tiers de leur longueur, une espèce de ceinture protubérante, formée d'anneaux plus colorés, et qui sert à un individu à se fixer contre un autre pendant la copulation, qui s'opère hors de terre à l'époque du printemps.

Il vit en terre et se nourrit de matières animales ou végétales, converties en humus. Il atteint près de 30 centimètres de longueur.

2. L. Vermicularis, Linn.; *L. Vermiculaire.* — Corps glabre, blanc ; les appendices de deux soies. Habite et vit dans le terreau et sous les feuilles en décomposition dans les bois, etc.

Nous rapportons à cette espèce un petit ver blanc, fortement articulé et long de cinq à six centimètres, que nous avons rencontré dans de la terre de bruyère provenue du Tertre-Montchaux, commune de Tiercé, ainsi que dans diverses espèces de terreaux de lieux ombragés.

G. Naïs (Linn.). — *Naïde.*

Corps plus ou moins allongé, filiforme, aplati, articulé ; chaque articulation munie d'une paire d'appendices cétacés, simples ou fasciculés, avec ou sans points oculaires.

Ces animaux présentent dans toute la longueur du corps un réseau flexueux rempli d'un fluide rougeâtre. On les rencontre dans les eaux où croissent les lemna ou lentilles d'eau, ordinairement entortillés autour des racines de ces plantes.

Les espèces qui ont été observées dans ce département sont sans trompe à la bouche, sans digitation à l'anus, et portent aucun point oculaire.

1. N. Vermicularis, Linn., Gmel.; *N. Vermiculaire.*; *Encycl.*, pl. LII, f. 1 et 7.—Tête légèrement claviforme ; les soies latérales fasciculées, celles de la tête formant une espèce de barbe ; corps très-déprimé.

2. N. Serpentina, Gmel.; *Encycl.*, pl. LIII, f. 1 et 2; *N. Serpentine.* — Corps moins déprimé et moins coloré que celui de l'espèce précédente ; soies latérales fort courtes et sortant à peine des verrues ; un triple collier noir. — Longueur : 30 à 44 mill.

G. Stylaria (Lamarck). — *Stylaire.*

Animal semblable à ceux du genre Naïs, mais son extrémité antérieure est bifère et présente une trompe styliforme, saillante ; le corps est rampant, linéaire, transparent et muni de soies latérales. Lamarck.

Ce genre et le suivant ont été créés par M. de Lamarck et aux dépens du genre Naïs.

1. S. Paludosa, Lamarck; S. des étangs; *Nereis lacustris*, Linn.; *Naïs proboscidea*, Gmel.; *Encycl.*, pl. LIII, f. 5 et 8. — Corps long de 25 à 30 mill., de couleur hyaline ; tous les segments, pourvus de chaque côté d'une soie simple, fort longue ; deux points oculaires. Habite les eaux marécageuses de l'Authion, etc.

G. Tubifex (Lamarck). — *Tubifex.*

Corps filiforme, transparent, annelé ou subarticulé, muni de spinules latérales, vivant dans un tube. Bouche et anus aux extrémités. Lamarck.

1. T. Rivulorum, Lamarck ; T. des ruisseaux ; *Lumbricius tubifex*, Mull., *Zoolog. dan.*, p. 4, tab. 84, f. 1 et 3 ; *Encycl.*, pl. XXXIV, f. 4. — Corps long de 35 à 40 millim., pellucide et laissant voir dans sa plus grande partie les ganglions rougeâtres ou rouges qui le garnissent intérieurement, avec deux séries de spinules rétractiles de chaque côté.

Cette espèce, d'un rouge foncé et qui est on ne peut plus répandue, vit en société nombreuse dans des tubes verticaux peu consistants, formés de limon et qu'elle se pratique dans la vase des mares, des fossés, des ruisseaux et des étangs, et desquels tubes les animaux qui les habitent laissent habituellement sortir la moitié de leur corps qui est alors dans une agitation continuelle. Mais si quelque corps étranger vient à agiter l'eau où séjournent ces animaux, ô alors ! et tout aussitôt, tous se retirent au fond de leurs tubes et pour ne reparaître qu'au moment où le calme est rétabli.

Il en est de même si quelqu'un vient à enfoncer une baguette, une canne dans le limon et près d'un groupe de ces petits animaux, car tous disparaîtront immédiatement. Mais comment expliquer ce dernier fait ? Y aurait-il entre tous ceux d'un même groupe une connexité d'intérêts de conservation telle, qu'en touchant à un seul d'entre eux, tous ressentiraient en même temps, et comme un choc électrique, cet avertissement bienfaiteur.

Obs. Dans une excursion à l'étang des Rochettes, situé commune de la Prévière, canton de Pouancé, nous remarquâmes au fond d'une flaque d'eau que l'on rencontre non loin de la bonde et en dehors de cet étang, un grand nombre de tubes verticaux sortant du limon et façonnés avec cette matière. Ces tubes contigus entre eux et du diamètre d'une plume de corbeau, pouvaient avoir de 6 à 7 centimètres d'élévation au-dessus du sol vaseux qui leur a donné naissance, et recélaient chacun, on peut le croire, une espèce d'annélide nouvelle ; car le diamètre et la hauteur des tubes en question indiquent suffisamment qu'ils ne peuvent appartenir aux animaux du *Tubifex rivulorum*, seule espèce d'eau douce reconnue jusqu'à ce jour. Ces tubes, qui ressemblent d'ailleurs à ceux qu'habitent les animaux du genre tubifex, sauf leurs grandes dimensions, indiqueraient-ils une nouvelle espèce de ce genre ? Espèce que nous n'avons pu observer avec succès sur les lieux, faute de n'avoir pas eu d'instrument convenable.

FIN DES ANNÉLIDES TERRICOLES.

ORDRE DES ANNÉLIDES SUCEURS.

Les Annélides de cet ordre ont le corps plus ou moins allongé, dépourvu de soie, et muni d'une ventouse à chacune de ses extrémités, au moyen de laquelle, et par son adhérence, ils peuvent se transporter d'un endroit à un autre.

FAMILLE DES HIRUDINÉES.

La famille des hirudinées ayant été traitée *ex professo* par M. Moquin-Tandon, nous le suivrons dans la monographie de ces animaux, publiée en 1846, à laquelle nous emprunterons les caractères qui peuvent servir à faire connaître les espèces que l'on rencontre dans le département de Maine-et-Loire.

La famille des hirudinées est ainsi caractérisée :

Corps nu, très-rarement appendiculé, aplati, contractile, formulé, le plus ordinairement, d'une multitude d'anneaux ou segments, terminé à chaque extrémité par une ventouse concave, dilatable, préhensible (1).

La bouche, située dans la ventouse antérieure ou ovale, se montre avec ou sans mâchoires; celles-ci au nombre de trois, rarement de deux, sont entières ou denticulées, ou réduites dans certains genres à des points plus ou moins saillants.

Les yeux, au nombre de deux à dix, placés à la partie antérieure et supérieure de la ventouse ovale, sont en général assez peu visibles.

Les hirudinées vivent aux dépens d'autres animaux, les uns en leur suçant le sang, les autres en se repaissant de leur chair. Elles ressemblent beaucoup aux Planaires; mais celles-ci, privées de ventouses, rampent sur le sol au lieu de l'arpenter en faisant des anneaux de leur corps.

M. Moquin-Tandon divise les hirudinées en quatre sections : les *Albioniennes*, les *Bdelliennes*, les *Syphoniennes* et les *Planairiennes* : cette dernière section seule ne fournit aucune espèce pour ce département.

---

(1) Les ventouses, qui servent, avec les muscles et les anneaux dont le corps est formé, aux divers mouvements de l'animal, lui sont utiles aussi pour le fixer.

A. H. ALBIONIENNES.

*Corps composé d'anneaux distincts, opaques; ventouse ovale d'une
seule pièce, en forme de coupe ou de disque, unilabiée, séparée du
corps par un fort étranglement; sang rouge; œufs simples. M.-T.*

G. Piscicola (Blainv.). — *Piscicole.*

Corps allongé, cylindrique, légèrement aminci vers la partie antérieure; huit yeux peu distincts; ventouse anale double de grandeur de
la ventouse ovale : celle-ci en coupe aplatie. Ces animaux s'attachent
aux poissons pour leur sucer le sang.

1. P. Piscium, Blainv.; *P. Géomètre, Hyrudo geometra*, Linné;
vulg[t] *sangsue des poissons.*
Corps long de 20 à 30 mill.; diamètre : 2 à 5 mill. — D'un blanc jaunâtre, lisse, pointillé de brun, avec trois chaînes longitudinales de
taches elliptiques blanches sur le dos.
Habite les rivières, les étangs; s'attache ordinairement aux carpes
ainsi qu'aux autres espèces du genre cyprin. — Assez rare.

B. H. BDELLIENNES.

*Corps composé d'anneaux plus ou moins distincts et généralement
opaques; ventouse ovale de plusieurs pièces, en forme de bec de
flûte, bilabiée, non séparée du corps par un étranglement; sang
rouge; œufs multiples.*

G. Branchiobdella (Odier). — *Branchiobdelle.*

Corps allongé, déprimé, composé de 18 anneaux inégaux (alternativement grands et petits); ventouse ovale peu concave, à lèvre supérieure
très-obtuse; bouche très-grande, garnie de deux petites mâchoires inégales, triangulaires, aplaties, non denticulées; yeux nuls. Ces animaux pondent des capsules pédiculées qui se fixent aux branchies des écrevisses.

1. B. Astaci, Rœs., M. Tand.; B. d'Europe, Latr.; *Encycl.
méth. crust.*, pl. CCLXXXVIII, f. 2, et pl. CCLXXXIX, f. 11 et 14.
Corps long de 5 à 12 mill., sur 1 à 1 mill. 1/2 de diamètre, d'un
beau jaune doré, sans taches, légèrement transparent et composé de
18 anneaux, alternativement grands et petits.
Cet animal se fixe sur les branchies des écrevisses et on l'y rencontre pendant les mois de décembre et de janvier. Les ruisseaux et
les petites rivières, sur un fond calcaire, de l'arrondissement de Baugé.

G. Nephelis (Elluo). — *Néphélis.*

Corps allongé, déprimé, rétréci progressivement en avant, obtus
postérieurement; composé de 96 à 99 anneaux égaux, très-peu dis-

tincts; ventouse orale peu concave, à lèvre supérieure avancée en demi-ellipse, fórmée par trois segments, le terminal, grand et obtus; ventouse anale obliquement terminale; bouche très-grande; mâchoires nulles; huit yeux très-distincts.

Les Néphélis se nourrissent de lombrics et autres annélides, de diverses espèces de larves, etc., qu'elles avalent successivement. Elles pondent dans l'eau des capsules à parois minces transparentes qu'elles fixent aux corps solides. M. T.

Ces animaux, après s'être assujettis par la ventouse anale, aiment à se balancer dans les eaux, d'où elles ne sortent jamais, leur vie étant subordonnée à la présence de cet élément.

1. N. Octoluca, M. Tand.; *N. octoculée.*; *Hirudo octoculata,* Bergm., Linn.; *Erpobdella vulgaris,* Lamarck.; vulg^t *sangsue vulgaire.*

Corps de couleur rougeâtre, carnée, grisâtre, verdâtre, etc., soit uniforme, soit pointillée de brun ou de jaunâtre. Cette espèce qui dépose ses capsules sous les feuilles des nénuphars, etc., habite les marais, les ruisseaux, les rivières. Nous avons remarqué qu'elle est souvent confondue avec la sangsue médicinale, par les preneurs de sangsues qui lui trouvent par sa forme, sa longueur et son faciès, assez de ressemblance pour occasionner cette ressemblance; mais il est facile de reconnaître cette erreur en présentant à ces néphélis des lombrics qu'elles saisissent et avalent avec empressement, ce que ne font jamais les sangsues médicinales. Très-répandues dans la Maine et les fossés voisins de cette rivière.

G. Trocheta (Dutroch.). — *Trochète.*

Corps allongé, sub-cylindrique, très-déprimé, peu rétréci antérieurement, composé de 140 anneaux fort étroits, inégaux et peu distincts; ventouse orale très-concave, formée de trois segments, le terminal, grand et obtus; bouche grande, garnie de trois mâchoires inégales, très-petites ou rudimentaires, comprimées, entières, tranchantes; huit yeux peu apparents.

Les Trochètes se tiennent dans les ruisseaux, d'où elles sortent souvent pour s'emparer des lombrics dont elles se repaissent, en les cherchant dans les rigoles des prairies ou autres sentiers. Elles pondent dans la terre humide des capsules à parois un peu coriaces.

1. T. Subviridis, Dutroch. — *T. verdâtre;* Moq. Tand., p. 309, pl. IV, f. 1 et 5.

Corps long de 15 à 20 cent., et de 10 à 12 mill. de diamètre, composé d'anneaux peu distincts, inégaux, au nombre de 140 environ, mais difficiles à compter; d'un gris roussâtre tirant sur le verdâtre, avec deux lignes longitudinales brunes peu apparentes sur le dos. Elle présente plusieurs variétés.

G. Aulastoma (M. Tand.). — *Aulastôme.*

Corps allongé, sub-cylindrique, rétréci, progressivement en avant; composé de 95 anneaux égaux, distincts; bouche très-grande, relativement à la ventouse orale, garnie de trois mâchoires très-petites, ovales, à denticules peu nombreuses, émoussées ; dix yeux disposés sur une ligne courbe ; ventouse anale petite, obliquement terminale.

Les Aulastômes pondent dans la terre humide des cocons à tissu spongieux, peu serré. On les rencontre dans les eaux stagnantes qu'elles abandonnent fréquemment pour se réfugier sous les pierres au bord du rivage, où elles rencontrent des lombrics dont elles se repaissent, ainsi que des larves d'insectes et même des individus de leur propre espèce comme de toute autre de la même famille.

1. A. Gulo, M.-Tend. ; *A. vorace, Aulastoma gulo,* M.-Tend., p. 313, pl. v, f. 1-6 ; *Hirudo sanguisuga,* Mull. ; *id.,* Linn., Gmel., vulg^t *sangsue noire, fausse sangsue du cheval.*

Corps allongé, grêle antérieurement, long de 6 à 9 centim., sur 10 à 15 millim. de diamètre ; dos d'un brun noir très-foncé ou d'un noir olivâtre velouté ; ventre olivâtre plus clair que le dos ; des mouchetures noires se montrent quelquefois sur différentes parties du corps.

Habite les marais : ceux de l'Authion ainsi que de Saint-Augustin ; aux Petites-Perrières, commune des Ponts-de-Cé, etc.

G. Hæmopis (Sav.). — *Hæmopis.*

Corps allongé, sub-cylindrique, peu déprimé, rétréci progressivement en avant, composé de 95 à 97 anneaux, égaux, peu distincts ; ventouse ovale, peu concave, à lèvre supérieure très-avancée et presque lancéolée, formée par trois segments, le terminal grand et obtus ; bouche grande, garnie de trois mâchoires égales, petites, ovales, non comprimées ; à denticules peu nombreuses, pointues ; dix yeux disposés sur une ligne courbe ; ventouse anale, grande, obliquement terminale.

Les hæmopis habitent les mares, les marais, les fossés, les sources, etc., et vivent du sang des animaux vertébrés ; mais ne pouvant entamer que les membranes muqueuses, c'est pourquoi ces animaux s'introduisent dans le pharynx, le larynx et les fosses nasales des animaux lorsqu'ils vont boire.

1. H. Sanguisuga, M.-Tand. ; *H. chevaline,* M.-Tand., p. 318, pl. vi, f. 1-4 ; *Hirudo sanguisuga,* Berg., Linn., vulg^t *sangsue de cheval.*

Corps long de 8 à 10 centim. et de 10 à 15 millim. de diamètre ; dos roussâtre, olivâtre, etc., avec six rangées de petites taches noirâtres ; bords orangés ou jaunâtres ; ventre noirâtre, plus foncé que le dos. Cette espèce que l'on rencontre dans les marais de l'Authion, présente plusieurs variétés.

G. Hirudo (Linné). — *Sangsue.*

Corps allongé, subdéprimé, composé de 95 anneaux, quinés, égaux, très-distincts et saillants sur les côtés ; ventouse orale, peu concave, à lèvre supérieure très-avancée et presque lancéolée, formée par trois segments et deux anneaux ; bouche grande, garnie de trois mâchoires égales, grandes demi-ovales, très-comprimée, à denticules nombreuses, très-pointues ; dix yeux disposés sur une ligne courbe, les quatre postérieurs les plus petits ; ventouse anale, moyenne, obliquement terminale.

Les sangsues habitent les eaux des mares, des fossés, des rivières, sortent de l'eau sans inconvénient, et surtout à l'époque de la reproduction, pour déposer dans la terre humide leurs cocons d'un tissu serré et comme spongieux.

1. H. Medicinalis, Ray, Linn. ; *S. Medicinale*, Moq.-Tand., p. 327, pl. vii-xi. — Corps déprimé, long de 8 à 10 cent. sur 10 à 13 mill. de diamètre ; dos généralement gris olivâtre, avec six bandes longitudinales plus ou moins distincte ; bords olivâtre clair ; bandes marginales du ventre droites.

Cette espèce, qui varie beaucoup, se présente avec ou sans taches sur le ventre ou autres parties du corps. Son emploi en médecine, qu'on a pu, pendant un certain temps, qualifier d'abusif, l'avait rendue tellement rare en France, qu'on en faisait venir de l'étranger, bien qu'un certain nombre de personnes eussent tenté et avec succès de les tenir en domesticité en les élevant dans des lieux appropriés à cet égard et gardés.

C. H. SIPHONIENNES.

Corps composé d'anneaux à peine distincts, transparents ; ventouse orale séparée ou non séparée du corps par un étranglement de plusieurs pièces, en bec de flûte bilabiée ; sang incolor ; œufs simples.

Les animaux de cette section possédent un suçoir qui leur sert pour s'emparer du sang des animaux dont ils se nourrissent ; et leur manière de porter leurs œufs et leurs petits sous le ventre, les distinguent encore de toutes les autres hirudinées.

G. Glossifonia (Ichns). — *Glossiphonie.*

Corps peu allongé, ovale, déprimé, un peu convexe en dessus, extrêmement plat ou légèrement convexe en dessous; accuminé en avant, légèrement crustacé, composé de 57 ou 58 anneaux, ternés, égaux, peu distincts ; ventouse orale peu concave, à lèvre supérieure avancée en demi-ellipse et formée de trois segments, le dernier, grand et obtus ; bouche grande, formée d'une trompe æsophagienne, tubuleuse, cylindrique, extensible ; mâchoires réduites à trois plis à peine prononcés ; 2, 4, 6 ou 8 yeux très-distincts, placés ordinairement sur deux lignes parallèles. M. T.

Les Glossiphonies habitent les eaux limpides des ruisseaux, des rivières, etc., où on les rencontre appliquées contre les pierres ou les plantes aquatiques. Elles ne nagent pas, se contractent en boule ou bien marchent à la manière des chenilles arpenteuses. Elles vivent en suçant les animaux tels que mollusques, planaires, etc.

1. G. Sexoculata, M.-Tend. ; *G. Sexoculée,* p. 353, pl. xii ; *Hirudo sexoculata,* Bergm. ; *Hirudo complanata,* Linn.
Corps long, de 15 à 22 mill., sur 8 à 10 mill. de diamètre, en ovale-lancéolé, partie antérieure non dilatée en tête, acuminée ; dos tuberculé, gris-roussâtre, avec des taches et des lignes longitudinales brunes ; bords largement crénelés ; six yeux. Elle vit aux dépens des Linnées, des Planorbes. Assez commune dans la Maine et la Mayenne, ainsi que dans les fossés voisins de ces rivières.

2. G. Heteroclita, M.-Tend. ; *G. hétéroclite,* p. 358, pl. xiii ; *Hirudo heteroclita,* Linn.
Corps long de 7 à 15 mill., sur 3 à 5 mill. de diamètre, partie antérieure non dilatée en tête, acuminée ; dos non tuberculé, jaunâtre, avec de petits points grisâtres ou brunâtres ; bords très-finement denticulés ; quatre ou six yeux. Habite les ruisseaux, sur les plantes aquatiques.

3. G. Bioculata, M.-Tend. ; *G. binocle,* p. 366, pl. xiii, f. 16 à 26 ; *Hirudo bioculata,* Bergm ; *Hirudo stagnalis,* Linn.
Corps long de 15 à 20 mill., sur 3 à 5 mill. de diamètre ; partie antérieure non dilatée en tête, assez étroite ; dos non tuberculé, grisâtre, avec de très-petits points brunâtres ; bords finement denticulés ; deux yeux. Habite les eaux claires, soit appliquée sur les pierres, soit sur les plantes aquatiques.

FIN DES ANNÉLIDES.

CLASSE DES ENTOZOAIRES

ou

ANIMAUX INTESTINAUX.

Cette classe comprend les vers intestinaux ainsi que d'autres animaux dont l'organisation est analogue, tels que les *Gordius*, les *Planaires*, etc.

Les animaux qui la composent ont une grande analogie avec ceux de la classe des Annélides, ayant comme eux le corps plus ou moins allongé, vermiforme pour un grand nombre, aplati ou cylindrique et présentant des traces plus ou moins distinctes de divisions annulaires.

Ils sont parasites, pour la plupart, vivant dans l'intérieur d'autres animaux, et pour quelques-uns dans l'eau ou dans la terre. Le plus grand nombre est ovipare, mais tous sont dépourvus d'une chaîne de ganglions nerveux qu'on trouve chez les Annélides ; et leur tube intestinal est à une ou à deux ouvertures ; mais leur bouche, souvent armée de crochets, est dépourvue de mâchoires et de cils rotateurs.

Cette classe est divisée par Cuvier en deux ordres : les CAVITAIRES et les PARENCHYMATEUX.

ORDRE DES ENTOZOAIRES CAVITAIRES.

Tube intestinal renfermé dans une cavité abdominale distincte.

Les animaux de cet ordre ont beaucoup d'analogie avec certains annélides, ayant comme eux le corps strié transversalement, et le tube alimentaire simple, droit et ouvert à ses deux extrémités. Ils sont ovipares. On les rencontre ou dans l'eau ou dans la terre, ainsi que dans différentes parties intérieures des animaux, dans les viscères desquels ils vivent en parasites.

FAMILLE DES NÉMATOIDES.

Canal intestinal allant de la bouche à l'anus.

§ 1er. ANIMAUX VIVANT DANS L'EAU.

G. Gordius (Linn.). — *Dragonneau.*

Corps filiforme, grêle, nu, lisse, rond et presque d'égale grosseur dans toute sa longueur, plus ou moins transparent, laissant voir un système nerveux, comme noduleux. Les mâles ont l'extrémité de la queue bifide ; tandis que cette partie, chez les femelles, est un peu renflée, arrondie et très-obtuse.

Habitent les eaux douces claires tranquilles, les fontaines, etc.

Ces animaux vermiformes, en nageant, se replient et se contournent à la manière des serpents ; et lorsqu'on les sort de l'eau, leur corps se contracte, s'enlace et prend toutes sortes de formes ; ce qui leur a fait donner par Linné le nom de *Gordius,* par allusion, sans doute, avec ce fameux nœud de même nom, qu'Alexandre préféra couper de son épée, plutôt que de s'exposer à ne pouvoir le dénouer.

1. G. Aquaticus, Linn.; D. des sources ; *Encycl.*, pl. xxix, f. 1.

Corps long de 30 centim., environ, délié et de la grosseur d'un crin ; de couleur brune, plus foncée aux extrémités. Nage bien et s'enfonce dans la terre boueuse qu'il perce en tous les sens. — Rare.

Nous l'avons rencontré dans une des fontaines des Montis, commune de Thorigné. Habite aussi l'Aubance (D.), ainsi que la Verzée, non loin de la ferme de l'Épinay, commune de Combrée (Har.).

— 350 —

§ 2. ANIMAUX VIVANT DANS LA TERRE FRAICHE AINSI QU'A SA SURFACE.

G. Mermis (Dujardin). — *Mermis* (1).

« *Vermis corpore longissimo filiformis antice parumper alternato ;*
» *capite subinflato, ore terminali minima, rotundo ; intestino sim-*
» *plice, postice obsoleto ; ano nullo ; vulva anticâ, transversâ.*

M. du Jardin dit : « Que le Mermis est le dernier terme du dévelop-
» pement d'un helminthe, différent de tous les némato͏̈ides connus,
» subissant de grands changements avec l'âge, et ne devant arriver
» à ce dernier terme que dans les larves ou dans des insectes dont la
» vie est suffisamment prolongée.

» Le Mermis ne viendrait ensuite à l'air que pour répandre ses
» œufs, ainsi que le font les *Tenia* du chien, qui, expulsés par
» fragments avec les excréments, conservent dans chacun de leurs
» segments assez de vitalité pour que ces segments puissent ramper et
» répandre leurs œufs à une certaine distance. »

Ces animaux, de la forme, de la grosseur et déliés comme un crin,
se rencontrent ordinairement dans la terre plus ou moins fraîche, d'où
ils sortent après la pluie ou une rosée abondante ; on les voit alors ou
sur la terre ou bien enroulés autour des herbes, des petits arbrisseaux, etc., tandis qu'il en est d'autres qui se tiennent dans les lieux
frais, les ornières des forêts recouvertes de feuilles mortes.

M. Dujardin a établi ce genre pour y placer une espèce qu'il désigne
par les noms de *Mermis nigressens*, Duj., et qu'il décrit ainsi : « *Mermis cauda obtusa capitate, subangulato ex papillis 5-6 obsoletis ;
ovis nigris*, Duj. » Nous n'avons pas rencontré cette espèce, mais bien
deux autres que nous croyons nouvelles, savoir :

1. M. Pallida, Millet ; *M. pâle.* Les animaux que nous rapportons
à cette espèce, sont d'une teinte blanchâtre, longs de 80 à 100 millim.,
de la grosseur ou un peu plus gros qu'un cheveu, complétement cylindriques, tronqués antérieurement et atténués postérieurement. Habite
le jardin botanique d'Angers, où, dans certaines années, il est assez
commun. Au printemps, les jardiniers le rencontrent dans la terre en
béchant les carrés, ou bien après la pluie, enroulés autour des buis
disposés en bordure.

Dans les forêts de Mazière et de Cholet, nous l'avons rencontré, au
printemps, dans des ornières humides, remplies de feuilles mortes et
en assez grande quantité.

2. M. Crassata, Millet ; *M. épaissi.* Corps blanc ou blanchâtre,
long de 36 à 40 centim., trois fois plus gros qu'un crin dans sa partie
moyenne, atténué et de la grosseur d'un crin vers chacune de ses
extrémités. Vit dans la terre assez forte.

Trouvé, en béchant dans les jardins du château de la Grifferaie,
situé près de Baugé, et dont la terre est calcaire, par M. L. Legris,
qui nous en fit présent.

(1) *Annales des sciences naturelles*, t. XVIII, p. 189 et suivantes, pl. VI.

§ 3. ANIMAUX PARASITES, SE DÉVELOPPANT DANS CERTAINES PARTIES DU CORPS DES ANIMAUX VIVANTS (vers intestinaux proprement dits).

G. Filaria (Linn.). — *Filaire.*

Corps cylindrique, rarement atténué à ses extrémités, filiforme, mince, long, rigidule.

Les Filaires ne se distinguent bien des animaux précédents que par le genre de vie, qui leur est commun avec bien d'autres, celui de se nourrir aux dépens d'autres animaux, et particulièrement de leur tissu cellulaire.

1. F. Attenuata, Rud. ; *F. de la Corneille, Filaria cornicis,* Gmel.
Corps obtus à ses extrémités, l'extrémité postérieure atténuée. Observée dans l'abdomen et les poumons de la Corneille mantelée.

2. F. Coronata, Rud. ; *F. couronnée, Ascaris coraciæ,* Gmel. ; *Encycl.,* pl. xxx, f. 12 et 14.
Corps obtus aux extrémités ; tête couronnée de trois nodus. — Longueur : 30 à 40 mill. — Observée entre la peau et les os de la tête d'une pie-grièche-écorcheur (D.).

3. F. Coleopterorum, List. ; *F. des Coléoptères.*
Observée dans l'abdomen d'un blaps mortissage ainsi que dans celui d'un hanneton vulgaire.

G. Hamularia (Treutl). — *Hamulaire.*

Corps allongé, cylindracé, presque égal dans sa longueur, rigidule ; deux suçoirs tentaculiformes, sortant de la bouche.

1. H. Subcompressa, Rud. ; *H. de l'homme, H. lymphatica,* Treutl. ; *Tentacularia subcompressa,* Zeder.
Sub-comprimé, atténué antérieurement. Vit dans les poumons de l'homme pulmonique.

2. H. Nodulosa, Rud. ; *H. de la poule.*
Plane en dessus ; bouche papilleuse. Les intestins de la poule.

G. Trichocephalus — *Trichocéphale.*

Corps arrondi, plus gros postérieurement et aminci comme un fil en avant.

1. T. Dispar, Rud. ; *T. de l'homme ;* vulg^t *Ascaride à queue en fil.*
Corps long de 25 à 50 mill. Habite les gros intestins de l'homme où il abonde dans certaines maladies.

G. Oxyurus (Rud.). — *Oxyure.*

Corps rond, plus gros antérieurement et aminci comme un fil postérieurement.

1. O. Curvula, Rud. ; *O. des chevaux.*
Corps long de 30 à 80 mill. Habite le cœcum des chevaux.

G. Cucullanus (Rud.). — *Cucullan.*

Corps allongé, cylindrique, obtus à son extrémité antérieure, atténué postérieurement. Habite l'estomac et les intestins des poissons.

1. C. Elegans, Rud. ; *C. de la perche; C. percæ,* Goeze ; *Encycl.,* pl. xxxvi, f. 6.
Moitié antérieure du corps lisse ; tête obtuse.—Longueur : 15 à 16 mill. — Animal vivipare. Habite les intestins de la perche fluviatile.

2. C. Coronatus, Rud. ; *C. de l'Anguille ; Cucullanus lacustris,* et *C. anguillæ,* Gmel. ; *Encycl.,* pl. xxxvi, f. 3 et 4.
Roussâtre, cylindrique ; extrémité antérieure comme tronquée ; tête munie de trois pointes.— Longueur : 20 mill. — Animal vivipare.

G. Ascaris (Linn.). — *Ascaride.*

Corps allongé, rond, aminci aux deux bouts ; bouche garnie de trois papilles charnues disposées en trèfle.

1. A. Lumbricoïdes, Linn. ; *A. lombricoïde, Encycl.,* pl. xxx, f. 4. Queue obtuse, légèrement courbée ; fente de l'anus transversale.
Ce ver, qui varie de 14 à 42 centim. en longueur, et dont la grosseur est celle d'une plume à écrire, habite les intestins grêles et même l'estomac de l'homme, ainsi que du cheval, de l'âne, du bœuf, du cochon, etc. Il se multiplie avec facilité, vit en grand nombre et cause beaucoup de mal, et surtout aux enfants. — Très-répandu.

2. A. Vermicularis, Linn. ; *A. vermiculaire, Encycl.,* pl. xxx, f. 11. — Une petite membrane de chaque côté de la tête.
Ce ver de 10 à 12 mill. de longueur, habite les gros intestins des enfants et s'accumule quelquefois en quantité considérable vers l'anus ou vers cette partie où il cause des démangeaisons insupportables.

3. A. Marginata, Rud. ; *A. du chien ; Encycl.,* pl. xxx, f. 7 et 9.
Une petite membrane semi-lancéolée de chaque côté de la tête.
Habite les intestins grêles du chien.

G. Strongylus (Mull.). — *Strongle.*

Corps allongé, cylindrique, atténué postérieurement ; queue terminée par une bourse subtylifère dans les mâles, très-simple dans les femelles ; bouche grande, orbiculaire, subciliée ou papilleuse.

❋ Bouche ciliée ou dentée.

1. S. Armatus, Rud. ; *S. du cheval ; S. equinus,* Gm. ; *Encycl.,* pl. xxxvi, f. 7 et 15.

Tête globuleuse, tronquée, dure ; bouche garnie tout autour de petites épines molles ; bourse du mâle trilobée.—Longueur : 50 à 55 mill.—Habite l'estomac, les gros intestins et pénètre jusque dans les artères des chevaux.

2. S. Dentatus, Rud. ; *S. du porc.*

Tête obtuse, bouche garnie de petites dents recourbées ; bourse du mâle trilobée ; queue de la femelle subulée. Habite dans le colon et le cœcum du cochon.

❋❋ Bouche entourée de papilles.

3. S. Gigas, Rud. ; *S. Géant ; Encycl.,* pl. xxx, f. 4.

Six papilles planuscules autour de la bouche ; bourse du mâle tronquée ; queue de la femelle arrondie.

Cette espèce, qui vit dans les reins de divers animaux, ainsi que de l'homme, est le plus volumineux des vers intestinaux et atteint quelquefois plus d'un mètre de long.

FIN DES ENTOZOAIRES CAVITAIRES.

ORDRE DES ENTOZOAIRES PARENCHYMATEUX.

Corps sans cavité abdominale, sans intestins proprement dits, mais remplis d'une cellulosité ou même d'un parenchyme continu, dans lequel on observe au plus, pour tout organe alimentaire, des canaux ramifiés, qui y distribuent la nourriture, et dont la plupart tirent leur origine de sucs rs visibles au dehors (Cuv.).

Ces animaux sont ovipares, dépourvus d'anus; le plus grand nombre vit en parasite dans quelque partie intérieure des animaux; et quelques-uns seulement, comme les Planaires, vivent libres au sein des eaux.

Cuvier, dont nous empruntons presque toujours les descriptions, divise cet ordre en quatre familles.

FAMILLE DES ACANTHOCÉPHALES (Rud.).

Une trompe rétractyle, armée d'épines recourbées en arrière.

G. Echinorhynchus (Gmel.). — *Echinorhynque.*

Corps allongé, cylindracé, ou bien en forme de sac; trompe terminale, solitaire, rétractile, hérissée de crochets recourbés.

Ces vers dont aucune espèce n'a été rencontrée dans l'homme, vivent de la substance des viscères de certains animaux, en y implantant leur trompe qui demeure ainsi fixée, et souvent d'une manière immuable pendant la durée de leur vie.

❋ *Le cou et le corps inermes.*

1. E. Gigas, Gmel.; *E. du cochon; id.*, Rud.; *Encycl.*, pl. xxxvii, f. 2-7.

Corps atteignant jusqu'à 40 centimètres de longueur, cylindracé, atténué postérieurement; trompe sub-globuleuse; cou court, engaînant.

Cette espèce, qui vit dans les intestins du cochon, attaque fréquemment ceux que l'on met à l'engrais.

** *Le cou ou le corps armé de piquants.*

2. E. Constrictus, Rud.; *E. du canard.*
Trompe comme garnie de piquants; cou conique, nu; corps oblong, armé de pointes antérieurement. Les intestins du canard sauvage.

FAMILLE DES TRÉMATODES (Rud.).

Des suçoirs en forme de ventouses, placés sous le corps ou ses extrémités, par lesquels ils s'attachent aux viscères des animaux.

G. Monostoma (Zeder; *Festucaria*, Schr.). — *Monostome.*

Corps mou, allongé, polymorphe, aplati ou cylindracé; une seule ouverture, continuant la bouche.

1. M. Caryophyllinum, Zed.; Rud.; *M. du gastéroste.*
Tête obtuse; bouche sub-inférieure, très-grande, rhomboïdale; corps aplati, aigu postérieurement. Habite le corps des épinoches.

2. M. Verrucosum, Rud.; *M. de l'oie.*
Bouche orbiculaire, terminale; corps long, arrondi, obtus postérieurement. Habite les intestins de l'oie domestique.

G. Amphistoma (Zeder; *Strigea*, Albildg.). — *Amphistôme.*

Corps cylindracé; un suçoir à chaque extrémité.

* *Renflement céphaloïde, séparé par un étranglement.*

1. A. Cornutum, Rud.; *A. Cornu.*
Pores de la tête hémisphériques, multilobés; corps crénelé, convexe, tronqué postérieurement. Les intestins moyens du pluvier doré.

** *Renflement céphaloïde, non séparé du corps.*

2. A. Conicum, Rud.; *A. conique; fasciola elaphi*, Gmel.; *monostoma conicum*, Zeder.
Corps arrondi, s'accroissant antérieurement; pores entiers, l'antérieur grand, le postérieur petit. Habite l'estomac du bœuf et d'autres animaux.

G. Caryophyllæus (Bl.). — *Géroflée.*

Corps mou, aplati, allongé, rétréci postérieurement; dilaté, frangé, pétaliforme et contractile antérieurement.

1. C. Piscium, Gmel.; *G. des poissons.*

G. Fasciola (Linn.; *Distoma,* Retz et Zeder ; vulg^t *Douves).* — *Fasciole.*

Corps mou, oblong, aplati, quelquefois cylindracé; muni de deux pores écartés : l'un antérieur (la bouche), subterminal ; l'autre ventral (anus ou pore central), situé en dessous ou sur le côté.

Ces vers ont de grands rapports avec les Planaires ; mais ces dernières ne vivent que dans l'eau, tandis que les Fascioles ne se rencontrent que dans l'intérieur des animaux. Ce genre est nombreux en espèces.

✱ *Corps inerme : sans papilles ni piquants.*

A. CORPS-APLATI.

1. F. Hepatica, Linn.; *F. Hépatique; Distoma hepaticum,* Rud.; vulg^t *la Douve du foie, la Dœuvre.*
Corps de la forme d'une lancette, mais obtus à ses extrémités ; cou conoïde, très-court; pores orbiculaires, le ventral plus grand; ovaire enchâssé vers la partie moyenne du corps.

Cette espèce, dont la longueur est de 2 à 10 millim., et la largeur de 2 à 4 millim., se rencontre, quoique rarement, dans la vésicule du fiel de l'homme, ainsi que dans les vaisseaux hépatiques du mouton, du cochon, du cheval, des vaches et particulièrement des veaux en bas âge, est on ne peut plus répandue.

Quant à ces derniers animaux, les veaux, il est reconnu que certaines plantes marécageuses, telles que les renoncules grande et petite flamme (*Ranunculus lingua et R. flammula*); cette dernière surtout, connue vulgairement sous les noms de *Petite-Douve* et de *Dœuvre* (1) dans l'arrondissement de Segré — noms assez significatifs d'ailleurs — prédispose les veaux qui en mangent habituellement, à contracter cette maladie du foie occasionnée par la présence des vers dont il est question et qui se change bientôt en hydropisie. Les moutons sont dans le même cas.

Nous avons remarqué que certaines prairies sourceuses du canton de Pouancé étaient tellement remplies de renoncules Petite-Douve que les colons qui connaissent les mauvaises qualités de cette plante s'abstiennent, et avec raison, d'y conduire leurs veaux et leurs moutons.

---

(1) Dans le canton de Pouancé le nom de *Dœuvre* est aussi bien consacré pour indiquer la plante dont il vient d'être question que la maladie qu'elle occasionne.

2. F. Globifera, Rud.; *F. Globifère; Encycl.*, pl. LXXIX, f. 19.
Corps long de 6 à 7 millim., oblong, très-plat; cou excavé d'un côté; pores orbiculaires, le ventral plus grand. Habite la carpe, la perche fluviatile.

* * *Espèces armées soit de piquants, soit de papilles.*

3. F. Trigonocephala, Rud.; *F. Trigonocéphale.*
Corps déprimé, oblong; cou atténué par devant; tête trigonale, hérissé. Habite les intestins du putois, du blaireau.

G. Planaria (Mull.). — *Planaire.*

Corps oblong, un peu aplati, gélatineux, contractile, nu, rarement divisé ou lobé; deux ouvertures sous le ventre, la bouche et l'anus.
Les Planaires, comme certaines annélides, les sangsues, avec lesquelles elles ont beaucoup de ressemblance, vivent comme elles librement dans les eaux; ayant aussi sur les parties antérieures du corps des points noirs disposés dans des ordres semblables; mais leur corps n'est point composé d'anneaux comme celui des annélides; et leur déplacement se fait en rampant et non à la manière de certaines chenilles.
Les Planaires sont dépourvues de branchies, et les sexes, s'ils existent, n'ont pas été distingués. On les rencontre dans les fossés, les marais, les étangs, les ruisseaux et les fontaines.

* *Points oculiformes nuls.*

1. P. Stagnalis, Lam., *P. des étangs; fasciola stagnalis,* Muller.
— Corps ovale, fauve, pâle antérieurement. Les étangs.
2. P. Nigra, Lam.; *P. noire; fasciola nigra,* Mull.
Corps oblong, noir, tronqué antérieurement. Assez commun dans les étangs, les ruisseaux. A Thorigné : le ruisseau provenant de la fontaine Saint-Martin.

* * *Un seul point oculiforme.*

3. P. Glauca, Lam.; *P. glauque; fasciola glauca,* Muller.
Corps un peu oblong, grisâtre, ou bien d'un blanc opalin ou comme irisée. Habite les ruisseaux.

* * * *Deux points oculiformes.*

4. P. Fusca, Lam.; *P. brune; fasciola fusca,* Pallas.
Corps un peu oblong, lancéolé, tronqué antérieurement, aigu postérieurement, d'un fauve veiné de noir.
Les eaux stagnantes, parmi les plantes aquatiques.

5. P. Lactea, Mull., Lam; *P. lactée.*

Corps aplati, oblong, blanc, tronqué antérieurement; longueur : 10 à 12 millim. — Les ruisseaux, les étangs. A Thorigné : le ruisseau provenant de la fontaine Saint-Martin.

6. P. Torva, Mull., Lam. ; *P. hideuse.*

Corps aplati, oblong ; cendré ou noir, blanchâtre en dessus; irisé blanc. Habite les ruisseaux, les eaux stagnantes.

❋ ❋ ❋ ❋ *Trois ou un plus grand nombre de points oculiformes.*

7. P. Marmorata, Mull.; *P. bleuâtre.*

Corps oblong, pâle. Habite les fossés aquatiques.

G. Tænia (Linné,) — *Tænia.*

Corps extraordinairement long, aplati, articulé, se rétrécissant en avant, et portant à son extrémité une petite tête carrée, munie de quatre suçoirs latéraux.

❋ *Renflement capituliforme dépourvu de crochets.*

Point de trompe rétractile.

1. T. Expensa, Rud.; *T. des moutons; id.,* Lam.; *T. ovina,* Gmel.; *Encycl.,* pl. XLV, f. 1-12.

Tête obtuse ; les articulations antérieures du corps très-courtes, les suivantes presque carrées, percées d'un trou sur chaque marge opposée. Habite les intestins des moutons, surtout dans leur jeune âge. — Assez commun.

2. T. Denticula, Rud.; *T. dentelé, T. ovina,* Gmel.; var. 2.

Tête tétragone; articulations très-courtes, percées d'un trou sur chaque marge opposée, et dentelées sur les bords. Habite les intestins des bœufs, des vaches, des veaux.

3. T. Perfoliata, Goez, Rud.; *T. perfolié.*; *Encycl.,* pl. XLIII, f. 6-12.

Tête tétragone, trilobée postérieurement; articulations perfoliées. Habite le cœcum et le colon du cheval.

4. T. Cucumerina, Boch., Rud. ; *T. du chien*; *T. canina,* Linn.; *Encycl.,* pl. XLI, f. 21 et 22.

Tête atténuée par devant, obtuse ; cou court, continu ; articulations elliptiques sur chaque marge opposée. Habite les intestins grêles du chien, et quelquefois avec le T. denticulata.

** *Renflement capituliforme armé de crochets.*

5. T. Solium, Linn., Rud.; *T. cucurbitain; Encycl.*, pl. xl, f. 15 et 22, et pl. xli, f. 1 et 4. Vulg¹ *ver solitaire.*

Tête sub-hémisphérique ; articulations antérieures courtes, les autres plus longues que larges, engainées les unes dans les autres, ont le pore alternativement à l'un de leurs bords. Sa longueur ordinaire est de 132 à 330 centim., mais il en existe de beaucoup plus grands ; et ordinairement il n'est pas seul, comme son nom vulgaire semble l'indiquer. Habite l'homme.

6. T. Serrata, Goez, Rud.; *T. denté.*

Tête sub-hémisphérique ; museau obtus ; articulations antérieures très-courtes ; pores placés çà et là alternativement à l'un des bords ; sa longueur est de 100 à 132 centim. Habite les intestins grêles du chien.

G. Tricuspidaria (Rud.). — *Tricuspidaire.*

Corps mou, allongé, aplati, subarticulé postérieurement ; tête bilobée, armée de chaque côté de deux aiguillons à trois pointes.

1. T. Nodulosa, Rud., *T. Noduleuse; Tœnia nodulosa,* Gmel., Goez. *Encycl.*, pl. xlix, f. 12 et 15.

Tête tronquée antérieurement ; corps large, plan, subarticulé postérieurement. Habite dans la perche et le brochet.

G. Bothryocephalus (Rud.). — *Bothryocéphale.*

Corps mou, allongé, aplati, articulé ; tête n'ayant pour suçoirs que deux fossettes latérales opposées.

1. B. Hominis, Lam.; *B. de l'homme; Tœnia lata,* Rud.; *Tœnia vulgaris, T. lata* et *T. tenella,* Gmel.; *Encycl.*, pl. xli, f. 5 et 9.

Tête obtuse, mince, ainsi que la partie antérieure du corps ; articulations larges et courtes, munies d'un double pore dans la partie moyenne de chaque face latérale ; les fossettes de la tête sont nues.

Ce vers, qui habite les intestins de l'homme, prend un tel développement, que sa longueur ordinaire, qui est de 6 à 7 mètres, s'accroît quelquefois dans des proportions excessives, et de manière à présenter des individus dépassant 33 mètres de longueur et 3 cent. de largeur dans leur plus grand diamètre.

Cette espèce est vulgairement confondue avec le ver solitaire (Tœnia solium).

G. Cysticercus (Rud.; *Hydatis*, Lam.). — *Cysticerque.*

Un seul corps et une seule tête tenant à une vessie ampullacée, remplie d'eau, se rétrécissant antérieurement en un cou grêle; tête munie de quatre suçoirs et surmontée d'une couronne de crochets.

Ces animaux vivent dans le parenchyme même des viscères ou dans l'épaisseur des membranes où ils y sont plus ou moins enfoncés, et non dans le canal intestinal.

Leurs articulations sont moins distinctes que dans les genres précédents.

1. C. Globosus, Cuv.; *C. globuleux, Tænia ferarum, T. caprina, T. ovilla, T. vervecina, T. bovina, T. apri, T. globosa,* Gmel; *Cysticerus tenuicollis,* Rud; *Hydatis globosa,* Lam; *Encycl.,* pl. xxxix, f. 11 et 17.

Corps court; cou petit, arrondi, rugueux, rétractile; la partie vésiculeuse sub-globuleuse, blanche, transparente et parvenant à la grosseur d'une noix. Habite dans le péritoine et dans la plèvre des ruminants.

2. C. Cellulosa, Rud.; *C. celluleux, Tænia cellulosæ* et *T. finna,* Gmel.; *Hydati gera cellulosæ,* Lam.

Corps allongé, cylindrique, rugueux, ayant une vessie coudale elliptique, plus courte que le reste du corps.

Ressemble beaucoup au précédent, dont il n'est peut-être qu'une variété, mais sa taille est de beaucoup plus petite, ne dépassant guère 10 à 12 mill. de longueur. On le rencontre en grand nombre entre les muscles des cochons; pénètre dans le foie, le cœur, les yeux et toutes les parties du corps, et occasionne cette maladie dégoûtante, la *ladrerie*, dont la présence ne manquant jamais de se manifester sur la langue des cochons, donne ainsi le moyen le plus certain de pouvoir la reconnaître.

Cette maladie, pour les cochons, est tellement répandue que des vétérinaires connus sous le nom de *Langueyeurs*, sont chargés d'examiner les cochons avant que de les vendre.

Ce ver, quoique rarement, a été reconnu chez l'homme.

G. Cœnurus (Rud.). — *Cœnure.*

Vers allongés, sociaux, composés de plusieurs corps et de plusieurs têtes adhérentes les unes aux autres ainsi qu'à la même vessie.

1. C. Cerebralis, Rud.; *C. cérébrale, Tænia vesicularis,* Goez; *T. cerebralis,* Gmel.; *Encycl.,* pl. xl, f. 1 et 8.

Vers légèrement arrondis, finement granulés, adhérents au fond d'une vessie commune, et dont la grosseur atteint celle d'un œuf de pigeon, dépassent rarement 4 mill. de longueur. Ils se développent dans le cerveau des moutons, dont ils détruisent une partie de la substance et occasionnent à ces animaux cette maladie connue sous le nom de *tournis*, qui en effet les fait tourner sur eux-mêmes.

Cette maladie se montre, quoique rarement, chez les bœufs et autres animaux.

G. Echinoccus (Rud.). — *Echinocoque.*

Vers très-petits, comme globuleux, lisses, à sommet muni de quatre
suçoirs et couronné de crochets ; vivant en société en adhérant à la
surface interne de la vessie remplie d'eau, qui les contient. Ces vers
présentent la forme de très-petits grains de sable.

1. E. Hominis, Rud.; *E. de l'homme ; Polycephalus humanus,*
Zeder, Lam.

Corps pyriformes ; crochets de la couronne simples. On les rencontre dans le cerveau de l'homme.

2. E. Veterinorum, Rud.; *E. des Vétérinaires ; Tœnia socialis
granulosa,* Goez ; *Encycl.,* pl. XL, f. 9 et 14.

Corps turbiné. Habite les viscères des moutons, des veaux, des cochons, etc.

FAMILLE DES CESTOIDES.

Corps long, plat, inarticulé, obtus en avant, marqué d'une strie longitudinale et finement striée en travers.

G. Ligula (Block). — *Ligule.*

Les caractères génériques sont les mêmes que ceux de la famille ;
celle-ci ne contient qu'un seul genre.

Les ligules se rencontrent dans les poissons et les oiseaux, mais nous
n'avons pas eu l'occasion d'en observer les espèces.

OBSERVATIONS.

La classe des entozoaires, que nous venons d'examiner, et qui renferme un si grand nombre de vers intestinaux, dont tout le monde
d'ailleurs a entendu parler des effets morbides qu'ils apportent dans
l'économie animale, a dû nécessairement, à raison de l'intérêt qu'elle
présente, occuper une place assez grande dans ce travail ; néanmoins
nous sommes loin de pouvoir assurer de n'avoir point omis quelques
espèces importantes : la difficulté de se procurer ces animaux en serait
la cause principale. Cependant nous croyons avoir pris les moyens les
plus convenables en nous adressant à des médecins pour nous procurer les vers qui attaquent l'homme, et à des vétérinaires pour ceux que
l'on rencontre dans les viscères des animaux domestiques, car les uns
et les autres ont bien voulu répondre à notre appel. Et pour en constater l'idendité, c'est en confrontant ces vers avec les planches de
l'*Encyclopédie méthodique* que nous sommes parvenu à distinguer un
très-grand nombre d'espèces.

CLASSE DES PHYTOZOAIRES

ou

ANIMAUX INFUSOIRES.

Les animaux composant la classe des *Phytozoaires*, connus aussi sous le nom d'*Animalcules infusoires*, et que le colonel Bory-de-Saint-Vincent a proposé de désigner sous le nom d'*Animaux microscopiques*, afin d'indiquer par là sans doute que, sans le secours du microscope, l'on ne peut se faire une juste idée de ces êtres si singulièrement conformés, et qui se présentent aujourd'hui dans des conditions d'animalisation bien différentes de ce qu'elles paraissaient être autrefois.

Les découvertes, dues d'abord au baron allemand Gleichen, qui, en ajoutant certaines matières colorantes (carmin ou indigo) dans l'eau contenant des infusoirs, lui fit reconnaître que ces eaux, ainsi colorées, avaient injecté certaines parties intérieures du corps de ces animaux, ce qui indiquait assez l'existence d'organes alimentaires ; puis, les expériences du docteur allemand Ehremberg, en mettant à profit les observations du baron Gleichen, étendirent tellement le cercle des connaissances acquises jusqu'à ce moment, qu'il ne fut plus possible de continuer d'admettre cette hypothèse : que les infusoirs sont dépourvus d'organisation intérieure et ne se nourrissent que par l'absorption cutanée.

Ainsi, le docteur Ehremberg, en précisant des organes intérieurs propres aux fonctions digestives : un système musculaire, un système nerveux, etc., et toutes ces parties disposées convenablement pour remplir les fonctions qui leur sont assignées, est venu jeter un grand jour sur cette partie, alors si obscure, de l'histoire naturelle.

Ces animaux se montrent sous des aspects les plus variés. Le corps des uns étant *sphérique, ovoïde, cupuliforme, infondibuliforme, trochiforme, cylindrique*, ou bien imitant une *roue* ; tandis que d'autres affectent des formes nouvelles ou inconnues, souvent bizarres et tout à fait insolites par rapport à celles des autres animaux.

Bien que microscopiques, il est cependant, parmi ces animaux, des espèces qu'on peut voir au moyen d'une loupe et même à l'œil nu, comme certains *Brachionus, Trichoda, Volvox*, et particulièrement le *Bursaria truncatella, Vorticella annularis, Vibrio anguilla, V. Aceti, V. Glutini ;* mais le plus grand nombre ne peut être examiné qu'au microscope.

Tous habitent ordinairement les eaux, mais dans des conditions d'existence on ne peut plus variées. Les uns se montrent dans l'eau douce ou l'eau de mer indifféremment, tandis que d'autres ne peuvent vivre que dans l'une ou l'autre de ces eaux, et dans lesquelles des infusions de matières végétales ou animales se sont opérées naturellement ou artificiellement.

Pour se procurer la vue d'un grand nombre d'espèces d'animalcules, que rappellent les auteurs qui ont écrit sur cette matière, il est nécessaire de varier les époques de l'année où l'on fait les observations, ainsi que les localités et la profondeur où l'on va puiser les eaux, en prenant celles-ci dans les rivières, les marais, les fontaines, les étangs, les mares, et dans le voisinage le plus possible des plantes aquatiques, enfin, en produisant des infusions artificielles (infusions à froid, bien entendu) de plantes, de fleurs, de fruits et même de matières animales ou animalisées. Et l'on prétend même que certaines infusions reproduites dans des circonstances semblables reproduiront aussi et toujours les mêmes espèces ; c'est ainsi, par exemple, qu'une infusion de graines de chanvre, donne toujours, dit-on, le *Volvox globator*, si remarquable d'ailleurs au microscope solaire.

Quant à la classification des Phytozoaires, nous ferons remarquer que les auteurs qui se sont occupés des animalcules ou animaux infusoires, tels que Muller (1), Lamarck, Cuvier, Bory de Saint-Vincent, MM. Pritchard (2), Erhemberg, Milne-Edwards, etc., ont tous séparés ces animaux en deux catégories distinctes, et que le docteur Ehremberg est en outre parvenu, tout en les distinguant en genres et en espèces, à les séparer également en familles et en sections.

Nous n'entreprendrons point ici de suivre le savant auteur allemand dans la route qu'il a parcourue pour arriver à cet état de choses, et avec d'autant plus de raison, que n'ayant pas donné autant de moments qu'il en eut fallu employer pour répéter des expériences propres à obtenir des résultats satisfaisants (3), nous bornant à présenter ici un simple catalogue des espèces reconnues pour habiter les eaux douces. Ces animaux étant à conditions égales, de tous les pays, tous ceux indiqués dans ces eaux, sont donc, on peut le croire, aussi bien de France, d'Angleterre que d'Allemagne ou d'ailleurs.

---

(1) Les planches de *Animacula infusoria*, Muller, ont été reproduites dans l'*Encyclopédie méthodique*.
(2) M. Pritchard, de Londres, a dessiné, à l'aide du microscope, 300 animalcules infusoires ; ces mêmes dessins ont été reproduits par M. Ch. Chevalier, ingénieur, opticien de Paris, dans une brochure in-8°, ornée de six planches représentant ces animaux. — Paris, 1839.
(3) N'ayant, conjointement avec le docteur Guépin, reproduit au microscope, qu'un certain nombre de ces animaux,

Catalogue d'animalcules infusoires d'eau douce [1].

Brachionus	Squamula.	**Trichoda**	Index.
—	Pala.	—	Sulcata.
—	Lamellaris.	—	Anas.
—	Patella.	—	Barbata.
—	Patina.	—	Farcimen.
—	Bracteata.	—	Vermicularis.
—	Ovalis.	—	Melitea.
—	Tripos.	—	Ambigua.
—	Dentatus.	—	Augur.
—	Mucronatus.	—	Clavus.
—	Uncinatus.	—	Gallina.
—	Cirratus.	—	Erosa.
—	Passus.	—	Charon.
—	Quadratus.	—	Larus.
—	Impressus.	—	Rattus.
—	Urceolaris.	—	Pocillum.
—	Patulus.	—	Longicauda.
Vorticella	Cincta.	**Leucophris**	Mamilla.
—	Polymorpha.	—	Bursata.
—	Convallaria.	—	Postuma.
—	Citrina.	—	Pertusa.
—	Sciphina.	—	Fracta.
—	Limacina.	—	Acuta.
—	Digitalis.	—	Modulata.
—	Pyraria.	—	Armilla.
—	Umbellata.	—	Cornuta.
—	Ovifera.	—	Heteroclyta.
—	Annularis.	—	Pyriformis.
—	Globularia.	—	Patula.
—	Racemosa.	**Cercaria**	Lemma.
—	Opercularia	—	Turbo.
—	Ringens.	—	Viridis.
—	Senta.	—	Spirogyra.
—	Rotatoria.	—	Pleuronectus.
—	Erythropthalma.	—	Podura.
—	Najas.	—	Hirta.
—	Lacinulata.	—	Forcipata.
—	Longiseta.	—	Orbis.
—	Felis.	—	Luna.
—	Tremula.	—	Crumena.
—	Constricta.	—	Lupus.
—	Flosculosa.	**Bursaria**	Truncatella.
—	Tuberosa.	—	Hyrundinella.
Himantopus	Pustulata.	—	Duplella.
Kerona	Pustulata.	**Gonium**	Pectoralis.
—	Patella.	—	Trichina.
—	Galvitium.	—	Pulvinatum.
—	Histrio.	—	Corrugatum.
Trichoda	Grandinella.	—	Truncatum.
—	Cometa.	**Kolpoda**	Lamella.
—	Sol.	—	Ochrea.
—	Vulgaris.	—	Nucleus.
—	Diota.	—	Cucullus.
—	Floccus.	—	Cucullatus.
—	Gibba.	—	Cuculio.
—	Ignita.	—	Pirum.
—	Forceps.	—	Cuneus.

[1] Ce catalogue est en grande partie formé des espèces que réunit celui de Pritchard, de Londres.

Paramœcium	Aurelia.	**Enchelis**	Fuscus.
—	Oviferum.	—	Caudata.
—	Marginatum.	—	Epistomium.
Cylidium	Glaucoma.	—	Retrogada.
—	Scintillans.	—	Festinans.
—	Nucleus.	—	Index.
—	Dubium.	—	Spathulata.
Vibrio	Tripunctatus.	—	Truncus.
—	Paxillifer.	—	Deses.
—	Lunula.	**Volvox**	Granulum.
—	Rugula.	—	Pilula.
—	Spirillium.	—	Socialis.
—	Malleus.	—	Morum.
—	Sagitta.	—	Lunula.
—	Colymbus.	—	Vegetans.
—	Fasciola.	—	Globator.
—	Olor.	**Proteus**	Diffluens.
—	Anser.	**Monas**	Termo.
—	Serpentulus.	—	Punctum.
—	Coluber.	—	Guttula.
Enchelis	Viridis.	—	Mica.
—	Punctifera.	—	Uva.
—	Ovulum.		

Vibrio glutinis, Mull. — Observé sur les pommes de terre en décomposition, produite ainsi par suite de la maladie des tubercules de cette plante en 1845.

Vibrio aceti. — *Vibrio anguillula aceti*, Mull. — Dans le vinaigre de vin.

Vibrio fluviatilis, Mull. — Les eaux stagnantes.

QUATRIÈME ET DERNIER EMBRANCHEMENT DU RÈGNE ANIMAL

ZOOPHITES
OU ANIMAUX RAYONNÉS.

Corps très-rarement vermiforme, non symétrique, mais présentant une disposition plus au moins rayonnée, ainsi qu'une cavité digestive à une seule ouverture ou bien à deux orifices rapprochés l'un de l'autre.

Les animaux qui se rattachent à cet embranchement, comprennent deux sous-embranchements. Le premier est formé de la classe des *Echinodermes*, de celle des *Acalèphes* (animaux marins) et de la classe des *Polypes*. Cette dernière seule renfermant des animaux d'eau douce, est donc seule aussi à devoir nous occuper.

Tableau du 4ᵉ embranchement du règne animal ou animaux rayonnés.

		CLASSE.
ZOOPHYTES ou **ANIMAUX RAYONNÉS.**	**1ᵉʳ SOUS-EMBRANCHEMENT.** Corps mou, très-rarement vermiforme, non articulé. Canal digestif à une seule ouverture, celle-ci entourée d'une couronne de tentacules rétractiles ; ou bien à deux orifices rapprochés l'un de l'autre. Multiplication par bourgeons ainsi que par ovules.	POLYPES.
	2ᵉ SOUS-EMBRANCHEMENT. Animaux inconnus, masse sans forme déterminée, sans mouvements et insensible ; minée ou creusée de canaux lacuneux.	SPONGIAIRES.

CLASSE DES POLYPES.

Animaux aquatiques, ordinairement réunis entre eux et souvent en nombre considérable. Leur corps est cylindrique ou ovalaire ; leur bouche est entourée de tentacules rétractiles, et leur multiplication a lieu par bourgeons ou bien par des ovules. Ils sont nus ou habitent des polypiers.

ORDRE DES POLYPES NUS.

Polypes tentaculés, gélatineux, sans polypiers.

G. Hydra (Trembl.). — *Hydre.*

Corps oblong, linéaire, obconique, se déplaçant et se fixant sponta-
nément par sa base; transparent et gélatineux.

On rencontre les Hydres, connues aussi sous les noms de Polypes
d'eau douce, de Polypes à bras, dans les eaux douces, tranquilles,
ordinairement fixées aux petites tiges submergées des callitriches ainsi
qu'aux racines nageantes des lentilles d'eau, etc., attendant ainsi patiemment que leur proie, qui consiste en crustacés ou autres petits animaux, se présente et qu'elles enlacent avec leurs tentacules longs,
capillaires et déliés.

1. H. Viridis, Trembl., *H. Verte.*
Corps court, d'un beau vert, long de 8 à 10 millim.; huit à dix tentacules plus courts que le corps. On rencontre ordinairement cette
espèce adhérente aux racines des lentilles d'eau.

2. H. Grisea, Trembl.; *H. commune., Encycl.,* pl. LXVII.
Corps d'un gris-jaunâtre; sept à huit tentacules, variables dans leur
longueur, mais plus longs que dans la première espèce.
Habite les mêmes lieux que la précédente.

3. H. Fusca, Tremb.; *H. brune; Encycl.,* pl. LXIX, f. 1 et 8.
Corps d'un brun-grisâtre; tentacules pâles, très-longs.

4. H. Pallens, Roësel.; *H. pâle; Encycl.,* pl. LXVIII.
Corps d'un jaunâtre pâle; six tentacules de médiocre longueur.

ORDRE DES POLYPES A POLYPIERS.

Polypes tentaculés, constamment fixés dans un polypier inorganique.

* Polypiers libres, flottant dans les eaux.

G. Cristatella (Roësel). — *Cristatelle.*

Polypier globuleux, gélatineux, libre ; couvert de tubercules courts, épars, polypifères. Polypier divisé à son extrémité en deux branches rétractiles, arquées, garnies de tentacules pectinés.

1. C. Vagans, Roësel ; *C. Vagabonde.*
Polypier globuleux, de la grosseur d'une graine de choux, gélatineux, jaunâtre ; muni de quelques tubercules courts et épars. Habite les eaux vives ou stagnantes.

** Polypiers fixés sur des corps submergés.

G. Alcyonella (Brug.). — *Alcyonelle.*

Polypier encroûtant, à masse épaisse, convexe, irrégulière, formé de l'agrégation de tubes verticaux, sub-pentagones, ouverts au sommet. Polype cylindrique, ayant la bouche garnie de vingt tentacules droits, formant un cercle incomplet (Lam.).

1. A. Stagnarum, Lam. ; *A. des étangs ; Alcyonium fluviatile,* Brug.

*** Polypes vaginiformes.

Polypier d'une seule substance, à tiges grêles, fistuleuses, membraneuses ou cornées.

G. Plumatella (Lam.). — *Plumatelle.*

Polypier fixé par sa base, grêle, tubuleux, rameux, comme membraneux, ayant chaque extrémité terminée par un polype. Polype à bouche rétractile, munie de tentacules ciliés, disposés sur un seul rang.

Les plumatelles peuvent rentrer totalement le corps et les tentacules dans leur tube ; cette faculté (1), ainsi que celle de pouvoir vivre dans l'eau douce, les ont fait séparer des *Tubulaires* qui habitent les mers, et avec lesquels elles avaient été confondues dans le principe.

Ces animaux ne vivent pas au-delà de l'année qui les a vus naître, mais ils se reproduisent et se succèdent au moyen de grains ou gemmules intérieures, que l'on remarque, même à l'œil nu, et qui se fixent en la place même où se trouvaient les précédents individus. Au printemps, chaque grain s'ouvre pour donner naissance à une nouvelle plumatelle.

Les plumatelles se nourrissent de particules alimentaires végétales ou animales que leur procure l'agitation continuelle des cils qui garnissent les tentacules.

1. P. Cristata, Lam.; *P. à panache; Tubularia reptans*, Blum.
Polypier à tige courte, rameuse et comme palmée; tentacules posés en série semilunaire, campanulés. Habite les étangs.

2. P. Campanulata, Lam.; *P. campanulé.*
Polypier à tige alternativement rameuse; semblable au reste à l'espèce précédente, dont elle n'est sans doute qu'une variété. Habite les étangs, fixée sous les feuilles des lentilles d'eau.

3. P. Repens, Lam.; *P. rampante, tubularia repens,* Gmel.
Polypier rameux, filiforme, rampant; tentacules subfasciculés, à cils verticillés; grains ou gemmules allongés. Habite les marais de la Beaumette, l'Authion, le Layon, etc., sous les feuilles de nénuphar.

4. P. Lucifuga, Vauch.; *P. lucifuge.*
Polypier rameux, filiforme, rampant, tentacules semblables à ceux de l'espèce précédente; gemmules ou grains intérieurs arrondis et aplatis.

Cette espèce présente dans son polypier des ramifications plus ou moins étendues, quelquefois de 6 à 8 centim., qui se dirigent en rayons divergents. On la rencontre fixée à la surface inférieure des pierres éparses au fond de l'eau, ce qui indique assez qu'elle craint une lumière trop vive. Habite la Loire, à Sainte-Gemmes-sur-Loire, etc. Nous ne l'avons pas rencontrée dans d'autres cours d'eau.

CLASSE DES SPONGIAIRES.

Animaux inconnus ou invisibles ; polypiers polymorphes, connus sous le nom d'éponges.

La classe des Spongiaires, instituée ainsi par M. Milne-Edwards, rassemble tous les corps adhérents, spongieux, connus sous le nom d'éponge, que les mers recèlent en si grand nombre et dont Lamarck a décrit 140 espèces (2).

---

(1) L'animal des Tubulaires ne peut rentrer complétement dans son polypier.
(2) *Histoire naturelle des animaux invertébrés,* tome II, p. 353 à 383.

Les spongiaires étant regardés comme le dernier terme de l'animalité, doivent trouver nécessairement leur place ici, mais seulement pour le genre *Spongille* qui ne renferme que des espèces d'eau douce.

G. Spongilla (Lam.; *Ephydatie*, Lamouroux). — *Spongille*.

Polypier fixé, polymorphe et comme spongiforme, lacuneux et celluleux ; à cellules irrégulières, inégales, formées par des lames membraneuses. Polypes inconnus, mais ceux-ci remplacés par des grains libres, gélatineux et analogues à ceux que l'on rencontre dans les éponges marines, dans l'intérieur des cellules.

Les spongilles, connues aussi sous le nom d'*éponges fluviatiles*, se présentent en masses adhérentes à des corps submergés. Ces masses sont plus ou moins volumineuses, informes, molasses dans l'état frais, et avec une odeur forte, marécageuse et nauséabonde qui les décèle aussitôt. On les trouve fixées aux corps solides qu'elles rencontrent dans les rivières et les étangs, quelquefois mélangées avec des alcyonelles.

On trouve dans la Maine, vers les marais de la Baumette, etc., les trois espèces de spongilla ci-après, qui ne sont peut-être que des variétés d'une seule et même espèce.

1. S. Pulvinata, Lam. ; *S. Pulvinée.* — Masse sessile, comme incrustrante, épaisse, ne présentant de fibres qu'à sa surface.

2. S. Friabilis, Lam. ; *S. friable, Spongia friabilis,* Esper. — Masse sessile, convexe, à lobes peu prononcées ; fibreuse extérieurement ; à fibres très-longues, rameuses et croisées.

3. S. Ramosa, Lam. ; *S. rameuse, Spongia lacustris,* Esper. — Masse sessile, ramifiée, à rameaux allongés, comme arrondis, et à lobes inégaux.

NOTA. Pour se procurer facilement les spongilles, il faut en faire la recherche dans les rivières lors des écourues qui se font chaque année ; ou bien encore dans les détritus, les herbes que les pêcheurs à la seine ont délaissés sur le rivage, après en avoir pris les poissons. Quant aux étangs, lorsqu'ils sont mis à bas pour la pêche, on peut saisir cette occasion pour en faire la recherche. Il en est de même des écluses ; et c'est ainsi que M. l'abbé Ravain, professeur en a rencontré un certain nombre d'exemplaires dans la Sarthe, en visitant l'écluse de Juigné, située près de Solesmes.

OBSERVATIONS.

En terminant notre travail par le genre Spongilla, nous nous trouvons arrivé au dernier degré de l'échelle zoologique, bien que les *conserves d'eau douce* soient regardées par quelques naturalistes comme devant appartenir aux zoophytes ; mais le rang que ces ambigus de la création occupent dans l'échelle organique étant encore incertain pour un grand nombre de savants, nous nous abstiendrons donc de les présenter ici comme appartenant au règne animal ; et avec d'autant plus de raison, qu'il semble difficile de trouver des caractères certains, exclusifs et propres à faire soutenir cette proposition : les conserves d'ailleurs, paraissent, par leur *facies*, se rapprocher davantage des plantes que des animaux.

Le docteur Guépin a succombé avant d'avoir pu réaliser le projet qu'il avait conçu d'une publication des cryptogames de Maine-et-Loire, dont il avait rassemblé les matériaux.

Bien que ce botaniste distingué ne se fut occupé de zoologie que pour nous procurer les vers intestinaux de l'homme qu'il avait rencontrés dans sa clientèle ou bien à l'hôpital (1), ainsi que pour examiner avec nous les animaux infusoires ou animaux microscopiques contenus dans les eaux prises sur différents points de ce département ; néanmoins, il serait bon — si toutefois l'on tient à savoir si ce savant avait compris les conserves d'eau douce de l'Anjou au nombre des cryptogames de cette contrée — de visiter ses herbiers, ainsi que les notes pouvant s'y rattacher, qui, par son testament, ont été donnés à la ville d'Angers, qui les a fait déposer dans sa bibliothèque.

---

(1) Les vers intestinaux des animaux domestiques nous ont été procurés par MM. les vétérinaires Corroye et Bellanger, plus particulièrement.

DEUXIÈME SUPPLÉMENT[1].

MOLLUSQUES.

Dreissena polymorpha, Van-Bened. — Aux localités déjà indiquées dans le tome Ier de cet ouvrage, il faut en ajouter deux nouvelles pour ce mollusque rare, savoir : 1° une pour Angers, dans le Bras de la Maine qui touche l'hôpital Saint-Jean de cette ville, reconnue par M. l'abbé Bardin, professeur d'histoire naturelle au collége Mongazon ; 2° l'autre, pour la Sarthe, remarquée à l'écluse de Juigné, près de Solesmes, sur les pierres de la chaussée, ainsi que sur celles des murs de l'écluse, par M. l'abbé Ravain, professeur à l'institution de Combrée.

---

(1) Nota. Par rapport à ce deuxième supplément, la partie concernant les coléoptères est due aux recherches incessantes faites dans le voisinage de la Loire, par M. Gallois, pendant l'espace de temps qui s'est écoulé depuis l'impression du premier volume de cette faune jusqu'à ce jour, et à laquelle nous joignons sa correspondance au sujet du genre *Hœmonia*, dont les espèces sont toujours rares dans les collections à raison de la difficulté de se les procurer.

COLÉOPTÈRES.

FAMILLE DES CARABIDES.

G. Bembidium (*Voir* tome I, p. 85).

39. B. Maculatum, Dej. — Longueur : 3 1/2 mill. — Ressemble au *B. Sturmii*, mais toujours plus grand, plus linéaire et la teinte plus sombre. Sainte-Gemmes : grèves des bords de la Loire.

G. Blemus (Dej.).

Ce genre fait le passage des Trechus aux *Bembidiums*. J. Duval, en maintenant cet insecte parmi les Trechus, en fait cependant un groupe spécial à raison des différences qu'il lui paraît présenter avec les Trechus proprement dits.

1. B. Areolatus, Creutz. — Longueur : 2 1/4 à 2 3/4 mill. — Insecte allongé, très-déprimé, corselet cordiforme, brun ; élytres d'un testacé ferrugineux, avec la base, l'extrémité et le rebord brunâtres. — Sainte-Gemmes : sous les pierres au bord de la Loire, le Pont-Barré.

FAMILLE DES STAPHYLINIDES.

G. Stichoglossa (Krantz).

1. S. Rufopicea, Erichs. — Longueur : 2 mill. — Allongé, parallèle, brun ; élytres et extrémité de l'abdomen rougeâtres. Sainte-Gemmes : sous les écorces humides du chêne et du peuplier.

G. Tachyusa (*Voir* t. I, p. 123).

2. T. Coarctata, Erich. — Longueur : 3 mill. — (Faune Fairmaire et Laboulbène, p. 375). Sainte-Gemmes : bord des grèves humides, au printemps. — Commune.

3. T. Atra, Grav. — Longueur : 2 1/2 à 3 mill. — (Faune Fairm. et Lab., p. 375). Sainte-Gemmes avec la précédente, mais plus rare.

4. T. Umbratica, Erich. — Longueur : 2 1/2 à 3 mill. — (Faune Fairm. et Lab., p. 375). Avec les deux précédentes. — Commune.

17. H. Nigra, Krantz. — Longueur : 1 à 1 1/2 mill. — Parallèle, noir brillant. Sainte-Gemmes.

18. H. Carta, Erich. — Longueur : 2 mill. — (Faune Fairm. et Lab., p. 411). Sainte-Gemmes : dans les champignons.

19. H. Cœlata, Erich. — Longueur : 1 1/4 mill. — (Faune Fairm. et Lab., p. 415). Sainte-Gemmes, avec la précédente.

20. H. Sericea, Muls. (Ægra Heer). — Longueur : 1 2/3 mill. — (Faune Fairm. et Lab., p. 412).

21. H. Pygmæa, Grav. — Longueur : 1 à 1 1/2 mill. — Brun noir, pattes testacées

22. H. Orphana, Erich. — Longueur : 2 mill. — (Faune Fairm. et Lab., p. 424).

23. H. Circellaris, Grav. — Longueur : 2 à 2 1/2 mill. — (Faune Fairm. et Lab., p. 426). Dans les détritus, bords de l'étang Saint-Nicolas.

G. Aleochara (*Voir* t. I, p. 124).

8. A. Rufipennis, Erich. (Lateralis Heer). — Longueur : 3 à 4 1/2 mill. — (Faune Fairm. et Lab., p. 444). Sainte-Gemmes : sur les grèves.

9. A. Tristis, Grav. — Longueur : 4 à 5 mill. — (Faune Fairm. et Lab., p. 449). Sainte-Gemmes.

G. Thyasophila (Kraatz).

Ce genre diffère du précédent en ce que les palpes labiaux ont un article de moins, trois au lieu de quatre. Ces insectes vivent avec les fourmis.

1. T. Angulata, Erich. — Longueur : 2 1/4 à 2 1/2 mill. — Déprimé ; brun rougeâtre ; tête noire ; élytres testacées, rougeâtres à l'extrémité, à peine plus longues que le corselet. Etang Saint-Nicolas : sous une pierre.

G. Gyrophæna (*Voir* t. I, p. 126).

3. G. Affinis, Sahlb. — Longueur : 1 3/4 mill. — (Faune Fairm. et Lab., p. 457). Sainte-Gemmes : champignons.

4. G. Lucidula, Erich. — Longueur : 1 mill. — (Faune Fairm. et Lab., p. 458). Avec la précédente.

G. Oligota (*Voir* t. I, p. 126).

2. O. Inflata, Mann.—Longueur : 3/4 mill. —(Faune Fairm. et Lab., p. 457). Sainte-Gemmes : champignons.

G. Myllæna (*Voir* t. I, p. 126).

4. M. Intermedia, Erich. — Longueur : 1 3/4 mill. — (Faune Fairm. et Lab., p. 469). Sainte-Gemmes : dans la mousse au pied des arbres.

G. Tachyporus (*Voir* t. I, p. 127).

11. T. Humerosus, Erich. — Longueur : 2 1/2 mill. — (Faune Fairm. et Lab., p. 479). Sainte-Gemmes : dans la mousse au pied des arbres.

G. Mycetoperus (Mannerh).

Ces insectes ressemblent pour la forme générale aux *Boletobius*; ils en diffèrent par le dernier article des palpes maxillaires qui est grêle, en forme d'alène et par les palpes labiaux qui sont courts, épais, ayant le 1er article cylindrique, le 2e plus court presque globuleux, le 3e petit, en forme d'alène. (Faune Fairm. et Lab., p. 491).

1. M. Splendidus, Gyll. — Longueur : 4 à 5 mill. — Allongé, d'un testacé pâle, brillant; abdomen brun foncé; pattes testacées. Sainte-Gemmes, bois de Vernusson : au pied d'un chêne.

G. Xantholinus (*Voir* t. I, p. 129).

5. X. Glabratus, Grav. — Longueur : 10 à 12 mill. — (Faune Fairm. et Lab., p. 500). Sainte-Gemmes : sous les matières végétales en décomposition.

6. X. Fulgidus, Fab. — Longueur : 9 à 10 mill. — (Faune Fairm. et Lab., p. 500). Sainte-Gemmes, avec le précédent.

G. Leptacinus (*Voir* t. I, p. 129).

3. L. Linearis, Grav. — Longueur : 4 mill. — Noir brillant; élytres brunes testacées à l'extrémité; pattes testacées. Sainte-Gemmes : sous les matières végétales en décomposition.

G. Leptolimus (Krantz).

Genre démembré des *Leptacinus*. Caractère distinctif : tarses antérieurs dilatés.

1. L. Nothus, Erich. — Longueur : 5 1/2 à 6 1/2 mill. —(Faune Fairm. et Lab., p. 504). Sainte-Gemmes : sous des détritus végétaux.

G. Philonthus (*Voir* t. I, p. 131 et 349).

24. P. Marginatus, Fab. — Longueur : 7 à 9 mill. — (Faune Fairm. et Lab., p. 515). — Commun dans les bouses.

25. P. Ventralis, Grav. — Longueur : 5 mill. — (Faune Fairm. et Lab., p. 523).

26. P. Quisquillarius, Gyll. — Longueur : 5 mill. — (Faune Fairm. et Lab., p. 523).

27. P. Fumigatus, Erich. — Longueur : 6 1/2 à 7 mill. —(Faune Fairm. et Lab., p. 524).

28. P. Varians, Payk. et v⁰é⁰ **Scybalarius**, Grav. — Longueur : 5 mill. — (Faune Fairm. et Lab., p. 525).

29. P. Micans, Grav. — Longueur : 4 à 5 mill. —(Faune Fairm. et Lab., p. 528).

30. P. Nigritulus, Grav. — Longueur : 4 1/2 mill. — (Faune Fairm. et Lab., p. 528).

G. Quedius (*Voir* t. I, p. 540).

11. Q. Cruentus, Oliv. — Longueur : 6 à 9 mill. — (Faune Fairm. et Lab., p. 540).

12. Q. Scintillans, Grav. — Longueur : 4 à 5 mill. — (Faune Fairm. et Lab., p. 541). Sainte-Gemmes. — Rare.
La larve de cette espèce vit sous les écorces au milieu des excréments des insectes xylophages. (Perris, *Ann. entomologiques françaises*, 1853, p. 510).

G. Lathrobium (*Voir* t. I, p. 133).

7. L. Filiforme, Grav. — Longueur : 5 mill. — (Faune Fairm. et Lab., p. 555). Sainte-Gemmes.

8. L. Terminatum, Grav. — Longueur : 5 à 6 mill. — Noir ; corps robuste ; tête petite. Sainte-Gemmes : au pied des saules.

G. Lithocharis (*Voir* t. I, p. 134.

5. L. Nigritula, Erich. — Longueur : 3 mill. — (Faune Fairm. et Lab., p. 565). Sous les pierres.

6. L. Vicina, Bris. — Longueur : 3 mill. — Brun rougeâtre ; corselet roux clair. Sous les pierres, terrains vaseux des bords de la Loire.

G. Stenus (*Voir* t. I, p. 135).

26. S. Flavipes, Erich. — Longueur : 2 1/2 à 3 mill. — (Faune Fairm. et Lab., p. 595). Sainte-Gemmes.

G. Bledius (*Voir* t. I, p. 137).

4 B. Subterraneus, Erich. — Longueur : 3 à 3 1/2 mill. — (Faune Fairm. et Lab., p. 601). Dans les terres sablonneuses voisines des grèves.

G. Troglophlœus (*Voir* t. I, p. 137).

4. T. Bilineatus, Steph. — Longueur : 2 1/2 à 3 mill. — Noir ; corps large ; tête petite ; pattes claires. Sainte-Gemmes : terrains avoisinant les grèves.

G. Omalium (*Voir* t. I, p. 138).

7. O. Pusillum, Grav. — Longueur : 1 2/3 mil. — (Faune Fairm. et Lab., p. 643).

8. O Deplanatum, Gyll. — Longueur : 2 1/2 à 3 mill. — (Faune Fairm. et Lab., p. 645).

9. O. Concinnum, Marsh. — Longueur : 2 2/3 à 3 mill. — (Faune Fairm. et Lab., p. 642). Sous les écorces.

10. O. Vile, Erich. — Longueur : 2 mill. — (Faune Fairm. et Lab., p. 741). Sous les écorces humides.

11. O. Nigrum, Grav. — Longueur : 3 mill. — Ressemble à *O. Florale*, mais plus petit ; élytres non striés.

12. O Florale, Payk. — Longueur : 3 2/3 mill. -- (Faune Fairm. et Lab., p. 642). Sainte-Gemmes : dans les matières animales et végétales en décomposition.

G. Anthobium (*Voir* t. I, p. 139).

2. A. Nigrum, Erich.; *A. Atrum*, Heer. — Longueur : 2 à 3 mill. — (Faune Fairm. et Lab., p. 648). Sainte-Gemmes.

3. A. Scutellare, Erich. — Longueur : 2 mill. — D'un roux testacé brillant ; abdomen noir.

G. Proteinus *(Voir* t. I, p. 139).

3. P. Macropterus, Gyll. — Longueur : 1 1/3 mill. — (Faune Fairm. et Lab., p. 654). Dans les champignons.

G. Micropeplus *(Voir* t. I, p. 139).

2. M. Porcatus, Fab. — Longueur : 2 1/2 mill. — (Faune Fairm. et Lab., p. 658). Sous les feuilles mortes.

3. M. Fulvus, Erich. — Longueur : 2 mill. — (Faune Fairm. et Lab., p. 659). En tamisant des détritus végétaux.

G. Megarthrus (Kirby).

Ces insectes ressemblent aux *Proteinus* pour la forme générale, mais ils ont ordinairement les élytres plus courts ; ils en diffèrent surtout en ce que le dernier article des antennes seul est plus grand que les autres, tandis que dans les Proteinus les trois derniers articles sont plus grands.

1. M. Depressus, Payk. — Longueur : 2 mill. — (Faune Fairm. et Lab., p. 654). Sainte-Gemmes : sous les écorces.

2. M. Hemipterus, Illig. — Longueur : 1 1/2 à 2 mill. — (Faune Fairm. et Lab., p. 655). Sous les écorces.

FAMILLE DES HISTÉRIDES.

G. Hetærius (Erichson).

Insectes au corps court, épais, ayant pour caractères spéciaux : la massue des antennes cylindrique, tronquée, d'un seul article, et le corselet bordé sur les côtés d'un large et épais bourrelet.

Ces insectes vivent avec les fourmis ; on les trouve généralement cachés dans les anfractuosités des pierres qui recouvrent les fourmilières.

Une seule espèce se trouve en France.

H. Sesquicornis, Preyssler. — Longueur : 1 mill. 1/2. — Corps très-court lisse ; rouge luisant ; élytres striés, les quatre premières stries dorsales hérissées de poils jaunes. Sainte-Gemmes, mars 1872, 3 invididus : sous des pierres recouvrant des fourmilières. — Rare **(Gall)**.

FAMILLE DES BUPRESTIDES.

G. Agrilus (*Voir t. 1, p. 175*).

8. A. Sex-Guttatus, Herbst. — Longueur : 8 à 10 mill. — Allongé, peu convexe, vert foncé, quelques fois bleuâtre ; élytres avec six taches formées de poils blancs. Saint-Gemmes : dans l'écorce du peuplier léard, mai 1871 (Gall).

FAMILLE DES ANOBIIDES.

G. Xyletinus.

2. X. Ater, Panz. — Longueur : 3 à 4 mill. — Noir, trapu ; élytres fortement striés. Beaulieu, Rablay : sur de vieilles souches de vigne.

FAMILLE DES MELANDRYIDES

G. Orchesia (Latreille).

Ces insectes ressemblent, pour la forme générale, à certains mordellites ; le corps est allongé, arqué en dessus, la tête est petite, subovalaire et visible seulement lorsqu'on regarde l'animal en dessous.

Les *Orchesia* ont des mouvements vifs, brusques, giratoires et peuvent exécuter des espèces de sauts assez grands. (J. du Val., t. III, p. 398).

1. O. Micans, Panz. — Longueur : 5 mill. — Roux ; couvert d'une courte villosité dorée ; antennes et pattes rousses. Sainte-Gemmes, plusieurs individus dans un bolet ligneux, sur un chêne, mars 1872 (Gall.).

FAMILLE DES CURCULIONIDES.

G. Smicronyx (Schoenher).

Insectes du groupe des érirhinites. — Corps ovale, oblong ; bec de la longueur de la tête et du prothorax ; antennes médiocres, insérées presqu'au tiers antérieur du bec. Caractère distinctif : ongles des tarses petits, rapprochés, soudés dans leur plus grande partie, libres seulement tout à fait au sommet.

1. S. Cicus, Gyll. — Longueur : 2 mill. — Brun noirâtre, recouvert d'une fine pubescence d'un blanc verdâtre. Sainte-Gemmes : en fauchant sur les herbes des prairies, avril, mai.

FAMILLE DES CHRYSOMÉLIDES.

GROUPE DES DONACITES.

G. Hæmonia (Latreille).

Ces insectes ont la forme des *Donacia* ; leur couleur est jaunâtre ; le disque du corselet est orné de deux fascies noirâtres, obliques ; les élytres sont couverts de stries géminées de points noirs enfoncés ; un duvet soyeux, blanchâtre éclatant, couvre la tête et le dessous de l'insecte ; les pattes sont plus grandes que chez les *Donacia*, les tarses sont plus longs, plus grêles et les crochets terminaux plus grands et plus robustes ; mais ce qui distingue surtout les *Hæmonia*, c'est l'extrémité tronquée des élytres et l'épine qui termine chacun d'eux.

Jacquelin-du-Val et le catalogue de M. de Marseul indiquent six espèces d'hæmonia :

H. Equiseti, Fab. ; signalée en France, en Angleterre, en Suède, en Allemagne et en Suisse.

H. Curtisi, Lacord.; en Angleterre, en France et en Allemagne.

H. Chevrolati, Lacord. ; qui aurait été prise il y a plusieurs années dans la Loire, aux environs de Tours (un seul exemplaire).

H. Zosteræ, Fab. ; de Suède.

H. Gyllenhalli, Lacord. ; d'Allemagne et de Suède.

H. Sahlbergi, Lacord.; de Finlande.

Des entomologistes lorrains (MM. Leprieur et Bellevoye, de Metz) ont publié récemment d'intéressants travaux sur ces insectes peu connus, dont ils ont trouvé de nombreux individus dans la Moselle. Suivant M. Bellevoye, il y aurait là une espèce nouvelle qu'il nomme *Mosellæ* ; mais M. Leprieur n'y voit qu'une variété de l'*H. Equiseti*.

Ces insectes, assez rares encore dans les collections, vivent presque toujours dans l'eau, à l'état de larves, dans des coques ellipsoïdales, sécrétées sans doute par l'animal, et fixées aux racines des *myriophyllum* et *Potamogeton* ; à l'état parfait, ils sont attachés par les longs crochets qui terminent leurs pattes aux tiges submergées de ces mêmes plantes ; ils possèdent cependant, sous leurs élytres, des ailes membraneuses très-développées; mais il est probable que, comme beaucoup d'autres coléoptères, ils ne volent que la nuit.

La larve de l'*hæmonia* ressemble à celle de la *Donacia sagittariæ* ; elle est constamment plus petite, 8 à 10 mill. contre 14 mill.; le dernier segment de cette larve est muni de deux disques cornés d'où partent deux crochets brunâtres, assez robustes, qui, en s'enfonçant dans le tissu de la plante, servent à retenir la larve lorsque les eaux sont agitées pendant les forts temps ou les inondations. M. Leprieur dans une de ses recherches, après des pluies abondantes et dans un courant très-fort, a trouvé à la tige des *potamogeton* des larves d'hæmonia solidement retenues par leurs crochets enfoncés dans la plante. « Ainsi attachées, les pattes ne touchaient pas et les larves se » tenaient, droites et raides, comme le font souvent les chenilles des » géomètres. » (Leprieur.)

L'insecte parfait ne quitte la coque que quand ses organes ont acquis une consistance normale ; alors il ronge la calotte de la coque et va s'attacher aux tiges des plantes. On a calculé qu'il fallait un espace de quatre à cinq mois entre la ponte des œufs et l'éclosion de l'insecte parfait.

Les seules conditions indispensables à l'existence des hæmonia dans une localité, sont pour M. Leprieur : « L'abondance des végétaux aquatiques appartenant principalement, quoique pas exclusivement, aux genres *Potamogeton* et *Myriophyllum*, un courant peu rapide et un fond plus ou moins vaseux. »

L'époque la plus convenable pour la recherche des *Hæmonia* est la fin de l'été ou le commencement de l'automne, les mois d'août, de septembre et d'octobre ; alors on peut trouver l'insecte, à l'état parfait, sur la tige des plantes, dans l'eau, ou le prendre encore dans la coque avec une consistance suffisante.

On a bien essayé d'élever des larves recueillies à la base des plantes aquatiques, mais jusqu'à présent ces tentatives n'ont pu donner de bons résultats.

« Pour faire la recherche de ces coques dans les meilleures conditions, il faut arracher la plante avec ses racines et n'employer pour cela aucun intermédiaire tels que bateau, râteau, filet, mais choisir une localité où l'eau, aussi tranquille que possible, atteigne au maximum une profondeur de 70 à 80 centimètres, telle enfin qu'on puisse en atteindre facilement le fond avec le bras étendu et entrer hardiment dans l'eau » (Leprieur).

Au commencement d'octobre 1870, j'ai trouvé dans la Maine, audessus et au dessous du pont de Bouchemaine, sur des racines de myriophyllum, une trentaine de coques renfermant des *Hæmonia ;* le moment était alors favorable, et 24 de ces coques me donnèrent des insectes ayant une consistance normale.

Je viens de soumettre cette *Hæmonia* à mes savants collègues de la Société entomologique, MM. Reiche et Bédel, de Paris, pour savoir à quelle espèce elle se rapporte, et je reçois aujourd'hui de M. Bédel, la note ci-après :

« Je viens de voir M. Reiche et je lui ai donné les exemplaires de » l'*Hæmonia* que vous nous avez envoyés. L'*Hæmonia de la Maine* est » certainement identique à la *Mosellæ* (de la Seine, de la Moselle et de » l'Ille), malheureusement M. Reiche a envoyé à M. Bellevoye presque » toutes ses *Hæmonia* et n'avait plus l'*Equiseti* du Danube, pour com-

» parer. Du reste, l'*Equiseti* paraît distinct et ne se trouverait pas en
» France. Quant à la *Chevrolati*, à en juger par sa description, il se-
» rait bien possible qu'elle ne différât pas de la *Mosellæ*; la seule dif-
» férence paraît être (dans le seul exemplaire connu) une forme un
» peu plus large et l'absence de coloration noire dans les stries; or,
» deux exemplaires de Strasbourg, qui sont des *Mosellæ*, répondent à
» ces deux caractères. Du reste, aussitôt que j'aurai pu aller chez
» M. Chevrolat, je comparerai votre espèce avec le type de la *Che-*
» *vrolati.* »

Une crue subite survenue au moment le plus favorable pour trouver
l'insecte, ne m'a pas permis de le capturer en 1871, et des recherches
faites ces temps derniers ne m'ont rien donné ; j'espère être plus heureux à la fin de l'été et au commencement de l'automne de cette année.

Avril 1872.

J. GALLOIS.

FAMILLE DES CHRYSOMÉLIDES.

GROUPE DES ALTICIDES.

G. Crepidodera (*Voir* t. I, p. 286 et 357).

14. C. Salicariæ, Payk. — Longueur : 4 à 8 mill. — Rousse ;
abdomen noir, souture des élytres rembrunie ; élytres à stries fortement ponctuées, pattes rousses, ainsi que les antennes. Sainte-Gemmes :
sur le *Lythrum salicaria*, dans les terrains humides des bords de la
Loire.

POST-SCRIPTUM.

Ici se termine ce que nous avions à dire sur l'histoire naturelle du
département de Maine-et-Loire ; et si dans le nombre des ouvrages
qui s'y rapportent et que nous avons mis au jour, il en est quelques-
uns qui puissent avoir leur utilité ; oh alors ! et dans ce cas nous nous
trouverons heureux, content, satisfait de les avoir entrepris.

D'un autre côté, nous pouvons dire aussi combien nous avons éprouvé
de jouissances pour arriver à ce résultat, en colligeant tant de plantes
et d'animaux variés, dont il fallait en outre, pour ces derniers, étudier
les mœurs et les habitudes, afin, qu'après les avoir considérés de la
sorte, nous puissions admirer ces harmonies de la nature que Dieu

seul a pu faire et qu'il a fait si bien. Enfin, et pour tout dire, c'est que tant de recherches et de travaux divers nous ont préservé de l'ennui qui devient le partage des gens inoccupés. Les choses étant ainsi, il convient donc de trouver les moyens convenables de varier l'emploi de son temps, de ses loisirs, car :

L'ennui naquit un jour de l'uniformité,
Dit ce vers bien connu, si plein de vérité.
Mais il faut ajouter comme un fait très certain,
Qu'on peut se préserver de ce mauvais destin,
De cette maladie de l'esprit, non du corps ;
Or ! voici le remède à prendre et sans efforts :
Voyez dans la nature tant de sujets divers,
Que Dieu seul a créés partout dans l'univers.
Contemplez à loisir toutes les productions
Répandues sur la terre, et comme à profusions :
Tant d'animaux variés, tant de plantes admirables
Dont l'abondance est telle, qu'on les croit innombrables.
Voyez autour de vous et puis allez toujours,
Ainsi de proche en proche et sans aucuns retours.
Vous vivriez cent ans et plus sans doute encore
Que vous n'auriez pas vu tout ce qui la décore.
Essayez, ô vous tous qui craignez la douleur
De vous voir accablé par un si grand malheur,
Essayez sans tarder de ce puissant remède,
Qui, dans l'art de guérir, n'a rien qui le précède !

TABLEAU SYNOPTIQUE DES ANIMAUX DE MAINE ET LOIRE

D'APRÈS LES EMBRANCHEMENTS, LES CLASSES ET LES ORDRES SEULEMENT
QUI LES CONCERNENT.

CLASSIFICATION DES VERTÉBRÉS.

1er EMBRANCHEMENT DU RÈGNE ANIMAL
{ Classe des Mammifères.
Classe des Oiseaux.
Classe des Reptiles.
Classe des Poissons. }
{ Deux vol. in-8°
et un Sup-
plément. }

CLASSIFICATION DES INVERTÉBRÉS.

2e EMBRANCHEMENT DU RÈGNE ANIMAL
Classe des Mollusques.
{ *Tome premier*, page 4.

ORDRE DES

25

TABLE ALPHABÉTIQUE DU TOME SÈCOND.

Angers, imp. E. Barassé.

OUVRAGES DU MÊME AUTEUR.

————

1º FAUNE DE MAINE-ET-LOIRE (1re partie). Animaux vertébrés. — Avec des figures dessinées et lithographiées par l'auteur. 2 vol. in-8º. — Angers, 1828.

2º SUPPLÉMENT A LA FAUNE DE MAINE-ET-LOIRE, brochure in-8º. — Angers, 1868.

3º PALÉONTOLOGIE DE MAINE-ET-LOIRE, 1 vol. gr. in-8º. — Angers, 1851.

4º MOLLUSQUES DE MAINE-ET-LOIRE, 3e édition, grand in-8º. — Angers, 1854.

5º POLYTHAGIE DES VOLIÈRES, grand in-8º. — Angers, 1855.

6º ÉTAT ACTUEL DE L'AGRICULTURE DANS LE DÉPARTEMENT DE MAINE-ET-LOIRE, 1 vol. in-8º. — Angers, 1856.

7º INDICATEUR DE MAINE-ET-LOIRE, ou Indication par commune de ce que chacune d'elles renferme sous les rapports de la géographie, des productions naturelles, des monuments historiques, de l'industrie et du commerce. 3 vol. gr. in-8º, dont un formant atlas, composé de 86 planches se rapportant à près de 500 objets dessinés en grande partie par l'auteur. Angers, 1864 et 1865.

8º PALÉONTOGRAPHIE, ou Description des fossiles nouveaux du terrain tertiaire marin supérieur du département de Maine-et-Loire, gr. in-8º. — Angers, 1866.